# 信息学

## 算法进阶实例精讲

信息学名师工作室　主编

清華大学出版社
北京

## 内容简介

本书是在算法入门的基础上，进一步夯实基础算法并加以提升的算法精讲教程，注重知识剖析，将知识与算法实例分析有机结合；注重思维方法和代码实现能力的培养。全书包括：算法基础、字符串、数据结构、图论、动态规划、数学知识共六章。本书通过对例题进行深入剖析，提炼算法精髓和解决问题的思想方法。

本书内容精练、代码简洁易懂，适合作为算法爱好者用于夯实算法基础，提升代码实现能力，也适合中小学信息学社团的教师用作算法精讲教程，还适合备战信息学竞赛、ACM 比赛的读者用作学习教程。



**图书在版编目(CIP)数据**

信息学算法进阶实例精讲/信息学名师工作室主编. —北京：清华大学出版社，2022.10
ISBN 978-7-302-61158-5

Ⅰ. ①信… Ⅱ. ①信… Ⅲ. ①计算机算法－教材 Ⅳ. ①TP301.6

中国版本图书馆 CIP 数据核字(2022)第 104329 号

**责任编辑**：聂军来
**封面设计**：刘 键
**责任校对**：刘 静
**责任印制**：朱雨萌

**出版发行**：清华大学出版社
　　**网　　址**：http://www.tup.com.cn，http://www.wqbook.com
　　**地　　址**：北京清华大学学研大厦 A 座　　**邮　　编**：100084
　　**社 总 机**：010-83470000　　**邮　　购**：010-62786544
　　**投稿与读者服务**：010-62776969，c-service@tup.tsinghua.edu.cn
　　**质量反馈**：010-62772015，zhiliang@tup.tsinghua.edu.cn
**印 装 者**：三河市君旺印务有限公司
**经　　销**：全国新华书店
**开　　本**：185mm×260mm　　**印　　张**：21　　**字　　数**：530 千字
**版　　次**：2022 年 10 月第 1 版　　**印　　次**：2022 年 10 月第 1 次印刷
**定　　价**：89.00 元

产品编号：095992-01

# 本书编委会

**主　任**

张晓虎

**顾　问**

蒋婷婷　尹宝林　王　宏　赵启阳　韩文弢

**主　编**

杨森林　贾志勇　叶金毅　胡伟栋

**编　委**（按姓氏笔画排序）

李战元　佟松龄　谷多玉　张　军

张　珊　张　康　高一轩

# 前言

PREFACE

随着以计算机技术为基础的现代信息技术逐步深入社会生活的方方面面，利用计算机程序解决问题对现代科技发展的推动作用日益突显。计算机核心技术对我国科技发展十分重要，特别是近年来科技领域国际分工出现的新情况，让我们感受到必须在关键领域下功夫，并且要实现整体科技水平从跟跑向并跑、领跑的战略性转变。要实现这一转变，就需要从基础学科、基础教育抓起。

学习算法是进入信息技术核心领域的关键一步，也是深入应用计算机的重要途径。由于算法学习难度较大，而且需要先精通编程语言，因此，本书是向已经掌握了C++程序设计语言，并且具备一定编程能力和简单算法应用能力的读者，重点介绍计算机应用的经典算法的相关知识。本书各章首先介绍相关知识点，再通过对经典例题的剖析和算法核心思想的提炼，辅以清晰的代码，让看起来复杂的知识点得到自然展现。

本书是信息学名师工作室教师集体智慧的结晶，凝聚了多位教师的心血。本书由北京大学信息科学技术学院副教授蒋婷婷，北京航空航天大学计算机学院教授、博士生导师尹宝林，清华大学计算机科学与技术系副教授王宏，北京航空航天大学计算机学院硕士生导师赵启阳，清华大学计算机科学与技术系助理研究员韩文弢担任顾问；首都师范大学附属中学杨森林，北京市第八十中学贾志勇，中国人民大学附属中学叶金毅，北京师范大学附属实验中学胡伟栋担任主编。具体编写分工如下。第一章由贾志勇负责编写；第二章由叶金毅负责编写；第三章由中国人民大学附属中学佟松龄、谷多玉、李战元负责编写；第四章由首都师范大学附属中学高一轩负责编写；第五章由首都师范大学附属中学杨森林负责编写；第六章由北京师范大学附属实验中学胡伟栋、张康负责编写。全书由杨森林统稿，贾志勇、叶金毅和胡伟栋负责校正，高一轩、谷多玉、佟松龄、李战元、张康和北京科学中心张军、张珊负责本书课件以及相关教学资源制作。

信息学名师工作室于2021年编写并出版了《信息学竞赛入门篇》，带领读者学习了C++程序设计语言的基本知识，初步学习了数据结构的基本知识以及入门算法，是信息学名师工作室开展编程科普活动的一个阶段总结。本书是在此基础上，带领读者进一步拓展高级数据结构和高级算法应用的知识和方法，是信息学名师工作室编程科普活动另一个阶段的提炼和总结，希望能够为读者的算法水平进阶提供帮助。

由于编者水平有限，难免有不足之处，敬请各位同行和广大读者批评、指正。

编　者

2022年3月

# 目录

CONTENTS

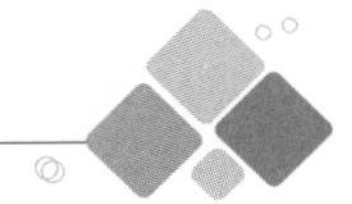

# 第一章　算法基础

算法基础涵盖了高精度计算、查找算法、前缀和思想、差分思想、搜索等内容，掌握算法基础的思想和代码实现，可以让学生拥有比较好的解决问题能力。

## 第一节　高精度运算

一般的算术运算(包括加、减、乘、除、求余数等)要求参加运算的数值是整数(实数类型float、double、long double 会出现误差，本节暂不考虑相关操作)范围 int(－2147483648～2147483647)，数据再大一点可以用 long long(－9223372036854775808～9223372036854775807)或 unsigned long long (0～18446744073709551615)，这些数据范围最大也就是 20 位数字，如果题目要求参加运算的数值达到 1000 位，C++语言中算术运算符都将失去作用，因此，我们必须重新赋予加、减、乘、除等运算符新的功能。下面将详细讲解高精度运算的细节及比赛实例代码的实现。

### 一、模拟高精度计算过程

#### (一) 高精度运算的数据输入

当输入的数据很长时，可采用字符串方式输入。方法是将字符串每一位数取出，存入整型数组进行输入转换。这种做法就是化整为零，把一个超长的数字串看作一个字符串，然后将字符串中的每一个字符转换为数字(ASCII，'5'－'0'＝ 5 的思想)，有两点须注意：①字符串的首位在最左边，算术运算的个位在最右边，需要清楚两者位置差异；②字符串单个字符是 ASCII (字符'0'的 ASCII 是 48)存放，整型数组存放 0～9，字符与其对应用的数值之差是 48。

弄清楚字符串 S＝"12345" 和 A[]＝{5,4,3,2,1}之间的关系，就可以轻松进行转换了。

#### (二) 高精度加法和减法运算

如图 1-1-1 所示，高精度加法运算的策略是数组右对齐，从个位开始对齐相加，然后统一进位。进位的方法是除以 10 的商是进位，模上 10 的余数是本位。高精度减法与高精度加法大同小异，须考虑借位处理。

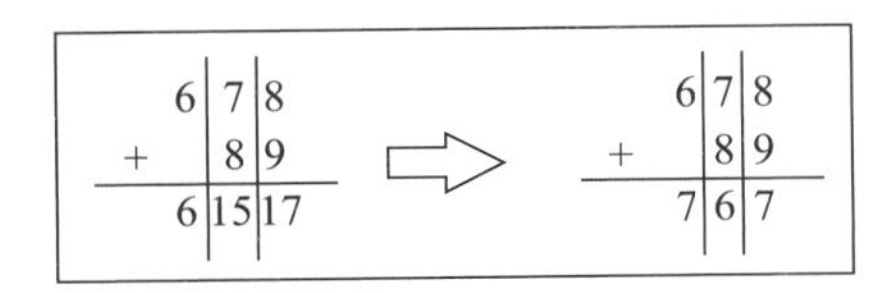


图 1-1-1　高精度加法计算

高精度加法的参考代码如下。

```
for (int i = 1;i <= c[0];i++)
{
    c[i] = a[i] + b[i];
    c[i+1] += c[i] / 10;
    c[i] %= 10;
}
```

### （三）高精度乘法运算

如图 1-1-2 所示，高精度乘法运算的关键是两个操作数逐位相乘，A 数组的第一位乘 B 数组的第一位用 11 表示，A 数组的第二位乘 B 数组的第一位用 21 表示，依次类推，看一看哪些数可以进行累加呢？我们发现只有位数和相同才能累加，形如 31、22、13，这些数的位置和都是 4。乘法运算将位置和相同的值进行累加，再进位处理就是最后结果。

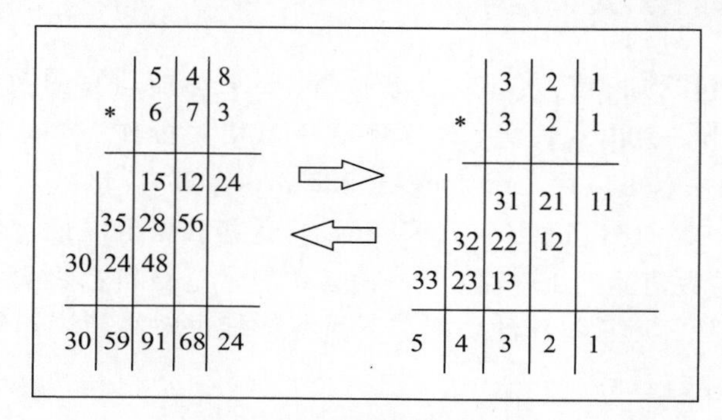


图 1-1-2　高精度乘法运算

高精度乘法的参考代码如下。

```
for (int i = 1;i <= lena;i++)
  for (int j = 1;j <= lenb;j++)
    c[i+j-1] += a[i] * b[j];
```

### （四）高精度除法运算

如图 1-1-3 所示，高精度除法运算的关键是两个操作数左对齐，用被除数减去除数，对应位减的次数记作商的一部分，减到不够减的数是余数，然后将被除数上面的下一位与余数组成新的被除数，重复这个操作，直到最右边，这时商就是由每次减的差组成，余数就是最后一次的减法结果。

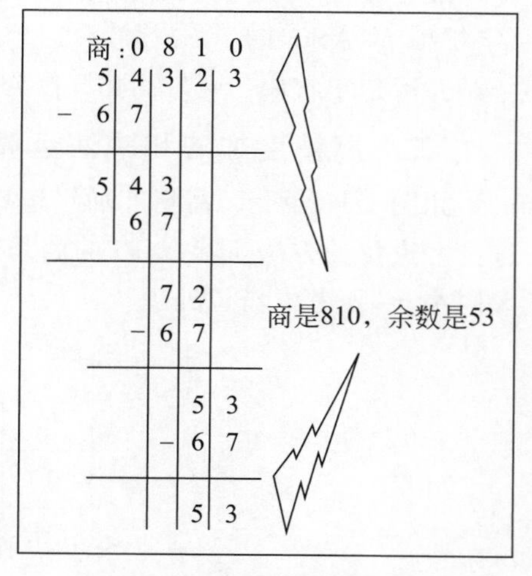


图 1-1-3　高精度除法运算

## 二、C++ 中的运算符重载

可以重定义或重载大部分 C++ 内置的运算符。这样，就能使用自定义类型的运算符。重载的运算符是带有特殊名称的函数，函数名是由关键字 operator 和其后要重载的运算符符号构成的。与其他函数一样，重载运算符有一个返回类型和一个参数列表。参考代码如下。

```
类型 operator 符号(参数)
{
    内容(要有返回值)
}
```

格式举例：

BigNumber operator + (const BigNumber&, const BigNumber&);

常用可重载的运算符列表如表 1-1-1 所示。

表 1-1-1　常用可重载的运算符列表

| 运算符 | 符　号 |
|---|---|
| 算术运算符 | +(加)、-(减)、*(乘)、/(除)、%(取模) |
| 关系运算符 | ==(等于)、!=(不等于)、<(小于)、>(大于)、<=(小于等于)、>=(大于等于) |
| 逻辑运算符 | \|\|(或)、&&(与)、!(非) |
| 自增自减运算符 | ++(自增)、--(自减) |
| 位运算符 | \|(按位或)、&(按位与)、~(按位取反)、^(按位异或)、<<(左移)、>>(右移) |
| 赋值运算符 | =、+=、-=、*=、/=、%=、&=、\|=、^=、<<=、>>= |

## 三、高精度运算结构框架

### （一）结构体定义

要定义一个高精度名称需有长度和每一位的数值两个基础元素。在结构体中完成初始化，将每一位清零，长度赋值为 1；结构体定义一个函数(方法)，实现输出高精度的每一位的数值。参考代码如下。

```
struct bigNumber
{
    int len , x[N] ;                                    //len 代表长度,x[]代表每个数
    bigNumber( ) {memset(x,0,sizeof(x)) ;len = 1 ;}     //初始化将每位数字清 0,长度置 1
    void print() {for (int i = len ;i;i-- ) printf(" %d",x[i]) ;puts("") ;}
                                    //打印函数,从左向右输出每一位
}
```

### （二）数据输入与转换

高精度的输入一般要借助字符串实现，然后将字符串(字符数组)转换成整型数组，进行进一步操作。参考代码如下。

```
char s[N];                                   //定义字符串
int a[N];                                    //定义整型数组
scanf(" %s", s + 1) ;s[0] = strlen(s + 1) ; //数据以字符串方式读入,s[0]存放 s 字符串的长度
for (int i = 1;i <= s[0];i++) a[i] = s[s[0] - i + 1] - 48; //字符数组和整型数组转换,逆序,0 的
                                             ASCII 是 48
```

## 四、高精度与整数运算程序参考(运算符重载)

(1) 高精度加整数代码如下。

```
inline bigNumber operator + (bigNumber a , int b)
{
    a.x[1] += b;
    return fix(a);              //fix()函数负责完成进位处理,这也是自定义函数,后续介绍
}
```

(2) 高精度减整数代码如下。

```
inline bigNumber operator - (bigNumber a , int b)
{
    a.x[1] -= b;
    return fix(a);
}
```

(3) 高精度乘以整数代码如下。

```
inline bigNumber operator * (bigNumber a , int b)
{
    for (int i = 1;i<= a.len ;++i ) a.x[i] *= b;
    return fix(a);
}
```

(4) 高精度除以整数代码如下。

```
inline bigNumber operator /(bigNumber a, int y)
{
    int x = 0;
    bigNumber c;
    c.len = a.len;
    for (int i = c.len; i > 0; -- i)
    {
        c.x[i] = (x * 10 + a.x[i]) / y;
        x = (x * 10 + a.x[i]) % y;
    }
    return fix(c);
}
```

(5) 高精度 mod 整数代码如下。

```
inline bigNumber operator % (bigNumber a, int y)
{
    bigNumber c = a / y;
    a = a - c * y;
    return fix(a);
}
```

## 五、高精度与高精度运算程序参考(运算符重载)

(1) 高精度加高精度代码如下。

```
inline bigNumber operator + (bigNumber a , bigNumber b)
{
```

```
    bigNumber c;
    c.len = max(a.len, b.len);
    for (int i = 1;i <= c.len ;++i) c.x[i] = a.x[i] + b.x[i];
    return fix(c);
}
```

(2) 高精度减高精度代码如下。

```
inline bigNumber operator - (bigNumber a , bigNumber b)
{
    bigNumber c;
    c.len = max(a.len, b.len );
    for (int i = 1;i <= c.len ;++i) c.x[i] = a.x[i] - b.x[i];
    return fix(c);
}
```

(3) 高精度乘高精度代码如下。

```
inline bigNumber operator * (bigNumber a , bigNumber b)
{
    bigNumber c;
    c.len = a.len + b.len;
    for (int i = 1;i <= a.len ;++i)
      for (int j = 1;j <= b.len ; ++j)
        c.x[i + j - 1] += a.x[i] * b.x[j];
    return fix(c);
}
```

(4) 高精度除高精度代码如下。

```
inline bigNumber operator /(bigNumber a, bigNumber b)
{
    bigNumber c;
    int s = 0;
    while (a.len > b.len) b = b * 10, s++;
    while (s >= 0)
    {
      c = c * 10;
      while (b <= a) c = c + 1 , a = a - b;
      b = b / 10, s-- ;
    }
    return fix(c);
}
```

(5) 高精度 mod 高精度代码如下。

```
inline bigNumber operator % (bigNumber a, bigNumber b)
{
    int s = 0;
    while (a.len > b.len) b = b * 10, s++;
    while (s >= 0)
    {
      while (b <= a) a = a - b;
```

```
        b= b / 10, s--;
    }
    return fix(a);
}
```

## 六、高精度运算进位、借位处理

借位与进位处理包括了减法借位的情况，加法进位情况（可以理解除法的本质是减法，乘法的本质是加法），其中要特别处理最高位进位和前导 0 等特殊情况。

参考代码如下。

```
bigNumber fix(bigNumber a )
{
    for (int i = 1;i< a.len;++i)
    {
        if (a.x[i] < 0) a.x[i] += 10 , a.x[i+1] --;      //处理减法小于零的情况
        a.x[i+1] += a.x[i] / 10;
        a.x[i] %= 10;
    }
    while (a.x[a.len] > 9 )                             //处理最高位需要进位的情况
    {
        a.x[a.len + 1] += a.x[a.len] / 10;
        a.x[a.len] %= 10;
        a.len ++;
    }
    while (!a.x[a.len] && a.len> 1) a.len--;          //处理前导 0 的情况
    return a;
}
```

## 七、典型例题

例题 1.1.1　阶乘求和。

题目描述：用高精度计算出 S＝1!＋2!＋3!＋…＋n!。其中!表示阶乘，例如：5!＝5×4×3×2×1。

输入格式：一个正整数 n。

输出格式：一个正整数 S，表示计算结果，如表 1-1-2 所示。

表 1-1-2　例题 1.1.1 测试样例

| 样例输入 | 样例输出 |
|---|---|
| 3 | 9 |

数据范围：$1 \leqslant n \leqslant 1000$。

题目分析：本题的考查点是累加和累乘，用到了（高精度×整数）和（高精度＋高精度）两个高精度运算处理方式。

参考代码如下。

```
#include <bits/stdc++.h>
using namespace std;
const int N = 10001;
```

```
struct bigNumber
{
    int len , x[N];
    bigNumber() { memset(x, 0 , sizeof(x)) ;len = 1;}
    void print() { for (int i = len;i;i-- ) printf("%d", x[i]) ;puts("");}
} a,b;

bigNumber fix(bigNumber a )
{
    for (int i = 1;i< a.len ;i++)
    {
      a.x[i+1] += a.x[i] / 10;
      a.x[i] %= 10;
    }
    while (a.x[a.len] >= 10)
    {
      a.x[a.len+1] += a.x[a.len] / 10;
      a.x[a.len] %= 10;
      a.len ++;
    }
    return a;
}

inline bigNumber operator * (bigNumber a, int b)
{
    for (int i = 1;i<= a.len;i++) a.x[i] *= b;
    return fix(a);
}

inline bigNumber operator + (bigNumber a, bigNumber b)
{
    bigNumber c;
    c.len = max(a.len , b.len);
    for (int i = 1;i<= c.len ;i++) c.x[i] = a.x[i] + b.x[i];
    return fix(c);
}
int main()
{
    int n;
    cin>> n;
    a.x[1]= 1; b.x[1] = 0;
    for (int i =1;i<= n;i++) a= a*i, b= b+a;
    b.print();
    return 0;
}
```

# 第二节 查找算法

## 一、插值查找法

讲述插值查找法之前，首先考虑一个新问题，为什么一定要是折半，而不是折四分之一或者折更多呢？比如，在英文字典里面查 apple，我们下意识翻开字典是翻前面的书页还是后面的书页呢？如果查 zoo，我们又怎么查？很显然，这里我们肯定不会是从中间开始查起，而是有一定目的地往前或往后翻。

同样地，如果要在取值范围 1～10000 内 100 个元素从小到大均匀分布的数组中查找 5，我们自然会考虑从数组下标较小的开始查找。

插值查找(interpolation search)实际上是二分查找法的改进版。假设有一个数组{0,10,20,30,40,50,60,70,80,90}，可以发现每个相邻元素的差均为 10，满足均匀分布。如果要查找元素 70，首先可以计算数组中小于等于 70 的元素占所有元素比例的期望值 $p=\frac{70-0}{90-0}=\frac{7}{9}$，而数组的长度 n 我们知道等于 10，所以期望查找的索引值就为$[n\times p]=7$，对应的元素为 70，恰好就是我们要找的元素。这样，原本用二分查找法需要查找 3 次，用插值查找只用查找 1 次，大大提高了查找的效率。

通过以上分析，折半查找这种查找方式，不是自适应的。二分查找中查找点计算方法为

$$\text{mid}=\frac{\text{low}+\text{high}}{2}$$

即

$$\text{mid}=\text{low}+\frac{\text{high}-\text{low}}{2}$$

通过类比，可以将查找的点改进为

$$\text{mid}=\text{low}+\frac{(\text{high}-\text{low})(\text{key}-a[\text{low}])}{a[\text{high}]-a[\text{low}]}$$

式中，low 和 high 分别代表数组的第一个和最后一个索引，key 代表待查找的元素。

也就是将上述的比例参数$\frac{1}{2}$改进为自适应的，根据关键字在整个有序表中所处的位置，让 mid 值的变化更靠近关键字 key，这样也就间接地减少了比较次数。

基于二分查找算法，将查找点的选择改进为自适应选择，可以提高查找效率。

插值查找的应用场景是，必须基于有序的查找序列，对于目标数组量比较大，并且按照一定走势增长的，这样插值查找算法的效率比较快。

复杂度分析为，查找成功或者失败的时间复杂度均为 $O(\log_2(\log_2 n))$。

插值查找法的参考代码如下。

```
int interpolationSearch(int a[], int value, int low, int high)
{
    int mid = low + (value - a[low])/(a[high] - a[low]) * (high - low);
    if(a[mid] == value)       return mid;
    if(a[mid]> value)         return interpolationSearch (a, value, low, mid - 1);
    if(a[mid]< value)         return interpolationSearch (a, value, mid + 1, high);
}
```

## 二、斐波那契查找法

在介绍斐波那契查找法之前，先介绍一下跟它紧密相连的一个概念——黄金分割。黄金

分割又称黄金比例，是指事物各部分间一定的数学比例关系，即将整体一分为二，较大部分与较小部分的比等于整体与较大部分的比，其比值约为 1∶0.618 或 1.618∶1。

1∶0.618 被认为是最具有审美意义的比例数字，这个数值的作用不仅仅体现在绘画、雕塑、音乐、建筑等领域，而且在管理、工程设计等方面也有着不可忽视的作用。

斐波那契数列：1，1，2，3，5，8，13，21，34，55，89，…（从第三个数开始，后边每一个数都是前两个数的和）。然后我们会发现，随着斐波那契数列的递增，前后两个数的比值会越来越接近 1∶0.618，根据这个特性，就可以将黄金比例运用到查找技术中。

斐波那契查找法（见图 1-2-1）是二分查找的一种提升算法，通过运用黄金比例的概念在数列中选择查找点进行查找，提高查找效率。同样地，斐波那契查找法也属于一种有序查找算法。

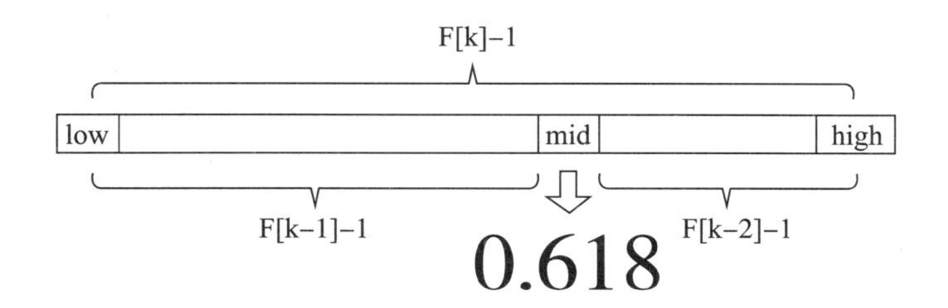


图 1-2-1　斐波那契查找法

折半查找，一般将待比较的 key 值与第 $mid=\frac{low+high}{2}$ 位置的元素比较，比较结果分为以下三种情况。

（1）相等，mid 位置的元素即为所求。

（2）大于，即 low＝mid＋1。

（3）小于，即 high＝mid－1。

斐波那契查找法与折半查找法很相似，它是根据斐波那契序列的特点对有序表进行分割的。它要求开始表中记录的个数为某个斐波那契数小于 1，即 n＝F[k]－1；开始将 k 值与第 F[k－1] 位置的记录进行比较（mid＝low＋F[k－1]－1），比较结果分为以下三种情况。

（1）相等，mid 位置的元素即为所求。

（2）大于，即 low＝mid＋1，k－＝2。

**说明**：low＝mid＋1 说明待查找的元素在[mid＋1，high]范围内，k－＝2 说明范围[mid＋1，high]内的元素个数为 n－F[k－1] ＝ F[k]－1－F[k－1]＝F[k]－F[k－1]－1＝F[k－2]－1 个，所以可以递归地应用斐波那契查找法。

（3）小于，即 high＝mid－1，k－＝1。

**说明**：low＝mid＋1 说明待查找的元素在[low，mid－1]范围内，k－说明范围[low，mid－1]内的元素个数为 F[k－1]－1 个，所以可以递归地应用斐波那契查找法。

最坏情况下，时间复杂度为 $O(\log_2 n)$，且期望复杂度也为 $O(\log_2 n)$。

斐波那契查找法的参考代码如下。

```
int FibonacciSearch(int a[], int n, int key)  //a为数组,n为要查找的数组长度,key为要查找的关键字
{
    F[0] = 0;
    F[1] = 1;
    for(int i = 2;i < max_size;++i) F[i] = F[i - 1] + F[i - 2];
    int k = 0;
    while(n > F[k] - 1) k++;                    //计算n位于斐波那契数列的位置
    memcpy(temp,a,n * sizeof(int));  //增加一个临时数组,把a数组完全复制到temp数组中
    for(int i = n;i < F[k] - 1;++i) temp[i] = a[n - 1];
    int low = 0;
    int high = n - 1;
    while(low <= high)
    {
    int mid = low + F[k - 1] - 1;
    if(key < temp[mid])
    {
      high = mid - 1;
      k -- ;
    }
    else
        if(key > temp[mid])
        {
            low = mid + 1;
            k -= 2;
        }
        else
        {
            if(mid < n) return mid;      //若相等则说明mid即为查找到的位置
            else return n - 1;           //若mid >= n则说明是扩展的数值,返回n - 1
        }
    }
    return  - 1;
}
```

## 三、分块查找法

分块查找又称索引顺序查找,它是顺序查找的一种改进方法。它将n个数据元素“按块有序”划分为m块(m≤n)。每一块中的节点不必有序,但块与块之间必须“按块有序”;即第1块中任意元素的关键字都必须小于第2块中任意元素的关键字;而第2块中任意元素又都必须小于第3块中的任意元素……

算法流程如下。

(1) 选取各块中的最大关键字构成一个索引表。

(2) 查找分两个部分:先对索引表进行二分查找或顺序查找,以确定待查记录在哪一块中;然后,在已确定的块中用顺序法查找。

## 四、哈希查找法

我们使用一个下标范围比较大的数组来存储元素时,可以设计一个函数,即哈希函数,也称为散列函数,使得每个元素的关键字都与一个函数值(即数组下标)相对应,于是用这个数组

单元来存储这个元素;也可以简单地理解为按照关键字为每一个元素“分类”,然后将这个元素存储在相应“类”所对应的地方。但是,不能够保证每个元素的关键字与函数值是一一对应的,因此极有可能出现不同的元素计算出了相同的函数值,这样就产生了“冲突”。换言之,就是把不同的元素分在了相同的“类”之中。

哈希表是一个在时间和空间上做出权衡的经典例子。如果没有内存限制,那么可以直接将键作为数组的索引。那么所有的查找时间复杂度为 O(1);如果没有时间限制,那么可以使用无序数组并进行顺序查找,这样只需要很少的内存。哈希表使用了适度的时间和空间,在这两者之间找到了平衡。只需要调整哈希函数算法即可在时间和空间上做出取舍。

# 第三节　排序算法

## 一、快速排序法

### (一) 快速排序法概述和使用方法

快速排序法是由东尼·霍尔所提出的一种排序算法。在平均状况下,排序 n 个项目要 O(nlgn)次比较。在最坏状况下则需要 $O(n^2)$次比较,但这种状况并不常见。事实上,快速排序通常明显比其他 O(nlgn)算法更快,因为它的内部循环(inner loop)可以在大部分的架构上很有效率地被实现出来。

快速排序的最坏运行情况是 $O(n^2)$,比如说顺序数列的快排。但它的平摊期望时间是 O(nlgn),且 O(nlgn)记号中隐含的常数因子很小,比复杂度稳定等于 O(nlgn)的归并排序要小很多。所以,对绝大多数顺序性较弱的随机数列而言,快速排序总是优于归并排序。

C++语言提供了 sort()函数就是采用快速排序算法。sort()函数使用方法如下。

(1) 将整型 a 数组,范围 a[0]～a[n－1]进行由小到大排序(默认)。直接调用:

```
sort(a, a+n);
```

(2) 将整型 a 数组,范围 a[0]～a[n－1]进行由大到小排序。参考代码如下。

```
bool cmp(int a, int b) { return a>b;}    //这个函数需要自定义,表示由大到小
sort(a, a+n, cmp);                        //sort()增加一个 cmp 参数,需要自定义 cmp 函数
```

(3) 多关键字排序。例如:第一关键字由小到大,第二关键字由大到小。这个可以应用在保持排序是否稳定方面。参考代码如下。

```
struct jia { int x, y;} a[N];
bool cmp(jia a, jia b)
{
    if (a.x==b.x) return a.y>b.y;
    return a.x<b.x;
}
sort(a, a+ n, cmp);
```

## （二）快速排序算法分析

待排序的数列如图 1-3-1 所示。

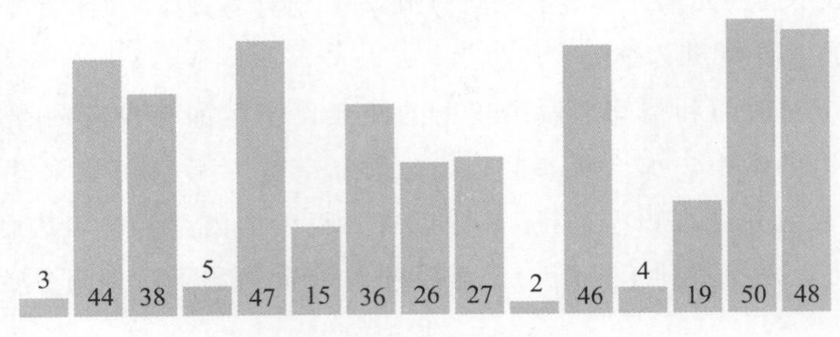


图 1-3-1　待排序的数列

1. 算法步骤

从数列中挑出一个元素，称为“基准”。重新排序数列，所有元素比基准值小的放在基准前面，所有元素比基准值大的放在基准的后面（相同的数可以到任意一边）。在这个分区退出之后，该基准就处于数列的中间位置，这就称为分区操作。

递归是把小于基准值元素的子数列和大于基准值元素的子数列排序。

2. 排序过程

如图 1-3-2 所示是一个无序的整数数组，下面进一步分析。

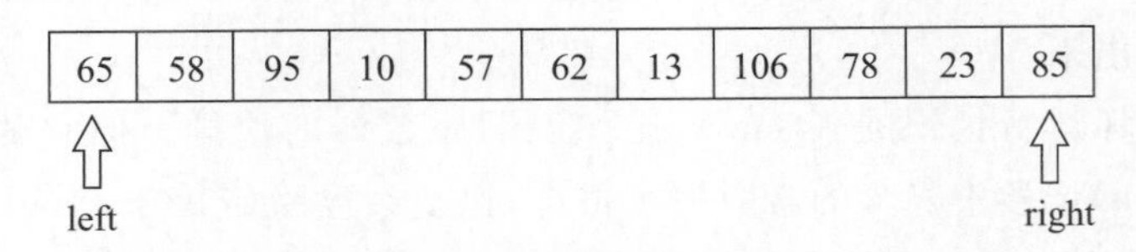


图 1-3-2　待排序的数组

(1) 将数据看作一个数轴，有 L 和 R 两个端点，如图 1-3-3 所示。

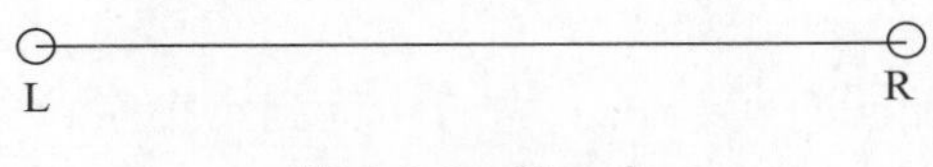


图 1-3-3　第一步

(2) 引入 i、j 和 mid 三个变量：i= L、j=R、mid=a[(L+R)/2]，如图 1-3-4 所示。

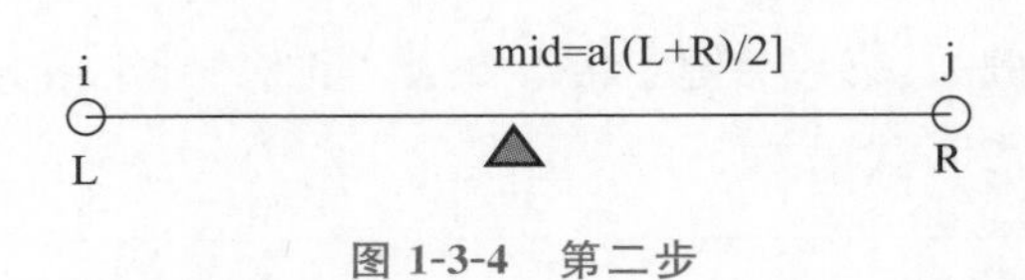


图 1-3-4　第二步

(3) 左边找大的，右边找小的，也就是 i 从左到右枚举找到第一个位置大于 mid，j 从右往左枚举找到第一个位置小于 mid，如图 1-3-5 所示。

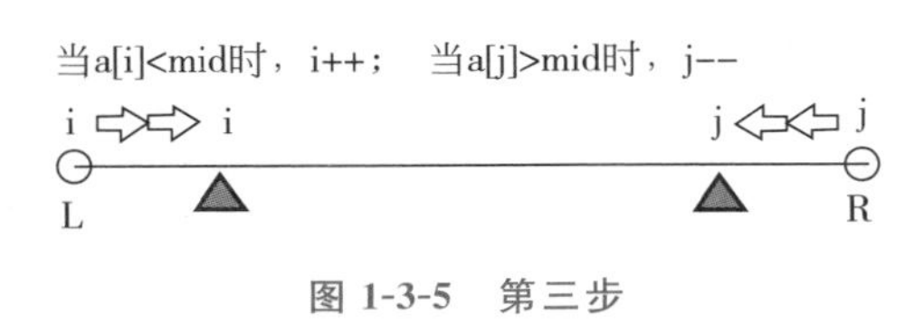


图 1-3-5 第三步

(4) 交换 a[i]和 a[j]，如图 1-3-6 所示。

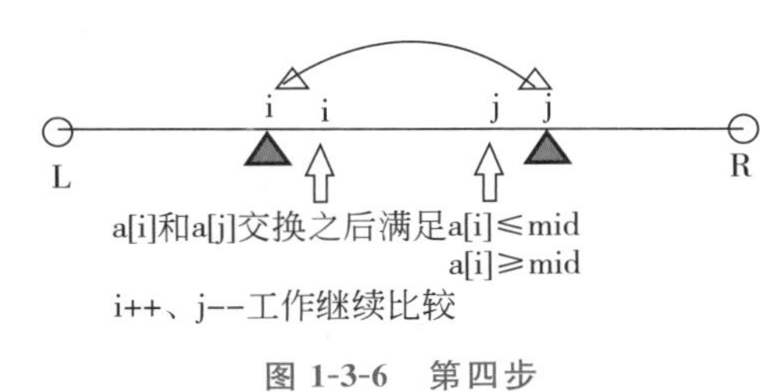


图 1-3-6 第四步

(5) 最后形成大小两个区间，如图 1-3-7 所示。

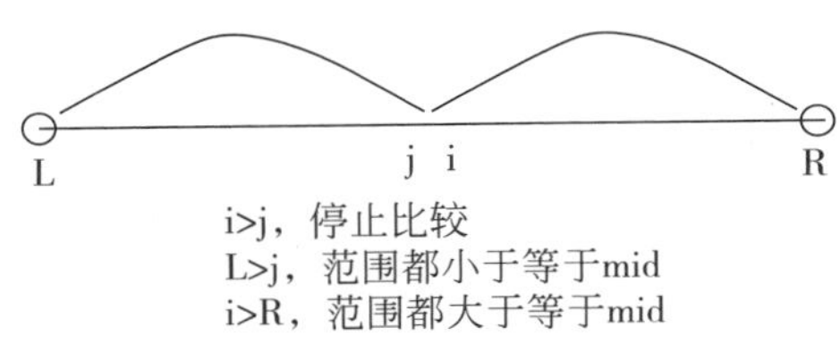


图 1-3-7 第五步

(6) 针对两个独立的区间继续上面的工作，将每个区间按照一个标准分出大小，按照此标准直到剩下一个元素就自动排好了，如图 1-3-8 所示。

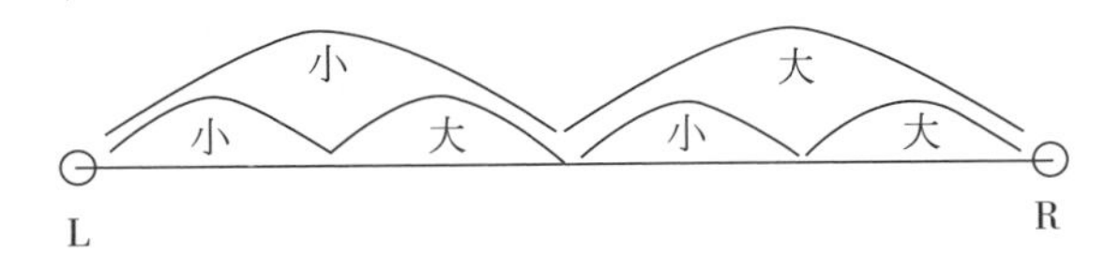


图 1-3-8 第六步

快速排序法函数的参考代码如下。

```
void qsort(int l, int r )
{
    int i = l , j = r , mid = a[l + r >> 1];
    while (i <= j)
    {
        while (a[i] < mid) i++;
        while (a[j]> mid) j -- ;
        if (i <= j) swap(a[i++], a[j -- ]);
    }
    if (l < j) qsort(l,j);
    if (i < r) qsort(i,r);
}
```

### （三）快速排序法例题

**例题 1.3.1　求第 k 小的数。**

**题目描述**：现有 n 个正整数 $x_i$，要求出这 n 个正整数中的第 k 小的整数。

**输入格式**：n 个正整数 $x_i$。

**输出格式**：第 k 小的整数，如表 1-3-1 所示。

表 1-3-1　例题 1.3.1 测试样例

| 样例输入 | 样例输出 |
| --- | --- |
| 5 2<br>4 3 2 1 5 | 2 |

**数据范围**：$n \leqslant 5000000, x_i \leqslant 10^9$。

**题目分析**：通过快速排序法，我们熟悉了 mid 的作用，i 是从左向右移动，j 是从右向左移动，出现大小两个区间后，i>j，这时 k 和 i，j 比较，如果 k⩾i 说明在[i,r]之间，如果 k⩽j 说明在[l,j]之间，否则说明找到答案。

参考代码如下。

```
void qsort(int l, int r )
{
    int i = l , j = r , mid = a[l + r >> 1];
    while (i <= j )
    {
        while (a[i] < mid ) i++;
        while (a[j]> mid) j -- ;
        if (i <= j) swap(a[i++] , a[j -- ]);
    }
    if (k <= j ) qsort(l,j); else
    if (k >= i) qsort(i,r);else
    {
        cout << a[j + 1] << endl;
        exit(0);
    }
}
```

## 二、归并排序法概述

### （一）归并排序法的定义

归并排序法是创建在归并操作上的一种有效的排序算法。1945 年约翰·冯·诺伊曼首次提出该算法。该算法是采用分治法的一个非常典型的应用，且各层分治递归可以同时进行。

如图 1-3-9 所示，这种结构很像一棵完全二叉树。在分阶段可以理解为递归拆分子序列的过程，递归深度为 $\log_2 n$。在治阶段，需要将两个已经有序的子序列合并成一个有序序列，如图 1-3-9 中的最后一次合并，要将[4,5,7,8]和[1,2,3,6]两个已经有序的子序列，合并为最终序列[1,2,3,4,5,6,7,8]，实现步骤，如图 1-3-10 和图 1-3-11 所示。

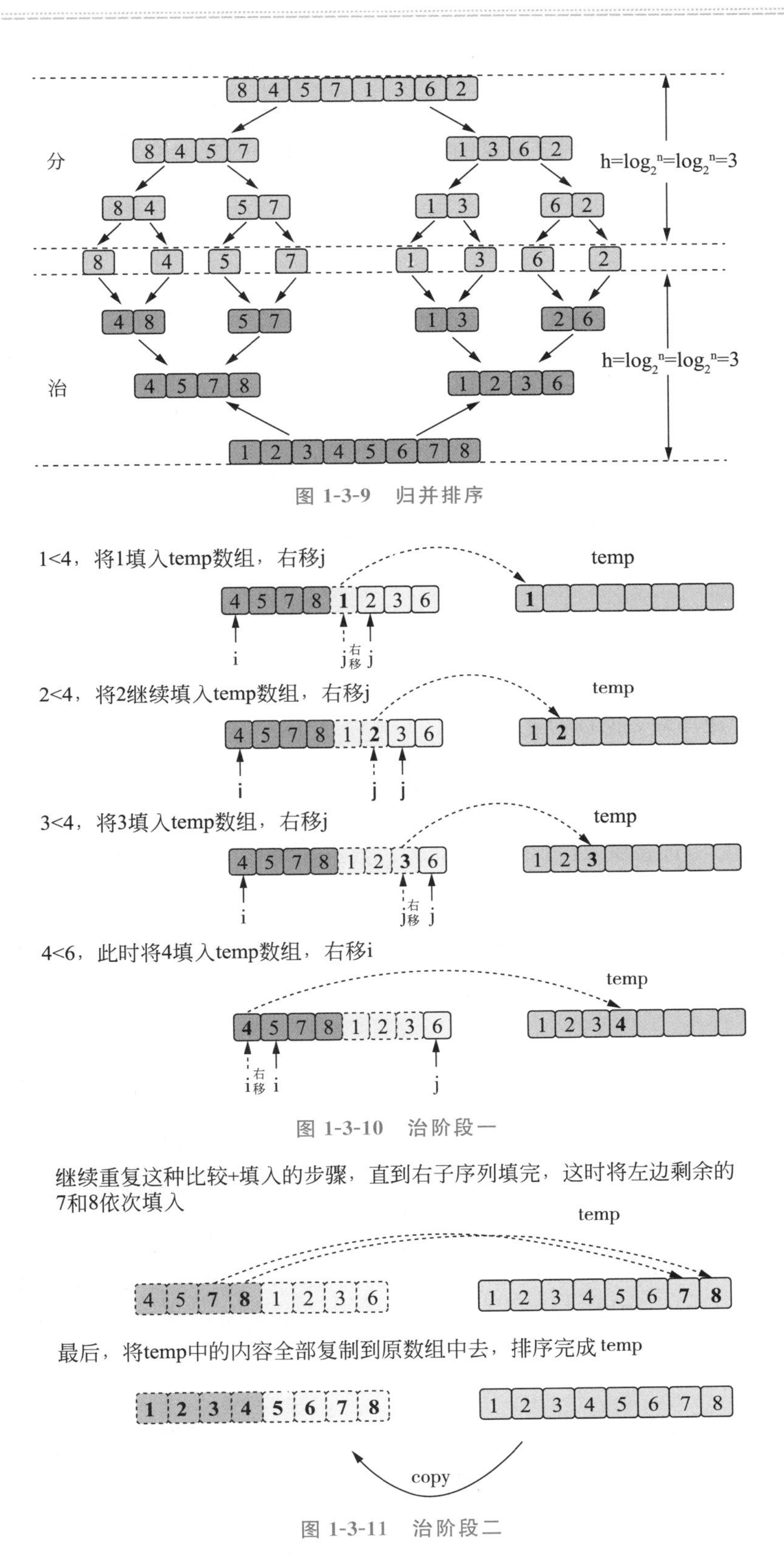


图 1-3-9 归并排序

图 1-3-10 治阶段一

图 1-3-11 治阶段二

一趟归并操作是将 r[1]～r[n]中相邻的长度为 h 的有序序列进行两两归并，这需要 O(n)时间。整个归并排序需要进行 $\log_2 n$ 趟，因此，总的时间代价是 $O(n\log_2 n)$。算法在执行时，需要占用与原始记录序列同样数量的存储空间，因此空间复杂度为 O(n)。

参考代码如下。

```
void merge(int l , int r)
{
    if (l >= r) return;
    int mid = (l + r) / 2;
    merge(l , mid ) ; merge(mid + 1, r);
    int i = l , j = mid + 1 , k = l;
    while (i <= mid && j <= r) if (a[i] <= a[j] ) b[k++] = a[i++]; else b[k++] = a[j++];
    while (i <= mid) b[k++] = a[i++];
    while (j <= r) b[k++] = a[j++];
    for (int i = l;i <= r ;i++) a[i] = b[i];
}
```

## （二）逆序对

1. 逆序对的定义

如果存在正整数 i、j 使得 $1 \leqslant i < j \leqslant n$，且 A[i]>A[j]，则<A[i],A[j]>这个有序对，则称为 A 的一个逆序对，也称为逆序数。

2. 逆序对举例

数组 a[]={2,3,8,6,1}，从左边第一个数开始向右逐个数遍，第一和第五个数可以组成一个逆序对<2,1>，即位置 1<5，a[1]>a[5]。数组 a 共有 5 个逆序对，分别是：<2,1><3,1><8,6><8,1><6,1>。

数组 a[]={1,2,3,4,5}，对于升序数组，没有符合规则的逆序对。

数组 a[]={5,4,3,2,1}，对于降序数组，共有 $\frac{n\times(n-1)}{2}$ 个逆序对。即数组 a 共有 10 个逆序对。

3. 分析逆序对与归并排序之间的联系

如图 1-3-12 所示，数组 a[]={4,5,7,8,1,2,3,6}，使用分治思想，把数组 a[]分成两段，[4,5,7,8] 和[1,2,3,6]，下标是延续的(i<j)，我们的任务是把这两段合并成一段。a[4]<a[0]，a[4]放入数组 temp[]，这是归并的过程，与此同时逆序对出现了，即<a[0],a[4]>，而且不用再比较就可以知道<a[1],a[4]>，<a[2],a[4]>，<a[3],a[4]>也肯定是逆序对，因为 a[0]～a[3]是有序的，如果 a[0]>a[4]，那么 a[1]～a[3]都会大于 a[4]，所以 1 放到数组 temp[]，逆序对就会累加 4 个。

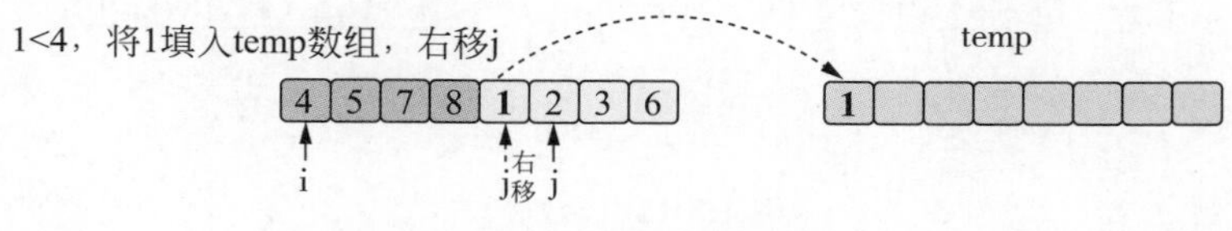


图 1-3-12　归并排序过程

如果 a[i]<a[j],a[i]放到 temp[k]的位置;如果 a[i]>a[j],a[j]放到 temp[k]的位置,这时隐藏的条件出现了 a[i]<a[i+1]<…<a[mid],这个范围内[i,mid]的数据都大于 a[j],而位置都小于 j,所以 mid−i+1 个数都与 a[j]形成逆序对,这就是归并方法求逆序对的精髓,如图 1-3-13 所示。

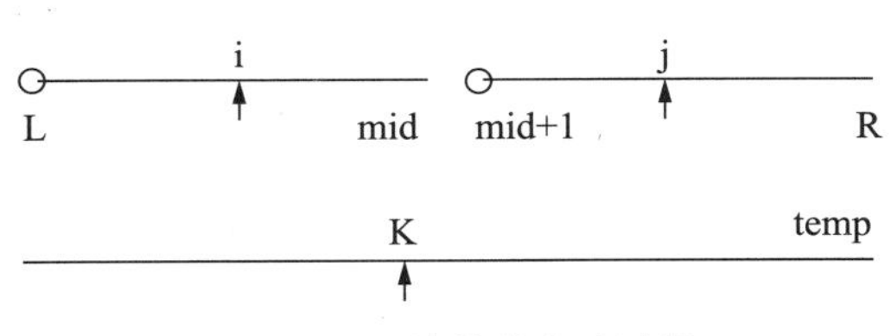


图 1-3-13　计算逆序对过程

参考代码如下。

```
void merge(int l , int r)
{
    if (l >= r) return;
    int mid = (l + r) / 2;
    merge(l , mid ) ; merge(mid + 1, r);
    int i = l , j = mid + 1 , k = l;
    while (i <= mid && j <= r)
        if (a[i] <= a[j] ) b[k++] = a[i++] ; else b[k++] = a[j++] , s += mid - i + 1;
    while (i <= mid) b[k++] = a[i++];
    while (j <= r) b[k++] = a[j++];
    for (int i = l ;i <= r ;i++) a[i] = b[i];
}
```

## （三）归并思想例题

例 1.3.2　神秘数字。

题目描述:在公元××××年,侦探小明收到了组织的神秘信息,在 Y 市有一道神秘的门。小明到达了那道门后,发现门上有一行字:“这个门需要密码才能解锁。”小明左找右找,终于找到了一张字条:“现在给你 n 个数,请求出这 n 个数里面,有多少个连续的数的平均数大于某个给定的数 M? 注意,这个数可能会很大,请输出这个数对 92084931 取模的结果。最终的结果即是这个门的密码。”小明想了半天,但始终找不到答案。于是他来求助于你。请你帮他解决这个问题。由于小明十分着急,他最多只能等 1 秒。

该题目大意是:给定 n 个数,请帮助小明求出里面有多少个连续的数的平均数大于给定的某个数 M,并将这个方案数输出。注意,这个数可能会很大,所以请输出这个数对 92084931 取模的结果。测试样例如表 1-3-2 所示。

表 1-3-2　例题 1.3.2 测试样例

| 样例 1 输入 | 样例 1 输出 | 样例 2 输入 | 样例 2 输出 |
| --- | --- | --- | --- |
| 4 3<br>1 5 4 2 | 5 | 4 4<br>5 2 7 3 | 6 |

**数据范围**：对于 10%的数据，$1<n\leq10$；对于 30%的数据，$1<n\leq1000$；对于 50%的数据，$1<n\leq30000$；对于 100%的数据，$1<n\leq200000$，$1<M\leq3000$，每个数均为正整数且不大于 5000。

**题目分析**：在样例 1 中，对于这 4 个数，问题的解有{5}，{4}，{5,4}，{1,5,4}，{5,4,2}共 5 组。在样例 2 中，对于这 4 个数，问题的解有{5}，{7}，{2,7}，{7,3}，{5,2,7}，{5,2,7,3}共 6 组。n 个数先都减掉 M，然后算一遍前缀和（s[i]表示从 1 到 i 连续区间和），那么就是要找多少个区间和大于 0。本题就转化为 s[j]−s[i]>0，即 s[j]>si，也就是求顺序对了。

参考代码如下。

```
void merge(int l, int r)
{
    if (l == r) return;
    int mid = l + r >> 1;
    merge(l, mid ); merge(mid + 1, r);
    int i = l , j = mid + 1, k = l;
    while (i <= mid && j <= r)
        if (sum[i] < sum[j])
        {
            t[k++] = sum[i++];
            ans += r - j + 1;
            ans %= mod;
        }
        else  t[k++] = sum[j++];
    while (i <= mid ) t[k++] = sum[i++];
    while (j <= r ) t[k++] = sum[j++];
    for (int i = l ;i <= r;i++) sum[i] = t[i];
}

int main()
{
    cin >> n >> m;
    sum[0] = 0;
    for (int i = 1;i <= n ;i++)
    {
        cin >> a[i];
        a[i] -= m;
        sum[i] = sum[i - 1] + a[i];
    }
    merge(0,n);
    printf(" % d\n", ans );
    return 0;
}
```

**例题 1.3.3 火柴排队。**

**题目描述**：涵涵有两盒火柴，每盒装有 n 根火柴，每根火柴都有一个高度。现在将每盒中的火柴各自排成一列，同一列火柴的高度互不相同，两列火柴之间的距离定义为 $\sum(a_i-b_i)^2$，其中 $a_i$ 表示第一列火柴中第 i 个火柴的高度，$b_i$ 表示第二列火柴中第 i 个火柴的高度。

每列火柴中相邻两根火柴的位置都可以交换，请通过交换使得两列火柴之间的距离最小。请问要得到最小的距离最少需要交换多少次？如果这个数字太大，请输出这个最小交换次数

对 $10^8-3$ 取模的结果。

输入格式：第一行包含一个整数 n，表示每盒中火柴的数目。第二行有 n 个整数，每两个整数之间用一个空格隔开，表示第一列火柴的高度。第三行有 n 个整数，每两个整数之间用一个空格隔开，表示第二列火柴的高度。

输出格式：输出共一行，包含一个整数，表示最少交换次数对 $10^8-3$ 取模的结果，如表 1-3-3 所示。

表 1-3-3 例题 1.3.3 测试样例

| 样例 1 输入 | 样例 1 输出 | 样例 2 输入 | 样例 2 输出 |
|---|---|---|---|
| 4<br>2 3 1 4<br>3 2 1 4 | 1 | 4<br>1 3 4 2<br>1 7 2 4 | 2 |

数据范围：$1\leqslant n\leqslant 100000$，$0\leqslant$ 火柴高度 $\leqslant 2^{31}-1$。

题目分析：本题目标是距离最小，贪心思想是两列按照相同的大小位置放置就可以了。问题就可以转化为 A 序和 B 序具有不一致性。所谓的不一致就是逆序，本题就是求 A 序和 B 序逆序的个数。归并算法求逆序对的本质是找到序列中 a[i]>a[j]，同时 i<j 数对的个数。把这个理解清楚，最深刻逆序对的本质就是将两个序列联合起来，最终让两个序列排序成一致的，逆序对数就是求达到一致性之后交换的次数。

将一个序列作为 c 数组的下标，另外一个序列作为 c 数组对应的数值，针对 c 数组进行归并排序求逆序对。本题中，A 序进行排序，关键记住排序之后每个数原来的位置，例如 a[0].y=9，代表最小的数在原来第 9 的位置。a[i].y 代表 A 序排序之后每个数原来的位置，b[i].y 代表 B 序排序之后每个数原来的位置。归并的精华：c[a[i].y]=b[i].y 将两个序列进行联系，形成逆序对的关键。

参考代码如下。

```
void merge(int l , int r )
{
    if (l >= r) return;
    int mid = l + r >> 1;
    merge(l, mid ) ; merge(mid + 1, r);
    int i = l , j = mid + 1, k = l;
    while (i <= mid && j <= r)
        if (c[i] < c[j]) d[k++] = c[i++];
        else d[k++] = c[j++] , ans = ( ans + mid - i + 1 ) % MOD;
    while (i <= mid ) d[k++] = c[i++];
    while (j <= r)   d[k++] = c[j++];
    for (int i = l ;i <= r ;i++) c[i] = d[i];
}

bool cmp(jia a, jia b) {return a.x < b.x ;}

int main()
{
    int n;
```

```
    cin >> n;
    for (int i = 0 ;i < n ;i++) cin >> a[i].x , a[i].y = i;
    for (int i = 0 ;i < n ;i++) cin >> b[i].x , b[i].y = i;
    sort(a, a + n ,cmp );
    sort(b, b + n ,cmp );
    for (int i = 0 ;i < n ;i++) c[a[i].y] = b[i].y;
    merge(0, n - 1);
    printf(" %lld\n", ans);
    return 0;
}
```

# 第四节 前缀和与差分

## 一、前缀和

### （一）前缀和的定义

假设有一个字符串 ABCDE，那么 A、AB、ABC、ABCD、ABCDE 就是这个单词的前缀，就是从第一个字母开始，依次往后拼接。而 E、ED、EDC、EDCB、EDCBA 称为这个单词的后缀。

那么对于一个数组的前缀，例如数组 a＝[0,12,62,33,4,55]，我们维护一个由前缀的和组成的数组 sum，sum[i]表示数组中 a[0]～ a[i] 的和。其中默认 a[0]是 0，若：

sum[0]＝a[0]＝0；

sum[1]＝a[0]＋a[1]；

sum[2]＝a[0]＋a[1]＋a[2]；

sum[3]＝a[0]＋a[1]＋a[2]＋a[3]；

sum[4]＝a[0]＋a[1]＋a[2]＋a[3]＋a[4]；

则 sum 数组就被称为前缀和数组。

### （二）前缀和的作用

前缀和是一种重要的预处理，能大大降低查询的时间复杂度。因为前缀和的主要目的是求子数组的和的大小。例如，元素 a[1]到 a[3]的和：a[1]＋a[2]＋a[3]＝sum[3]－sum[0]；元素 a[3]到 a[5]的和：a[3]＋a[4]＋a[5]＝sum[5]－sum[2]。

### （三）前缀和的应用

通过一个例子说明一下前缀和的作用。

给定一个整数数组和一个整数 k，你需要找到该数组中和为 k 的连续的子数组的个数。

思路 1：如果只使用 for 循环枚举子数组，并且求和，时间复杂度为 $O(n^3)$ 使用前缀和。使用前缀和：每次求出子数组的和，与 k 进行比较，时间复杂度为 $O(n^2)$。参考代码如下。

```
cin >> n >> k;
srand(time(0));
for (int i = 1;i <= n;i++)
{
    a[i] = rand()%1000 ,
    s[i] = s[i - 1] + a[i];
}
int cnt = 0;
for (int i = 1;i <= n;i++)
    for (int j = 0;j < i;j++)
        if (s[i] - s[j] == k) cnt ++;
cout << cnt << endl;
```

解释：

```
a[1] + a[2] = sum[2] - sum[0]
0 + a[1] + a[2] = sum[2]
```

思路 2:使用 map+前缀和进行优化。

在上一个思路中,我们要求一个结尾下标为 i 的子数组的和是否为 k,就需要对 j 从 0 遍历到 i−1,来找到是否存在 sum[i]−k=sum[j]。那么只要用 map<前 i 个元素的前缀和,把出现的次数>i 之前的前缀和的值记录下来,判断 map 中是否包含 sum[i]−k 即可。时间复杂度为 O(n)。参考代码如下。

```
cin >> n >> k;
for (int i = 1;i <= n;i++)
{
    cin >> a[i];
    s[i] = s[i - 1] + a[i];
    p[s[i]] ++;
}
int cnt = 0;
for (int i = 0;i < n;i++) cnt += p[s[i] + k];
cout << cnt << endl;
```

## (四) 前缀和例题

**例题 1.4.1 统计数目。**

**题目描述:**请统计数组中比它小的所有数字的数目。换言之,对于每个 nums[i],必须计算出有效的 j 的数量,其中 j 满足 j ! =i 且 nums[j]<nums[i]。

**输入格式:**第一行一个整数 n,第二行 n 个整数。

**输出格式:**n 个满足要求的数,如表 1-4-1 所示。

表 1-4-1 例题 1.4.1 测试样例

| 样例输入 | 样例输出 |
|---|---|
| 5<br>8 1 2 2 3 | 4 0 1 1 3 |

数据范围：$1 \leqslant n \leqslant 10000, 0 \leqslant num[i] \leqslant 1000$。

题目分析：

方法1：可以二重循环进行枚举。

方法2：思考问题方式改变，首先想到统计每个数出现的频率，其次通过前缀和求0～1000范围内前i个数的出现次数总和，最后是循环枚举这n个数到达第i个数之前的次数总和即是所求。

参考代码如下。

```
cin >> n;
for (int i = 1;i <= n;i++) cin >> a[i] , p[a[i]] ++;
for (int i = 1;i <= 100;i++) s[i]  = s[i - 1] + p[i];
for (int i = 1;i <= n;i++)  cout << s[a[i] - 1]  <<" ";
```

例题 1.4.2　统计"优美子数组"。

题目描述：给定一个整数数组 nums 和一个整数 k。如果某个连续子数组中恰好有 k 个奇数数字，我们就认为这个子数组是"优美子数组"。求这个数组中"优美子数组"的数目。

输入格式：第一行两个整数 n 和 k，第二行 n 个整数。

输出格式：符合条件的"优美子数组"的数目，如表 1-4-2 所示。

表 1-4-2　例题 1.4.2 测试样例

| 样例 1 输入 | 样例 1 输出 | 样例 2 输入 | 样例 2 输出 |
| --- | --- | --- | --- |
| 5 3<br>1 1 2 1 1 | 2 | 2 1<br>2 4 6 | 0 |

数据范围：$1 \leqslant n \leqslant 50000, 1 \leqslant nums[i] \leqslant 10^5, 1 \leqslant k \leqslant n$。

题目分析：样例1包含3个奇数的子数组是[1,1,2,1]和[1,2,1,1]，样例2数列中不包含任何奇数，所以不存在"优美子数组"。关键的思路：①n 个数中要统计每个数是否是奇数；②利用前缀和求前 i 个数中奇数的总和；③记录一个关键信息：每个奇数 odd 状态的个数，比如从前面 0 个奇数有几个，1 个奇数的状态有几个，等等；④最关键在于答案统计，如果遇到奇数个数总和 odd 大于等于 k 的情况，答案需要累加统计 odd－k 的情况个数，原因是 odd＝2，k＝2，答案应该是 odd＝0 时的个数，或者 odd＝5，k＝2，答案应该是也就是要 odd＝3 的个数，这个环节需要思考清晰。参考代码如下。

```
cin >> n >> k;
for (int i = 1;i <= n;i++) cin >> a[i];
cnt.push_back(1);
int odd = 0 , ans = 0;
for (int i = 1;i <= n;i++)
{
    odd += a[i] & 1;
    ans += odd >= k ? cnt[odd - k] :0;
    cnt[odd] ++;
}
cout << ans << endl;
```

## 二、二维前缀和

### （一）二维前缀和概述

从图 1-4-1 中可以看出，前缀和数组里每一个位置都表示原数组当前 index 左上方的数字的和。例如像图里面画的：prefixSum[3][3]＝src[0～2][0～2]的和；二维前缀和数组如何计算出来呢？可以分为以下四种情况。

（1）i＝＝0&&j＝＝0，只有一个直接赋值即可：prefixSum[0][0]＝src[0][0]＝0。

（2）i＝＝0，最左边的一排，prefixSum[0][j]＝prefixSum[0][j－1]＋src[0][j]。

（3）j＝＝0，最上面一排，prefixSum[i][0]＝prefixSum[i－1][0]＋src[i][0]。

（4）i!＝0||j!＝0，prefixSum[i][j]＝prefixSum[i－1][j]＋prefixSum[i][j－1]＋src[i][j]－prefixSum[i－1][j－1]。

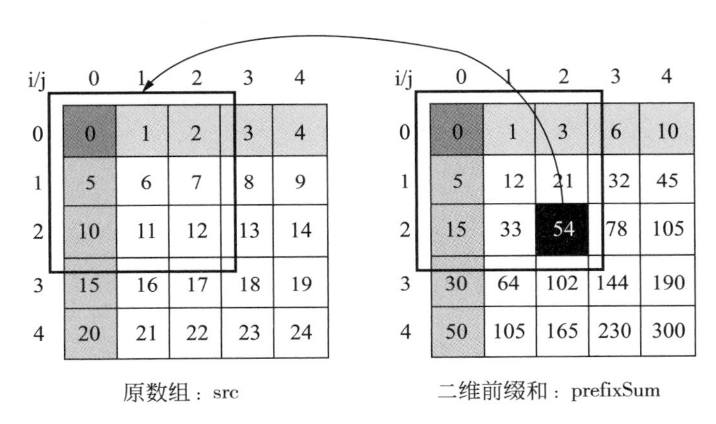


图 1-4-1　二维前缀和（1）

要想得到 prefixSum[2][2]我们知道应该是图 1-4-1 中箭头指向的区域。也就是 9 个方框加起来的和，即 54。可以利用 prefixSum[1][2]和 prefixSum[2] [1]，但是它俩的区域是重合的，如图 4-1-2 所示，重合的区域又恰好是 prefixSum[1][1]负责的区域，相当于加了两份，需要减掉一份。所以 prefixSum[2][2]＝prefixSum[1][2]＋prefixSum[2][1] － prefixSum[1][1]＋src[2][2]；也就是 54＝33＋21－12（这个是 prefixSum[1][1]）＋12（这是 src[2][2]）。

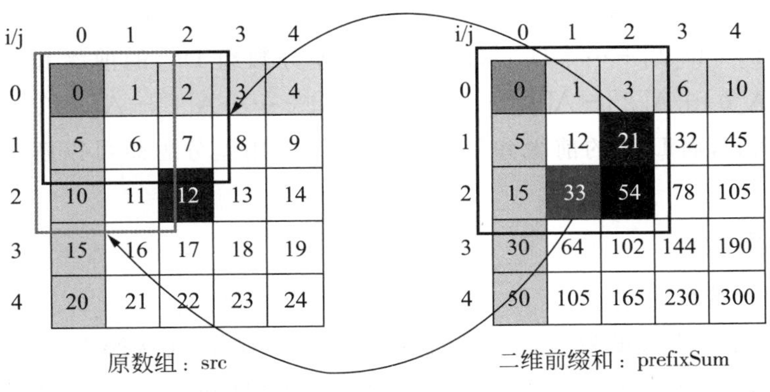


图 1-4-2　二维前缀和（2）

### （二）二维前缀和例题

例题 1.4.3　求方阵和。

题目描述：一个二维整数方阵，大小是 n×m，求 r×c 组成的方阵和的最大值，如表 1-4-3 所示。

表 1-4-3　例题 1.4.3 测试样例

| 样例输入 | 样例输出 |
|---|---|
| 3 3<br>1 2 −3<br>3 4 −5<br>−5 −6 −7 | 10 |

题目分析：先求二维前缀和，然后求任何一个 r×c 的二维整数方阵的和。

参考代码如下。

```
cin >> n >> m >> r >> c;
for(int i = 1;i <= n;++i)
for(int j = 1;j <= m;++j)
{
    cin >> num[i][j];
    s[i][j] = s[i - 1][j] + s[i][j - 1] + num[i][j] - s[i - 1][j - 1];
}
for(int i = 1;i <= n;++i)
    for(int j = 1;j <= m;++j)
        ans = max(ans,s[min(i + r - 1,n)][min(j + c - 1,m)] - s[min(i + r - 1,n)][j - 1] - s[i - 1]
[min(j + c - 1,m)] + s[i - 1][j - 1]);
 cout << ans << endl;
```

## 三、差分数组

### （一）差分思想

差分数组（又称为差分数列），即对于一个数组 A[]，其差分数组 D[i]＝A[i]－A[i－1]（i>0）且 D[0]＝A[0]＝0，我们一般将 a[0]初始化为 0，a[]下标一般从 1 开始。令 SumD[i]＝D[0]＋D[1]＋D[2]＋…＋D[i]（SumD[]是差分数组 D[]的前缀和），则 SumD[i]＝A[0]＋A[1]－A[0]＋A[2]－A[1]＋A[3]－A[2]＋…＋A[i]－A[i－1]＝A[i]，即 A[i]的差分数组是 D[i]，而 D[i]的前缀和是 A[i]。灵活应用差分思想可以解决离线修改和查询问题。

### （二）差分例题

例题 1.4.4　数列游戏。

题目描述：给定一个长度为 N 的序列，首先进行 A 次操作，每次操作在 $L_i$ 和 $R_i$ 这个区间加上一个数 $C_i$。然后有 B 次询问，每次询问 $L_i$ 到 $R_i$ 的区间和。初始序列都为 0。

输入格式：第一行三个整数 N、A、B。接下来 A 行，每行三个数 $L_i$、$R_i$、$C_i$（$1 \leqslant L_i \leqslant N, L_i \leqslant$

$R_i \leqslant N$,$|C_i| \leqslant 100000000000000$)。再接下来 B 行,每行两个数 $L_i$、$R_i$。范围同上。

**输出格式**:对于每次询问,输出一行一个整数。因为最后的结果可能很大,请将结果 1000000007 求余后输出,如表 1-4-4 所示。

表 1-4-4 例题 1.4.4 测试样例

| 样例输入 | 样例输出 |
|---|---|
| 5 1 1<br>1 3 1<br>1 4 | 3 |

**数据范围**:$1 \leqslant N \leqslant 1000000$,$1 \leqslant A \leqslant N$,$A \leqslant B \leqslant N$。

**题目分析**:如果每次修改都修改从 L 到 R 的值,一定会 TLE。注意:该题是先进行整体区间修改,最后才统一查询。所以,我们只要维护一个差分数组就行了。维护差分数组,对于将区间[L,R]加 C,如果只关注差分数组,D[L]=A[L]−A[L−1],D[R+1]=A[R+1]−A[R],因为 A[L]+=C,A[R]+=C,A[L−1]和 A[R+1]都没有改变,所以只需要将 D[L]+C 和 D[R+1]−C。D[L+1]~D[R]没有任何改变,a[i]和 a[i−1]都加 C,它们的差就都抵消了,这就是差分数组的本质。一句话总结,差分数组就是控制住两个端点就完成了任务。

当修改完毕后,先求一遍差分前缀和就得到了修改后的数组 A[],然后对 A[]求一遍前缀和,这样每次查询时候只要计算一次就可以得到结果了。

参考代码如下。

```
int n,m,k;scanf("%d%d%d",&n,&m,&k);
long long c;
for(int i = 1,a,b;i <= m;i++)
{
  read(a),read(b),read(c);
  d[a] = (d[a] + c) % mod;
  d[b + 1] = (d[b + 1] - c) % mod;
}

for(int i = 1;i <= n;i++) d[i] = (d[i - 1] + d[i]) % mod;
for(int i = 1;i <= n;i++) d[i] = (d[i - 1] + d[i]) % mod;
for(int i = 1,a,b,temp;i <= k;i++)
{
  read(a),read(b);                          //scanf("%d%d",&a,&b);
  temp = (d[b] - d[a - 1]) % mod;
  printf("%d\n",temp >= 0 ? temp :temp + mod);      //可能为负,手工改正
}
```

对参考代码过程进行简化,请关注程序主干。

```
cin >> N >> X >> Y;
for(i = 1;i <= X;i++)
{
    cin >> L >> R >> C;
```

```
        D[L] = D[L] + C;
        D[R + 1] = D[R + 1] - C;
    }
    for(i = 1;i <= N;i++)A[i] = (D[i] + A[i - 1]);            //D[i] = A[i] - A[i - 1]; a[0] = 0
    for(i = 1;i <= N;i++)SumA[i] = SumA[i - 1] + A[i];
    for(i = 1;i <= N;i++)
    {
        cin >> L >> R;
        count << SumA[R] - SumA[L - 1]<< endl;
    }
```

假设原数组为 num[N],d 表示 num 的差分数组,即 d[i]=num[i]−num[i−1];s1 表示 d 的前缀和,即 s1[i]=d[1]+d[2]+…+d[i];s2 表示 s1 的前缀和,即 s2[i]=s1[1]+s1[2]+…+s1[i]。另外 num 是 d 的前缀和,也就是说 s1 和 num 表示的是一个数组。题目说明 num 初始全为 0,所以 d 初始也都为 0,在区间 l 至 r 上的所有数加上 c,则 d 数组中,只有 d[l]增加 c,d[r+1]减少 c,由于修改和查询是分开的,在修改时只要修改 d[l]和 d[r+1],修改结束之后,对 d 数组的前缀和,得到 num 数组(也是 s1 数组),然后再对 num 求前缀和,即 s2 数组,查询 l 到 r 的和,就是 s2[r]−s2[l−1]。

例题 1.4.5 气球涂色。

**题目描述**:N 个气球排成一排,从左到右依次编号为 1,2,3,…,N。每次给定 2 个整数 a、b(a≤b),乐乐便骑上他的“小飞鸽”牌电动车从气球 a 开始到气球 b 依次给每个气球涂一次颜色。但是 N 次以后乐乐已经忘记了第 I 个气球已经涂过几次颜色了,请帮他算出每个气球被涂过几次颜色。

**输入格式**:每个测试实例第一行为一个整数 N,接下来的 N 行,每行包括 2 个整数 a 和 b。当 N=0,输入结束。

**输出格式**:每个测试实例输出一行,包括 N 个整数,第 I 个数代表第 I 个气球总共被涂色的次数,如表 1-4-5 所示。

表 1-4-5 例题 1.4.5 测试样例

| 样例输入 | 样例输出 |
| --- | --- |
| 3<br>1 1<br>2 2<br>3 3<br>3<br>1 1<br>1 2<br>1 3<br>0 | 1 1 1<br>3 2 1 |

**数据范围**:1≤a≤b≤N,N≤100000。

**题目分析**:区间修改查询问题一般会想到应用线段树或者树状数组来解答,但是本题的特点是多次修改,最后只有一次查询,因此可以用到差分数组。

对于数组 a[i],令 d[i]=a[i]−a[i−1](d[1]=a[1]),则 d[i]为一个差分数组,我们发现

统计 d 数组的前缀和 sum 数组，则有 sum[i]=d[1]+d[2]+d[3]+…+d[i]=a[1]+a[2]−a[1]+a[3]−a[2]+…+a[i]−a[i−1]=a[i]，即前缀和 sum[i]=a[i]。

因此，每次在区间[l,r]增减 x 只需要令 d[l]+x，d[r+1]−x，就可以保证[l,r]增加了 x，而对[1,l−1]和[r+1,n]无影响。复杂度则是 O(n)。

参考代码如下。

```
while (scanf("%d", &n), n)
{
    memset(a, 0 , sizeof(a));
    memset(d, 0 , sizeof(d));
    int l, r;
    for (int i = 1; i <= n; ++i)
    {
      scanf("%d%d", &l, &r);
      d[l] += 1;
      d[r + 1]  -= 1;
    }
  memset(sum , 0 , sizeof(sum));
    for (int i = 1; i <= n; ++i) sum[i] = sum[i - 1] + d[i];
    for (int i = 1; i < n; ++i) printf("%d ", sum[i]);
    printf("%d\n", sum[n]);
}
```

例题 1.4.6 数列平衡。

题目描述：给定一个长度为 n 的数列$\{a_1, a_2, \cdots, a_n\}$，每次可以选择一个区间[l,r]，使这个区间内的数都加 1 或者都减 1。问至少需要多少次操作才能使数列中的所有数都一样，并求出在保证最少次数的前提下，最终得到的数列有多少种？

输入格式：第一行一个正整数 n，接下来 n 行，每行一个整数，第 i+1 行的整数表示为 $a_i$。

输出格式：第一行输出最少操作次数，第二行输出最终能得到多少种结果，如表 1-4-6 所示。

表 1-4-6 例题 1.4.6 测试样例

| 样例输入 | 样例输出 |
|---|---|
| 4<br>1<br>1<br>2<br>2 | 1<br>2 |

数据范围：$n \leqslant 100000, 0 \leqslant a_i \leqslant 2147483647$。

题目分析：首先读题，同样是要求区间加 1 或减 1，不同的是它让你将这个数列中的数都一样。本题一共有两小问。第一小问要求输出最少的操作次数。以(1,1,2,0)为例，我们来把差分数组列出来，可以得到(1,0,1,−2)。因为题目只是要求将所有数变为相同的，所以第一个数可以不用管。然后我们会发现除去第一个数的其他差分数组中的正数和负数可以相互抵消，但每抵消 1 个单位就等于一次操作，因此最少的操作次数为 max(S1,S2)(S1 为差分数组中所有正数之和，S2 为差分数组中所有负数绝对值之和)。再来看第二小问，很显然为了达到最小步数必须先把正数和负数能抵消的全部抵消，而这些步骤最多只有一种情况，因此可以不考虑。但是抵消到只剩下正数或只剩下负数时，就会出现不同的情况。比如(0,0,−1,0)这个差分数组，其中的−1可以与第一个数抵消(相当于把前两个数加1)，或者与最后一个数的后面抵消(相当于把第三和第四个数都加1)，再看(0,0,2,0)，其中的2可以全部与第一个数抵消，也可全部与最后一个数的后面抵消，也可以其中一个与第一个数抵消，另一个数与最后一个数后面抵消。因此可以得到这样一个规律，第二个答案就是abs(S1−S2)+1。

参考代码如下。

```
scanf(" % d",&n);
for(int i = 1;i <= n;i++) scanf(" % d",&a[i]);
for(int i = 1;i <= n;i++) c[i] = a[i] - a[i - 1];
for(int i = 2;i <= n;i++)
if(c[i]> 0)s1 += c[i];else s2 -= c[i];
cout << max(s1,s2)<< endl << abs(s1 - s2) + 1;
```

**例题 1.4.7　宾馆房间。**

**题目描述**：2180年奥运会竞技类分会场，将在××市举行。艾瑞克却被兴奋而苦恼的情绪折磨着，他的宾馆是××市最好的宾馆，近期旅客投宿的订单m份接踵而至，时间从1～n天，这代表着大把大把的金钱，可是他最多只能提供k间客房，因此，他只能提前去租附近的房子并赶紧装修一下，时间很紧迫。

艾瑞克找到了他最好的朋友你："这是所有的订单，你给我在1s内计算出最高峰时，超出多少间客房，这样我才能知道得去租多少房子。"每张订单包含$d_j$、$s_j$、$t_j$：表示从第$s_j$日至第$t_j$日，预订房间$d_j$间。

**注**：为了简单起见，假设第一天之前宾馆所有的房间都是空的。

**输入格式**：第一行包含3个正整数n、m、k，表示天数、订单的数量和现有客房数。接下来有m行，每行包含三个正整数$d_j$、$s_j$、$t_j$，表示租借的数量，租借开始、结束分别在第几天。每行相邻的两个数之间均用一个空格隔开。天数与订单均用从1开始的整数编号。

**输出格式**：只有一个整数，表示最高峰时还差多少客房，客房足够输出0(骗不到分)，如表1-4-7所示。

**表 1-4-7　例题 1.4.7 测试样例**

| 样例输入 | 样例输出 |
| --- | --- |
| 4 3 6<br>2 1 3<br>2 2 4<br>4 2 4 | 3 |

**数据范围**：$1 \leqslant n, m \leqslant 1000000$；$1 \leqslant s_j \leqslant t_j \leqslant n$；$1 \leqslant k, d_j \leqslant 1000$。

**题目分析**：首先读题，要求是区间内加上某个数，并求整个数组中的最大值(即单点查值)，而且数据范围是百万级的，所以只能用差分数组做。我们把所有数读进来后建立一个差分数组，计算第i个数与第i−1个数的差值。在做区间加法时只需将区间中差分数组的第一个数加上读入的加值、将区间后面一个数减去相同的数，这样就相当于区间内的数被整体加了一个值。最后再将差分数组还原，查找最大值即可。

参考代码如下。

```
n = read();m = read();k = read();
for(int i = 1;i <= m;i++)
{
    d = read();s = read();j = read();
    a[s] += d;a[j + 1] -= d;
}
for(int i = 1;i <= n;i++)
{
    sum += a[i];ans = mx(ans,sum - k);
}
printf("%d",ans);
```

**例题 1.4.8　借教室。**

**题目描述：**在大学期间，经常需要借教室。大到院系举办活动，小到学习小组自习讨论，都需要向学校申请借教室。教室的大小功能不同，借教室人的身份不同，借教室的手续也不一样。面对海量租借教室的信息，我们自然希望编程解决这个问题。

我们需要处理接下来 n 天的借教室信息，其中第 i 天学校有 $r_i$ 个教室可供租借。共有 m 份订单，每份订单用三个正整数描述，分别为 $d_j$、$s_j$、$t_j$，表示某租借者需要从第 $s_j$ 天到第 $t_j$ 天租借教室(包括第 $s_j$ 天和第 $t_j$ 天)，每天需要租借 $d_j$ 个教室。

我们假定，租借者对教室的大小、地点没有要求。即对于每份订单，只需要每天提供 $d_j$ 个教室，而它们具体是哪些教室，每天是否是相同的教室则不用考虑。

借教室的原则是先到先得，也就是说我们要按照订单的先后顺序依次为每份订单分配教室。如果在分配的过程中遇到一份订单无法完全满足，则需要停止教室的分配，通知当前申请人修改订单。这里的无法满足指从第 $s_j$ 天到第 $t_j$ 天中至少有一天剩余的教室数量不足 $d_j$ 个。

现在我们需要知道，是否会有订单无法完全满足。如果有，需要通知哪一个申请人修改订单。

**输入格式：**第一行包含两个正整数 n、m，表示天数和订单的数量。第二行包含 n 个正整数，其中第 i 个数为 $r_i$，表示第 i 天可用于租借的教室数量。接下来有 m 行，每行包含三个正整数 $d_j$、$s_j$、$t_j$，表示租借的数量，租借开始、结束分别在第几天。每行相邻的两个数之间均用一个空格隔开。天数与订单均用从 1 开始的整数编号。

**输出格式：**如果所有订单均可满足，则输出只有一行，包含一个整数 0。否则(订单无法完全满足)输出两行，第一行输出一个负整数 −1，第二行输出需要修改订单的申请人编号，如表 1-4-8 所示。

**表 1-4-8　例题 1.4.8 测试样例**

| 样例输入 | 样例输出 |
| --- | --- |
| 4 3<br>2 5 4 3<br>2 1 3<br>3 2 4<br>4 2 4 | −1<br>2 |

**数据范围**：

对于10%的数据，有 $1\leqslant n,m\leqslant 10$；

对于30%的数据，有 $1\leqslant n,m\leqslant 1000$；

对于70%的数据，有 $1\leqslant n,m\leqslant 10^5$；

对于100%的数据，有 $1\leqslant n,m\leqslant 10^6$，$0\leqslant r_i,d_j\leqslant 10^9$，$1\leqslant s_j\leqslant t_j\leqslant n$。

**题目分析**：第1份订单满足后，4天剩余的教室数分别为0、3、2、3。第2份订单要求第2天到第4天每天提供3个教室，而第3天剩余的教室数为2，因此无法满足。分配停止，通知第2个申请人修改订单。

# 第五节 快速幂

## 一、倍增思想

### （一）倍增思想举例

**例1**：A、B两点之间相隔若干单位为1的距离，如何最快地从A走到B？

朴素的想法是：因为A、B之间距离未知，所以只能从A开始试探性走1步、2步、……看看走多少步能到达B，这样的时间复杂度是O(n)。当然这样不是很高效（耗时间）。

实际上可以只记录走1、2、4、8、16步能到达的地方。

从A出发：若跳8个格子（超过B了，放弃）；若跳4个格子（超过B了，放弃）；若跳2个格子（没超过B，可以跳）；若跳1个格子（没超过B，可以跳）。

其中关键的思想是：它绝对不会连着两步都是跳相同的格子数，例如：如果跳两次2个格子都是可行，那么它为何不直接跳4个格子呢？以此类推……

一张薄纸（0.1mm厚）对折36次后有多厚？约等于1万km，相当于中国到美国的距离，数学分析式如下。

对折十次，就有100mm厚，相当于手掌那么宽；对折二十次，就有100m厚，相当于30层高楼大厦；对折三十次，就达100km高，相当于北京到达天津的距离；对折三十六次，就达10 000km。相当于北京到达华盛顿的距离。

### （二）相关数学知识

1. 指数幂定义

一般地，在数学上把n个相同的因数a相乘的积记作 $a^n$。这种求几个相同因数的积的运算称为乘方，乘方的结果称为幂。在 $a^n$ 中，a称为底数，n称为指数。$a^n$ 读作“a的n次方”或“a的n次幂”。

2. 指数幂的运算法则

(1) 同底数幂相乘，底数不变，指数相加。即 $a^m\times a^n=a^{m+n}$（m、n都是有理数）。

(2) 幂的乘方，底数不变，指数相乘。即 $(a^m)^n=a^{mn}$（m、n都是有理数）。

3. 快速幂思想

首先：1→2→4→8→16→32→64→128代表 $2^0$、$2^1$、$2^2$、$2^3$、$2^4$、$2^5$、$2^6$、$2^7$。

计算一个数 A,就是 $A^1$,倍增一次就是让 A×A:$A^1 \times A^1 = A^{1+1} = A^2$,再倍增一次,就是让 $A^2$ 自乘:$A^2 \times A^2 = A^{2+2} = A^4$。理解求 $A^{128}$ 已经变得很简单了。

现在求 $A^{100}$,分析过程如下:先看 100 可以利用 1、2、4、8、…、$2^n$ 某几个相加获得,分析得:100=4+32+64,我们引入二进制概念,让问题迎刃而解:

$(100)_{10} = (1100100)_2$　　　十进制和二进制转换

大家可以仔细观察二进制中 1 的位置 i 对应 $2^i$,如表 1-5-1 所示。所以 $A^{100} = A^{64} \times A^{32} \times A^4$。

表 1-5-1　二进制表

| *1* | *1* | *0* | *0* | *1* | *0* | *0* |
|---|---|---|---|---|---|---|
| 6 | 5 | 4 | 3 | 2 | 1 | 0 |
| 64 | 32 | 16 | 8 | 4 | 2 | 1 |
| 64 | 32 | | | 4 | | |

## 二、快速幂、快速乘和矩阵快速幂

(1) 计算 $a^b$ 的写法如下。

```
int fast_pow(int a, int b) {
    int ans = 1;
    for (;b;b >>= 1, a = a * a )
        if (b &1) ans *= a;
    return ans;
}
```

(2) 计算 $a^b \% p$ 的写法如下。

```
int a,b, p , ans = 1;
cin >> a >> b >> p;
while (b)
{
    if (b & 1) ans = (LL) ans * a % p;
    a = (LL) a * a % p;
    b >>= 1;
}
cout << ans  % p << endl;
```

(3) 计算(a×b)%p(a,b 均是 int64 范围内,p 是 int 范围)。

解决思路:设 b 的二进制表示为 $b = C_k \times 2^k + C_{k-1} 2^{k-1} + \cdots + C_0 2^0$,其中 $Ci \in \{0,1\}$;那么 $ab = a\left(\sum_{i=0}^{k} C_i \times 2^i\right) = \sum_{i=0}^{k} (a \times 2^i) * C_i$。由于 $a \times 2^i = (a \times 2^{i-1}) \times 2$,而 $C_i$ 可以由 b&1 导出,可以进行推导。

参考代码如下。

```
int p;
long long a,b , ans = 0;
cin>> a>> b>> p;
while (b)
{
    if (b & 1) ans = (ans % p+a % p) % p;
    a = (a % p + a % p) % p;
    b >>= 1;
}
cout << ans << endl;
```

(4) 矩阵快速幂例题。

**例题 1.5.1 数列。**

**题目描述**:a[1]=a[2]=a[3]=1,a[x]=a[x−3]+a[x−1](x>3)求 a 数列的第 n 项对 1000000007($10^9+7$)取余的值。

**输入格式**:第一行一个整数 T,表示询问个数。以下 T 行,每行一个正整数 n。

**输出格式**:每行输出一个非负整数表示答案,如表 1-5-2 所示。

表 1-5-2 例题 1.5.1 测试样例

| 样例输入 | 样例输出 |
| --- | --- |
| 3<br>6<br>8<br>10 | 4<br>9<br>19 |

**数据范围**:对于 30%的数据 $n\leqslant100$;对于 60%的数据 $n\leqslant2\times10^7$;对于 100%的数据 $T\leqslant100$,$n\leqslant2\times10^9$。

**题目分析**:本题的解法是$[f1\quad f2\quad f3]\times\begin{bmatrix}0&0&1\\1&0&0\\0&1&1\end{bmatrix}=[f2\quad f3\quad f4]$把$\begin{bmatrix}0&0&1\\1&0&0\\0&1&1\end{bmatrix}$当作基础矩阵,用快速幂的方法求它的 n−1 次方,再用[f1　f2　f3]乘这个矩阵结果就可以得到 fn 了。

参考代码如下。

```
struct matrix                                    //结构体,运算符重载
{
  int a[5][5];
  matrix(){memset(a,0,sizeof(a));
}
  matrix operator * (const matrix &x)
  {
    matrix res;
    for (int i = 1;i <= 3;i++)
      for (int j = 1;j <= 3;j++)
          for (int k = 1;k <= 3;k++)
                res.a[i][j] += 1ll * a[i][k] * x.a[k][j] % mod,   res.a[i][j] %= mod;
    return res;
```

```
    }
A,f;

matrix Qpow(matrix base,int ind)                //矩阵快速幂
{
    matrix res;
    for (int i = 1;i <= 3;i++) res.a[i][i] = 1;    //单位矩阵
    while(ind )
    {
        if (ind & 1) res = res * base;
        base = base * base;
        ind >>= 1;
    }
    return res;
}

int main()
{
    read(t);
    while(t-- )
    {
        read(n);
        for (int i = 1;i <= 3;i++)
            for (int j = 1;j <= 3;j++)
            A.a[i][j] = f.a[i][j] = 0;
        A.a[1][3] = 1 , A.a[2][1] = 1;  A.a[3][2] = 1 , A.a[3][3] = 1;
        f.a[1][1] = f.a[1][2] = f.a[1][3] = 1;
        A = Qpow(A,n - 1);
        f = f * A;
        printf(" %d\n",f.a[1][1]);
    }
    return 0;
}
```

# 第六节　搜索

## 一、深度优先搜索与回溯

### （一）定义

回溯搜索是深度优先搜索（DFS）的一种，通俗地描述回溯法的思想是“一直向下走，走不通就掉头”，类似于树的先序遍历。DFS和回溯法其主要的区别是：回溯法在求解过程中不保留完整的树结构，而深度优先搜索则记下完整的搜索树。

为了减少存储空间，在深度优先搜索中，用标志的方法记录访问过的状态，这种处理方法使得深度优先搜索法与回溯法没什么区别了。

一般在求解八皇后问题时使用的是回溯法，其本质也是深度优先搜索。但在求解有关树和图的问题时，习惯说成深度优先搜索。这里所说的回溯和深搜都是不做任何优化的方式实现，在全局解空间上寻找最优解，所花费的时间比较长，仅使用于数据规模较小的问题。深搜（回溯）的算法框架如下。

```
void dfs(答案,搜索层数,其他参数)
{
  if(层数 == maxdeep)
  {
    更新答案;
    return;
  }
  (剪枝)
  for(枚举下一层可能的状态)
  {
    更新全局变量表示状态的变量;
    dfs(答案 + 新状态增加的价值,层数 + 1,其他参数);
    还原全局变量表示状态的变量;
  }
}
```

### (二) 深度优先搜索与回溯例题

例题 1.6.1　马拦过河卒。

题目描述:棋盘上 A 点有一个过河卒,需要走到目标 B 点。卒行走的规则:可以向下或者向右。同时在棋盘上 C 点有一个对方的马,该马所在的点和所有跳跃一步可达的点称为对方马的控制点,因此称为“马拦过河卒”。

棋盘用坐标表示,A 点为(0,0)、B 点为(n,m)(n、m 为不超过 15 的整数),同样马的位置坐标是需要给出的。现在要求计算出卒从 A 点能够到达 B 点的路径的条数。假设马的位置是固定不动的,并不是卒走一步马走一步。

输入格式:一行四个数据,分别表示 B 点坐标和马的坐标。

输出格式:一个数据,表示所有的路径条数,如表 1-6-1 所示。

表 1-6-1　例题 1.6.1 测试样例

| 样例输入 | 样例输出 |
|---|---|
| 6 6 3 3 | 6 |

数据范围:1≤n,m≤20,0≤马的坐标≤20。

题目分析:搜索的方向有两个,每次试探如果不在马所在位置就可以走,一种方法是到达终点进行计数,另一种方法是利用加法原理,当前到达位置(x,y),如果以前走过就不用再走了,否则(x,y)是由两个方向过来(x−1,y)和(x,y−1),利用记忆化搜索方式效率高。

参考代码 1 如下。

```
int dfs(int x,int y)
{
if (x == m && y == n) sum++;
else
  {
```

```
        if (vis[x + 1][y] && x + 1 <= m) dfs(x + 1, y);
        if (vis[x][y + 1]&& y + 1 <= n) dfs(x, y + 1);
    }
}
```

参考代码 2 如下。

```
int dfs(int x, int y)   //记忆化搜索写法
{
      if (f[x][y]! = - 1) return f[x][y];
      if (x - 1 >= 0 && y - 1 >= 0) f[x][y] = dfs(x - 1, y) + dfs(x, y - 1); else
      if (x - 1 >= 0) f[x][y] = dfs(x - 1, y); else
      if (y - 1 >= 0) f[x][y] = dfs(x, y - 1); else f[x][y] = 0;
      return f[x][y];
}
```

例题 1.6.2　出栈序列统计。

题目描述：栈是常用的一种数据结构，有 n 令元素在栈顶端一侧等待进栈，栈顶端另一侧是出栈序列。已经知道栈的操作有两种：push 和 pop，前者是将一个元素进栈，后者是将栈顶元素弹出。现在要使用这两种操作，由一个操作序列可以得到一系列的输出序列。请编程求出对于给定的 n，计算并输出由操作数序列 1、2、…、n，经过一系列操作可能得到的输出序列总数。

输入格式：一个整数 n。

输出格式：一个整数，即可能输出序列的总数目，如表 1-6-2 所示。

表 1-6-2　例题 1.6.2 试样例

| 样例输入 | 样例输出 |
|---|---|
| 3 | 5 |

数据范围：1≤n≤15。

题目分析：栈的原理是先进后出，存在三个位置，分别是进栈前、栈中、出栈后。我们可以搜索这三个位置的变化。其中，第一个变化是栈前少一个，栈中就多一个；第二个是栈中少一个，栈后就过一个。

参考代码如下。

```
void dfs(int a, int b, int c)
{
      if (c == n &&b == 0&&   a == 0) sum++;
      else
      {
          if (a >= 1) dfs(a - 1, b + 1, c);
          if (b >= 1) dfs(a, b - 1, c + 1);
      }
}
```

例题 1.6.3　算 24 点。

题目描述：几十年前全世界就流行一种数字游戏，至今仍有人乐此不疲。我们把这种游戏称为"算 24 点"。游戏时，游戏者将得到 4 个 1～9 之间的自然数作为操作数，而游戏者的任务是对这 4 个操作数进行适当的算术运算，要求运算结果等于 24。

游戏者可以使用的运算只有：+、-、*、/，还可以使用()来改变运算顺序。注意，所有的中间结果须是整数，所以一些除法运算是不允许的(如(2×2)/4 是合法的，2×(2/4)是不合法的)。下面给出一个游戏的具体例子。

若给出的 4 个操作数是：1、2、3、7，则一种可能的解答是 1+2+3×7=24。

输入格式：只有一行，四个 1 到 9 之间的自然数。

输出格式：如果有解，只要输出一个解，输出的是三行数据，分别表示运算的步骤。其中第一行是输入的两个数和一个运算符和运算后的结果，第二行是第一行的结果和一个输入的数据、运算符、运算后的结果；第三行是第二行的结果和输入的一个数、运算符和"=24"。如果两个操作数有大小，则先输出大的；如果没有解则输出 No answer!，如表 1-6-3 所示。

表 1-6-3　例题 1.6.3 测试样例

| 样例输入 | 样例输出 |
| --- | --- |
| 1 2 3 7 | 2+1=3<br>7×3=21<br>21+3=24 |

题目分析：本题的本质是在 n 个数中任取两个数进行运算，相当于套一个大架子，枚举两个操作数，再枚举四个运算符。n 个数进行运算后形成新的 n-1 个数继续进行搜索，在编程时要把新产生的数和没有使用的数组成新的集合，用于下次搜索。在过程中，第 i 次操作的所有数据，包括形如 a+b=c，这四个"a，b，+，c"是需要记录的。参考代码如下。

```
typedef int arr[4];
void dfs(int n,arr d)
{
    if (n == 1 && d[0] == 24) print();
    else
        for ( int i = 0;i < n - 1;i++)
          for ( int j = i + 1;j < n;j++)
          {
              int a = d[i], b = d[j];
              if (a < b) swap(a,b);
              int t = 0; arr c;
              for (int k = 0;k < n;k++)
                  if (k! = i && k! = j) c[t++] = d[k];
              r[4 - n][0] = a;
              r[4 - n][1] = b;
              for ( int p = 0;p < 4;p++)
              {
                  switch(p)
                  {
                      case 0:r[4 - n][2] = a + b;e[4 - n] = '+'; break;
                      case 1:r[4 - n][2] = a - b;e[4 - n] = '-'; break;
```

```
                    case 2:r[4 - n][2] = a * b;e[4 - n] = '*'; break;
                    case 3:if (b! = 0)  r[4 - n][2] = a/b,e[4 - n] = '/';break;
                }
                if (p == 3 && (b == 0 ||a % b! = 0) )break;
                c[t] = r[4 - n][2];
                dfs(n - 1,c);
            }
        }
    }
```

**例题 1.6.4　走迷宫。**

**题目描述**：有一个 m×n 格的迷宫(表示有 m 行、n 列)，其中有可走的也有不可走的，如果用 1 表示可以走，0 表示不可以走，文件读入这 m×n 个数据和起始点、结束点(起始点和结束点都是用两个数据来描述的，分别表示这个点的行号和列号)。现在要编程找出所有可行的道路，要求所走的路中没有重复的点，走时只能是上下左右四个方向。如果一条路都不可行，则输出相应信息(用－1 表示无路)。

**输入格式**：第一行是两个数 m 和 n，接下来是 m 行 n 列由 1 和 0 组成的数据，最后两行是起始点和结束点。

**输出格式**：所有可行的路径，描述一个点时用(x，y)的形式，除开始点外，其他的都要用－>表示方向。如果没有一条可行的路则输出－1，如表 1-6-4 所示。

表 1-6-4　例题 1.6.4 测试样例

| 样例输入 | 样例输出 |
|---|---|
| 5 6<br>1 0 0 1 0<br>1<br>1 1 1 1 1<br>1<br>0 0 1 1 1<br>0<br>1 1 1 1 1<br>0<br>1 1 1 0 1<br>1<br>1 1<br>5 6 | (1,2)->(2,1)->(2,2)->(2,3)->(2,4)->(2,5)->(3,5)->(3,4)->(3,3)->(4,3)->(4,4)->(4,5)->(5,5)->(5,6)<br>(1,1)->(2,1)->(2,2)->(2,3)->(2,4)->(2,5)->(3,5)->(3,4)->(4,4)->(4,5)->(5,5)->(5,6)<br>(1,1)->(2,1)->(2,2)->(2,3)->(2,4)->(2,5)->(3,5)->(4,5)->(5,5)->(5,6)<br>(1,1)->(2,1)->(2,2)->(2,3)->(2,4)->(3,4)->(3,3)->(4,3)->(4,4)->(4,5)->(5,5)->(5,6)<br>(1,1)->(2,1)->(2,2)->(2,3)->(2,4)->(3,4)->(3,5)->(4,5)->(5,5)->(5,6)<br>(1,1)->(2,1)->(2,2)->(2,3)->(2,4)->(3,4)->(4,4)->(4,5)->(5,5)->(5,6)<br>(1,1)->(2,1)->(2,2)->(2,3)->(3,3)->(3,4)->(2,4)->(2,5)->(3,5)->(4,5)->(5,5)->(5,6)<br>(1,1)->(2,1)->(2,2)->(2,3)->(3,3)->(3,4)->(3,5)->(4,5)->(5,5)->(5,6)<br>(1,1)->(2,1)->(2,2)->(2,3)->(3,3)->(3,4)->(4,4)->(4,5)->(5,5)->(5,6)<br>(1,1)->(2,1)->(2,2)->(2,3)->(3,3)->(4,3)->(4,4)->(3,4)->(2,4)->(2,5)->(3,5)->(4,5)->(5,5)->(5,6) |

续表

| 样例输入 | 样例输出 |
| --- | --- |
| | (1,1)－>(2,1)－>(2,2)－>(2,3)－>(3,3)－>(4,3)－>(4,4)－>(3,4)－>(3,5)－>(4,5)－>(5,5)－>(5,6)<br>(1,1)－>(2,1)－>(2,2)－>(2,3)－>(3,3)－>(4,3)－>(4,4)－>(4,5)－>(5,5)－>(5,6) |

数据范围：$1<m,n<15$。

题目分析：迷宫问题搜索是四个方向，如果没有障碍或没有走过就可以尝试去走，要有回溯过程。

参考代码如下。

```
void dfs(int x,int y,string p)
{
    for (int i = 0;i < 4;i++)
    {
        int x1 = x + xx[i], y1 = y + yy[i];
        if (vis[x1][y1] == 0 && map[x1][y1] == 1)
        {
            vis[x1][y1] = 1;
            string s1,s2; s1 = sstr(x1) ; s2 = sstr(y1);
            string s = p + "(" + s1 + "," + s2 + ")";
            if (x1 == ex && y1 == ey)
            {
                cout << s << endl;
                flag = true;
            }
            else dfs(x1,y1,s + " ->");
            vis[x1][y1] = 0;
        }
    }
}
```

例题 1.6.5　单向双轨道。

题目描述：如图 1-6-1 所示，某火车站有 B、C 两个调度站，左边入口 A 处有 n 辆火车等待进站(从左到右以 a、b、c、d 编号)，右边是出口 D，规定在这一段，火车从 A 进入经过 B、C 只能从左向右单向开，并且 B、C 调度站不限定所能停放的车辆数。

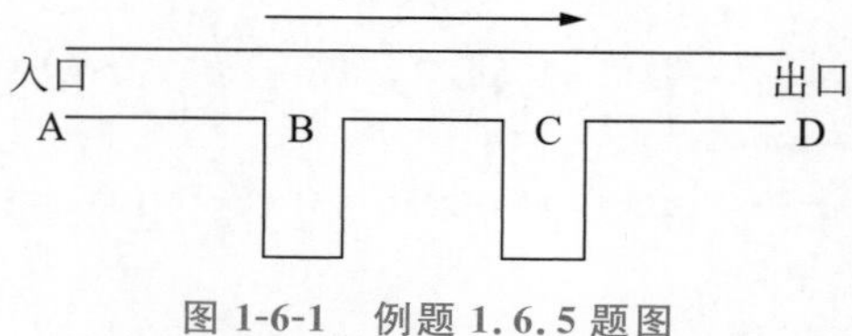


图 1-6-1　例题 1.6.5 题图

输入 n 及 n 个小写字母的一个排列，该排列表示火车在出口 D 处形成的从左到右的火车编号序列。输出为一系列操作过程，每一行形如 h L R 的字母序列，其中 h 为火车编号，L 为 h 车原先所在位置(位置都以 A、B、C、D 表示)，R 为新位置。或者输出 NO 表示不能完成这样的调度。

输入格式：一个数 n 及由 n 个小写字母组成的字符串。

输出格式：可以调度则输出最短的调度序列，不可以调度时则输出 NO，如表 1-6-5 所示。

表 1-6-5 例题 1.6.5 测试样例

| 样例输入 | 样例输出 |
|---|---|
| 3<br>cba | c A B<br>b A C<br>a A D<br>b C D<br>c B d |

数据范围：1<n<27。

题目分析：搜索的方向包括 A－>B、A－>C、A－>D、B－>C、B－>D、C－>D 里存在优先顺序，A、B、C 三个位置只要能够直接出去的字母与 D 位置的最先形成的字母相同就同时消掉，说明可以直达。参考代码如下。

```
void find(string s1,string s2,string s3,string s4,int dep)
{
    if (dep >= ans) return ;
    int len1 = s1.size() , len2 = s2.size(), len3 = s3.size(),len4 = s4.size();
    if (len1 + len2 + len3 + len4 == 0)
    {
    ans = dep;
    rep(i,ans) st[i] = s[i];
    flag = true;
    }
    else
    {
    string p;p = s4[len4 - 1];
    int l1 = s1.find(p) + 1 , l2 = s2.find(p) + 1, l3 = s3.find(p) + 1;
    if (l1 > 0)
    {
      if (l1 == s1.size())
      {
        s[dep] = p + "A D";
        find(s1.erase(len1 - 1,1),s2,s3,s4.erase(len4 - 1,1),dep + 1);
      }
      else {
         string ss;
         ss = s1[len1 - 1];
         s[dep] = ss + "A B";
         find(s1.erase(len1 - 1,1),s2 + ss,s3,s4,dep + 1);
         s[dep] = ss + "A C";
         find(s1.erase(len1 - 1,1),s2,s3 + ss,s4,dep + 1);
      }
    }
    if (l2 > 0)
    {
      if (l2 == s2.size())
      {
        s[dep] = p + "B D";
        find(s1,s2.erase(len2 - 1,1),s3,s4.erase(len4 - 1,1),dep + 1);
```

```
            }
            else {
                string ss;
                ss = s2[len2 - 1];
                s[dep] = ss + "B C";
                find(s1,s2.erase(len2 - 1,1),s3 + ss,s4,dep + 1);
            }
        }
        if (l3 > 0)
            if (l3 == s3.size())
            {
                s[dep] = p + "C D";
                find(s1,s2,s3.erase(len3 - 1,1),s4.erase(len4 - 1,1),dep + 1);
            }
    }
}
```

**例题 1.6.6　组合的输出。**

**题目描述**：排列与组合是常用的数学方法，其中组合就是从 n 个元素中抽出 r 个元素（不分顺序且 r≤n），可以简单地将 n 个元素理解为自然数 1、2、…、n，从中任取 r 个数。

现要求你不用递归的方法输出所有组合。

例如，n＝5，r＝3，则所有组合为

1 2 3　12 4　1 2 5　1 3 4　13 5　1 4 5　2 3 4　2 3 5　2 4 5　3 4 5

**输入格式**：一行两个自然数 n、r。

**输出格式**：所有的组合，每一个组合占一行且其中的元素按由小到大的顺序排列，每个元素占三个字符的位置，所有的组合也按字典顺序，如表 1-6-6 所示。

表 1-6-6　例题 1.6.6 测试样例

| 样例输入 | 样例输出 |
| --- | --- |
| 5 3 | 1 2 3<br>1 2 4<br>1 2 5<br>1 3 4<br>1 3 5<br>1 4 5<br>2 3 4<br>2 3 5<br>2 4 5<br>3 4 5 |

**数据范围**：1＜n＜21，1≤r≤n。

**题目分析**：组合数的搜索第 i 个数的取值范围是 a[i－1]＋1 到 n，说明至少比前一个数大 1，这样就不会产生重复。参考代码如下。

```
void dfs(int p)
{
    if (p > n)
    {
```

```
        for (int i = 1;i <= r ; i++) cout << a[i]<<" ";  cout << endl;
        return;
    }
    for (int i = a[p - 1] + 1;i <= n ; i++)
    {
        a[p] = i;
        dfs(p + 1);
    }
}
```

**例题 1.6.7　驾车旅游。**

**题目描述：**自驾旅游时总会碰到加油和吃饭的问题，在出发之前，驾车人总要想方设法得到从一个城市到另一个城市路线上的加油站的列表，列表中包括了所有加油站的位置及其每升的油价(如 3.25 元/L)。驾驶员一般都有以下的习惯。

(1) 除非汽车无法用油箱里的汽油达到下一个加油站或目的地，在油箱里还有不少于最大容量一半的汽油时，驾驶员从不在加油站停下来。

(2) 在第一个停下的加油站总是将油箱加满。

(3) 在加油站加油的同时，买快餐等吃的东西花去 20 元。

(4) 从起始城市出发时油箱总是满的。

(5) 加油站付钱总是精确到 0.1 元(四舍五入)。

(6) 驾车者都知道自己的汽车每升汽油能够行驶的里程数。

现在需要你帮忙编写一个程序，计算出驾车从一个城市到另一个城市的旅游在加油和吃饭方面最少的费用。

**输入格式：**第一行是一个实数，是从出发地到目的地的距离(单位：km)。第二行是三个实数和一个整数，其中第一个实数是汽车油箱的最大容量(单位：L)；第二个实数是汽车每升油能行驶的公里数；第三个实数是汽车在出发地加满油箱时的费用(单位元)；一个整数是 1～50 间的数，表示从出发地到目的地线路上加油站的数目。接下来 n 行都是两个实数，第一个数表示从出发地到某一个加油站的距离；第二个实数表示该加油站汽油的价格。数据项中的每个数据都是正确的。一条线路上的加油站根据其距出发地的距离递增排列，并且都不会大于从出发地到目的地的距离。

**输出格式：**就一个数据，是精确到 0.1 元的最小的加油和吃饭费用，如表 1-6-7 所示。

表 1-6-7　例题 1.6.7 测试样例

| 样例输入 | 样例输出 |
|---|---|
| 600<br>40　8.5　128　3<br>200　3.52<br>350　3.45<br>500　3.65 | 379.6 |

**题目分析：**需要解决几个“习惯”，针对第一个“除非汽车无法用油箱里的汽油达到下一个加油站或目的地，在油箱里还有不少于最大容量一半的汽油时，驾驶员从不在加油站停下来”。首先要想明白下一站在哪里。比如 a 是本站，a+1 是下一站，但如果不停在 a+1，从 a 出发下一站停在了 a+2，那么 a 的下一站就是 a+2 了。我们计算下一站(num=a+1)的方法：下一

站 num 不是终点，并且至少有可以到达下两站的能力，再考虑从当前站出发用半箱油可以达到下一站，那么下一站 num＝num＋1，相当于 a＋2。如此类推，这样就解释了“驾驶员从不在加油站停下来”。

在考虑完可以忽略的下一站之后，按照搜索要求，确定搜索范围，只要下一站可以达到就进行下一步搜索。参考代码如下。

```
void find(int stop,double cost)
{
    if (cost >= minc) return;
    if (s[stop] + fee >= distan) minc = cost;
    else
    {
      int num = stop + 1;
      while (num < n && s[num + 1] <= s[stop] + fee&& s[num] <= s[stop] + fee/2 ) num++;
      while (num <= n && s[num] <= s[stop] + fee ) find(num++,cost + sfee);
    }
}
```

**例题 1.6.8　关路灯。**

**题目描述：**某一村庄在一条路线上安装了 n 盏路灯，每盏灯的功率有大有小（即同一段时间内消耗的电量有多有少）。老张就住在这条路中间某一路灯旁，他有一项工作就是每天早上天亮时一盏一盏地关掉这些路灯。

为了给村里节省电费，老张记录下了每盏路灯的位置和功率，他每次关灯时也都是尽快地去关灯，但是老张并不知道怎样去关灯才能够最节省电。他每天都是在天亮时首先关掉自己所处位置的路灯，然后可以向左也可以向右去关灯。开始他以为先算一下左边路灯的总功率再算一下右边路灯的总功率，然后选择先关掉功率大的一边，再回过头来关掉另一边的路灯，而事实并非如此，因为在关的过程中适当地调头有可能会更省一些。

现在已知老张走的速度为 1m/s，每个路灯的位置（是一个整数，即距路线起点的距离，单位：m）、功率（单位：W），老张关灯所用的时间很短而可以忽略不计。

请为老张编一个程序来安排关灯的顺序，使从老张开始关灯时刻算起所有灯消耗电最少（灯关掉后便不再消耗电了）。

**输入格式：**文件第一行是两个数字 n（表示路灯的总数）和 c（老张所处位置的路灯号）；接下来 n 行，每行两个数据，表示第 1 盏到第 n 盏路灯的位置和功率。

**输出格式：**一个数据，即最少的功耗（单位：J，1J＝1W・s），如表 1-6-8 所示。

**表 1-6-8　例题 1.6.8 测试样例**

| 样例输入 | 样例输出 |
| --- | --- |
| 5 3<br>2 10<br>3 20<br>5 20<br>6 30<br>8 10 | 270{此时关灯顺序为 3 4 2 1 5，不必输出这个关灯顺序} |

数据范围：$0<n<50$，$1\leqslant c\leqslant n$。

题目分析：起始位置是c，那么我们明确三个位置，即老张的当前位置、他左边的位置和右边的位置，搜索方向是左边走和右边走两个方向。关键是从当前位置c，向左走时下一次的当前位置就会变成left。

参考代码如下。

```
void search(int left,int c ,int right)
{
    if(w >= minn) return;
    if (left == 0 && right == n + 1 ) minn = w;
    else
    {
        if (left > 0)
        {
            t += d[c] - d[left];
            w += p[left] * t;
            search(left - 1,left,right);
            w -= p[left] * t;
            t -= d[c] - d[left];
        }
        if (right < n + 1)
        {
            t += d[right] - d[c];
            w += p[right] * t;
            search(left,right,right + 1);
            w -= p[right] * t;
            t -= d[right] - d[c];
        }
    }
}
主函数调用:search(c - 1 , c , c + 1) ;
```

## 二、广度优先搜索

### （一）广度优先搜索的定义

广度优先搜索算法(Breadth－First Search,BFS)是一种盲目搜寻法，目的是系统地展开并检查图中的所有节点，以找寻结果。换句话说，它并不考虑结果的可能位置，彻底地搜索整张图，直到找到结果为止。

广度优先搜索让用户能够找出两样东西之间的最短距离，不过最短距离的含义有很多。使用广度优先搜索可以：编写国际跳棋AI，计算最少走多少步就可获胜；编写拼写检查器，计算最少编辑多少个地方就可将错拼的单词改成正确的单词，如将READED改为READER需要编辑一个地方。

### （二）广搜例题

例题1.6.9 倒酒问题。

题目描述：有四个亲密无间的兄弟，他们打算要均分16两酒。现在有2个8两的酒杯（已经盛满了酒），1个3两的酒杯（现在是空的），我们知道每个酒杯满的容量是多少，但都没有刻度。为了满足四个人的要求，你需要把每个步骤都打印出来。

题目分析：如果要进行广度优先搜索，我们考虑从一个状态出发，可能会有多少种可能性，就是会从一个状态转变为哪些可能的状态。本题的可能性包括三个酒杯相互倒酒，杯 1→杯 2，杯 1→杯 3，杯 2→杯 1，杯 2→杯 3，杯 3→杯 1，杯 3→杯 2；三个酒杯给四个人，杯 1→人 1，杯 1→人 2，杯 1→人 3，杯 1→人 4；杯 2→人 1，杯 2→人 2，杯 2→人 3，杯 2→人 4；杯 3→人 1，杯 3→人 2，杯 3→人 3，杯 3→人 4。这些都是可能性，我们要从一种状态出发，把每种状态都测试一下，如果某个操作合理（不会溢出）就采用这个操作。这个操作使用队列思想实现，找到结果意味着三个杯子是 0，四个人都是 4，这个是程序结束条件。

参考代码如下。

```
struct jia
{
    int a,b,c,u1,u2,u3,u4,father;
} a[N];
int head,tail;
bool pd[20][20][10][10][10][10][10];
void print(int i)
{
    if (i>=0)
    {
        print(a[i].father);
        printf("%d %d %d %d %d %d %d\n",
        a[i].a,a[i].b,a[i].c,a[i].u1,a[i].u2,a[i].u3,a[i].u4);
    }
}
void find(int a1,int a2,int a3,int a4,int a5,int a6,int a7)
{
    pd[a1][a2][a3][a4][a5][a6][a7] = 0;
    a[tail] = (jia) {a1,a2,a3,a4,a5,a6,a7,head };
    if (a4 == 4 && a5 == 4 && a6 == 4 && a7 == 4) print(tail);
    tail++;
}

void bfs()
{
    head = 0,tail = 1;
    a[0] = (jia) {8, 8, 0 , 0 , 0 , 0,0, -1 };
    a[1].father = 0;
    pd[8][8][0][0][0][0][0] = 0;
    while (head < tail)
    {
        int a1 = a[head].a,a2 = a[head].b,a3 = a[head].c;
        int a4 = a[head].u1,a5 = a[head].u2,a6 = a[head].u3,a7 = a[head].u4
        int b1 = min(a1,8 - a2),b2 = min(a1,3 - a3);
        int b3 = min(a2,8 - a1),b4 = min(a2,3 - a3);
        int b5 = min(a3,8 - a1),b6 = min(a3,8 - a2);
        if (pd[a1 - b1][a2 + b1][a3][a4][a5][a6][a7])
        find(a1 - b1,a2 + b1,a3,a4,a5,a6,a7);
        if (pd[a1 - b2][a2][a3 + b2][a4][a5][a6][a7])
        find(a1 - b2,a2,a3 + b2,a4,a5,a6,a7);
        if (pd[a1 + b3][a2 - b3][a3][a4][a5][a6][a7])
        find(a1 + b3,a2 - b3,a3,a4,a5,a6,a7);
        if (pd[a1][a2 - b4][a3 + b4][a4][a5][a6][a7])
```

```
            find(a1,a2 - b4,a3 + b4,a4,a5,a6,a7);
            if (pd[a1 + b5][a2][a3 - b5][a4][a5][a6][a7])
            find(a1 + b5,a2,a3 - b5,a4,a5,a6,a7);
            if (pd[a1][a2 + b6][a3 - b6][a4][a5][a6][a7])
            find(a1,a2 + b6,a3 - b6,a4,a5,a6,a7);
            if (a4 + a1 < 5 && pd[0][a2][a3][a4 + a1][a5][a6][a7])
            find(0,a2,a3,a4 + a1,a5,a6,a7);
            if (a5 + a1 < 5 && pd[0][a2][a3][a4][a5 + a1][a6][a7])
            find(0,a2,a3,a4,a5 + a1,a6,a7);
            if (a6 + a1 < 5 && pd[0][a2][a3][a4][a5][a6 + a1][a7])
            find(0,a2,a3,a4,a5,a6 + a1,a7);
            if (a7 + a1 < 5 && pd[0][a2][a3][a4][a5][a6][a7 + a1])
            find(0,a2,a3,a4,a5,a6,a7 + a1);
            if (a4 + a2 < 5 && pd[a1][0][a3][a4 + a2][a5][a6][a7])
            find(a1,0,a3,a4 + a2,a5,a6,a7);
            if (a5 + a2 < 5 && pd[a1][0][a3][a4][a5 + a2][a6][a7])
            find(a1,0,a3,a4,a5 + a2,a6,a7);
            if (a6 + a2 < 5 && pd[a1][0][a3][a4][a5][a6 + a2][a7])
            find(a1,0,a3,a4,a5,a6 + a2,a7);
            if (a7 + a2 < 5 && pd[a1][0][a3][a4][a5][a6][a7 + a2])
            find(a1,0,a3,a4,a5,a6,a7 + a2);
            if (a4 + a3 < 5 && pd[a1][a2][0][a4 + a3][a5][a6][a7])
            find(a1,a2,0,a4 + a3,a5,a6,a7);
            if (a5 + a3 < 5 && pd[a1][a2][0][a4][a5 + a3][a6][a7])
            find(a1,a2,0,a4,a5 + a3,a6,a7);
            if (a6 + a3 < 5 && pd[a1][a2][0][a4][a5][a6 + a3][a7])
            find(a1,a2,0,a4,a5,a6 + a3,a7);
            if (a7 + a3 < 5 && pd[a1][a2][0][a4][a5][a6][a7 + a3])
            find(a1,a2,0,a4,a5,a6,a7 + a3);
            head++;
        }
    }
```

例题 1.6.10　翻硬币。

题目描述:小鹏近期找了一些益智游戏,发现翻硬币是最简单的。给出 n 个硬币,开始都是正面朝上,每次需要翻 m 个硬币,翻一个硬币就意味着正反面的交替。需要打印出每次翻硬币的情况。

输入格式:n 和 m。

输出格式:每次情况,分别是正面朝上个数、翻几个正面的硬币、翻几个反面的硬币,如表 1-6-9 所示。

表 1-6-9　例题 1.6.10 测试样例

| 样例输入 | 样例输出 |
|---|---|
| 5 3 | 5 0 0<br>2 3 0<br>3 1 2<br>0 3 0 |

数据范围:$1\leqslant m\leqslant n\leqslant 100$。

题目分析:本题的关键是对硬币状态的理解,不管怎么翻,正面朝上的个数 i,反面朝上的个数就是 n−i,从当前状态只考虑枚举翻正面,需要翻 0～min(i,m),代表最少翻 0 个正面,最多翻 i 和 m 的最小值(如果 i 大于 m,就最多翻 m 个)。

参考代码如下。

```
void bfs()
{
    head = 0 ;tail = 1;
    f[head] = (jia) {n, 0 , 0 , -1};
    memset(vis,1,sizeof(vis));
    vis[n] = 0;
    while (head < tail)
    {
        int zm = f[head].zm;                          //当前正面的个数
        int fm = n - zm;                              //当前反面的个数
        for (int i = 0;i <= min(zm,m);i++)
        {
            int x = zm - i ;                          //zm 翻 i 个之后的数量
            int y = m  - i ;                          //一共翻 m 个,其中 i 个是正面,m - i 就是反
                                                        面翻成正面的个数
            int z = x + y ;
            if (vis[z] && fm >= y)                    //fm 反面的个数,y 需要翻的反面的个数
            {
                vis[z]   = 0;
                f[tail] = (jia){z, i , y, head};      //分别代表翻完之后正面个数 z,翻 i 个正面,
                                                        翻 y 个反面
                if (z == 0) print(tail);
                tail++;
            }
        }
    head++;
    }
}
```

## 三、迭代加深搜索

### (一) 迭代加深搜索的定义

迭代加深搜索就是,首先深度优先搜索 k 层,若没有找到可行解,再深度优先搜索 k+1 层,直到找到可行解为止。由于深度从小到大逐渐增大,所以当搜索到结果时可以保证搜索深度是最小的。这也是迭代加深搜索可以代替广度优先搜索的原因。

前提:题目一定要有解,否则会无限循环下去。

### (二) 迭代加深搜索例题

例题 1.6.11　埃及分数。

题目描述:在古埃及,人们使用单位分数的和(形如 1/a 的,a 是自然数)表示一切有理数。如:$\frac{2}{3}=\frac{1}{2}+\frac{1}{6}$,但不允许$\frac{2}{3}=\frac{1}{3}+\frac{1}{3}$,因为加数中有相同的。对于一个分数$\frac{a}{b}$,表示方法有很多种,但是哪种最好呢?首先,加数少的比加数多的好;其次,加数个数相同的,最小的分数越大越好。例如:

(1) $\frac{19}{45}=\frac{1}{3}+\frac{1}{12}+\frac{1}{180}$

(2) $\frac{19}{45}=\frac{1}{3}+\frac{1}{15}+\frac{1}{45}$

(3) $\frac{19}{45}=\frac{1}{3}+\frac{1}{18}+\frac{1}{30}$

(4) $\frac{19}{45}=\frac{1}{4}+\frac{1}{6}+\frac{1}{180}$

(5) $\frac{19}{45}=\frac{1}{5}+\frac{1}{6}+\frac{1}{18}$

最好的是最后一种,因为 1/18 比 1/180、1/45、1/30 都大。

输入格式:一行两个整数,分别为 a 和 b 的值。

输出格式:输出若干个数,自小到大排列,依次是单位分数的分母,如表 1-6-10 所示。

表 1-6-10　例题 1.6.11 测试样例

| 样例输入 | 样例输出 |
| --- | --- |
| 19 45 | 5 6 18 |

数据范围:$1<a<b<1000$。

题目分析:埃及分数可以轻松确定一个解空间,这是搜索核心,即$\frac{x}{y}=\frac{1}{i}$,i 的取值$\frac{y}{x}$,这是一个临界值,如果结合一些条件,假定明确知道埃及分数可以一共可以分成 dep 个分数,已经完成了 d−1 个分数,我们要解决第 d 个分数的结果,那么 i 的取值范围中最小值是 max(s[d−1]+1,y/x+1),最大值是(dep−d+1) * y / x,它的意思就是还剩(dep−d+1)个分数没有使用。所谓迭代加深的本质是不知道可能会分成几层,假定分成一层试试,再分成二层试试,如此下去,只要题目有解,在一个确定的层中会找到最优解。

参考代码如下。

```
void dfs(LL x,LL y,int d)
{
  LL a,b,w;
  if (d == dep)
  {
    s[d] = y;
    if ((x == 1)&&(s[d]> s[d - 1])) outp();
    return;
  }
  for ( int i = max(s[d - 1] + 1,y/x + 1);i <(dep - d + 1) * y/x;i++)
  {
    b = y * i/gcd(y,i);
    a = b/y * x - b/i;
    w = gcd(a,b);
    a/ = w,b/ = w;
    s[d] = i;
    dfs(a,b,d + 1);
```

```
    }
}
int main()
{
  int i = 0;
  scanf("%lld%lld",&ch,&mo);
  i = gcd(ch,mo);
  ch/ = i,mo/ = i;
  for (dep = 2;;dep++)
  {
    ans[1] = 0;
    s[0] = 0;
    ans[dep] = MAXN;
    dfs(ch,mo,1);
    if (ans[1]! = 0) break;
  }
  for (int j = 1;j <= dep;j++) printf("%lld ",ans[j]); printf("\n");
  return 0;
}
```

## 四、双向搜索

### (一) 双向搜索的定义

双向搜索算法是一种图的遍历算法,用于在有向图中搜索从一个顶点到另一个顶点的最短路径。算法同时运行两个搜索:一个从初始状态正向搜索,另一个从目标状态反向搜索,当两者在中间汇合时搜索停止。双向搜索的启发式函数可以定义为:正向搜索为到目标节点的距离,反向搜索为到初始节点的距离。

### (二) 双向搜索例题

**例题 1.6.12 八数码难题。**

**题目描述**:如图 1-6-2 所示,在 3×3 的棋盘上,摆有八个棋子,每个棋子上标有 1 至 8 的某一数字。棋盘中留有一个空格,空格用 0 来表示。空格周围的棋子可以移到空格中。要求解的问题是:给出一种初始布局(初始状态)和目标布局(为了使题目简单,设目标状态为 123804765),找到一种最少步骤的移动方法,实现从初始布局到目标布局的转变。

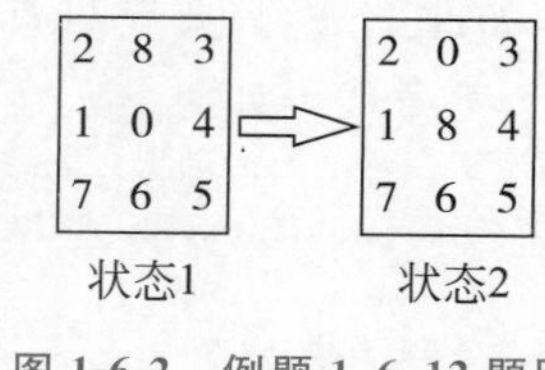


图 1-6-2 例题 1.6.12 题图

**输入格式**:输入初始状态,一行九个数字,空格用 0 表示。

**输出格式**:只有一行,该行只有一个数字,表示从初始状态到目标状态需要的最少移动次数(测试数据中无特殊无法到达目标状态数据),如表 1-6-11 所示。

表 1-6-11 例题 1.6.12 测试样例

| 样例输入 | 样例输出 |
| --- | --- |
| 283104765 | 4 |

**题目分析**:广搜的特点是层次搜索,从一个状态出发,一步一步地展开,而双向搜索是从结束状态出发,倒着一步一步地搜索,当某个状态正向和反向都出现过就是一个共同状态,把两

个答案求和就是最终答案。本题用到了 STL 中的 map 技巧,提高了解决问题效率。

参考代码如下。

```
string s, e = "123804765", n, m;
map< string, int > m1, m2;
map< string, bool > vis1, vis2;
queue< string > q1, q2;
inline void swap_and_push1(int i, int j, string a)
{
    swap(a[i], a[j]);
    if(!vis1[a]) q1.push(a), m1[a] = m1[n] + 1, vis1[a] = 1;
}
inline void swap_and_push2(int i, int j, string a)
{
    swap(a[i], a[j]);
    if(!vis2[a]) q2.push(a), m2[a] = m2[m] + 1, vis2[a] = 1;
}
int main()
{
    cin >> s;
    q1.push(s);q2.push(e);vis1[s] = 1;vis2[e] = 1;
    while(!q1.empty() && !q2.empty())
    {
        n = q1.front();     m = q2.front();
        q1.pop();     q2.pop();
        if(vis1[n] && vis2[n])          {cout << m1[n] + m2[n] << endl;return 0;}
        if(vis1[m] && vis2[m])          {cout << m1[m] + m2[m] << endl;return 0;}
        int a = n.find('0');
        if(a > 2) swap_and_push1(a - 3, a, n);
        if(a < 6) swap_and_push1(a, a + 3, n);
        if(a % 3) swap_and_push1(a - 1, a, n);
        if((a + 1) % 3)  swap_and_push1(a, a + 1, n);
        int b = m.find('0');
        if(b > 2) swap_and_push2(b - 3, b, m);
        if(b < 6) swap_and_push2(b, b + 3, m);
        if(b % 3) swap_and_push2(b - 1, b, m);
        if( (b + 1 ) % 3) swap_and_push2(b, b + 1, m);
    }
    return 0;
}
```

例题 1.6.13 方程的解数。

题目描述:已知一个 n 元高次方程:$\sum_{k=0}^{n} k_i x_i^{p_i} = 0$,其中:$x_1, x_2, \cdots, x_n$ 是未知数,$k_1, k_2, \cdots, k_n$ 是系数,$p_1, p_2, \cdots, p_n$ 是指数,且方程中的所有数均为整数。假设未知数 $xi \in [1, m]$ $(i \in [1, n])$,求这个方程的整数解的个数。

输入格式:第一行一个正整数 n,表示未知数个数。第二行一个正整数 n。接下来 n 行,每行两个整数 $k_i, p_i$。

输出格式:输出一行一个整数,表示方程解的个数,如表 1-6-12 所示。

表 1-6-12 例题 1.6.13 测试样例

| 样例输入 | 样例输出 |
|---|---|
| 3<br>150<br>1 2<br>−1 2<br>1 2 | 178 |

数据范围：对于 100% 的数据，$1 \leqslant n \leqslant 6$，$1 \leqslant m \leqslant 150$，且 $\sum_{i=1}^{n} |k_i m^{p_i}| < 2^{31}$ 答案不超过 $2^{31}-1$，$p_i \in N^*$（正整数集）。

题目分析：首先理解一下方程的解，$x_i$ 是方程的一个解，范围是[1,m]，如果搜索 $x_1 \sim x_n$，每个 $x_i$ 范围[1,m]，那么搜索算法复杂度是 $O(m^n)=150^6=11390625000000$，肯定会超时。如果换一个思路，每次搜索一半，也就是搜索$[x_1, x_{n/2}]$和$[x_{n/2+1}, x_n]$，这样复杂度就变为 $2\times 1503=2\times 3375000=6750000$，可以解决任务。我们再思考$[x_1, x_{n/2}]$会有一个结果 sum，其中某个值可能会出现多次，就记录一下出现次数 vis[sum]，代表 $x_i$ 取[1,m]中结果的可能性；$[x_{n/2+1}, x_n]$我们再计算出一个结果 sum1，如果这个结果的相反数在前面计算当中存在就说明$[x_1, x_n]$所有的方程组等于 0 了，就是方程的一个解，把出现的前面次数 vis[sum]累加就是最终答案。参考代码如下。

```
map< int, int > vis;
int qpow(int a, int b)
{
    int ans = 1;
    iwhile (b)
    {
        if (b & 1 ) ans *= a;
        a = a * a;
        b >>= 1;
    }
    return ans;
}

void dfs1(int i, int sum)
{
    if(i == n / 2)
    {++vis[sum];return;}
    for(int j = 1;j <= m;++j)
        dfs1(i + 1, sum + k[i] * qpow(j, p[i]));
}

void dfs2(int i, int sum)
{
    if(i + 1 == n / 2)
    {
        if( + vis[ - sum]) ans += vis[ - sum];
        return;
```

```
    }
    for(int j = 1;j <= m;++j)
        dfs2(i - 1, sum + k[i] * qpow(j, p[i]));
}

int main()
{
    cin >> n >> m;
    for(int i = 0;i < n;++i)      cin >> k[i]>> p[i];
    dfs1(0, 0);
    dfs2(n - 1, 0);
    cout << ans << endl;
    return 0;
}
```

# 第二章　字　符　串

字符串问题是信息学竞赛中比较重要的一个分支，较为简单的字符串问题可以使用C++STL string类来解决问题，但是字符串匹配这类较难问题就需要通过目前已经研究出的算法来帮助解决问题，本章主要内容包含目前经典的字符串算法。

## 第一节　字符串哈希

对于给定的两个字符串，判断是否相同，比较朴素的方法是从两个字符串的第一个字符开始逐个比较，如果所有对应位置都相同，则两个字符串相同，否则不同。

该方法在最复杂情况下复杂度是 O(n)，如果出现多次询问两个字符串是否相同，那么在数据较大情况下，可以使用字符串哈希的方法。

### 一、字符串哈希概述

字符串哈希就是把字符串当作一个较大的 p 进制数，其中 p 是一个质数，例如 $p=37$ 或 $p=41$。通俗地说，字符串哈希就是把字符串转换成一个整数。

字符串哈希时会碰到这样的问题，两个不同的字符串转换成了同样的整数，这就是字符串哈希的冲突问题，在字符串哈希时要尽量避免冲突。

#### （一）哈希的基本原理

设字符串 $s=s_1,s_2,s_3,\cdots,s_n$，第 i 个字符对应数值函数为 id[i]=s[i]-'a'+1，hash[i]表示字符串子串 s(1,i)的哈希值。

哈希计算公式如下：

$$hash[i]=hash[i-1]\times p+id[i]$$

例如：字符串 s=helloworld，该字符串哈希表达如表 2-1-1 所示。

表 2-1-1　字符串哈希表达案例

| s= | h | e | l | l | o | w | o | r | l | d |
|---|---|---|---|---|---|---|---|---|---|---|
| id= | 8 | 5 | 12 | 12 | 15 | 23 | 15 | 18 | 12 | 4 |
| | $8\times p^9$ | $5\times p^8$ | $12\times p^7$ | $12\times p^6$ | $15\times p^5$ | $23\times p^4$ | $15\times p^3$ | $18\times p^2$ | $12\times p^1$ | $4\times p^0$ |
| hash[1] | $8\times p^0$ | | | | | | | | | |
| hash[2] | $8\times p^1$ | $5\times p^0$ | | | | | | | | |

续表

| hash[3] | $8\times p^2$ | $5\times p^1$ | $12\times p^0$ | | | | | | | |
|---|---|---|---|---|---|---|---|---|---|---|
| | … | | | | | | | | | |

hash[i]表示 1 至 i 的前缀和，注意上表并未累加以表示前缀和，实现代码如下。

```
#include <bits/stdc++.h>
using namespace std;
#define maxn 100010
int n,hash[maxn],p = 41;
char s[maxn];
int main()
{
    cin >> s + 1;
    n = strlen(s + 1);
    for(int i = 1;i <= n;i++)
        hash[i] = hash[i - 1] * p + s[i] - 'a' + 1;
    return 0;
}
```

### （二）自然溢出法

在上述实现代码中 hash[i]表示 1 至 i 的字符串哈希值，计算 hash[i]时，每次将 hash[i－1]乘以进制 p，再加上当前字符对应的数值，就能得到 hash[i]的值。代码中采用了自然溢出的方法，相当于每个哈希值对 $2^{32}$ 取模。

### （三）双哈希法

为了避免字符串哈希产生冲突，其中一个办法是设定双进制，这样就会将哈希的冲突概率大幅降低。

### （四）字符串子串哈希值的计算

如果是两个不同的字符串比较，只需要比较两个字符串最后一个点的哈希值即可。如果是同一个字符串的两个不同的子串比较，则涉及如何计算字符串子串 s(i,j)的哈希值问题。

hash[j]表示前缀子串 s(1,j)的哈希值，现在前面多计算了s(1,i－1)这部分的哈希值，需要将这部分哈希值减掉，如果设 s(i,j)的长度是 len，那么计算公式如下：

$$hash_{s(i,j)}=hash[j]-hash[i-1]\times p^{len}$$

只需要预处理 $p^0$ 到 $p^n$，那么上面的式子就可以算出 O(1)复杂度。

如下所示的代码在上面代码的基础上实现了对于一个给定的字符串，执行 q 次询问，每次询问子串 s(s1,e1)和 s(s2,e2)是否相等，每次询问如果相等输出 YES，否则输出 NO。

```
//code4.1
#include <bits/stdc++.h>
using namespace std;
#define maxn 100010
int n,hash[maxn],p = 41,f[maxn],q,s1,e1,s2,e2;
char s[maxn];
int main()
{
```

```
    scanf(" %s",s + 1);
    n = strlen(s + 1);
    for(int i = 1;i <= n;i++)
        hash[i] = hash[i - 1] * p + s[i] - 'a' + 1;
    f[0] = 1;
    for(int i = 1;i <= n;i++)
      f[i] = f[i - 1] * p;
    scanf(" %d",&q);
    int hs1,hs2;
    while(q -- )
    {
        scanf(" %d %d %d %d",&s1,&e1,&s2,&e2);
        hs1 = hash[e1] - hash[s1 - 1] * f[e1 - s1 + 1];
        hs2 = hash[e2] - hash[s2 - 1] * f[e2 - s2 + 1];
        if(hs1 == hs2)
            printf("Yes\n");
        else
            printf("No\n");
    }
  return 0;
}
```

## 二、典型例题

例题 2.1.1 Crazy Search。

题目描述：一个由 NC 种字符组成的字符串中一共有多少种不同的长度为 N 的子串。

输入格式：第一行是两个数字，分别表示 N 和 NC。第二行是一个由 NC 种字符组成的字符串，字符串长度≤$10^6$。

输出格式：输出一个整数，表示长度为 N 的子串的种类数，如表 2-1-2 所示。

表 2-1-2 例题 2.1.1 测试样例

| 样例输入 | 样例输出 |
|---|---|
| 3 4<br>daababac | 5 |

数据范围：字符串长度≤$10^6$，N≤字符串长度。

题目分析：样例中长度为 3 的子串一共有 5 种，分别是 daa、aab、aba、bab、aba、bac。求出所有长度为 N 的子串的哈希值，排序并去重复值，最后不同值的数量即为要求的解。

参考代码如下。

```
#include <bits/stdc++.h>
#define maxn 10000010
#define mod 998244353
#define ll long long
using namespace std;
char s[maxn];
int len,nc,n,p = 41,ans;
```

```
ll hash[maxn],f[maxn],a[maxn];
int main()
{
    scanf("%d%d%s",&n,&nc,s+1);
    len=strlen(s+1);
    f[0]=1;
    for(int i=1;i<=n;i++)
        f[i]=(f[i-1]*p)%mod;
    for(int i=1;i<=len;i++)
        hash[i]=(hash[i-1]*p+s[i]-'a'+1)%mod;
    for(int i=n;i<=len;i++)
        a[i-n+1]=((hash[i]-hash[i-n]*f[n])%mod+mod)%mod;
    sort(a+1,a+len-n+1+1);
    ans=unique(a+1,a+len-n+1+1)-a-1;
    printf("%d\n",ans);
    return 0;
}
```

例题 2.1.2　Long Long Message。

题目描述：给定两个字符串 r 和 s，求 r 和 s 的最长公共子串。

输入格式：第一行一个字符串 r，第二行一个字符串 s。

输出格式：输出 r 和 s 的最长公共子串的长度，如表 2-1-3 所示。

表 2-1-3　例题 2.1.2 测试样例

| 样例输入 | 样例输出 |
|---|---|
| yeshowmuchiloveyoumydearmotherreallyicannotbelieveit<br>yeaphowmuchiloveyoumydearmother | 27 |

数据范围：r 和 s 的长度 $\leqslant 10^5$。

题目分析：样例中两个字符串的最长公共子串是 howmuchiloveyoumydearmother，长度是 27。二分最长公共子串的最大长度 x，求出字符串 r 每个长度为 x 的子串的哈希值，依次对 s 中每个长度为 x 的哈希值，判断在 r 中是否存在。如果存在，则加大 x 的值；如果最后 s 的每个长度为 x 的子串在 r 中都不存在，则减小 x 的值。单次判断的复杂度是 $O(n\log_2 n)$，再加上二分的复杂度，最后的复杂度是 $O(n\log_2 n)$。

参考代码如下。

```
#include<bits/stdc++.h>
#define maxn 100010
#define ll long long
#define mod 998244353
using namespace std;
char r[maxn],s[maxn];
int lenr,lens,p=37;
ll f[maxn],hashr[maxn],hashs[maxn];
set<ll> st;
bool check(int x)
```

```
{
    st.clear();
    ll h;
    set<ll>::iterator it;
    for(int i = x;i <= lenr;i++)
    {
        h = ((hashr[i] - hashr[i - x] * f[x]) % mod + mod) % mod;
        st.insert(h);
    }
    for(int i = x;i <= lens;i++)
    {
        h = ((hashs[i] - hashs[i - x] * f[x]) % mod + mod) % mod;
        it = st.find(h);
        if(it! = st.end())
        return true;
    }
    return false;
}
int main()
{
    scanf("%s%s",r + 1,s + 1);
    lenr = strlen(r + 1);
    lens = stelwn(s + 1);
    for(int i = 1;i <= lenr;i++)
        hashr[i] = ((hashr[i - 1] * p + r[i] - 'a' + 1) % mod + mod) % mod;
    for(int i = 1;i <= lens;i++)
        hashs[i] = ((hashs[i - 1] * p + s[i] - 'a' + 1) % mod + mod) % mod;
    f[0] = 1;
    for(int i = 1;i <= mid(lenr,lens);i++)
        f[i] = (f[i - 1] * p) % mod;
    int left = 0,right = min(lenr,lens),mid;
    while(left < right)
    {
        mid = (left + right)/2;
        if(check(mid)) left = mid + 1;
        else right = mid - 1;
    }
    if(check(left) == 0) left --;
    printf("%d\n",left);
    return 0;
}
```

### 例题 2.1.3 回文串

题目描述：给定字符串 s，求该字符串的最长回文子串。

输入格式：一行一个字符串 s。

输出格式：一个整数表示最长回文子串的长度，如表 2-1-4 所示。

表 2-1-4 例题 2.1.3 测试样例

| 样例输入 | 样例输出 |
|---|---|
| abcaabbaac8 | |

**数据范围**：$|s| \leqslant 10^5$。

**题目分析**：样例中最长回文子串为 caabbaac。顺序和逆序分别计算哈希值，然后按照回文子串长度的奇偶分别计算。如果回文子串为奇数，那么以每个点为中心，二分左右最长哈希值；如果回文子串为偶数，那么就把当前点当成回文左半部分或者右半部分的第一个点来计算，方法跟回文子串为奇数时类似。

参考代码如下。

```
#include <bits/stdc++.h>
#define maxn 100010
#define ll long long
int const mod = 998244353;
using namespace std;
ll n,p = 37,ans = 0;
ll hash[maxn],rhash[maxn],f[maxn];
char s[maxn];
bool check1(int i,int mid)
{
    int lh,rh;
    lh = ((rhash[i - mid] - rhash[i] * f[mid]) % mod + mod) % mod;
    rh = ((hash[i + mid] - hash[i] * f[mid]) % mod + mod) % mod;
    if(lh == rh) return true;
    return false;
}
bool check2(int i,int mid)
{
    int lh,rh;
    lh = ((rhash[i - mid - 1] - rhash[i] * f[mid]) % mod + mod) % mod;
    rh = ((hash[i + mid - 1] - hash[i - 1] * f[mid]) % mod + mod) % mod;
    if(lh == rh) return true;
    return false;
}
int main()
{
    scanf("%s",s + 1);
    n = strlen(s + 1);
f[0] = 1;
for(int i = 1;i <= n;i++)
hash[i] = ((hash[i - 1] * p + s[i] - 'a' + 1) % mod + mod) % mod,
    f[i] = (f[i - 1] * p) % mod;
    for(int i = n;i >= 1;i--)
        rhash[i] = ((rhash[i - 1] * p + s[i] - 'a' + 1) % mod + mod) % mod;
    ll left,right,mid,lh,rh;
    for(int i = 1;i <= n;i++)
    {
        //奇数
        left = 0;
        right = min(i - 1,n - i);
        while(left < right)
        {
              mid = (left + right)/2;
              if(check1(i,mid));
                  left = mid + 1;
              else
```

```
                right = mid - 1;
        }
        if(check1(i,left) == 0) left -- ;
        ans = max(ans,left);
        //偶数
        left = 0;
        right = min(i - 1,n - i + 1);
        while(left < right)
        {
              mid = (left + right)/2;
              if(check2(i,mid))
                left = mid + 1;
              else
                right = mid - 1;
        }
        if(check2(i,left) == 0) left -- ;
        ans = max(ans,left);
    }
    printf(" %lld\n",ans);
return 0;
}
```

**例题 2.1.4　字符串哈希。**

**题目描述**：给出 n 个字符串，再做 m 次询问，每次询问给你一条字符串，问你之前的 n 个字符串里是否存在和待查询串，有差别且仅差一个字符的字符串。有输出 YES，没有输出 NO。

**输入格式**：第一行两个整数 n 和 m，以下 n 行，每行一个字符串，接下来 m 行，每行一个字符串。

**输出格式**：m 行，对于每行待查询字符串，如果前 n 行中有符合要求字符串，输出 YES，没有输出 NO，如表 2-1-5 所示。

表 2-1-5　例题 2.1.4 测试样例

| 样例输入 | 样例输出 |
| --- | --- |
| 2 3<br>aaaaa<br>acacaca<br>aabaa<br>ccacacc<br>caaac | YES<br>NO<br>NO |

**数据范围**：$n \leqslant 3 \times 10^5$，$m \leqslant 3 \times 10^5$，输入总字符长度 $\leqslant 6 \times 10^5$，输入字符仅包含 'a'、'b'、'c'。

**题目分析**：样例中待查询的第一个字符串 aabaa 与给定第一个字符串 aaaaa，仅差中间一个字符。待查询的第二、第三字符串则无法找到符合要求的给定字符串。对于每个给定字符串，计算哈希值，放到 set 表中，对于待查询字符串，先计算哈希值，然后暴力修改每个字符，O(1)计算新的哈希值，并在 set 表中查询。

参考代码如下。

```
#include <bits/stdc++.h>
using namespace std;
#define maxn 600010
int n,m,lens,flag;
long long hash[maxn],p = 37,mod = 998244353,f[maxn];
char s[maxn];
set < int > st;
int main()
{
    scanf("%d%d",&n,&m);
    f[0] = 1;
    for(int i = 1;i <= maxn;i++) f[i] = (f[i - 1] * p) % mod;
    for(int i = 1;i <= n;i++)
    {
        scanf("%s",s + 1);
        lens = strlen(s + 1);
        for(int j = 1;j <= lens;j++)
            hash[j] = (hash[j - 1] * p + s[j] - 'a' + 1) % mod;
        st.insert(hash[lens]);
    }
set < int >::iterator it;
long long hd,ld,nd;
for(int i = 1;i <= m;i++)
{
    scanf("%s",s + 1);
    lens = strlen(s + 1);
    for(int j = 1;j <= lens;j++)
        hash[j] = (hash[j - 1] * p + s[j] - 'a' + 1) % mod;
flag = 0;
for(int j = 1;j <= lens;j++)
    {
    if(flag == 1) break;
    for(int k = 1;k <= 26;k++)
        if(k! = s[j] - 'a' + 1)
        {
          ld = ((hash[lens] - hash[j] * f[lens - j]) % mod + mod) % mod;
          hd = hash[j - 1];
          nd = (ld + hd * f[lens - j + 1] + k * f[lens - j]) % mod;
          it = st.find(nd);
          if(it! = st.end()) {flag = 1;break;}
        }
    }
      if(flag == 1) printf("YES\n");
      else printf("NO\n");
}
    return 0;
}
```

例题 2.1.5　积木小赛。

题目描述：Alice 和 Bob 最近喜欢上玩一个游戏——积木小赛。Alice 和 Bob 初始时各有 n 块积木从左至右排成一排，每块积木都被标上了一个英文小写字母。Alice 可以从自己的积木中丢掉任意多块(也可以不丢)；Bob 可以从自己的积木中丢掉最左边的一段连续的积木和最右边的一段连续的积木(也可以有一边不丢或者两边都不丢)。但两人都不能丢掉自己所有的积木。然后 Alice 和 Bob 会分别将自己剩下的积木按原来的顺序重新排成一排。

Alice 和 Bob 都去玩游戏了，于是请你帮他们计算一下，有多少种不同的情况，他们最后剩下的两排积木是相同的。两排积木相同，即当且仅当这两排积木块数相同且每一个位置上的字母都对应相同。两种情况不同，当且仅当 Alice(或者 Bob)剩下的积木在两种情况中不同。

**输入格式**：第一行一个正整数 n，表示积木的块数。第二行一个长度为 n 的小写字母串 s，表示 Alice 初始的那一排积木，其中第 i 个字母 $s_i$ 表示第 i 块积木上的字母。第三行一个长度为 n 的小写字母串 t，表示 Bob 初始的那一排积木，其中第 i 个字母 $t_i$ 表示第 i 块积木上的字母。

**输出格式**：一行一个非负整数表示答案，如表 2-1-6 所示。

表 2-1-6 例题 2.1.5 测试样例

| 样例 1 输入 | 样例 1 输出 | 样例 2 输入 | 样例 2 输出 |
| --- | --- | --- | --- |
| 5<br>bcabc<br>bbcca | 9 | 20<br>egebejbhcfabgegjgiig<br>edfbhhighajibcgfecef | 34 |

**数据范围**：对于所有测试点：1≤n≤3000，s 与 t 中只包含英文小写字母。测试点 11 满足：n≤3000，s 与 t 中只包含同一种字母。测试点 2、3、4 满足：n≤100。测试点 5、6、7 满足：n≤500。测试点 8、9、10 满足：n≤3000。

**题目分析**：设 Alice 的字符串为 s，Bob 的字符串为 t，那么 s 是求子序列，t 是求子串，求出 t 的所有子串，贪心判断每个子串在 s 中是否存在对应子序列，对于所有在 s 中存在子序列的 t 子串，还需要判断是否已经出现过相同子串，也就是需要判重，判重使用哈希将子串的哈希值求出来，然后放到 set 中，最后求 set 的大小即可。参考代码如下。

```
#include <bits/stdc++.h>
using namespace std;
const int maxn = 3010;
const int mod = 1e9 + 7;
int n;
long long p = 37,f[maxn],hsh[maxn],hs;
char s[maxn],t[maxn];
set < int > st;
bool check(int i,int j)
{
    int flag = 0,pos = i;
    for(int k = 1;k <= n;k++)
        if(s[k] == t[pos])
        {
            pos++;
          if(pos == j + 1)
          {
            flag = 1;
            break;
          }
        }
    return flag;
}
int main()
{
```

```
    scanf("%d%s%s",&n,s+1,t+1);
    f[0]=1;
    for(int i=1;i<=n;i++)
        f[i]=(f[i-1]*p)%mod;
    for(int i=1;i<=n;i++)
        hsh[i]=(hsh[i-1]*p+t[i]-'a'+1)%mod;
    for(int i=1;i<=n;i++)
        for(int j=i;j<=n;j++)
            if(check(i,j))
            {
              hs=((hsh[j]-hsh[i-1]*f[j-i+1])%mod+mod)%mod;
              st.insert(hs);
            }
    printf("%d\n",st.size());
    return 0;
}
```

# 第二节 KMP 算法

KMP 算法解决的是在一个字符串中查找另外一个字符串的问题，全名为 Knuth－Morris－Pratt 算法，简称 KMP 算法，由 Knuth、Pratt 和 Morris 在 1977 年共同发布。

## 一、KMP 算法概述

对于一个较长的文本串 t 和一个子串 s，KMP 算法可以在线性复杂度内解决 s 在 t 中出现的次数问题。

### （一）前缀与后缀的定义

前缀：对于某个字符串，从该字符串的第一个字符开始，到第 i 个字符结束的子串，就是字符串的一个前缀。

后缀：对于某个字符串，从该字符串的第 i 个字符开始，到最后一个字符结束，就是该字符串的一个后缀。后缀的扩展定义，从第 i 个字符开始到第 j 个字符结束长度为 len 的一个子串，也可以表示为以 j 为结束标记的长度为 len 的一个后缀。

### （二）next 数组

对于子串 s，设定 next[]数组，next[i]=j 表示的意义是以 i 结束的长度为 j 的一个后缀与从第一个字符开始的长度为 j 的前缀是相等的，并且该长度值是所有可能的前缀与后缀相等的长度值中除了自身相等以外的最大值。

例如：字符串 s=abababaabab，该字符串的 next 数组值，如表 2-2-1 所示。

表 2-2-1 字符串 s 的 next 数组值

| s= | a | b | a | b | a | b | a | a | b | a | b |
|---|---|---|---|---|---|---|---|---|---|---|---|
| next= | 0 | 0 | 1 | 2 | 3 | 4 | 5 | 1 | 2 | 3 | 4 |

其中，next[7]=5 时，其最长前缀与后缀相等，如表 2-2-2 所示。

表 2-2-2 next[7]=5 时,最长前缀与后缀相等情况

| 1 | 2 | 3 | 4 | 5 | 6 | 7 | 8 | … |
|---|---|---|---|---|---|---|---|---|
| | | a | b | a | b | a | b | … |
| a | b | a | b | a | b | a | a | … |

求 next[]数组方法如下。

上述前 7 个 next 的值都已经求出,现在求 next[8],根据 next[7]=5,所以如果第 8 个字符与第 6 个字符相等,则 next[8]=6;如果不相等,根据 next[5]=3,可以得知以第 7 个字符结束的前缀与后缀相等的次长值为 3,则判断第 4 个字符与第 8 个字符是否相等;如果第 4 个字符与第 8 个字符相等,则 next[8]=4;如果不相等,根据 next[3]=1,以此类推即可,最坏情况会退回起点。求 next 数组的参考代码如下。

```
int p = 0;
for(int i = 2;i <= strlen;i++)
{
    while(p! = 0 && s[i]! = s[p + 1]) p = next[p];
    if(s[p + 1] == s[i]) p++;
    next[i] = p;
}
```

复杂度分析如下。回退指针 p 在最坏情况下退回起点,但是每次 p 指针的前进都跟 i 的前进是保持同步的,所以退回的步数最坏情况下等于前进的步数,总复杂度就是 O(2 * strlen)。

有了子串 s 的 next 数组,子串 s 和文本串 t 比较时,当比较到子串 s 的第 i 个字符和文本串 t 的第 j 个字符时,如果相等,则继续往下比较;如果不等,根据 next[i−1]的值,可以知道子串 s 的前 next[i−1]个字符与文本串当前位置 j 的前 next[i−1]个是相等的。这些字符因为相等不需要再次比较,直接比较子串 s 的第 next[i−1]+1 个字符与第 j 个字符是否相等,如果相等,继续向下比较,如果不等,根据 next 数组的值倒推即可。

以下代码实现了求 s 在 t 中出现次数问题。

```
#include < bits/stdc++.h >
using namespace std;
#define maxn 100010
char s[maxn],t[maxn];
int lens,lent,next[maxn],ans,p;
int main()
{
    scanf(" %s%s",s + 1,t + 1);
    lens = strlen(s + 1);
    lent = strlen(t + 1);
    for(int i = 2;i <= lens;i++)
    {
        while(p! = 0&&s[p + 1]! = s[i]) p = next[p];
        if(s[p + 1] == s[i]) p++;
        next[i] = p;
    }
    p = 0;
    for(int i = 1;i <= lent;i++)
```

```
    {
        while(p! = 0&&s[p + 1]! = t[i]) p = next[p];
        if(s[p + 1] == t[i]) p++;
        if(p == lens) ans++,p = next[lens];
    }
    printf(" % d\n",ans);
    return 0;
}
```

## 二、典型例题

例题 2.2.1　特殊字符串。

题目描述：给定一个字符串 (S)，我们规定一个字符串 (P) 是可行解，(P)需要满足：

(1) (P)是(S)的前缀；

(2) (P)是(S)的后缀；

(3) (P)出现在(S)中既不是前缀也不是后缀的地方。

要求出满足条件的长度最大的(P)，若存在输出该字符串，若不存在则输出 Just a legend。

输入格式：一行一个字符串。

输出格式：一行一个字符串，表示满足条件的最长子串，如表 2-2-3 所示。

表 2-2-3　例题 2.2.1 测试样例

| 样例输入 | 样例输出 |
|---|---|
| fixprefixsuffix | fix |

数据范围：$|s| \leqslant 10^6$。

题目分析：样例中满足条件的最长子串是 fix。根据最后一个点的 next 值，可以知道前缀与后缀相等的最长长度值，如果中间的 next 数组值出现了相同值，则说明存在了满足条件的子串，否则需要递推 next 值，继续判断，中间的 next 数组值是否出现相同则使用 set 判断。参考代码如下。

```
#include < bits/stdc++.h >
using namespace std;
#define maxn 1000010
char s[maxn];
int lens,next[maxn],p;
set < int > st;
int main()
{
    scanf(" % s",s + 1);
    lens = strlen(s + 1);
    for(int i = 2;i <= lens;i++)
    {
      while(p! = 0&&s[p + 1]! = s[i]) p = next[p];
      if(s[p + 1] == s[i]) p++;
      next[i] = p;
    }
```

```
    for(int i = 2;i < lens;i++)
        st.insert(next[i]);
    set < int >::iterator it;
    p = next[lens];
    while(p)
    {
        it = st.find(p);
        if(it! = st.end())
        {
            for(int i = 1;i <= p;i++) printf(" % c",s[i]);printf("\n");
            break;
        }
        else
            p = next[p];
    }
        if(p == 0) printf("Just a legend\n");
        return 0;
}
```

例题 2.2.2 最大匹配次数。

题目描述：给定文本串 s 和模式串 t，文本串包含小写字母和问号，模式串仅包含小写字母，可以把文本串中的每个问号换成小写字母，求在允许重叠的情况下，模式串匹配文本串的最多匹配次数。

输入格式：两行，第一行表示文本串，第二行表示模式串。

输出格式：一个整数，表示问号换字母的方案下能取得的最大匹配次数，如表 2-2-4 所示。

表 2-2-4 例题 2.2.2 测试样例

| 样例 1 输入 | 样例 1 输出 | 样例 2 输入 | 样例 2 输出 |
|---|---|---|---|
| winlose??? winl??? w??<br>win | 5 | ?? c?????<br>abcab | 2 |

数据范围：$|s|,|t|\leqslant 10^5$，$|s|\times|t|\leqslant 10^7$。

题目分析：样例 1 中，将文本串 winlose??? winl??? w?? 变成 winlosewinwinlwinwin，文本串中共出现 5 次模式串。样例 2 中，将文本串?? c????? 变成 abcabcab，文本串中共出现 2 次模式串。设 $f_i$ 表示 t 在 s 的前 i 个位置最大的出现次数。那么如果一个位置想从之前的位置转移过来，就必须满足 t 能在这个位置与 s 匹配，这一部分可以暴力判断。

$f_i$ 可以直接从 $f_{i-m}$ 转移过来，表示$(i-m+1)\sim i$ 这段放一个完整的 t。但是因为有可能在这个位置之前连续而重叠地放了好几个 t，也就意味着新放进去的 t 并不是完整的，而是和上一个 t 的后缀重叠构成的。那么需要满足 t 的一段后缀和一段前缀相等。

这就和 KMP 算法中的 next 数组类似。可以通过从 m 开始一直跳过 next，来保证前缀与后缀相等。

假设现在有长度为 k 的前、后缀相等，因为不能保证 $f_{i-(m-k)}$ 位置一定放了 T 字符串，所以不能直接转移，需要再定义 $g_i$ 表示在以 i 结束的位置恰好放了字符串 T 的最多匹配次数，转移方程为 $g_i=\max\{g_{i-(m-k)}+1,g_i\}$，其中 k 不断地在 next 数组里跳就行。

最后 $f_i$ 的转移方程为 $f_i = \max\{f_{i-1}, g_i\}$。参考代码如下。

```
#include <bits/stdc++.h>
using namespace std;
#define maxn 100010
char s[maxn],t[maxn];
int lens,lent,p,g[maxn],f[maxn],next[maxn],flag,ans;
int main()
{
    scanf("%s%s",s+1,t+1);
    lens=strlen(s+1);
    lent=strlen(t+1);
    for(int i=2;i<=lent;i++)
    {
        while(p!=0&&t[p+1]!=t[i]) p=next[p];
        if(t[p+1]==t[i]) p++;
        next[i]=p;
    }
    for(int i=lent;i<=lens;i++)
    {
        flag=1;
          for(int j=1;j<=lent;j++)
              if(s[i-lent+j]!='?'&&t[j]!=s[i-lent+j])
              {
                  flag=0;
                  break;
              }
      g[i]=flag;
    }
for(int i=lent;i<=lens;i++)
{
    f[i]=g[i]+f[i-lent];
    p=next[lent];
    while(p)
    {
        f[i]+=g[i-lent+p];
        p=next[p];
    }
    if(ans<f[i]) ans=f[i];
}
  printf("%d\n",ans);
  return 0;
}
```

例题 2.2.3 动物园。

题目描述：近日，动物园园长发现动物园中“好吃懒做”的动物越来越多了。例如企鹅，只会卖萌向游客要吃的。为了整治动物园的不良风气，让动物们凭“真才实学”向游客要吃的，园长决定开设算法班，让动物们学习算法。

某天，园长给动物们讲解 KMP 算法。园长：“对于一个字符串 S，它的长度为 L。我们可以在 O(L) 的时间内，求出一个名为 next 的数组。有谁预习了 next 数组的含义吗？”熊猫：“对于字符串 S 的前 i 个字符构成的子串，既是它的后缀又是它的前缀的字符串中(它本身除外)，最长的长度记作 next[i]。”

园长：“非常好！那你能举个例子吗？”

熊猫:“例如,S 为 abcababc,则 next[5]=2。因为 S 的前 5 个字符为 abcab,ab 既是它的后缀又是它的前缀,并且找不到一个更长的字符串满足这个性质。同理,还可得出 next[1]=next[2]=next[3]=0,next[4]=next[6]=1,next[7]=2,next[8]=3。”

园长表扬了认真预习的熊猫同学。随后,他详细讲解了如何在 O(L)的时间内求出 next 数组。

下课前,园长提出了一个问题:“KMP 算法只能求出 next 数组。我现在希望求出一个更大的 num 数组——对于字符串 S 的前 i 个字符构成的子串,既是它的后缀同时又是它的前缀,并且后缀与前缀不重叠,将这种字符串的数量记作 num[i]。例如,S 为 aaaaa,则 num[4]=2。这是因为 S 的前 4 个字符为 aaaa,其中 a 和 aa 都满足性质‘既是后缀又是前缀’,同时保证后缀与前缀不重叠。而 aaa 虽然满足性质‘既是后缀又是前缀’,但遗憾的是这个后缀与这个前缀重叠了,所以不能计算在内。同理,num[1]=0,num[2]=num[3]=1,num[5]=2。”

最后,园长给出了奖励条件,第一个做对的同学奖励巧克力一盒。听了这句话,睡了一节课的企鹅立刻就醒过来了!但企鹅并不会做这道题,于是向参观动物园的你寻求帮助。你能否帮助企鹅写一个程序求出 num 数组呢?

为了避免大量的输出,不需要输出 num[i] 分别是多少,你只需要输出所有(num[i]+1)的乘积,对 1000000007 取模的结果即可。

输入格式:第 1 行仅包含一个正整数 n,表示测试数据的组数。随后 n 行,每行描述一组测试数据。每组测试数据仅含有一个字符串 S,S 的定义详见题目描述。数据保证 S 中仅含小写字母。输入文件中不会包含多余的空行,行末不会存在多余的空格。

输出格式:包含 n 行,每行描述一组测试数据的答案,答案的顺序应与输入数据的顺序保持一致。对于每组测试数据,仅需要输出一个整数,表示这组测试数据的答案对 1000000007 取模的结果。输出文件中不应包含多余的空行,如表 2-2-5 所示。

表 2-2-5 例题 2.2.3 测试样例

| 样例输入 | 样例输出 |
|---|---|
| 3<br>aaaaa<br>ab<br>abcababc | 36<br>1<br>32 |

数据范围:

(1) N≤5,L≤50。

(2) N≤5,L≤200。

(3) N≤5,L≤200。

(4) N≤5,L≤10000。

(5) N≤5,L≤10000。

(6) N≤5,L≤100000。

(7) N≤5,L≤200000。

(8) N≤5,L≤500000。

(9) N≤5,L≤1000000。

(10) N≤5,L≤1000000。

题目分析：先求出所有 next 数组，再不断向前跳，跳到的节点中满足(fail≪1)<i 的个数即为 num 值，这方法只能得到部分。

考虑到 next 数组的定义，next[i]表示以 i 结束的最长前缀和后缀相等长度，那么 next[next[i]]表示次长前缀与后缀相等的长度，以此类推，所以对于一个已经求出来的 num[i]，所有长度满足 i 要求的前缀与后缀，如果后续的对应字符相同，那么对应 i+1 点的前缀与后缀也相同，但是长度可能不满足要求，如果长度不符合要求，这时只需要继续回退，使用类似求 next[i+1]的方法，维护 num 数组，复杂度也是 O(n)。参考代码如下。

```
#include<bits/stdc++.h>
#define inf 1000000000
#define pa pair<int,int>
#define ll long long
#define mod 1000000007
#define maxn 1000010
using namespace std;
ll ans;
int T,next[maxn],num[maxn];
char s[maxn];
void kmp()
{
    int n = strlen(s + 1);
    int p = 0;
    num[1] = 1;
    for(int i = 2;i <= n;i++)
    {
        while(s[p + 1]! = s[i]&&p) p = next[p];
        if(s[p + 1] == s[i]) p++;
        next[i] = p;
        num[i] = num[p] + 1;
    }
    p = 0;
    for(int i = 2;i <= n;i++)
    {
        while(s[p + 1]! = s[i]&&p) p = next[p];
        if(s[p + 1] == s[i]) p++;
        while((p << 1)> i) p = next[p];
        ans = ans * (num[p] + 1) % mod;
    }
}
int main()
{
    scanf("%d",&T);
    while(T--)
    {
        scanf("%s",s + 1);
        ans = 1;
        kmp();
        printf("%lld\n",ans);
    }
    return 0;
}
```

# 第三节 Manacher 算法

Manacher 算法，又称“马拉车”算法，该算法是用来查找一个字符串的最长回文子串，复杂度可以达到线性，即 O(n)。

## 一、Manacher 算法概述

### （一）枚举法

对于长度为奇数的回文子串，枚举每个字符为回文子串的中心点，同时向两边匹配，如果到某个位置左右无法匹配了，则找到了当前点为中心点的最长回文奇数子串。

对于长度为偶数的回文子串，枚举每个字符为回文子串的中心位置右侧的第一个字符，同时向两边匹配，如果左右不匹配，则找到了当前点为中心点右侧的第一个字符的最长回文偶数子串。

枚举法代码如下。

```
#include<bits/stdc++.h>
using namespace std;
#define maxn 100010
char s[maxn];
int lens,ans,odd[maxn],even[maxn];
int main()
{
    scanf("%s",s+1);
    lens=strlen(s+1);
    for(int i=1;i<=lens;i++)
    {
        //奇数情况
        for(int j=1;j<=min(i-1,lens-i);j++)
            if(s[i-j]!=s[i+j])
            {
                odd[i]=j;
                break;
            }
        //偶数情况
        for(int j=0;j<=min(i-1,lens-i+1);j++)
            if(s[i-1-j]!=s[i+j])
            {
                even[i]=j;
                break;
            }
        ans=max(ans,max(odd[i],even[i]));
    }
    printf("%d\n",ans);
    return 0;
}
```

除了上述方法以外，我们还可以通过二分加哈希的方法求出最长回文子串。

### （二）Manacher 算法的思路

Manacher 算法思路如下。

（1）为了解决在偶数回文串没有中心字符，而奇数存在中心字符，也就是奇偶问题，对字符串进行预处理，在每个字符之前插入#字符，这样求出回文子串的长度永远是奇数。例如：abab

插入＃后变成＃a＃b＃a＃b＃。其最长回文子串为＃a＃b＃a＃，原串的最长回文子串为aba。设定p[i]表示以第i个字符为中心向两边扩展的最大回文半径。定义预处理后的新字符串为Str，如表2-3-1所示，得到p[i]数组后，p[i]－1就是原串以i为中心的最大回文长度。

表 2-3-1 p[i]数组

| i | 1 | 2 | 3 | 4 | 5 | 6 | 7 | 8 | 9 |
|---|---|---|---|---|---|---|---|---|---|
| Str | ＃ | a | ＃ | b | ＃ | a | ＃ | b | ＃ |
| p[i] | 1 | 2 | 1 | 4 | 1 | 4 | 1 | 2 | 1 |

（2）利用回文串的对称性，求每个p[i]。

定义rt表示已经计算过的回文串能到达的最远边界的下一个位置，mid表示rt所对应的最右侧的回文中心，存在mid＋p[mid]＝rt，如图2-3-1所示。

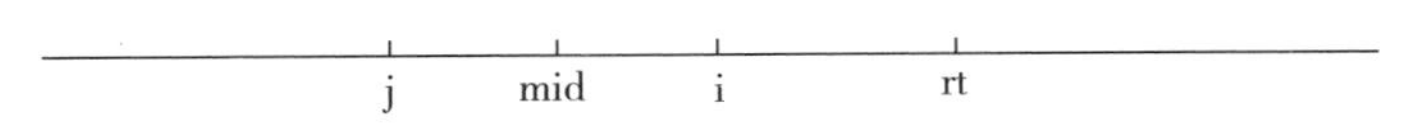

已经计算完p[1]~p[i-1]，以mid为中心的回文子串右边界最远能达到rt−1的位置。

图 2-3-1 回文子串位置

计算p[i]需要分为以下两种情况。

第一种情况：i<rt。如图2-3-2所示。


求以i为中心的最大回文半径，已知i<rt,找到i关于mid的对称点j。

图 2-3-2 第一种情况

由于回文串的对称性，所以我们可以通过i关于mid的对称点j来计算p[i]，关于j又有两种情况需要讨论。

① 以j为中心的回文串被包含在以mid为中心的回文串中，如图2-3-3所示。

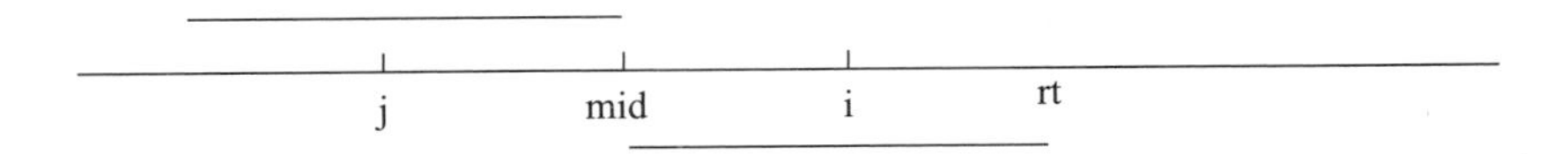


由i的对称点j可知，p[i]最小也能达到p[j]的回文半径长度，rt及其右边的点是否也是在i的回文半径内，需要继续循环判断。

图 2-3-3 第一种情况的分支情况（一）

② 以j为中心的回文串没有被包含在以mid为中心的最大回文串中，如图2-3-4所示。

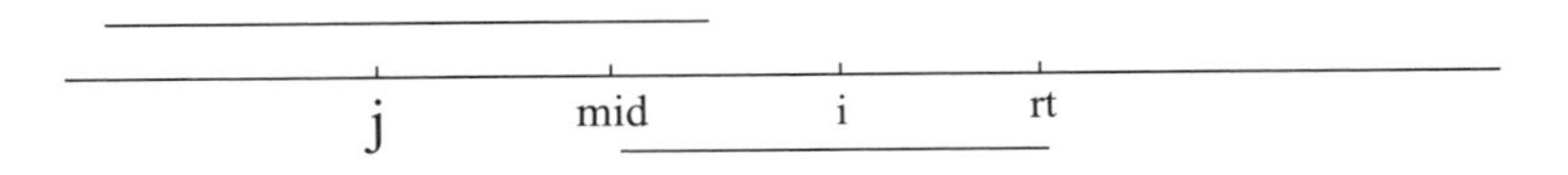


当i以对称点j的回文半径计算时，超过了rt位置，那么只能保证i的回文半径到rt的位置，rt及其后面位置，需要继续判定。

图 2-3-4 第一种情况的分支情况（二）

第二种情况：i≥rt，如图 2-3-5 所示。

此时，已经没有对称性可以利用，令 p[i]=1 继续计算。

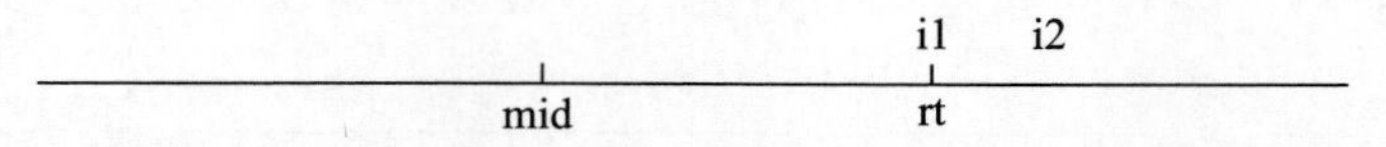


对于右边的情况，无法利用已知信息，直接令p[i]=1表示回文自身。

图 2-3-5 第二种情况

Mancher 算法的参考代码如下。

```
#include <bits/stdc++.h>
using namespace std;
#define maxn 2000010
int n,m;
char s[maxn],str[maxn];
int p[maxn];
void manacher()
{
    int rt = 0,mid = 0;
    int res = 0;
    for(int i = 1;i <= m;i++)
    {
        p[i] = i < rt?min(p[2 * mid - i],rt - i):1;
        while(str[i + p[i]] == str[i - p[i]]) p[i]++;
        if(i + p[i]> rt)
        {
            rt = i + p[i];
            mid = i;
        }
        res = max(res,p[i] - 1);
    }
    printf("%d\n",res);
}
int main()
{
    str[0] = '*',str[1] = '#';
    scanf("%s",s);
    n = strlen(s);
    for(int i = 0;i < n;i++)
    {
        str[i * 2 + 2] = s[i];
        str[i * 2 + 3] = '#';
    }
    m = n * 2 + 1;
    str[m + 1] = '^';
    manacher();
    return 0;
}
```

## 二、典型例题

例题 2.3.1 相交回文子串。

题目描述：求相交回文子串的对数。

输入格式：第一行一个数字 n，表示字符串的长度。第二行一个长度为 n 的字符串。

输出格式：一个整数，表示相交的回文子串对数，结果对 51123987 取模，如表 2-3-2 所示。

表 2-3-2　例题 2.3.1 测试样例

| 样例输入 | 样例输出 |
| --- | --- |
| 4<br>babb6 | 6 |

数据范围：$1 \leqslant n \leqslant 2 \times 10^6$。

题目分析：样例中回文子串包括'b'、'a'、'b'、'b'、'bb'、'bab'，相交的一共有 6 个。无法直接求相交的有多少对，转换一下思路，可以求总对数减去不相交对数就是要求的答案。首先使用 Manacher 算法求出以每个点为中心的最长回文半径。

设 g[i]表示以 i 为起点的回文子串数目，f[i]表示以 i 为终点的回文子串数目，对于确定的以 i 为起点的回文串，求出所有在 i 之前结束的回文串数量之和，相乘求和即可。

以 i 为中心的最长回文串半径是 p[i]，从 i 点开始一直到 i+p[i]−1 都存在一个回文子串，也就是该区间内的所有 p 数组都要加 1，暴力加复杂度较高，利用差分的思路就可以做到单点修改，总复杂度是线性的。

参考代码如下。

```
#include <bits/stdc++.h>
using namespace std;
#define N 2001000
#define mod 51123987
char s[N*2],str[N*2];
int n,m,p[N*2];
long long f[2*N],g[2*N],sum,ans,tot,num;
void init()
{
    str[0] = str[1] = '#';
    for(int i = 1;i <= n;i++)
    {
        str[i*2] = s[i];
        str[i*2+1] = '#';
    }
    m = n*2+1;
}
void manacher()
{
    int rt = 0,mid = 0;
    for(int i = 1;i <= m;i++)
    {
        p[i] = i < rt?min(p[2*mid-i],rt-i):1;
        while(str[i+p[i]] == str[i-p[i]]) p[i]++;
        if(i+p[i]> rt)
        {
            rt = i+p[i];
            mid = i;
        }
    }
```

```
}
int main()
{
    scanf("%d",&n);
    scanf("%s",s+1);
    init();
    manacher();
    for(int i=1;i<=m;i++)
    {
        f[i]++;
        f[i+p[i]]--;
        g[i]++;
        g[i-p[i]]--;
    }
    for(int i=1;i<=m;i++)
        f[i]=(f[i]+f[i-1])%mod;
    for(int i=m;i>=1;i--)
        g[i]=(g[i]+g[i+1])%mod;
    for(int i=1;i<=n;i++)
    {
        ans=(ans+g[2*i]*sum)%mod;
        sum=(sum+f[2*i])%mod;
        num=(num+f[2*i])%mod;
    }
    printf("%lld",((num-1)*num/2%mod-ans+mod)%mod);
    return 0;
}
```

# 第四节 Trie 树

Trie 树一般指字典树，又称单词查找树。典型应用是用于统计、排序和保存大量的字符串。Trie 树的优点是利用字符串的公共前缀最大限度减少存储空间和查询时间。

## 一、Trie 概述

Trie 树的基本性质包括：根节点不包含信息；从根节点到某个节点，路径上经过的字符连接起来，为该节点对应的字符串；每个节点所包含的子节点的字符不相同。

Trie 树常应用于串的检索、串的排序、最长公共前缀。Trie 的数据结构代码如下。

```
struct Trie
{
    bool flag;
    int son[26];
}mem[maxn];
```

给定 n 个字符串，将这些字符串建立 Trie 树的完整代码如下。

```
#include <bits/stdc++.h>
using namespace std;
#define maxn 300010
int n,cnt = 1,root = 1;
struct Trie
{
    bool flag;
    int son[27];
}mem[maxn];
char s[maxn];
void insert(char * nstr)
{
    int len = strlen(nstr);
    int p = root;
    for(int i = 0;i < len;i++)
        if(mem[p].son[nstr[i] - 'a' + 1] == true)
            p = mem[p].son[nstr[i] - 'a' + 1];
        else
        {
            cnt++;
            mem[p].son[nstr[i] - 'a' + 1] = cnt;
            p = cnt;
        }
    mem[p].flag = 1;
}
int main()
{
    scanf("%d",&n);
    for(int i = 1;i <= n;i++)
    {
        scanf("%s",s);
        insert(s);
    }
    return 0;
}
```

## 二、典型例题

例题 2.4.1 First。

题目描述：贝茜一直在研究字符串，她发现，通过改变字母表的顺序，她可以按改变后的字母表排列字符串(字典序大小排列)。例如，贝茜发现，对于字符串串 omm、moo、mom 和 ommnom，她可以使用标准字母表使 mom 排在第一个(即字典序最小)，她也可以使用字母表“abcdefghijklonmpqrstuvwxyz”使得 omm 排在第一个。然而，Bessie 想不出任何方法(改变字母表顺序)使得 moo 或 ommnom 排在第一个。

接下来通过重新排列字母表的顺序来计算输入中有哪些字符串可以排在第一个(即字典序最小)，从而帮助贝茜。要计算字符串 X 和字符串 Y 按照重新排列过的字母表顺序来排列的顺序，先找到它们第一个不同的字母 X[i]与 Y[i]，按重排后的字母表顺序比较，若 X[i]比 Y[i]先，则 X 的字典序比 Y 小，即 X 排在 Y 前；若没有不同的字母，则比较 X 与 Y 长度，若 X 比 Y 短，则 X 的字典序比 Y 小，即 X 排在 Y 前。

**输入格式**:第1行:一个数字N(1≤N≤30000),贝茜正在研究的字符串的数量。第2～N+1行:每行包含一个非空字符串。所有字符串包含的字符总数不会超过300000。输入中的所有字符都是小写字母,即a～z。输入不包含重复的字符串。

**输出格式**:第1行:一个数字K,表示按重排后的字母表顺序排列的字符串有多少可以排在第一个数量。第2～K+1行:第i+1行包含第i个按重排后的字母表顺序排列后可以排在第一个的字符串。字符串应该按照它们在输入中的顺序来输出,如表2-4-1所示。

表2-4-1 例题2.4.1测试样例

| 样例输入 | 样例输出 |
| --- | --- |
| 4<br>omm<br>moo<br>mom<br>ommnom | 2<br>omm<br>mom |

**数据范围**:1≤N≤30000。

**题目分析**:首先,将n个字符串全部插入字典树中。对于一个字符串,设它的字典序是所有字符串中最小的,那么就要满足不能存在某个字符串是当前字典序最小字符串的前缀,这在Trie树上判断即可。其次,如果某个字符串s'与当前字典序最小字符串s前i-1个字符相同,第i个不同,那么设字典序最小字符串s的第i个字符为u,字符串s'的第i字符为v,可以连单向边u→v,表示我们指定了u的字典序比v小,这样建立所有字母之间的大小关系。最后,如果字母关系之间形成环,那么说明存在大小关系的矛盾,当前字符串不能成为字典序最小字符串。26个字母是否形成环,通过拓扑排序判断即可。总复杂度为O(N)。参考代码如下。

```
#include<bits/stdc++.h>
using namespace std;
const int MAXN = 3e5 + 5;
string s[30005];
int n;
struct Trie
{
    int tot,to[MAXN][27],exist[MAXN],in[30];
    vector<int> e[27];
    void init()
    {
        memset(in,0,sizeof in);
        for(int i = 0;i <= 26;++i) e[i].clear();
    }
    void insert(string s)
    {
        int now = 0;
        for(int i = 0;i < s.size();++i)
        {
            int num = s[i] - 'a';
```

```
                if(to[now][num] == 0) to[now][num] = ++tot;
                now = to[now][num];
            }
            exist[now] = 1;
        }
        bool check(string s)
        {
            int now = 0;
            for(int i = 0;i < s.size();++i)
            {
                int num = s[i] - 'a';
                if(exist[now]) return false;
                for(int j = 0;j < 26;++j)
                    if(to[now][j]! = 0&&j! = num)
                        e[num].push_back(j),in[j]++;
                now = to[now][num];
            }
        queue < int > q;
        for(int i = 0;i < 26;++i) if(!in[i]) q.push(i);
        while(!q.empty())
        {
              int p = q.front();
              q.pop();
              for(int i = 0;i < e[p].size();++i)
              {
                  int to = e[p][i];
                  in[to] -- ;
                  if(!in[to]) q.push(to);
              }
        }
        for(int i = 0;i < 26;++i) if(in[i]) return false;
        return true;
        }
}
t;
bool ans[30005];
int main()
{
        std::ios::sync_with_stdio(false);
        cin >> n;
        for(int i = 1;i <= n;++i)
        {
            cin >> s[i];
            t.insert(s[i]);
        }
        int cnt = 0;
        for(int i = 1;i <= n;++i)
        {
            t.init();
            if(t.check(s[i])) ans[i] = 1,cnt++;
        }
        cout << cnt <<"\n";
        for(int i = 1;i <= n;++i)
            if(ans[i]) cout << s[i]<<"\n";
        return 0;
}
```

**例题 2.4.2　可移动式打印机。**

**题目描述**：你需要利用一台可移动的打印机打印出 N 个单词。这种可移动式打印机是一种老式打印机，它需要将一些小的金属块（每个包含一个字母）放到打印机上以组成单词。然后将这些小金属块压在一张纸上以打印出这个词。这种打印机允许进行下列操作。

(1) 在打印机当前词的末端（尾部）添加一个字母。

(2) 在打印机当前词的尾部删去一个字母（将打印机当前词的最后一个字母删去）。仅当打印机当前至少有一个字母时才允许进行该操作。

(3) 将打印机上的当前词打印出来。初始时打印机为空，或者说它不含任何带字母的金属块。

打印结束时，允许有部分字母留在打印机内。同时也允许按照任意顺序打印单词。

由于每一个操作都需要一定时间，所以需要尽可能减少所需操作的总数目（将操作的总数最小化）。

需要编写一个程序，给定所要打印的 N 个单词，找出以任意顺序打印所有单词所需操作的最小数目，并输出一种这样的操作序列。

**输入格式**：第 1 行包含一个整数 N，表示需要打印的单词数。随后的 N 行中，每一行都包含一个单词。每个词仅由小写字母（a～z）组成，而且单词的长度为 1 到 20 个字母（包含 1 和 20 在内）。所有单词都不相同。

**输出格式**：第一行包含一个整数 M，表示打印 N 个单词所需操作的最小数目。接下来的 M 行，每行一个字符，表示你的操作序列，序列的描述方法如下：添加一个字母，用这个小写字母的自身来表示。删去一个字母，用—（减号）表示。打印单词，用 P 表示，如表 2-4-2 所示。

**表 2-4-2　例题 2.4.2 测试样例**

| 样例输入 | 样例输出 |
| --- | --- |
| 3<br>print<br>the<br>poem20<br>t<br>h<br>e<br>P<br>—<br>—<br>—<br>p<br>o<br>e<br>m<br>P | |

续表

| 样例输入 | 样例输出 |
| --- | --- |
| —<br>—<br>—<br>r<br>i<br>n<br>t<br>P | |

**数据范围**:对于40%的数据,n≤18 对于100%的数据,1≤n≤25000。

**题目分析**:由于题目说明可以打印结束时在打印机内保留字母,所以操作最少的一定将字符长度最长的字符串最后打印,这样不需要清空最后的字符,其他字符按照 Trie 树遍历就行,在遍历 Trie 树时保证长度最长的字符串中的字符是该节点兄弟节点中最后一个遍历的就可以了。

参考代码如下。

```
#include <bits/stdc++.h>
using namespace std;
const int maxn = 300010;
int n,cnt = 1,maxlen,ans = 0,flag;
struct Trie
{
    int son[27],maxson,ed;
}
mem[maxn];
char s[30],maxstr[30];
void insert(char * nstr)
{
    int len = strlen(nstr);
    int p = 1;
    for(int i = 0;i < len;i++)
        if(mem[p].son[nstr[i] - 'a' + 1])
          p = mem[p].son[nstr[i] - 'a' + 1];
    else
    {
          cnt++;
          mem[p].son[nstr[i] - 'a' + 1] = cnt;
          p = cnt;
    }
}
void dfs1(int i)
{
    if(flag == 1) return;
    for(int p = 1;p <= 26;p++)
        if(mem[i].son[p]&&p! = mem[i].maxson)
        {
            ans++;
            dfs1(mem[i].son[p]);
```

```
                ans++;
            }
        if(mem[i].maxson)
        {
            ans++;
            dfs1(mem[i].son[mem[i].maxson]);
            if(flag == 1) return;
            if(mem[i].ed == 1)
            {
                flag = 1;
                return;
            }
            else
                ans++;
        }
}
void dfs2(int i)
{
        if(flag == 1) return;
        for(int p = 1;p <= 26;p++)
            if(mem[i].son[p]&&p! = mem[i].maxson)
            {
                printf(" % c\n",p + 'a' - 1);
                dfs2(mem[i].son[p]);
                printf(" - \n");
            }
        if(mem[i].maxson)
        {
                printf(" % c\n",mem[i].maxson + 'a' - 1);
                dfs2(mem[i].son[mem[i].maxson]);
                if(flag == 1) return;
                if(mem[i].ed == 1)
                {
                    flag = 1;
                    return;
                }
                else
                    printf(" - \n",mem[i].maxson + 'a' - 1);
        }
}
int main()
{
    scanf(" % d",&n);
    for(int i = 1;i <= n;i++)
    {
        scanf(" % s",s);
        insert(s);
        if(strlen(s)> maxlen)
        {
            maxlen = strlen(s);
            for(int j = 0;j < maxlen;j++)
                maxstr[j] = s[j];
        }
    }
    int p = 1;
    for(int i = 0;i < maxlen;i++)
    {
        mem[p].maxson = maxstr[i] - 'a' + 1;
```

```
        if(i == maxlen - 1)
          mem[p].ed = 1;
        p = mem[p].son[mem[p].maxson];
    }
    dfs1(1);
    printf("%d\n",ans);
    flag = 0;
    dfs2(1);
    return 0;
}
```

# 第五节　AC 自动机算法

AC 自动机算法，即 Aho-Corasick automation，该算法在 1975 年产生于贝尔实验室，是著名的多模匹配算法之一。

## 一、AC 自动机算法概述

KMP 算法解决的是单模式串匹配问题，结合 Trie 字典树以及 KMP 算法，就可以解决多模式串匹配问题，这是 AC 自动机算法的核心思想。

一个常见的例子就是给出 n 个单词，再给出一段包含 m 个字符的文章，让你找出有多少个单词在文章里出现过。这样的多串匹配问题可以使用 AC 自动机算法来解决。

建立 AC 自动机的步骤如下。

(1) 将所有模式串构建 Trie 树。

(2) 对 Trie 树上的每个点构造失配指针。

对于失配指针，其意义是如果匹配到当前位置失配，那么说明之前的所有字符是匹配成功的，现在需要转到另外一个字符串，该字符串满足其前缀与当前字符串的后缀是相等的，且该长度值是所有前缀与后缀相等长度值中的最大值。假设当前字符串为 s，已经匹配到 s 字符串的第 i 个字符，那么该点的失配指针所指向的位置是字符串 s 以 i 结束的后缀与另外某个字符串的前缀是相同的，且长度值最大。

给定若干字符串，建立 AC 自动机如图 2-5-1 所示。

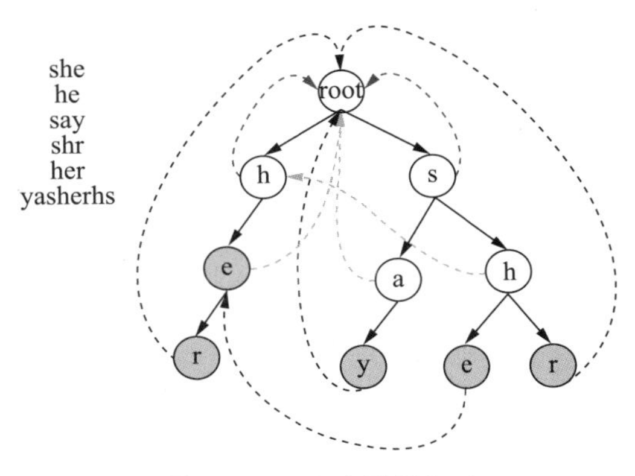


图 2-5-1　AC 自动机(一)

构建 AC 自动机的参考代码如下。

```
#include <cstdio>
#include <cstdlib>
#include <queue>
#include <cstring>
using namespace std;
struct node
{
    int flag;
    int fail;
    int ch[26];
}
trie[1000010];
char str[1000010],tmps[1000010];
int n,root,cnt,ans;
void insert(char c[])
{
    int len = strlen(c),fa = 0;
    for(int i = 0;i < len;i++)
    {
        if(trie[fa].ch[c[i] - 'a'] == 0)
        {
            cnt++;
            trie[fa].ch[c[i] - 'a'] = cnt;
        }
        fa = trie[fa].ch[c[i] - 'a'];
    }
    trie[fa].flag++;
}
queue<int> q;
void build()
{
    for(int i = 0;i < 26;i++)
        if(trie[0].ch[i])
            q.push(trie[0].ch[i]);
    int u,v;
    while(!q.empty())
    {
        u = q.front();q.pop();
        for(int i = 0;i < 26;i++)
        {
            if((v = trie[u].ch[i])! = 0)
            trie[v].fail = trie[trie[u].fail].ch[i],
            q.push(v);
        else
            trie[u].ch[i] = trie[trie[u].fail].ch[i];
        }
    }
}
void query()
{
    int len = strlen(str),p = 0;
    for(int i = 0;i < len;i++)
```

```
        {
            if(trie[p].ch[str[i] - 'a']! = 0)
                p = trie[p].ch[str[i] - 'a'],ans += trie[p].flag,trie[p].flag = 0;
            else
            {
                while(p! = 0 && trie[p].ch[str[i] - 'a'] == 0) p = trie[p].fail;
                if(trie[p].ch[str[i] - 'a'])
                    p = trie[p].ch[str[i] - 'a'],ans += trie[p].flag,trie[p].flag = 0;
            }
        }
}
int main()
{
    scanf(" % d",&n);
    for(int i = 1;i <= n;i++)
    {
        scanf(" % s",tmps);
        insert(tmps);
    }
    build();
    scanf(" % s",str);
    query();
    printf(" % d\n",ans);
    return 0;
}
```

## 二、典型例题

**例题 2.5.1　阿狸的打字机。**

**题目描述：**阿狸喜欢收藏各种稀奇古怪的东西，最近他淘到一台老式的打字机。打字机上只有个按键，分别印有小写英文字母和 B、P 两个字母。经阿狸研究发现，这个打字机是这样工作的。

(1) 输入小写字母，打字机的一个凹槽中会加入这个字母(按 P 前凹槽中至少有一个字母)。

(2) 按一下印有 B 的按键，打字机凹槽中最后一个字母会消失。

(3) 按一下印有 P 的按键，打字机会在纸上打印出凹槽中现有的所有字母并换行，但凹槽中的字母不会消失(保证凹槽中至少有一个字母)。

例如，阿狸输入 aPaPBbP，纸上被打印的字符如下。

```
a
aa
ab
```

我们把纸上打印出来的字符串从开始顺序编号，一直到结束。打字机有一个非常有趣的功能，在打字机中暗藏一个带数字的小键盘，在小键盘上输入两个数(其中)，打字机会显示第 x 个打印的字符串在第 y 个打印的字符串中出现了多少次。

阿狸发现了这个功能以后很兴奋，他想写一个程序完成同样的功能，你能帮助他么？

**输入格式：**输入的第一行包含一个字符串，按阿狸的输入顺序给出所有阿狸输入的字符。第二行包含一个整数 m，表示询问个数。接下来 m 行描述所有由小键盘输入的询问。其中第

i 行包含两个整数 x、y，表示第 i 个询问为(x,y)。

输出格式：输出 m 行，其中第 i 行包含一个整数，表示第 i 个询问的答案，如表 2-5-1 所示。

表 2-5-1　例题 2.5.1 测试样例

| 样例输入 | 样例输出 |
|---|---|
| aPaPBbP<br>3<br>1 2<br>1 3<br>2 3 | 2 |

数据范围：对于 100%的数据，$1\leqslant n\leqslant 10^5$，$1\leqslant m\leqslant 10^5$，第一行总长度$\leqslant 10^5$，如表 2-5-2 所示。

表 2-5-2　例题 2.5.1 数据范围

| 测试点 | n 的规模 | m 的规模 | 字符串长度 | 第一行长度 |
|---|---|---|---|---|
| 1,2 | $1\leqslant n\leqslant 100$ | $1\leqslant m\leqslant 10^3$ | — | $\leqslant 100$ |
| 3,4 | $1\leqslant n\leqslant 10^3$ | $1\leqslant m\leqslant 10^4$ | 单个长度$\leqslant 10^3$，总长度$\leqslant 10^5$ | $\leqslant 10^5$ |
| 5~7 | $1\leqslant n\leqslant 10^4$ | $1\leqslant m\leqslant 10^5$ | 总长度$\leqslant 10^5$ | $\leqslant 10^5$ |
| 8~10 | $1\leqslant n\leqslant 10^5$ | $1\leqslant m\leqslant 10^5$ | — | $\leqslant 10^5$ |

题目分析：首先对于所有字符串建 Trie 树，并建好 fail 指针。

对于 fail 指针建反向树，要统计 x 在 y 中出现的次数，就是需要统计以 x 为根的 fail 树中，有多少个点属于 y 字符串路径上的点，从 fail 指针的意义可以知道，以这些点结束的后缀都包含 x 字符串。统计方法就是对 y 字符串所有经过的点加 1，再统计以 x 为根的 fail 树中有多少个 1，这些 1 的个数就是 x 在 y 中出现的次数。

对反向 fail 树 dfs 序，利用子树 dfs 序连续的特点，使用树状数组统计区间和即可。参考代码如下。

```
#include <iostream>
#include <cstdio>
#include <vector>
#include <cstring>
using namespace std;
const int N = 100005;
typedef long long LL;
char s[N];
int n,m,cnt,dfncnt,fail[N],match[N],fa[N],c[N],tr[N][26];
int id[N],ans[N],dfn[N],sz[N],q[N],idx;
//BIT
void add(int x,int k)
{
    for (;x <= dfncnt;x += x&-x)
        c[x] += k;
}
```

```
int ask(int x)
{
    int res = 0;
    for (;x;x -= x&-x)
        res += c[x];
    return res;
}
//询问 x 的子树和
int query(int x)
{
    return ask(dfn[x] + sz[x] - 1) - ask(dfn[x] - 1);
}
//询问
struct Q {
    //求 x 的子树和,给 ans[id] 的贡献是 + V
    int x, id;
};
vector<Q> d[N];                //q[i] 表示插入恰好为 i 个字符串需要的询问
//fail 树的边
int head[N], numE = 0;
struct E
{
    int next, v;
} e[N];
void addEdge(int u, int v)
{
    e[++numE] = (E)
    {
        head[u], v
    };
    head[u] = numE;
}
//AC 自动机:插入
void insert()
{
    int p = 0;
    for (int i = 1;i <= n;i++)
    {
        if(s[i] == 'B')
            p = fa[p];
        else if(s[i] == 'P')
            id[i] = ++cnt, match[cnt] = p;
        else
        {
            int ch = s[i] - 'a';
            if (!tr[p][ch])
                tr[p][ch] = ++idx, fa[idx] = p;
            p = tr[p][ch];
        }
    }
}
void dfs(int u)
{
    dfn[u] = ++dfncnt, sz[u] = 1;

    for(int i = head[u];i;i = e[i].next)
```

```
        {
            int v = e[i].v;
            dfs(v);
            sz[u] += sz[v];
        }
}
//建 fail
void build()
{
    int hh = 0,tt = -1;
    for(int i = 0;i < 26;i++)
        if (tr[0][i])
            q[++tt] = tr[0][i];
    while(hh <= tt)
    {
        int u = q[hh++];

        for(int i = 0;i < 26;i++)
        {
            int v = tr[u][i];

            if(v) {
                fail[v] = tr[fail[u]][i];
                q[++tt] = v;
            }else
                tr[u][i] = tr[fail[u]][i];
        }
    }
    for(int i = 1; i <= idx;i++)
        addEdge(fail[i],i);
    dfs(0);
}
void work()
{
    int p = 0;
    for(int i = 1;i <= n;i++)
    {
        if(s[i] == 'B')
        {
            add(dfn[p], -1);
            p = fa[p];
        }else if(s[i] == 'P')
        {
            int x = id[i];
            for(int j = 0;j < d[x].size();j++)
            {
                Q k = d[x][j];
                ans[k.id] += query(match[k.x]);
            }
        }else
        {
            p = tr[p][s[i] - 'a'];
            add(dfn[p],1);
        }
```

```
        }
    }
    int main()
    {
        scanf("%s%d",s+1,&m);
        n=strlen(s+1);
        for(int i=1, x,y;i<=m;i++)
        {
            scanf("%d%d",&x,&y);
            d[y].push_back((Q)
            {
                x,i
            });
        }
        insert();
        build();
        work();
        for(int i=1;i<=m;i++)
            printf("%d\n",ans[i]);
        return 0;
    }
```

# 第三章　数据结构

数据结构是计算机中存储、组织和处理数据的方式，面对不同问题时，选择合适的数据结构能够有序高效地访问和处理数据，节省时间和空间复杂度。本章专注于常用的高级数据结构：堆、优先队列、单调队列、ST 表，树状数组、线段树、并查集、二叉排序树、平衡树以及伸展树，每个数据结构提供了不同场景下的典型应用例题，便于读者举一反三，灵活应用。

## 第一节　堆

堆是一种树状结构，树中每个节点都有一个权值。

堆的主要操作有：查询最值（小根堆查最小值，大根堆查最大值）、插入一个数值、删除最值（小根堆删最小值，大根堆删最大值）。习惯上，不加限定提到“堆”时，往往都指二叉堆。

### 一、二叉堆的概述

二叉堆是一棵有堆性质的完全二叉树（权值），满足完全二叉树和堆的性质。若左右子节点的权值都小于或等于父节点的权值，根是权值最大的节点，这样的堆称作大根堆（大顶堆），如图 3-1-1(a)所示；相反，若左右子节点的权值都大于或等于父节点的权值，根是权值最小的节点，这样的堆称作小根堆（小顶堆），如图 3-1-1(b)所示。节点权值序列的根也被称为堆顶。二叉堆的这个性质，使得从根节点到任意节点路径上的节点权值序列都是有序的。

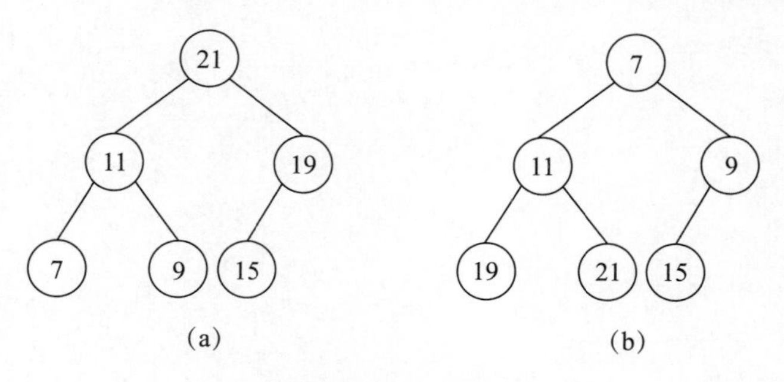


图 3-1-1　二叉堆

### 二、二叉堆基本操作

二叉堆是一棵完全二叉树，利用数组存储二叉堆，从上到下，从左到右，将二叉堆中节点从 1 开始编号，并存储到数组对应（下标）位置。这样，编号为 x 的节点，父节点编号为$\lfloor x/2 \rfloor$，左子节点编号为 2x，右子节点编号为 2x+1。图 3-1-1(a)所示为大顶堆存储在一维数组 heap 中，如表 3-1-1 所示。

表 3-1-1 图 3-1-1 所示二叉堆

| 内容 | | 21 | 11 | 19 | 7 | 9 | 15 |
|---|---|---|---|---|---|---|---|
| 下标 | 0 | 1 | 2 | 3 | 4 | 5 | 6 |

二叉堆可以以 O(1)时间复杂度查询最值,以 O(logn)时间复杂度插入和删除元素,我们以大根堆为例讨论这几种常见的操作,小根堆的操作类似。

1. 插入操作

插入操作(insert)是指向二叉堆中插入一个带有权值 val 的新元素,插入后要保证二叉堆的性质。

(1) 将新元素作为子节点插入到二叉堆最下一层节点的最右边,如果最下一层已满就新增一层,即插入存储二叉堆的一维数组的末尾。

(2) 向上调整:若这个新节点的权值大于其父节点的权值,就交换两节点,重复此过程直至不大于父节点或者到达堆顶,如图 3-1-2 所示。

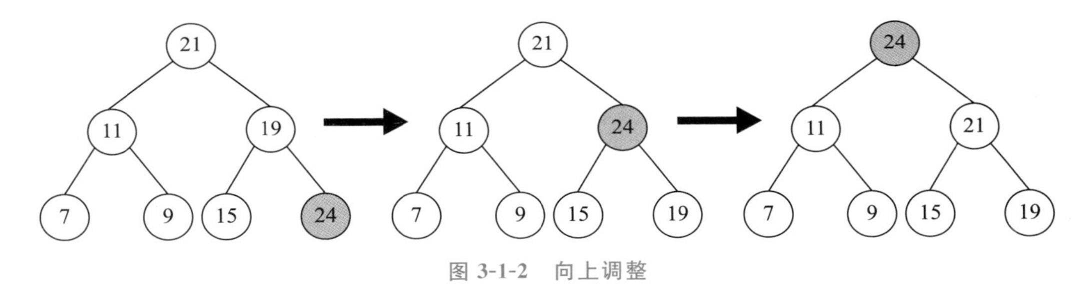


图 3-1-2 向上调整

可以证明,插入元素之后向上调整后,所有节点都满足堆性质。其中,第一步插入元素的时间复杂度为 O(1),向上调整的时间复杂度为 $O(\log_2 n)$,总的操作的时间复杂度为 O(logn)。参考代码如下。

```
void up(int x)
{
  while (x>1 && h[x]>h[x / 2])
  {
    swap(h[x], h[x / 2]);
    x / = 2;
  }
}
void insert(int val)
{
    heap[++n] = val;
    up(n);
}
```

2. 查询最值

查询最值(top)是指在大顶堆中查询最大值,即为堆顶元素,也是数值存储表示法中数组第一个位置值 heap[1],操作时间复杂度为 O(1)。

### 3. 删除堆顶操作

删除堆顶操作(pop)即删除根节点。如果直接删除根节点，则变成了两个堆，后续难以处理。更好的方法如下。

(1) 把根节点和最后一个节点(即存储在数组第一个元素和末尾的元素)直接交换。

(2) 直接删掉(在数组末尾)根节点，令总长度减小 1。

(3) 把堆顶向下调整：在该节点的子节点中找一个最大的节点，与该节点交换，重复此过程直到无法交换，如图 3-1-3 所示。

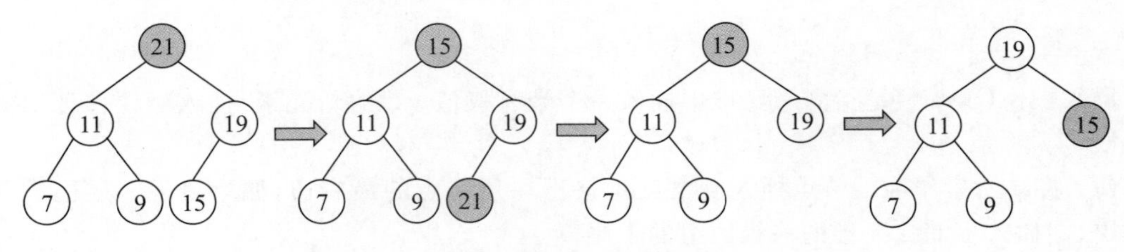


图 3-1-3 向下调整

删除并向下调整后，所有节点都满足堆性质。其中，第(1)步、第(2)步的时间复杂度均为 O(1)，向下调整的时间复杂度为 $O(\log_2 n)$，总的时间复杂度为 O(logn)。参考代码如下。

```
void down(int x)
{
  while (x * 2 <= n)
  {
    t = x * 2;
    if (t + 1 <= n && h[t + 1]>h[t]) t++;
    if (h[t] <= h[x]) break;
    swap(h[x], h[t]);
    x = t;
  }
}
void pop()
{
     heap[1] = heap[n-- ];
     down(1);
}
```

### 4. 删除操作

删除操作(remove)是指从二叉堆中删除堆顶 p 位置的元素。与 pop 的操作相似。

(1) 把 p 位置节点和最后一个节点(即存储在数组 p 位置和末尾的元素)直接交换。

(2) 直接删掉数组末尾元素(原来 p 位置的元素)，令总长度减小 1。

(3) 检查当前 p 位置的结点与其父结点、子结点的权值，根据堆性质进行向上调整或向下调整。删除及整后与 pop 操作类似，所有节点都满足堆性质，总的时间复杂度为 O(logn)。参考代码如下。

```
void remove(int p)
{
     heap[p] = heap[n-- ];
     up(p), down(p);
}
```

堆结构可用于堆排序,动态求取最值等问题。C++STL 中并没有把 heap 作为一种容器组件,而是作为一个类算法,包含在 algorithm 头文件中,常用的有 make_heap()、pop_heap()、push_heap()、sort_heap(),可以基于 vector 等容器组件方便地实现对各种数据类型的堆排。同时,堆与优先队列功能相近,联系紧密。作为容器组件,C++STL 中的 priority_queue(优先队列)可看作一个大根堆,是算法竞赛中常用的代替堆的一种结构,优先队列具体内容将在第二节中介绍。

## 三、对顶堆

顾名思义,对顶堆由一个大根堆与一个小根堆组成,堆顶相对,大根堆维护较小值,即前 k(包含第 k 个)小的数,小根堆维护较大值,即比第 k 小的数大的其他数,如图 3-1-4 所示。

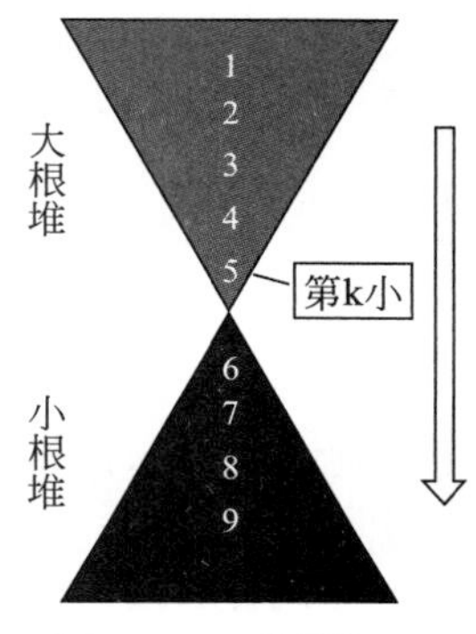

图 3-1-4 对顶堆

用对顶堆可解决的问题模型:动态维护一个序列中第 k 小的数(比如中位数),k 值可以发生变化。使用对顶堆解决这类问题,可以避免写权值线段树或二叉排序树等复杂结构。

相关操作如下。

(1) 维护对顶堆:当大根堆元素个数小于 k 时,不断将小根堆堆顶元素取出并插入大根堆,直到大根堆的元素个数等于 k;当大根堆的元素个数大于 k 时,不断将大根堆堆顶元素取出并插入小根堆,直到大根堆的元素个数等于 k。

(2) 插入元素:若插入的元素小于等于大根堆堆顶元素,则将其插入大根堆,否则将其插入小根堆,然后进行维护对顶堆操作。

(3) 查询第 k 小元素:取大根堆堆顶元素即为所求。

(4) 删除第 k 小元素:删除大根堆堆顶元素,然后进行维护对顶堆操作。

(5) k 值发生变化:修改 k 值,并根据新的 k 值进行维护对顶堆操作。

显然,查询第 k 小元素的时间复杂度是 O(1),插入和删除操作中大根堆的元素个数与期望的 k 值最多相差 1,故每次维护最多只需对大根堆与小根堆中的元素进行一次调整,因此,这些操作的时间复杂度都是 O(logn)。动态维护一个序列上第 k 小的数参考代码如下。

```
const int N = 1e5 + 10;
int n,k;
int dat[N];
priority_queue < int > maxhp;          //大根堆,等同于 priority_queue < int, vector < int >, less <
                                       int >> a;
priority_queue < int > minhp;          //将值转为相反数存入,相当于小根堆
void otheap()
{
    if( dat[i] <= maxhp.top())         //对顶堆插入新元素
        maxhp.push(dat[i]);
    else
        minhp.push( - dat[i]);
    while(maxhp.size() < k)            //维护对顶堆
    {
        maxhp.push( - minhp.top());
        minhp.pop();
```

```
    }
    while(maxhp.size()> k)
    {
        minhp.push( - maxhp.top());
        maxhp.pop();
    }
}
```

这里使用了常见的大根堆(priority_queue)实现小根堆技巧,大根堆维护数据的相反数相当于小根堆维护原始数据。例如,1、−2、3、−4 转成相反数为−1、2、−3、4,用大根堆维护得到从大到小序列:4、2、−1、−3,输出时再转成相反数得到从小到大序列:−4、−2、1、3,相当于小根堆维护的效果。动态维护一个序列上第 k 大的数方法与之类似,请读者思考。

## 四、典型例题

例题 3.1.1 黑匣子。

题目描述:黑匣子(Black Box)是一种原始的数据库。它可以储存一个整数数组,还有一个特别的变量 i,最开始的时候黑匣子是空的,且 i=0。这个黑匣子要处理一串命令。命令只有以下两种。

(1) ADD(x):把 x 元素放进黑匣子。

(2) GET:i 加 1,然后输出黑匣子中第 i 小的数。

记住:第 i 小的数,就是黑匣子里的数的按从小到大的顺序排序后的第 i 个元素。我们来演示一下一个有 11 个命令的命令串(见表 3-1-2)。

表 3-1-2 例题 3.1.1 命令串示例

| 序号 | 操　作 | i | 数 据 库 | 输　出 |
|---|---|---|---|---|
| 1 | ADD(3) | 0 | 3 | / |
| 2 | GET | 1 | 3 | 3 |
| 3 | ADD(1) | 1 | 1,3 | / |
| 4 | GET | 2 | 1,3 | 3 |
| 5 | ADD(−4) | 2 | −4,1,3 | / |
| 6 | ADD(2) | 2 | −4,1,2,3 | / |
| 7 | ADD(8) | 2 | −4,1,2,3,8 | / |
| 8 | ADD(−1000) | 2 | −1000,−4,1,2,3,8 | / |
| 9 | GET | 3 | −1000,−4,1,2,3,8 | 1 |
| 10 | GET | 4 | −1000,−4,1,2,3,8 | 2 |
| 11 | ADD (2) | 4 | −1000,−4,1,2,2,3,8 | / |

现在要求找出对于给定的命令串的最好的处理方法。ADD 命令共有 m 个,GET 命令共有 n 个。现在用两个整数数组来表示命令串。

(1) $a_1,a_2,\cdots,a_m$:一串将要被放进黑匣子的元素。例如,上面的例子中 a=[3,1,−4,2,8,−1000,2]。

(2) $u_1, u_2, \cdots, u_n$：表示第 $u_i$ 个元素被放进了黑匣子里后就出现一个 GET 命令。例如，上面的例子中 u=[1,2,6,6]。输入数据不用判错。

输入格式：第一行两个整数 m 和 n，表示元素的个数和 GET 命令的个数。第二行共 m 个整数，从左至右第 i 个整数为 $a_i$，用空格隔开。第三行共 n 个整数，从左至右第 i 个整数为 $u_i$，用空格隔开。

输出格式：输出黑匣子根据命令串所得出的输出串，一个数字一行，如表 3-1-3 所示。

表 3-1-3　例题 3.1.1 测试样例

| 输入样例 | 输出样例 |
|---|---|
| 7 4<br>3 1 -4 2 8 -1000 2<br>1 2 6 6 | 3<br>3<br>1<br>2 |

数据范围：对于 30% 的数据，$1 \leqslant n, m \leqslant 10^4$。对于 50% 的数据，$1 \leqslant n, m \leqslant 10^5$。对于 100% 的数据，$1 \leqslant n, m \leqslant 2 \times 10^5$，$|a_i| \leqslant 2 \times 10^9$，保证 u 序列单调不降。

题目分析：黑匣子遇到 get 指令输出答案，因此可以以 get 指令为主体逻辑进行处理，甚至最后的 get 指令后面的 add 数据可以忽略。对于第 i 个 get 指令，先将前 u[i]个数据先加入对顶堆，然后对第 i 个 get 指令，动态维护对顶堆，保持大根堆一直有 i 个元素，这样大根堆的堆顶就是第 i 小的数据，输出即可。参考代码如下。

```
#include <cstdio>
#include <queue>
using namespace std;
const int MAXN = 2e5 + 10;
priority_queue < int > maxhp;              //大根堆
priority_queue < int > minhp;              //存入负值,相当于小根堆
int n,m,a[MAXN],u[MAXN];                   //a 存储 add 数据,u 存储 get 指令
int main()
{
    scanf("%d%d", &n, &m);
    for(int i = 1; i <= n; i++)
    {
        scanf("%d", &a[i]);
    }
    for(int i = 1; i <= m; i++)
    {
        scanf("%d", &u[i]);
    }
    for(int i = 1, j = 1; i <= m; i++)    //以 get 指令为主体
    {
        while(j <= u[i] )                  //不满足 get 前,继续读入 add 数据
        {
            if(j == 1 || a[j] <= maxhp.top())
            maxhp.push(a[j]);
            else
            minhp.push( - a[j]);
            j++;
```

```
        }
        while(maxhp.size() < i)                        //按照求第 i 小维护数据
        {
            maxhp.push( - minhp.top());
            minhp.pop();
        }
        while(maxhp.size()> i)
        {
            minhp.push( - maxhp.top());
            maxhp.pop();
        }
        printf(" %d\n",maxhp.top());                   //对于每次 get 输出第 i 小
    }
    return 0;
}
```

# 第二节 优先队列

优先队列本质上是二叉堆，主要目的是在O(1)的时间复杂度内快速查询最大值(或最小值)，通常用STL的priority_queue来实现。

## 一、优先队列概述

普通队列是一种先进先出的数据结构，而在优先队列中，元素被赋予优先级。优先队列具有最高优先级先出的行为特征，当访问队首元素时，会访问到具有最高优先级的元素。优先队列通常采用堆数据结构来实现。

通常情况下，使用优先队列时不需要手写队列或堆，而是使用STL的priority_queue优先队列容器。使用priority_queue时需要引入头文件：#include<queue>。

priority_queue的声明：priority_queue<数据类型>变量名；尖括号中的数据类型可以是int、char、double等数据类型，也可以是结构体类型。例如：priority_queue<int>q。

priority_queue默认为大根堆，即优先级最高的元素在队首。如果需要一个小根堆，可以用以下方法声明：priority_queue<int , vector<int>, greater<int> >q。相对应的，也可以用以下方式声明一个大根堆：priority_queue<int , vector<int>, less<int> >q;，这和上文中直接声明一个优先队列priority_queue<int>q;是等价的。必须注意，当连续出现两个以上尖括号时，中间一定要加上空格，否则编译时会被当作位运算符。此外，这里的greater是一个仿函数，读者不必深究，只需记下，在使用时会写即可。

priority_queue常用的函数及释义如下。

```
q.push(e);        //向队列添加元素 e
q.pop();          //删除队首元素
q.top();          //返回队首的元素值
q.size();         //返回队列中元素个数
q.empty();        //队列为空时返回 true
```

由于优先队列是使用堆数据结构实现的，因此它的插入、删除操作的复杂度为O(logn)，而查询操作的复杂度为O(1)。

## 二、优先队列用于结构体

当对一个结构体类型使用优先队列时，需要指定优先队列的关键字及比较的依据。通常使用重载小于号运算符的方法来实现，详见下方代码示例。需要注意，只能重载小于号运算符，不能重载大于号运算符，因为 priority_queue 的底层代码是用小于号比较的。关于这一点读者不必深究，只需记下，在使用时会写即可。

```
struct Node                        //自定义一个 Node 类型
{
    int key,val;                   //key 表示优先级,val 表示值
    bool operator<(Node a) const   //重载"<"运算符,需注意只能重载"<",不能重载">"
    {
    return key>a.key;              //这样写表示小根堆,即 key 越小优先级越高;大根堆把">"换成
                                     "<"即可
    }
};
```

## 三、典型例题

**例题 3.2.1　序列合并。**

**题目描述：**有两个长度都是 N 的序列 A 和 B，在 A 和 B 中各取一个数相加可以得到 $N^2$ 个和，求这 $N^2$ 个和中最小的 N 个。

**输入格式：**第一行一个正整数 N；第二行 N 个整数 $A_i$，满足 $A_i \leqslant A_{i+1}$；第三行 N 个整数 $B_i$，满足 $B_i \leqslant B_{i+1}$。

**输出格式：**仅一行，包含 N 个整数，从小到大输出这 N 个最小的和，相邻数字之间用空格隔开，如表 3-2-1 所示。

**表 3-2-1　例题 3.2.1 测试样例**

| 样例输入 | 样例输出 |
|---|---|
| 3<br>2 6 6<br>1 4 8 | 3 6 7 |

**数据范围：**$1 \leqslant N \leqslant 100000$，$A_i \leqslant 10^9$，$B_i \leqslant 10^9$。

**题目分析：**首先考虑朴素算法，将 $N^2$ 个和求出来后进行排序，输出前 N 个和。然而 N 的取值范围是 1～100000，用 $O(n^2)$ 的方法肯定会超时也会爆空间。继而先将 A、B 两个数列升序排序，必有 $A_i + B_j \leqslant A_{i+1} + B_j$。因此，先用 $A_1$ 与所有的 B 相加，将 A、B 的下标及 A+B 的值用优先队列维护，当从队首取出 $A_i + B_j$ 时，将 $A_{i+1} + B_j$ 放入队列即可。

参考代码如下。

```
#include<iostream>
#include<queue>
#include<algorithm>
#define MAXN 100010
using namespace std;
```

```
int a[MAXN],b[MAXN],n;
struct Node
{
    int ai,bj,val;                              //ai、bj 表示 A、B 的下标,val 表示 Ai + Bj 的值
};
priority_queue < Node > q;
bool operator <(Node x, Node y)
{
    return x.val > y.val;                       //小根堆
}
int main()
{
    cin >> n;
    for(int i = 1;i <= n;i++) cin >> a[i];
    for(int i = 1;i <= n;i++) cin >> b[i];
    sort(a + 1,a + n + 1);
    sort(b + 1,b + n + 1);
    for(int i = 1;i <= n;i++)
    {
        Node t;
        t.ai = 1,t.bj = i,t.val = a[1] + b[i];  //预处理,将 A1 与所有的 B 相加放入优先队列
        q.push(t);
    }
    for(int i = 1;i <= n;i++)
    {
        Node t = q.top();q.pop();               //取出队首,即为最小值
        cout << t.val <<" ";
        t.val = a[++t.ai] + b[t.bj];            //将队首的 A 下标 + 1 后重新放入优先队列
        q.push(t);
    }
    return 0;
}
```

例题 3.2.2　操作系统。

**题目描述**:编写一个程序来模拟操作系统的进程调度。假设该系统只有一个 CPU,每一个进程的到达时间、执行时间和运行优先级都是已知的。其中运行优先级用自然数表示,数字越大,则优先级越高。如果一个进程到达时 CPU 是空闲的,则它会一直占用 CPU 直到该进程结束。除非在这个过程中,有一个比它优先级高的进程要运行。在这种情况下,这个新的(优先级更高的)进程会占用 CPU,而原来的只有等待。如果一个进程到达时,CPU 正在处理一个比它优先级高或优先级相同的进程,则这个(新到达的)进程必须等待。一旦 CPU 空闲,如果此时有进程在等待,则选择优先级最高的先运行。如果有多个优先级最高的进程,则选择到达时间最早的。

**输入格式**:输入包含若干行,每一行有四个自然数(均不超过 $10^8$),分别是进程号、到达时间、执行时间和优先级。不同进程有不同的编号,不会有两个相同优先级的进程同时到达。输入数据已经按到达时间从小到大排序。输入数据保证在任何时候,等待队列中的进程不超过 15000 个。

**输出格式**:按照进程结束的时间输出每个进程的进程号和结束时间,如表 3-2-2 所示。

表 3-2-2 例题 3.2.2 测试样例

| 样例输入 | 样例输出 |
| --- | --- |
| 1 1 5 3<br>2 10 5 1<br>3 12 7 2<br>4 20 2 3<br>5 21 9 4<br>6 22 2 4<br>7 23 5 2<br>8 24 2 4 | 1 6<br>3 19<br>5 30<br>6 32<br>8 34<br>4 35<br>7 40<br>2 42 |

**题目分析**：本题题目本身看似并不难理解，然而在代码实现的过程中还是有很多细节需要注意。首先考虑用一个优先队列维护待执行的进程，队首是优先级最高且到达时间最早的进程。当第 i 个进程到达时，有三种情况：①队列为空，则直接将第 i 个进程放进队列中；②队列不为空，且队首的进程结束时间早于第 i 个进程开始时间，则执行完队首进程；③队列不为空，且队首的进程结束时间晚于第 i 个进程开始时间，则将队首进程执行一部分，直到第 i 个进程开始时间为止，将剩余的部分重新放入队列中。当所有的进程都到达后，如果队列中还有待执行的进程，则依次执行队首的进程即可。

由于本题数据量较大，因此需要使用 scanf()和 printf()语句进行输入输出；另外，由于输入数据已经按到达时间从小到大排序，因此可以一边输入一边处理。参考代码如下。

```
#include <iostream>
#include <cstdio>
#include <queue>
using namespace std;
int n,tm;                                  //tm 记录时间节点
struct Node
{
    int id,st,len,key;                     //4 个变量如题意
};
priority_queue <Node> q;
bool operator <(Node x, Node y)
{
    if(x.key == y.key) return x.st > y.st;  //优先级相同,则开始时间越早的越靠前
    else return x.key < y.key;             //优先级不同,则 key 越大优先级越高
}
int main()
{
    Node p;
    while(scanf("%d%d%d%d",&p.id,&p.st,&p.len,&p.key)! = EOF)
    {
                                           //读入当前进程 p
        if(q.empty())
        {                                  //情况 1:队列为空,直接将进程 p 放入队列
            q.push(p);
            tm = p.st;                     //时间推进到 p 进程到达的时刻
            continue;
```

```
        }
        while(!q.empty() && q.top().len + tm <= p.st)//情况 2:队首进程结束时间在 p 开始之前,
        {                                              则执行完队首进程
            Node tp = q.top(); q.pop();                //取出队首进程 tp
            printf("%d %d\n",tp.id,tp.len + tm);       //输出答案
            tm += tp.len;                              //时间推进到 tp 进程执行完的时刻
        }
        if(!q.empty() && q.top().len + tm > p.st)      //情况 3:队首进程结束时间在进程 p 开始之
        {                                              后,则将队首进程执行到 p 开始时,再将剩
                                                       余部分重新放到队列中
            Node tp = q.top(); q.pop();                //取出队首进程 tp
            tp.len -= (p.st - tm);                     //进程 tp 可以执行的时间长度为 p.st - tm,
                                                       因此用 len 减去该时间即为 tp 进程剩余
                                                       的时间
            q.push(tp);                                //将 tp 进程剩余部分重新放到队列中
        }
        q.push(p);                                     //执行完情况 2 和情况 3 之后将 p 进程入队
        tm = p.st;                                     //时间推进到 p 进程开始的时刻
    }
    while(!q.empty())                                  //如果队列中还有待执行的进程,则依次执
                                                       行队首进程即可
    {
        Node tp = q.top(); q.pop();
        tm += tp.len;
        printf("%d %d\n",tp.id,tm);
    }
    return 0;
}
```

# 第三节 单调队列

单调队列是一种队列内元素具有单调性的队列,主要目的是在 O(1)的时间复杂度内快速查询滑动窗口内的最大值(或最小值)。

## 一、单调队列概述

单调队列是一种具有单调性的队列,有单调递增队列也有单调递减队列。单调队列同样满足普通队列先进先出(FIFO)的特性,只不过后进队的元素有可能会"挤掉"先进队的元素。以单调递增队列为例,对于一个元素 a,如果 a 大于队尾元素,那么直接将 a 加入队列尾;只要 a 小于等于队尾元素,就将队尾元素弹出队列,直到满足 a 大于队尾元素(或者队列为空),再将 a 加入队列尾。

由于每个元素至多入队、出队一次,每次入队、出队的复杂度为 O(1),因此该算法的总体复杂度为 O(n)。

例如:对于单调递增队列{1,4,7,11},如果要让 10 入队,为了保证队列的单调性,需要将队尾的 11 出队,再将 10 入队,队列变为{1,4,7,10}。如果再要让 5 入队,则需要将队尾的 7,10 出队,再将 5 入队,5 入队后的队列为{1,4,5}。

由以上例子可以看出，单调队列不仅需要从队首出队，还需要从队尾出队。而普通的STL容器queue就无法满足需求了，因此一般使用双端队列dequeue(double－ended queue双端队列的缩写)或者用数组模拟队列实现。从效率上来说，用数组模拟队列更好一些，不过为了便于读者理解，下文采用dequeue来实现，读者可以自行尝试用数组模拟队列的写法。

使用单调队列dequeue时需要引入头文件，即"#include < queue >单调队列dequeue的声明：dequeue<数据类型>变量名；"。尖括号中的数据类型可以是int、char、double等数据类型，也可以是结构体类型。例如：

```
dequeue < int > q;
```

单调队列dequeue常用的函数及释义如下。

```
q.push_back(e);         //向队尾添加元素 e
q.push_front(e);        //向队首添加元素 e
q.pop_back();           //删除队尾元素
q.pop_front();          //删除队首元素
q.front();              //返回队首的元素值
q.back();               //返回队尾的元素值
q.size();               //返回队列中元素个数
q.empty();              //队列为空时返回 true
```

单调队列的主要作用是优化算法，特别是对于动态规划DP问题的优化。

## 二、典型例题

例题3.3.1　滑动窗口。

题目描述：给定一个大小为n($n \leqslant 10^6$)的数组和一个大小为k($k \leqslant 10^6$)的滑动窗口，该窗口从数组的最左边开始向右移动，每次向右移动一个位置，直到移动到数组的最右边。你只能在窗口中看到k个数字，求窗口位于每一个位置中所有数字的最大值和最小值。

以下是一个例子：该数组为[1 3 －1 －3 5 3 6 7]，k为3，如表3-3-1所示。

表3-3-1　例题3.3.1样例

| 窗口位置 | 最小值 | 最大值 |
|---|---|---|
| [1 3 －1] －3 5 3 6 7 | －1 | 3 |
| 1 [3 －1 －3] 5 3 6 7 | －3 | 3 |
| 1 3 [－1 －3 5] 3 6 7 | －3 | 5 |
| 1 3 －1 [－3 5 3] 6 7 | －3 | 5 |
| 1 3 －1 －3 [5 3 6] 7 | 3 | 6 |
| 1 3 －1 －3 5 [3 6 7] | 3 | 7 |

输入格式：输入共两行。第一行包含两个整数n和k，分别代表数组长度和滑动窗口的长度。第二行有n个整数，代表数组的具体数值。

输出格式：输出共两行。第一行输出，从左至右，每个位置滑动窗口中的最小值。第二行输出，从左至右，每个位置滑动窗口中的最大值，如表3-3-2所示。

表 3-3-2 例题 3.3.1 测试样例

| 样例输入 | 样例输出 |
| --- | --- |
| 8 3<br>1 3 −1 −3 5 3 6 7 | −1 −3 −3 −3 3 3<br>3 3 5 5 6 7 |

题目分析：首先考虑朴素算法，用一个队列维护滑动窗口，每次遍历窗口内的所有数求出最大值和最小值。窗口滑动 n 次，每次求最大和最小值扫描 k 个数，总复杂度为 O(nk)，很显然会超时。

接下来考虑如何优化：以窗口最小值为例，当窗口滑动到[1 3 −1]时，−1 比前面的 1 和 3 小，且不论窗口向后移动多少格，只要窗口内有 1 和 3 就必有−1，因此当−1 入队后，1 和 3 永远都不可能成为窗口内最小值，因此所有比−1 小的元素都可以直接出队。也就是说，需要维护一个单调递增的队列，队首元素就是当前窗口内的最小值，整个过程可以参考表 3-3-3。

表 3-3-3 例题 3.3.1 题目分析过程

| 入队元素 | 入队后队列中元素 | 操作说明 | 队首元素 |
| --- | --- | --- | --- |
| 1 | 1 | 1 入队 | 1 |
| 3 | 1,3 | 3 入队 | 1 |
| −1 | −1 | 由于−1 比 3 和 1 小，因此 3 和 1 从队尾出队；−1 入队 | −1 |
| −3 | −3 | 由于−3 比−1 小，因此−1 从队尾出队；−3 入队 | −3 |
| 5 | −3,5 | 5 入队 | −3 |
| 3 | −3,3 | 由于 3 比 5 小，因此 5 从队尾出队；3 入队 | −3 |
| 6 | 3,6 | −3 滑出窗口，从队首出队；6 入队 | 3 |
| 7 | 3,6,7 | 7 入队 | 3 |

参考代码如下。

```
#include<cstdio>
#include<queue>
#define MAXN 1000010
using namespace std;
int n,k,a[MAXN];
int main()
{
    scanf("%d%d",&n,&k);
    for(int i=1;i<=n;i++) scanf("%d",&a[i]);
    deque<int> q;
    //求窗口最小值
    for(int i=1;i<=n;i++)
    {
        if(!q.empty() && q.front()<=i-k) q.pop_front();      //如果队首划出窗口，队首出队
        while(!q.empty() && a[i]<=a[q.back()]) q.pop_back();//比 a[i]大的从队尾出队
        q.push_back(i);                                      //i 入队
        if(i>=k) printf("%d ",a[q.front()]);                 //输出答案
    }
    printf("\n");
```

```
    while(!q.empty()) q.pop_front();                          //清空队列
                                                               //求窗口最大值
    for(int i = 1;i <= n;i++)
    {
        if(!q.empty() && q.front()<= i - k) q.pop_front();    //如果队首划出窗口,队首出队
        while(!q.empty() && a[i]>= a[q.back()]) q.pop_back(); //比 a[i]小的从队尾出队
        q.push_back(i);                                        //i 入队
        if(i >= k) printf(" %d ",a[q.front()]);               //输出答案
    }
    return 0;
}
```

**例题 3.3.2　跳房子。**

**题目描述：**跳房子，也称跳飞机，是一种世界性的儿童游戏，也是中国民间传统的体育游戏之一。

跳房子的游戏规则如下为，在地面上确定一个起点，然后在起点右侧画 n 个格子，这些格子都在同一条直线上。每个格子内有一个数字（整数），表示到达这个格子能得到的分数。玩家第一次从起点开始向右跳，跳到起点右侧的一个格子内。第二次再从当前位置继续向右跳，依次类推。规则规定玩家每次都必须跳到当前位置右侧的一个格子内。玩家可以在任意时刻结束游戏，获得的分数为曾经到达过的格子中的数字之和。

现在小 R 研发了一款弹跳机器人来参加这个游戏。但是这个机器人有一个非常严重的缺陷，它每次向右弹跳的距离只能为固定的 d。小 R 希望改进他的机器人，如果花 g 个金币改进机器人，那么机器人灵活性就能增加 g，但是需要注意的是，每次弹跳的距离至少为 1。当 $g<d$ 时，他的机器人每次可以选择向右弹跳的距离为 $d-g,d-g+1,d-g+2,\cdots,d+g-2,d+g-1,d+g$；当 $g\geqslant d$ 时，机器人每次可以选择向右弹跳的距离为 $1,2,3,\cdots,d+g-2,d+g-1,d+g$。

现在小 R 希望获得至少 k 分，请问他至少要用多少金币来改造他的机器人。

**输入格式：**第一行三个正整数 n、d、k，分别表示格子的数目、改进前机器人弹跳的固定距离及希望至少获得的分数。相邻两个数之间用一个空格隔开。

接下来 n 行，每行两个整数 $x_i$、$s_i$，分别表示起点到第 i 个格子的距离及第 i 个格子的分数。两个数之间用一个空格隔开。保证 $x_i$ 按递增顺序输入，样例 1 如表 3-3-4 所示。

**输出格式：**共一行，一个整数，表示至少要花多少金币来改造机器人。若无论如何他都无法获得至少 k 分，输出－1，样例 2 如表 3-3-4 所示。

表 3-3-4　例题 3.3.2 测试样例

| 样例 1 输入 | 样例 1 输出 | 样例 2 输入 | 样例 2 输出 |
|---|---|---|---|
| 7 4 10<br>2 6<br>5 −3<br>10 3<br>11 −3<br>13 1<br>17 6<br>20 2 | 2 | 7 4 20<br>2 6<br>5 −3<br>10 3<br>11 −3<br>13 1<br>17 6<br>20 2 | −1 |

**数据范围**：$1 \leqslant n \leqslant 500000, 1 \leqslant d \leqslant 2000, 1 \leqslant x_i, k \leqslant 10^9, |s_i| < 10^5$。

**题目分析**：首先考虑如果给定 g，如何求出最高得分？从而根据最高得分是否大于或等于 k，来判断给定的 g 是否可行。朴素的想法是从起点开始 DFS，很显然 DFS 会超时。这一步可以用动态规划的方法，即对于第 i 个格子，可以从之前的第$\{j, j+1, \cdots, j+k\}$ $(d-g \leqslant dis_i - dis_j, dis_i - dis_{j+1}, \cdots, dis_i - dis_{j+k} \leqslant d+g)$个格子转移过来，那么遍历 i 之前所有可以转移到 i 的格子，取这些个格子中的最优解即可。

动态规划部分的代码如下。

```
int N,D,K;                                   //变量名如题意,为避免重名,全部大写
int val[MAXN],dis[MAXN];                     //val[i]表示第 i 个格子的分数,dis[i]表示起点到
                                               第 i 个格子的距离
long long d[MAXN];                           //dp 数组
int dp(int G)                                //对于给定的 D 和 G,判断方案是否可行
{
    memset(d, - 0x3f,sizeof(d));             //初始化 dp 数组为负无穷
    d[0] = 0;                                //初始化起点分数
    int L = max(1,D - G), R = D + G;         //确定边界
    for(int i = 1;i <= N;i++)                //当前格子 i
    {
        for(int j = i - 1;j >= 0;j -- )      //上一格子 j
        {
        if(dis[i] - dis[j]<L) continue;      //处理边界
        if(dis[i] - dis[j]> R) break;
        d[i] = max(d[i],d[j] + val[i]);      //状态转移
        if(d[i]>= K)return 1;                //如果方案可行返回 1
        }
    }
    return 0;                                //如果方案不可行返回 0
}
```

接下来考虑如何找到最小的 g，使得最高得分大于或等于 k？朴素的想法是从 1 开始逐个去尝试，这里可以用二分法进行优化。二分优化后的代码可以得到 80 分。该部分的代码如下。

```
int L = 0,R = dis[N];
while(L <= R)
{
    int M = (L + R)/2;
    if(dp(M)) R = M - 1;
    else L = M + 1;
}
printf(" % d",L);
```

要得到满分还需要进一步优化。观察动态规划部分，对于第 i 个格子而言，需要从前面的第 $j, j+1, \cdots, j+k$ 个格子中选取一个最大值。随着 i 的向右移动到 $i+1$，能够转移到 $i+1$ 的区间也在相应地向右移动。和滑动窗口十分类似，单调队列恰好可以满足需求，如图 3-3-1 所示。

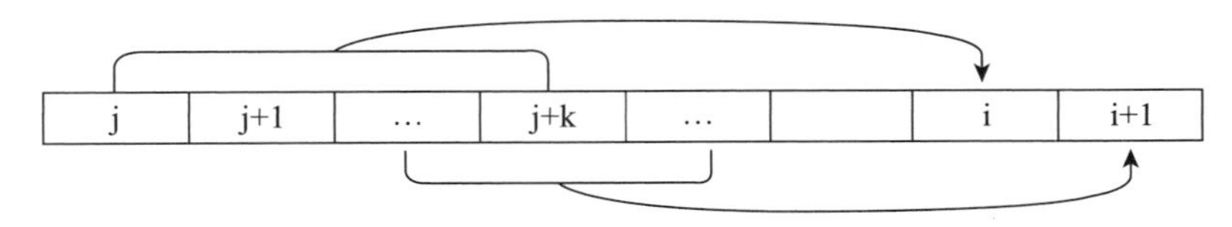


图 3-3-1 例题 3.3.2 解题分析

dp 函数用单调队列优化的参考代码如下。

```
int dp(int G)
{
    memset(d, - 0x3f,sizeof(d));
    d[0] = 0;
    int L = max(1,D - G), R = D + G;
    deque < int > q;                                    //单调递减队列
    int cur = 0;
    for(int i = 1;i <= N;i++)
    {
                                                        //单调队列优化
       while(cur < i && dis[i] - dis[cur]>= L)          //cur 表示窗口的最右端
       {
          while(!q.empty() && d[q.back()]<= d[cur])     //维护队列单调性
              q.pop_back();
          q.push_back(cur);
          cur++;
       }
       while(!q.empty() && dis[i] - dis[q.front()]> R)  //滑出窗口就从队首出队
           q.pop_front();
       if(!q.empty())
           d[i] = d[q.front()] + val[i];                //队首元素即为窗口内最大值
       if(d[i]>= K)
       {
           return 1;
       }
    }
    return 0;
}
```

例题 3.3.3 多重背包问题。

题目描述：有一个总容量是 V 的背包。背包中有 N 种物品，第 i 种物品有 $s_i$ 件，每件体积是 $v_i$，价值是 $w_i$。求解在物品体积总和不超过背包容量 V 的情况下，总价值最大是多少。

输入格式：第一行两个整数 N 和 V，用空格隔开，分别表示物品种数和背包容量。接下来有 N 行，每行三个整数 $v_i$、$w_i$、$s_i$，用空格隔开，分别表示第 i 种物品的体积、价值和数量。

输出格式：输出一个整数，表示最大价值，如表 3-3-5 所示。

表 3-3-5 例题 3.3.3 测试样例

| 样例输入 | 样例输出 |
|---|---|
| 5 4<br>1 2 3<br>3 2 1<br>2 4 1<br>3 4 3<br>4 5 2 | 8 |

**数据范围**：$0<N\leqslant 1000$，$0<V\leqslant 20000$，$0<v_i,w_i,s_i\leqslant 20000$。

**题目分析**：多重背包问题的第一种解法是将每一种物品拆成 $s_i$ 件独立的物品，然后用01背包求解。复杂度为 $O(V*N*\sum s_i)$，本题的数据范围用这个方法一定会超时。

第二种解法是用二进制优化。把 $s_i$ 件物品拆成 $1,2,4,8,\cdots,2^n$ 份，剩余不足 $2^n$ 的单独作为一份，例如 $s_i=10$，则拆成1，2，4，3份，这样可以用拆分后的数经过组合"拼"成1到 $s_i$ 之间的任意整数，例如可以用1，2，4，3"拼"成1到10之间的任意整数：$1=1$，$2=2$，$3=1+2$，$4=4$，$5=1+4$，$6=2+4$，$7=1+2+4$，$8=2+6$，$9=2+3+4$，$10=1+2+3+4$。也就是说可以将 $s_i$ 件物品拆分成 $\log_2 s_i$ 件，然后用01背包求解。复杂度可以降到 $O(V*N*\sum\log_2 s_i)$，观察本题的数据范围，用这个方法也会超时。

第三种解法是用单调队列优化。如图3-3-2所示，对于第i种物品，前i种物品占用总体积为 $V_1$ 的状态，只能从占用体积为 $\{V_1-v_i,V_1-2v_i,\cdots,V_1-nv_i\}$ 的状态转移过来；而前i种物品占用总体积为 $V_1+v_i$ 的状态，只能从占用体积为 $\{V_1,V_1-v_i,V_1-2v_i,\cdots,V_1-(n-1)v_i\}$ 的状态转移过来，即相当于在一个向右滑动的窗口内取一个最优解，可以用单调队列优化这个窗口内的最优解。接下来考虑一共需要维护几个单调队列，不难看出 $\{V_1+v_i,V_1,V_1-v_i,V_1-2v_i,\cdots,V_1-nv_i\}$ 对于 $v_i$ 取余的结果相同。而对 $v_i$ 取余最多有 $v_i$ 种不同结果，即余数为 $\{0,1,2,\cdots,v_i-1\}$，因此一共需要维护 $v_i$ 个不同的单调队列，这 $v_i$ 个队列中的每一个单调队列内的元素下标对 $v_i$ 的余数都是相同的。复杂度可以进一步降到 $O(V*N)$。

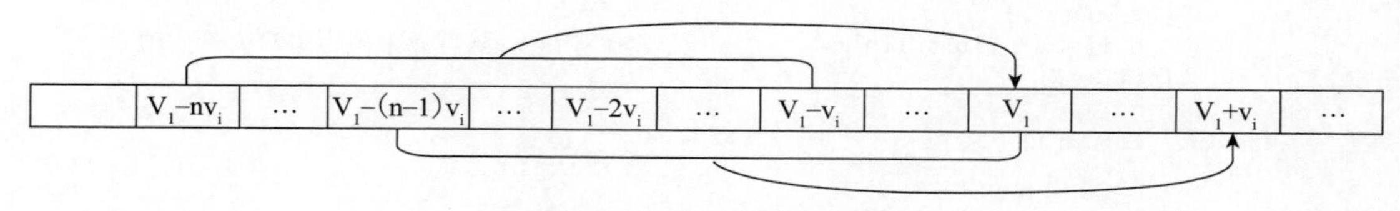


图3-3-2 例题3.3.3解题分析

为了进一步提高代码效率，本题参考代码采用了数组模拟单调队列的方法。参考代码如下。

```
#include<cstdio>
#include<iostream>
#include<cstring>
#define MAXN 1010                                   //件数
#define MAXM 20010                                  //体积
using namespace std;
int d[MAXM],f[MAXN],w[MAXN],v[MAXN],s[MAXN],q[MAXN],N,V,cnt;
int main()
{
    scanf("%d%d",&N,&V);
    for(int i = 1; i <= N; i++)
    {
        memcpy(f,d,sizeof(d));                      //为了正序更新，复制一份d到f
```

```
        scanf("%d%d%d",&v[i],&w[i],&s[i]);          //体积、价值、数量
        for(int j = 0; j < v[i]; j++)               //V 除以 vi 的余数 0～vi-1
        {
            int h = 1,t = 0;                        //单调队列头尾指针
            for(int k = j; k <= V; k += v[i])       //k 表示当前所占总体积,每次向后跳 vi
            {
                while(h <= t && q[h]< k - s[i] * v[i]) h++;
                                                    //队首滑出窗口,队首出队
                if(h<= t) d[k] = max(f[k] , f[q[h]] + (k - q[h])/v[i] * w[i]);
                                                    //用队首更新 f[k]
                while(h <= t && f[k]>= f[q[t]] + (k - q[t])/v[i] * w[i]) t-- ;
                                                    //f[k]比队尾更有价值,队尾出队
                q[++t] = k;                         //当前下标入队
            }
        }
    }
    printf("%d",d[V]);
    return 0;
}
```

# 第四节 单调栈

单调栈是一种栈内元素具有单调性的栈,主要目的是找到某一元素之前(或之后)最近的一个比该元素大(或小)的元素位置。

## 一、单调栈概述

与单调队列类似,单调栈是在普通栈的基础上,栈内元素满足单调性的一种数据结构,可以是单调递增栈,也可以是单调递减栈。以单调递增栈为例,对于一个元素 a,如果 a 大于栈顶元素,那么直接将 a 放入栈顶;只要 a 小于或等于栈顶元素,就将栈顶元素弹出,直到满足 a 大于栈顶元素(或者栈为空),再将 a 放入栈顶。由于每个元素至多入栈、出栈一次,每次入栈、出栈的复杂度为 O(1),因此该算法的总体复杂度为 O(n)。

例如:对于单调递增栈{1,3,5}(左侧表示栈底,右侧表示栈顶,下同),如果要让 7 入栈,由于 7 大于栈顶元素,所以直接将 7 放入栈顶,栈内元素变为{1,3,5,7};如果再要让 4 入栈,则需要将栈顶的 7,5 弹出,再将 4 入栈,栈内元素变为{1,3,4}。

单调栈的主要作用是找到某一元素之前(或之后)最近的一个比该元素大(或小)的元素位置。

单调栈仍然满足普通栈"后进先出"的特点,可以使用 STL 的 stack 容器来实现,也可以用数组来模拟栈。对于 STL 的 stack 容器这里不再赘述。下面以单调栈模板题为例进行讲解。

## 二、典型例题

**例题 3.4.1 柱状图最大矩形面积。**

**题目描述:**如图 3-4-1 所示柱状图,每一条矩形柱的宽度为 1,可以围成若干矩形,求最大矩形的面积。

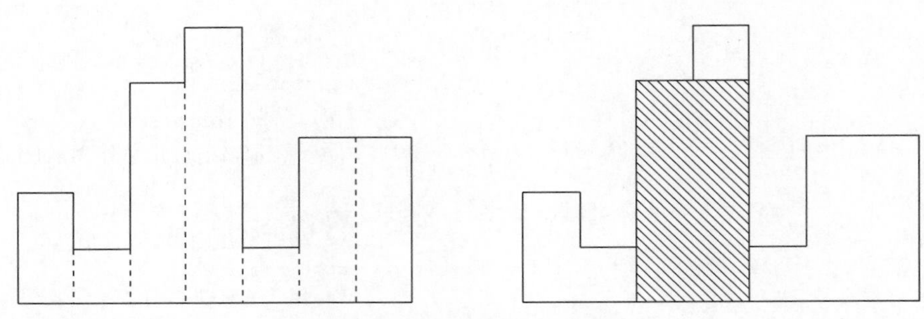

图 3-4-1 例题 3.4.1 题图

**输入格式**：输入包含若干组测试数据，以 0 结尾。每行为一组测试数据，开头第一个整数 n 表示这组数据的长度，接下来 n 个整数 $h_1,\cdots,h_n$ 表示柱状图的各个矩形柱的高度。

**输出格式**：对于每一组测试数据，输出一个整数，表示该柱状图中最大矩形的面积，如表 3-4-1 所示。

表 3-4-1 例题 3.4.1 测试样例

| 样例输入 | 样例输出 |
| --- | --- |
| 7 2 1 4 5 1 3 3<br>4 1000 1000 1000 1000<br>0 | 8<br>4000 |

**数据范围**：$1\leqslant n\leqslant 10^5$，$0\leqslant h_i\leqslant 10^9$。

**题目分析**：本题根据底边求高度不好求，可以根据高度求底边长。先依次求出以第 i 个矩形柱为高度的最大矩形，例如以编号为 2 高度为 1 的矩形柱为高的最大矩形面积为 7，以编号为 6 高度为 3 的矩形柱为高的最大矩形面积为 6，如图 3-4-2 所示。然后取所有答案的最大值即可。接下来考虑如何求解以第 i 个矩形柱为高度的最大矩形，可以看出第 i 个矩形柱的高度 $h_i$ 是确定的，只要求出宽度即可，而左右边界恰好是从 i 开始往左和往右第一个比 $h_i$ 矮的矩形柱。为了方便，可以在整个柱状图的最左侧和最右侧分别加上一个高度为 −1 的矩形柱。而第 i 个矩形柱左边（或右边）第一个比 $h_i$ 矮的矩形柱可以用单调栈求得。

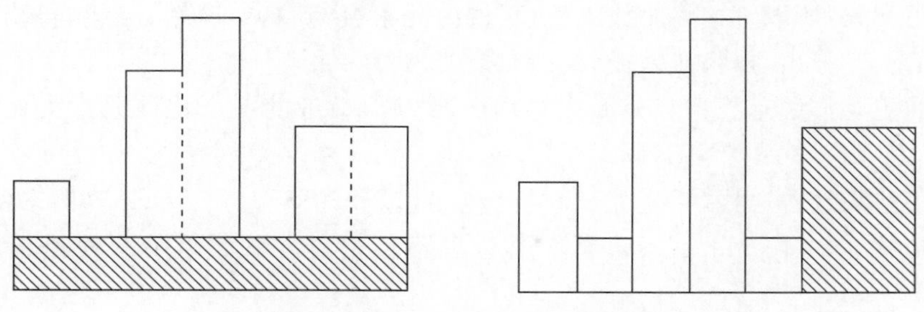

图 3-4-2 例题 3.4.1 题目分析图

还有一种只需要从左往右扫一遍的写法，相比于左右各扫一遍的写法理解难度更大，因此以左右各扫一遍为例。

参考代码如下。

```
#include<iostream>
#include<cstdio>
#include<stack>
#include<cstring>
#define MAXN 100009
using namespace std;
int n,L[MAXN],R[MAXN],h[MAXN];
int main()
{
    while(1)
    {
        cin>>n;
        if(!n) return 0;
        for(int i=1;i<=n;i++) scanf("%d",&h[i]);
        h[0]=h[n+1]=-1;                              //加一个 0 号和 n+1 号节点,高
                                                       度为-1,便于更新
        stack<int> st;                                 //先从左往右扫一遍,更新每一
                                                       个矩形柱的右边界
        for(int i=1;i<=n+1;i++)
        {
            while(!st.empty() && h[i]<h[st.top()])    //比栈顶小,则栈顶弹出
            {
                R[st.top()]=i;                        //栈顶元素的右边界即为 i
                st.pop();
            }
              st.push(i);
        }
        while(!st.empty()) st.pop();                  //清空栈
                                                      //再从右往左扫一遍,更新每一
                                                        个矩形柱的左边界
        for(int i=n;i>=0;i--)
        {
            while(!st.empty() && h[i]<h[st.top()])    //比栈顶小,则栈顶弹出
            {
                L[st.top()]=i;                        //栈顶元素的左边界即为 i
                st.pop();
            }
            st.push(i);
        }
        long long ans=0;
        for(int i=1;i<=n;i++)
        {
            ans=max(ans, (long long)h[i]*(R[i]-L[i]-1)); //计算出面积,取最大值
        }
        cout<<ans<<endl;
    }
}
```

例题 3.4.2 音乐会的等待。

题目描述:n 个人正在排队进入一个音乐会。人们等得很无聊,于是他们开始转来转去,想在队伍里寻找自己的熟人。队列中任意两个人 A 和 B,如果他们是相邻或他们之间没有人比 A 或 B 高,那么他们是可以互相看得见的。写一个程序计算出有多少对人可以互相看见。

输入格式:输入的第一行包含一个整数 n,表示队伍中共有 n 个人。接下来的 n 行中,每

行包含一个整数，表示人的高度，以纳米（等于 $10^{-9}$ m）为单位，这些高度分别表示队伍中人的身高。

输出格式：输出仅有一行，包含一个数 s，表示队伍中共有 s 对人可以互相看见，如表 3-4-2 所示。

表 3-4-2　例题 3.4.2 测试样例

| 样例输入 | 样例输出 |
| --- | --- |
| 7<br>2<br>4<br>1<br>2<br>2<br>5<br>1 | 10 |

数据范围：1≤每个人的高度＜$2^{31}$，1≤n≤$5\times10^5$。

题目分析：本题代码并不复杂，但是思维难度较高。一个人既可向左看也可向右看，如果两边都统计，答案会有重复，因此只考虑向右看的情况。如果 A 在右侧遇见一个比他高的人 B，那么 A 就看不到 B 右边的人了，因此可以维护一个单调递增的栈，A 出栈 B 进栈并将答案＋1。

本题的主要难度是需要考虑 A 和 B 一样高的情况。当 A 被 B 挤出栈时，需要把此前栈内所有与 A（和 B）一样高的元素个数记录下来，因为 B 后面所有能与 B 配对的人都可以与栈内 B 之前和 B 一样高的人配对。例如：{4,3,2,3,2,3,4}，当第 4 个人（身高为 3）进栈时，会挤掉第 2 个人（身高为 3）；当第 6 个人（身高为 3）进栈时，栈内只有一个身高为 3 的人（第 4 个人），而实际上第 6 个人既可以与第 4 个人配对，也可以与第 2 个人配对，因此当第 4 个人进栈时要将栈内与他身高相同的人的数量记录下来；同理，当第 7 个人（身高为 4）进栈时，栈内只有一个身高为 3 的人（第 6 个人），而实际上第 7 个人可以与第 2、第 4、第 6 个人配对，为此不只需要将答案＋1，而是要将之前累计的栈内所有与第 6 个人（身高为 3）身高相同的人的数量都累加到答案上（即应该将答案＋3）。

参考代码如下。

```
#include< iostream>
#include< cstdio>
#include< stack>
#define MAXN 500009
using namespace std;
int n;
long long ans;
int a[MAXN],cnt[MAXN];                    //a[]数组表示身高,cnt[]数组表示栈内在 a
                                          之前与 a 身高相同的人的数量

int main()
{
    scanf("%d",&n);
```

```
    for(int i = 1;i <= n;i++)
    {
        scanf(" %d",&a[i]);
        cnt[i] = 1;                                    //cnt 初始化为 1
    }
    stack < int > st;                                  //单调递增栈
    for(int i = 1;i <= n;i++)
    {
        while(!st.empty() && a[st.top()]<= a[i])       //栈顶小于或等于 a[i]就出栈
        {
            ans += cnt[st.top()];                      //栈顶(包括栈内此前与栈顶等高的人)可
                                                         以和 i 配对,因此答案累加 cnt[栈顶]
            if(a[st.top()] == a[i]) cnt[i] += cnt[st.top()];
                                                       //如果栈顶和 a[i]等高,则将 cnt[栈顶]
                                                         累积到 i 上
            st.pop();
        }
        if(!st.empty()) ans++;                         //如果栈不为空,则说明此时栈顶比 a[i]
                                                         高,那么答案 + 1
        st.push(i);
    }
    cout << ans;
return 0;
}
```

# 第五节 ST 表

区间最值查询(Range Maximum/Minimum, RMQ)问题:给定一个数列 $A_i$($1\leqslant i\leqslant n$, $n\leqslant 10^5$),有 Q($1\leqslant Q\leqslant 10^6$)个查询,查询[l,r]区间内所有元素的最大值 $\max_{l\leqslant i\leqslant r}\{A_i\}$。ST 表可以方便地解决 RMQ 问题。

## 一、ST 表概述

ST 表(即 Sparse Table,也称为稀疏表)基于倍增的思想,O(nlogn)时间复杂度预处理 RMQ 问题,O(1)时间复杂度查询区间最值,总时间复杂度为 O(nlogn+Q)。

预处理过程是,d[i][k]表示从第 i 个数开始,连续的 $2^k$ 个元素中的最值,状态转移方程为 $d[i][k]=\max(d[i][k-1],d[i+2^{k-1}][k-1])$,如图 3-5-1 所示。

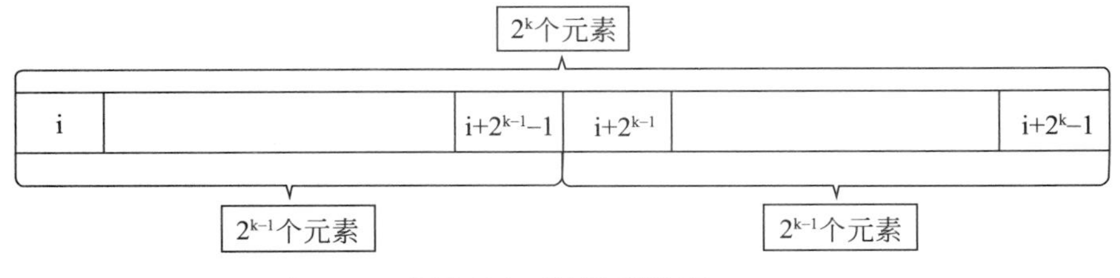


图 3-5-1　ST 表解释(1)

ST 表的参考代码如下。

```
void st(int n)
{
    for(int i = 1; i <= n; i++) d[i][0] = a[i];
    for(int j = 1; (1 << j)<= n; j++)
        for(int i = 1; i + (1 << j) - 1 <= n; i++)
            f[i][j] = max(f[i][j - 1], f[i + (1 <<(j - 1))][j - 1]);
}
```

如图 3-5-2 所示，查询[L,R]区间的最值：k=floor(log(R－L＋1))，区间最大值为 ans=min(d[L][k],d[R－$2^k$＋1][k])。

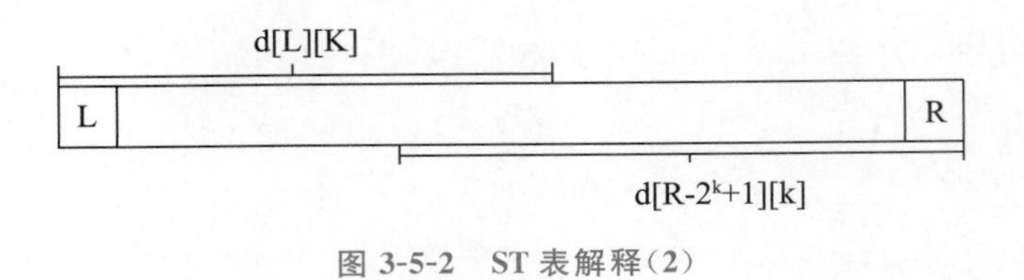


图 3-5-2　ST 表解释(2)

查询时 d[L][k]和 d[R－$2^k$＋1][k]两段区间有重合部分，但不影响[L,R]区间的最值查询问题。ST 表无法解决区间求和问题，因为重复区间将会被重复计算，影响区间求和结果。ST 表不支持修改操作。参考代码如下。

```
void ini()
{
    Log[1] = 0;
    Log[2] = 1;
    for(int i = 2; i < maxn; i++)
        Log[i] = Log[i/2] + 1;
}
int rmq(int L, int R)
{
    int k = Log[R - L + 1];
    return max(f[L][k], f[R - (1 << k) + 1][k]);
}
```

## 二、典型例题

例题 3.5.1　平衡阵容。

题目描述：农夫约翰有 N($1\leqslant N\leqslant 10^5$)头奶牛排成一排，第 i 头奶牛的身高为 $h_i$($1\leqslant h_i\leqslant 10^6$,$1\leqslant i\leqslant N$)。约翰准备找一群在队列中位置连续的奶牛进行比赛，为了避免比赛结果悬殊，他选取的奶牛的身高不应该相差太大。约翰想组织 Q($1\leqslant Q\leqslant 2\times 10^5$)场比赛，给出了这 Q 场比赛选择的奶牛的位置。他想知道每一场比赛中最高和最低的牛的身高差。

输入格式：第一行两个用空格隔开的整数 N 和 Q，分别表示奶牛的个数和比赛场次。第二行 N 个用空格隔开的整数，表示奶牛身高。接下来 Q 行，每行两个整数 a 和 b，表示查询第 a 头牛到第 b 头牛里最高和最低的牛的身高差。

输出格式：共 Q 行，每行一个整数，表示查询结果，如表 3-5-1 所示。

表 3-5-1　例题 3.5.1 测试样例

| 样例输入 | 样例输出 |
| --- | --- |
| 6 3<br>1 7 3 4 2 5<br>1 5<br>4 6<br>2 2 | 6<br>3<br>0 |

题目分析：ST 表模板题。求区间的最大值和最小值。

参考代码如下。

```
#include<bits/stdc++.h>
using namespace std;
const int MAXN = 50005;
int a[MAXN << 1], d[MAXN][20], f[MAXN][20],n,q;          //d 小 f 大
void st()
{
    for(int i = 1; i <= n; i++) f[i][0] = a[i], d[i][0] = a[i];
    for(int j = 1; (1 << j)<= n; j++)
    for(int i = 1; i + (1 << j) - 1 <= n;i++)
    {
        d[i][j] = min(d[i][j - 1],d[i + (1 <<(j - 1))][j - 1]);
        f[i][j] = max(f[i][j - 1],f[i + (1 <<(j - 1))][j - 1]);
    }
}
int main()
{
    int L,R,mina,maxa,k;
    scanf("%d%d",&n,&q);
    for(int i = 1; i <= n; i++) scanf("%d",&a[i]);
    memset(d,0x3f,sizeof(d));
    memset(f,0,sizeof(f));
    st();
    for(int i = 1; i <= q; i++)
    {
        scanf("%d%d",&L,&R);
        k = 0;
        while((1 <<(k + 1))<= (R - L + 1)) k++;
        mina = min(d[L][k],d[R - (1 << k) + 1][k]);
        maxa = max(f[L][k],f[R - (1 << k) + 1][k]);
        printf("%d\n",maxa - mina);
    }
    return 0;
}
```

## 第六节　树状数组

区间动态查询问题是现实生活以及竞赛中经常遇到的问题，描述如下：有一个包含 n 个元素的整数数组 a，可以进行以下两个操作。

操作 1:每次修改一个元素的值。

操作 2:每次查询一个区间[L,R]内的所有元素之和,或者最大值,或者最小值。

朴素的数组模拟解决方案:对于操作 1,修改一个元素的值,时间复杂度为 O(1);对于操作 2,区间查询,依次访问区间[L,R]内的所有元素,求元素之和/最大值/最小值,时间复杂度为 O(n),累计时间复杂度为 O(nq)。ST 表不支持修改操作,不支持区间求和,无法维护动态查问题,而树状数组和线段树是比较方便解决这类问题的数据结构。

树状数组代码简短,可以 O(logN)的时间复杂度内完成单点修改、区间查询操作。

## 一、树状数组概述

树状数组,又称二叉索引树(Binary Indexed Tree,BIT),是一种利用数的二进制特性进行检索的数据结构。

lowbit(x)表示非负整数 x 在二进制下最低位 1 的位权。计算方式如下:lowbit(x)=x&−x,利用负数的补码表示。负数的原码为符号位为 1,其他各位按照正数二进制位权计数。负数的补码是原码符号位不变,其他各位取反加 1,保留了二进制最低位的 1,其他位为 0。例如,x=6,二进制为 $00000110_2$,−x 原码为 $10000110_2$,补码为 $11111010_2$,lowbit(6)=$(00000110_2)$ & $(11111010_2)$=$00000010_2$=2。

树状数组 c[x]表示 x 及前面共 lowbit(x)个元素之和,覆盖范围如图 3-6-1 所示。

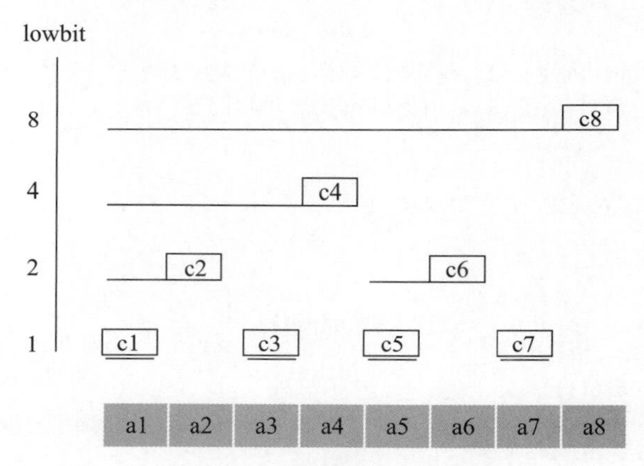


图 3-6-1 树状数组覆盖范围

表 3-6-1 中列出了下标 x 及对应的 lowbit(x)值,以及树状数组 c[x]的含义。

表 3-6-1 树状数组解释

| x | lowbit(x) | 树状数组 c[x] |
|---|---|---|
| 1 | 1 | c[1]=a[1] |
| 2 | 2 | c[2]=a[1]+a[2] |
| 3 | 1 | c[3]=a[3] |
| 4 | 4 | c[4]=a[1]+a[2]+a[3]+a[4] |
| 5 | 1 | c[5]=a[5] |
| 6 | 2 | c[6]=a[5]+a[6] |
| 7 | 1 | c[7]=a[7] |

续表

| x | lowbit(x) | 树状数组 c[x] |
| --- | --- | --- |
| 8 | 8 | c[8]=a[1]+a[2]+a[3]+a[4]+a[5]+a[6]+a[7]+a[8] |

## 二、树状数组基本操作

树状数组基本操作有:前缀和查询、单点修改。

(1) 前缀和查询:查询数组 a 前 x 个元素值之和。树状数组第 x 个元素 c[x]覆盖自己及前 lowbit(x)−1 个元素,结果 res 累加 c[x]后,跳转到第 x−lowbit(x)元素,累加到结果中。以 x=7 为例,用树状数组的计算前缀和为 res=c[7]+c[6]+c[4],如图 3-6-2 所示。每次查询操作时间复杂度为 O(logn),n 为树状数组的元素个数。

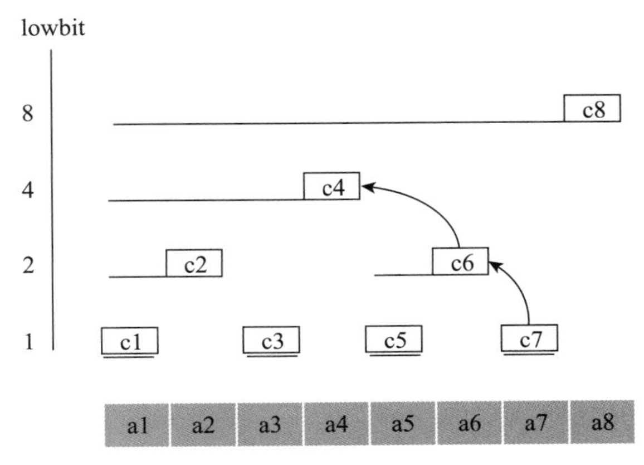


图 3-6-2 树状数组的查询

参考代码如下。

```
int sum(int x)
{
    int res = 0;
    while(x >= 1)
    {
        res += c[x];
        x -= lowbit(x);
    }
    return res;
}
```

(2) 单点修改:数组 a 中某个元素增加值 d。树状数组中 c[x]元素覆盖包括自己在内的 lowbit(x)个元素,在计算前缀和时,结果只需要累加一个覆盖过 x 点的树状数组元素即可,所以在单点修改时,就需要将 n 之内的所有覆盖过 x 的树状数组元素都增加 d。以 x=3 为例,如图 3-6-3 所示,竖线显示了所有覆盖 a[3]元素的树状数组元素。单点修改操作时间复杂度为 O(logn),n 为树状数组元素个数。

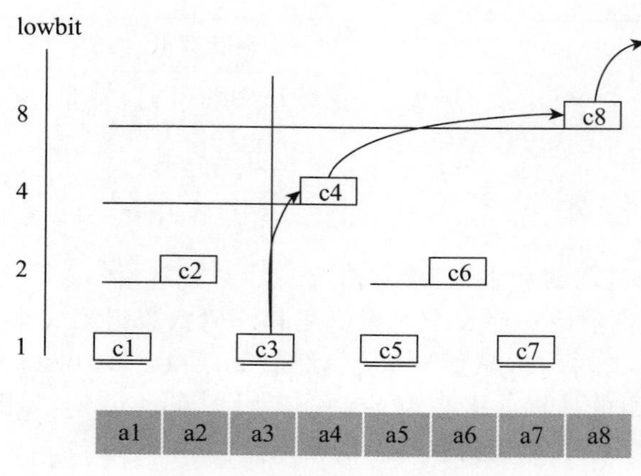


图 3-6-3 树状数组的单点修改

参考代码如下。

```
void add(int x, int d)
{
    while(x <= n)
    {
        c[x] += d;
        x += lowbit(x);
    }
}
```

## 三、典型例题

例题 3.6.1 逆序对。

题目描述：逆序对定义如下：对于给定的一段正整数序列，逆序对就是序列中 $a_i > a_j$ 且 $i < j$ 的有序对。请统计给定序列中有多少个逆序对，注意序列中可能有重复数字。序列长度 $\leqslant 5 \times 10^5$。

输入格式：第一行一个整数 n，表示序列长度，$n \leqslant 5 \times 10^5$。第二行 n 个用空格隔开的整数，表示给定的序列，序列中每个数字不大于 $10^9$。

输出格式：序列中逆序对的个数，如表 3-6-2 所示。

表 3-6-2 例题 3.6.1 测试样例

| 样例输入 | 样例输出 |
|---|---|
| 7<br>1 9 8 5 9 2 7 | 10 |

题目分析：逆序对可以用归并排序计算。在此提供另一个思路，使用树状数组维护。采用权值树状数组，将数据值的值域离散化后作为数组下标，权值树状数组维护每个值出现的次数。按照逆序对的定义，$a_i > a_j$ 且 $i < j$，从后往前扫描原序列 a 的每个位置，求取位置 i 之后比 $a_i$ 权值小的元素个数，用权值树状数组求 $a_i - 1$ 的前缀和，就是位置 i 的逆序对。然后将在权值树状数组中当前权值 a[i]的位置+1。累加每个位置的逆序对即为所求结果。因为 $a_i$ 权值范围为 $10^9$，但是序列的个数最多为 $5 \times 10^5$，将 $a_i$ 权值排序去重，用排序后的下标替代 $a_i$ 实际

的权值。总时间复杂度为 O(nlogn)。

参考代码如下。

```
#include<bits/stdc++.h>
using namespace std;
int read()
{
    int x = 0, f = 1;
    char c = getchar();
    while(c<'0' || c>'9'){if(c == '-')f = -1; c = getchar();}
    while(c >= '0'&&c <= '9'){x = x * 10 + c - '0'; c = getchar();}
    return x * f;
}
const int MAXN = 5e5 + 5;
int c[MAXN], a[MAXN], v[MAXN];
int n, tot;
int getid(int x){return lower_bound(v + 1, v + tot + 1,x) - v;}
int lowbit(int x) {return x& - x;}
void add(int x, int d)
{
    while(x <= tot)
    {
        c[x] += d;
        x += lowbit(x);
    }
}
int sum(int x)
{
    int res = 0;
    while(x >= 1)
    {
        res += c[x];
        x -= lowbit(x);
    }
    return res;
}
int main()
{
    n = read();
    for(int i = 1; i <= n; i++)
    {
        a[i] = read();
        v[i] = a[i];
    }
    sort(v + 1, v + n + 1);
    tot = unique(v + 1,v + n + 1) - v - 1;          //去重
    long long res = 0;                               //结果最大值数量级为 1e11,用 long long 类型
    for(int i = n; i >= 1; i -- )
    {
        int x = getid(a[i]);
        res += sum(x - 1);                           //统计结果
        add(x,1);                                    //当前权值 + 1
    }
    printf("%lld\n", res);
    return 0;
}
```

例题 3.6.2 差分树状数组。

题目描述：给定一个数列，有以下两个操作。① a、b、d：将数列闭区间[a,b]中每个元素加上 d；②a：查询第 a 个元素的值。

输入格式：第一行两个整数 N、Q ($1 \leqslant N, Q \leqslant 5 \times 10^5$)，分别表示数列的长度和操作的个数。下一行 N 个用空格隔开的整数，第 i 个数为数列中第 i 个元素的值 $a_i$ ($-10^9 \leqslant a_i \leqslant 10^9$)。接下来下 Q 行，每行包含 2 或者 4 个整数，表示一个操作，具体含义见题目描述。

输出格式：对于每一个查询操作，输出一个整数，表示查询的元素值，如表 3-6-3 所示。

表 3-6-3 例题 3.6.2 测试样例

| 样例输入 | 样例输出 |
|---|---|
| 10 10<br>8 10 2 7 6 4 4 3 6 5<br>2 10<br>1 5 9 6<br>1 2 2 9<br>2 2<br>1 1 9 −9<br>2 7<br>2 3<br>1 1 7 2<br>1 2 3 10<br>2 3 | 5<br>19<br>1<br>−7<br>5 |

题目分析：区间修改单点查询：暴力算法，修改 O(N)查询 O(1)，累计 O(QN)，超时。树状数组擅长的是单点修改区间查询，而此题要求的是区间修改单点查询，所以需要使用差分转换。差分数组 b 定义：b[i]=a[i]−a[i−1]。单点查询 a[i]：累加 b[1]到 b[i]：b[1]+b[2]+…+b[i]=a[1]+a[2]−a[1]+…+a[i]−a[i−1]=a[i]。区间[L,R]修改：对于 b[L]增加 d，影响 L 之后的所有元素，因为计算 L 后每个点的值 a[i]时都需要经过 b[L]。而要在 R 之后消除增加 d 的影响，在 R+1 位置 b[R]值−d 即可，如图 3-6-4 所示。

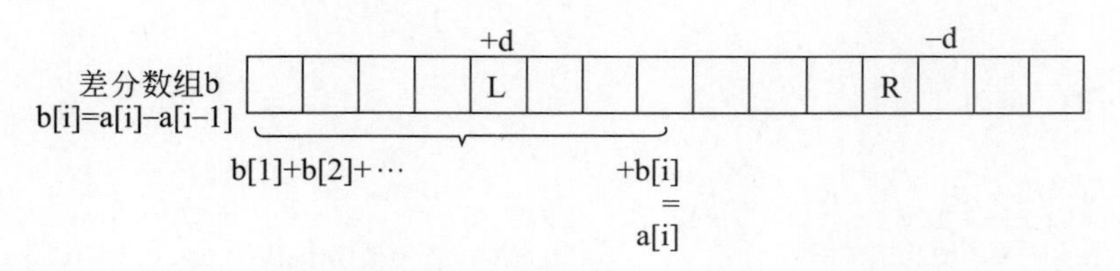


图 3-6-4 例题 3.6.2 题目分析

利用差分数组就将区间修改单点查询变为单点修改区间查询，再利用树状数组维护差分数组的修改和查询操作即可，时间复杂度为 O(QlogN)。参考代码如下。

```
#include<bits/stdc++.h>
using namespace std;
int read()
```

```
{
    int x = 0, f = 1;
    char c = getchar();
    while(c<'0' || c>'9'){if(c == '-')f = -1; c = getchar();}
    while(c>= '0'&&c <= '9'){x = x * 10 + c - '0'; c = getchar();}
    return x * f;
}
const int MAXN = 5e5 + 5;
int c[MAXN],N,Q;
int lowbit(int x){return x& - x;}
void add(int x, int d)
{
    while(x <= n)
    {
            c[x] += d;
            x += lowbit(x);
    }
}
int sum(int x)
{
    int res = 0;
    while(x > 0)
    {
        res += c[x];
        x  -= lowbit(x);
    }
    return res;
}
int main()
{
    int op,a = 0,b,d;
    N = read(); Q = read();
    for(int i = 1;i <= n; i++)
    {
        b = read();
        add(i,b - a);                    //树状数组维护差分数组
        a = b;
    }
    while(Q -- )
    {
        op = read(); a = read();
        if(op == 1)                      //add
        {
            b = read(); d = read();
            add(a, d);
            add(b + 1, - d);
        }
        else
        {
            printf(" %d\n",sum(a));
        }
    }
}
```

例题 3.6.3　奶牛交谈。

题目描述：有 N 只奶牛参加狂欢节，现场声音太大，导致奶牛们听力受到了不同程度的损

伤，奶牛 i 的听力为 $v_i$，如果奶牛 j 说的话想让 i 听到，必须用不低于 $v_i \times dis(i,j)$ 的音量，dis(i,j) 表示奶牛 i 和 j 之间的距离。如果 i 和 j 想相互交谈，则音量必须不小于 $\max(v_i, v_j) \times dis(i,j)$。现在 N 只奶牛站在一条直线上，每只奶牛有一个不同的坐标 $x_i$。如果每对奶牛都在交谈，并且使用最小音量，那么所有 N(N－1)/2 对奶牛谈话的音量之和为多少？

**输入格式**：第一行一个整数 N($N \leqslant 5 \times 10^4$)，表示奶牛个数。接下来 N 行，每行两个整数 $v_i$ 和 $x_i$($1 \leqslant v_i, x_i \leqslant 5 \times 10^4$)，分别表示第 i 头奶牛的听力和坐标。

**输出格式**：只有一行，且是一个整数，表示所有 N(N－1)/2 对奶牛谈话的音量之和，如表 3-6-4 所示。

表 3-6-4　例题 3.6.3 测试样例

| 样例输入 | 样例输出 |
|---|---|
| 4<br>3 1<br>2 5<br>2 6<br>4 3 | 57 |

**题目分析**：两个奶牛交谈需要的音量为 $\max(v_i, v_j) \times dis(i,j)$，既要考虑听力的最大值，又要考虑距离。在变量比较多的情况下，首先想办法确定一些变量。在此，可以将听力值排序，按照从小到大依次遍历听力值，每次遍历到的听力值 $v_i$ 就是所有出现过的奶牛中听力值最大的，用 $v_i = \max(v_i, v_j)$ 处理第 i 头奶牛和其他奶牛 j 的对话音量即可。接下来是处理 dis(i,j)，当前奶牛 i 的位置为 $x_i$，假设已出现的奶牛在 $x_i$ 左侧的有 $n_1$ 个，用 $x_j$ 表示位置，在右侧是有 $n_2$ 个，用 $x_k$ 表示位置，如图 3-6-5 所示，则第 i 个奶牛和其他奶牛交谈时音量之和为：$v_i \times \left[\sum_j (x_i - x_j) + \sum_k (x_k - x_i)\right]$，展开后：$v_i \times \left[(n_1 - n_2) \times x_i - \sum_j x_j + \sum_k x_k\right]$。$\sum_k x_k$ 用前缀和维护。用 1 个树状数组维护个数 $n_1$ 以及 $n_2$，用 1 个树状数组维护距离之和。

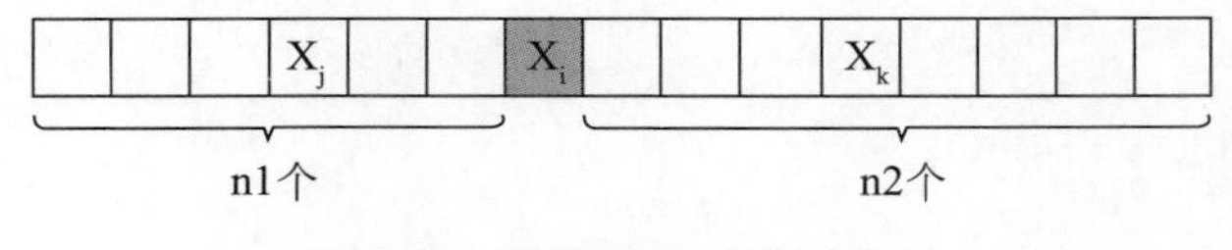


图 3-6-5　例题 3.4.3 题目分析

参考代码如下。

```
#include<bits/stdc++.h>
using namespace std;
const int MAXN = 5e4 + 5;
long long c[MAXN], s[MAXN];                              //c:维护个数,s:维护距离
pair<long, long> a[MAXN];
long long N;
long long lowbit(long long x){return x& - x;}
void add(long long x, long long d, long long c[])
{
```

```
    while(x < MAXN)
    {
        c[x] += d;
        x += lowbit(x);
    }
}
long long sum(long long x, long long c[])
{
    long long res = 0;
    while(x >= 1)
    {
        res += c[x];
        x -= lowbit(x);
    }
    return res;
}
int main()
{
    cin >> N;
    for(long long i = 1; i <= n; i++)
        cin >> a[i].first >> a[i].second;
    sort(a + 1, a + N + 1);                          //按照 v 排序
    long long res = 0;
    long long n1, n2;
    long long s1, s0 = 0;
    for(long long i = 1; i <= n; i++)
    {
        long long x = a[i].second;
        n1 = sum(x - 1, c);                          //个数
        n2 = i - 1 - n1;
        s1 = sum(x - 1, s);                          //左侧距离总和
        res += a[i].first * ((n1 - n2) * x + s0 - 2 * s1);
        add(x, 1, c);
        add(x, x, s);
        s0 += x;
    }
    cout << res << endl;
    return 0;
}
```

# 第七节　线段树

线段树适用于满足区间可加性的问题，通过维护区间信息，加速修改和查询操作，使得修改和查询操作的时间复杂度均为 O(logn)。树状数组可以解决的问题，线段树都可以解决。而有些问题线段树可以解决，树状数组则不方便维护，例如区间修改及查询问题。

## 一、线段树概述

线段树是一棵二叉树，树中的每个节点都表示了一个区间[L,R]，根节点表示所要处理的最大区间，叶子节点表示一个单位区间[L,L]，对于非叶子节点所表示的区间[L,R]，其左子节点表示的区间为[L,mid]，右子节点表示的区间为[mid+1,R]，其中 mid=(L+R)/2。一棵在[1,8]区间的线段树的结构图如 3-7-1 所示。

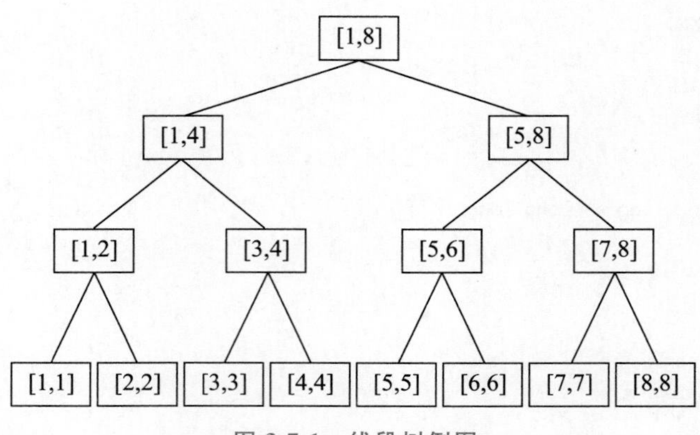


图 3-7-1 线段树例图

对于任意的 N,都可以一分为二,分段建立线段区间,所以线段树也是一棵平衡的树,树的高度不超过 O(logn)+1。

除了区间信息 L 和 R 外,按照需求不同,线段树节点中存储不同的信息,例如区间求和问题,节点中需要记录区间和 sum。线段树节点可以用如下所示数据体表示。

```
struct Node
{
   int L, R;
   int sum;
};
```

## 二、线段树基本操作

### (一) 线段树建树

建立线段树方式有以下两种。

(1) 自上向下,确定根节点,依次二分建立左右子节点,举例 n=10,如图 3-7-2 所示。

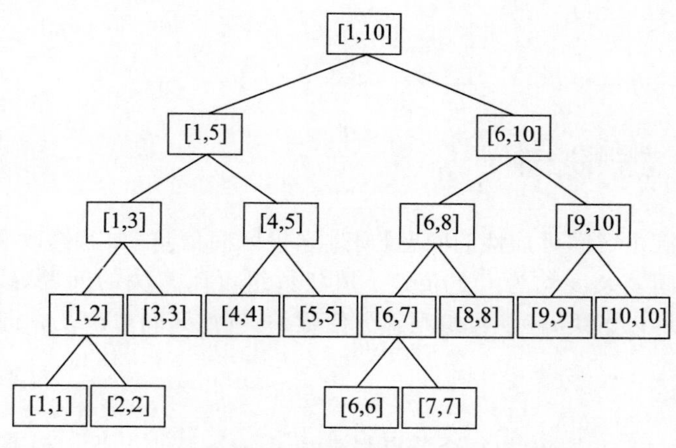


图 3-7-2 线段树建树(1)

(2) 自下向上,确定子节点,依次两两节点结合更新父节点,子节点需要建满不小于 N 的最少 2 的幂次方个,举例 n=10,如图 3-7-3 所示。

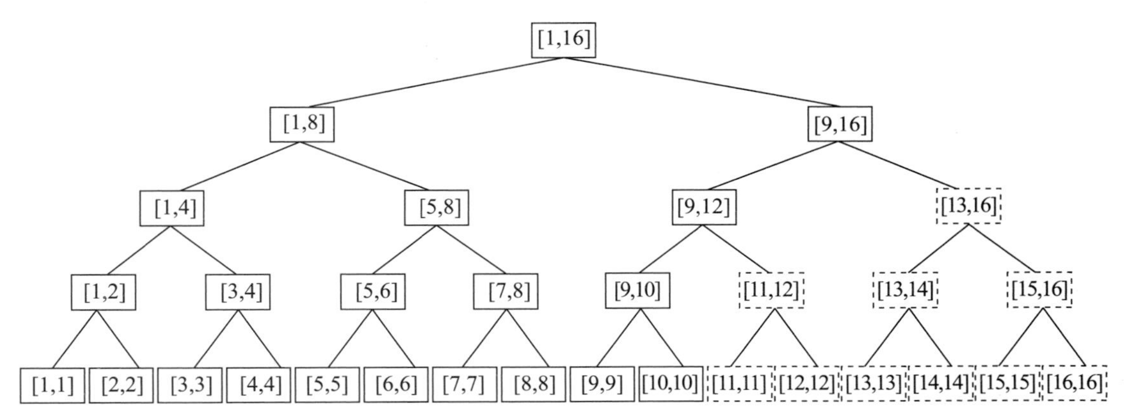


图 3-7-3 线段树建树(2)

建立线段树的参考代码如下。

```
const int MAXN = 15000;
struct Node
{
    int L, R;
    int sum;
}t[MAXN << 2];
int a[MAXN], n;
//自上而下建树
void buildtree(int id, int L, int R)
{
    t[id].L = L; t[id].R = R;
    if(L == R)
    {
        t[id].sum = a[L];
        return;
    }
    int mid = (L + R)>> 1;
    buildtree(id << 1, L, mid);
    buildtree(id << 1|1, mid + 1, R);
    t[id].sum = t[id << 1].sum + t[id << 1|1].sum;
}
//自下而上建树
void buildtree()
{
    int len = 1;
    while(len < n) len *= 2;
    for(int id = len; id < len * 2; id++)
    {
        t[id].L = t[id].R = id - len + 1;
        t[id].sum = a[id - len + 1];
    }
    for(int id = len - 1; id >= 1; id-- )
    {
        t[id].L = t[id << 1].L;
        t[id].R = t[id << 1|1].R;
        t[id].sum = t[id << 1].sum + t[id << 1|1].sum;
    }
}
```

### （二）线段树区间查询

线段树中任意两个节点之间的线段，要么是包含关系，要么就是没有公共部分。线段树把区间上任意长度为 L 的线段，都分成不超过 2×logL 条线段的并，可以在 O(logn)时间复杂度范围内找到任意区间。例如，在 n=8 的线段树中覆盖[2,7]区间，可以找到图 3-7-4 所示的 4 个极大区间。统计区间结果时，从根节点开始搜索整棵线段树，如果所查询区间覆盖当前节点，则将节点信息统计到结果中，否则递归进入当前节点左右子节点继续查询及统计。区间查询操作时间复杂度为 O(logn)。

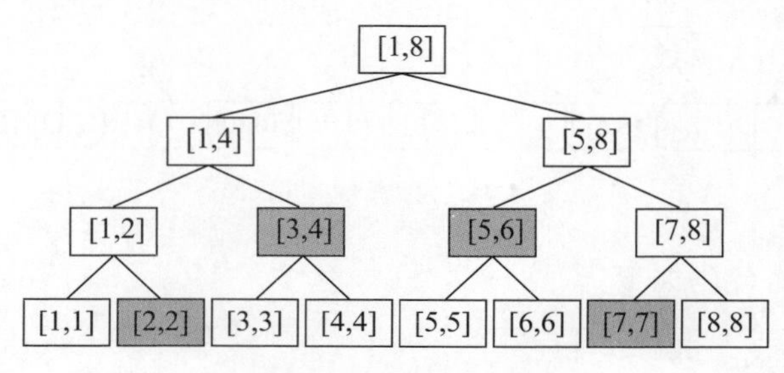


图 3-7-4 线段树区间查询

以区间求和的参考代码如下。

```
int query(int id, int L, int R)                                    //区间查询
{
    if(t[id].L == L && t[id].R == R)                               //查询区间就是该子节点区间
        return t[id].sum;
    if(R <= t[id << 1].R) return query(id << 1,L,R);               //查询区间完全在左子节点
    else if(t[id << 1|1].L <= L) return query(id << 1|1,L,R);     //查询区间完全在右子节点
    return query(id << 1,L,t[id << 1|1].R) + query(id << 1|1,t[id << 1|1].L,R);
                                                                   //查询区间跨左右子节点
}
```

### （三）线段树单点修改

对于任何叶子节点 p，从根节点 root 到叶子节点 p 的路径上的所有节点代表的区间，都包含 p 所对应的点，且其他节点所代表的区间都不包含此点。例如，在 n=8 的线段树中，叶子节点[2,2]，表示点 2，从[2,2]到根[1,8]的路径中，都包含点 2，且其他节点代表的区间都不包含点 2，如图 3-7-5 所示。由此也可以得知，单个节点修改，从根节点遍历线段树，按照节点位置左右递归子节点，直到遍历到对应的叶子节点，修改其信息，回溯时只需要更新该节点到根节点的简单路径中的所有节点，其复杂度为 O(logn)。

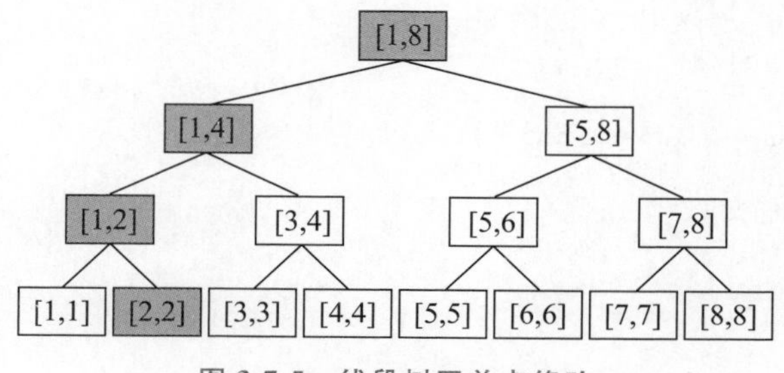


图 3-7-5 线段树区单点修改

线段树单点修改的参考代码如下。

```
//单点修改
void change(int id, int p, int c)
{
    if(t[id].L == p && t[id].R == p)
    {
        t[id].sum += c;
        return;
    }
    if(p <= t[id << 1].R) change(id << 1, p, c);            //左子节点
    else change(id << 1|1, p, c);                           //右子节点
    t[id].sum = t[id << 1].sum + t[id << 1|1].sum;
}
```

### （四）线段树的区间修改

线段树同样可以在 O(logn)的时间范围内进行区间修改，需要引入区间懒惰标记 lazy，用于表示当前区间所有元素是否有变化。懒惰标记 lazy 通过延迟对节点的信息更新，从而减少操作次数。区间所有元素有修改时，先用 lazy 标记进行表明，但暂时不对每个元素进行修改，直到区间内元素的一致性被破坏，不得不修改时，才将懒惰标记 lazy 下放到左右区间。这样区间修改操作就如同区间查询操作过程：递归到左右子节点时，将父节点的 lazy 标记下传到左右子节点；找到对应区间，修改区间的 lazy 标记。与区间查询不同的时，在回溯过程，需要用左右子节点修改后的信息更新父节点信息。区间修改操作时间复杂度为 O(logn)。

以区间求和为例，展示一下懒惰标记的下放过程和回溯更新过程，如图 3-7-6 所示。

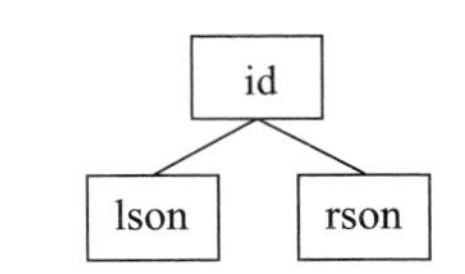


图 3-7-6　线段树区间修改

线段树节点信息结构体的参考代码如下。

```
struct Node
{
    int L,R;
    int sum,lazy;
}t[MAXN << 1];
```

区间修改时 lazy 下放过程的参考代码如下。

```
void pushdown(int id)                                       //下放 lazy
{
    if(t[id].lazy)
    {
        t[id << 1].lazy += t[id].lazy;
        t[id << 1|1].lazy += t[id].lazy;
        t[id].sum += (t[id].R - t[id].L + 1) * t[id].lazy;  //将当前节点 lazy 的影响累加到
                                                             sum 中
        t[id].lazy = 0;
    }
}
```

当前节点的区间和,不仅是 sum 值,还有区间修改的懒惰标记 lazy 的影响,区间和为 t[id].sum+t[id].lazy*(t[id].R−t[id].L+1)。左右子节点更新后当前区间的信息更新代码如下。

```
void update(int id)                                                    //更新
{
  t[id].sum = t[id << 1].sum + t[id << 1].lazy * (t[id << 1].R - t[id << 1].L + 1) + t[id << 1|1].sum
 + t[id << 1|1].lazy * (t[id << 1|1].R - t[id << 1|1].L + 1);
}
```

在做区间查询和区间修改操作时,从当前节点递归到左右子区间时,均需要用到 lazy 下放,回溯时需要用到更新操作,参考代码如下。

```
void change(int id, int L, int R, int c)                               //区间修改
{
    f(t[id].L == L && t[id].R == R)
    {
        t[id].lazy += c;
        return;
    }
    pushdown(id);                                                      //lazy 下放
    if(t[id << 1].R >= r) change(id << 1,L,R,c);
    else if(t[id << 1|1].L <= l)      change(id << 1|1,L,R,c);
    else
    {
        change(id << 1,L,t[id << 1].R, c);
        change(id << 1|1,t[id << 1|1].L, R,c);
    }
    update(id);                                                        //回溯更新
}
int query(int id, int L, int R)                                        //区间查询
{
    if(t[id].L == L && t[id].R == R)
        return t[id].sum + (t[id].R - t[id].L + 1) * t[id].lazy;
    pushdown(id);                                                      //lazy 下放
    if(R <= t[id << 1].R) return query(id << 1,L,R);
    else if(t[id << 1|1].L <= L) return query(id << 1|1,L,R);
    return query(id << 1,L,t[id << 1|1].R) + query(id << 1|1,t[id << 1|1].L,R);
}
```

## 三、典型例题

例题 3.7.1　区间加乘修改。

题目描述:给定一个数列,有以下三个操作。①a,b,c:将闭区间[a,b]中的每个数都加上 c;②a,b,c:将闭区间[a,b]中的每个数都乘以 c;③a,b:查询闭区间[a,b]中所有元素的和。

输入格式:第一行两个用空格隔开的整数 N、Q($1\leqslant N,Q\leqslant 10^5$),分别表示数列的长度和操作的个数。下一行 N 个用空格隔开的整数,第 i 个数为数列中第 i 个元素的值 $a_i$($-10^9\leqslant a_i\leqslant 10^9$)。接下来 Q 行,每行包含 3 个或者 4 个整数,表示一个操作,具体含义见题目描述。

输出格式:对于每一个查询操作,输出一个整数,表示查询区间的元素之和。结果可能太大,请输出对 1000000009 取模的结果即可,如表 3-7-1 所示。

表 3-7-1 例题 3.7.1 测试样例

| 样例输入 | 样例输出 |
|---|---|
| 10 10<br>8 10 2 7 6 4 4 3 6 5<br>3 1 10<br>1 5 9 6<br>2 2 3 9<br>3 2 3<br>1 1 9 −9<br>3 7 10<br>3 3 3<br>2 1 7 −2<br>1 2 3 10<br>3 3 7 | 55<br>108<br>9<br>9<br>−14 |

题目分析：题目考查线段树中懒惰标记的灵活使用。修改操作有两个：一个是乘；一个是加。在线段树节点结构中要保存两个懒惰标记 lazyc 和 lazya，分别表示区间所有元素乘 lazyc 以及加 lazya。计算当前区间实际元素之和时，需要考虑 lazyc 和 lazya 的先后运算关系。按照先加后乘和先乘后加分两种情况，假设当前区间的长度为 t[id].len。

1. 先加后乘

当前 id 区间元素之和：(t[id].sum+t[id].lazya * t[id].len)t[id].lazyc，下放标记，按照先加后乘，将 id 区间的 lazya 和 lazyc 的影响累计到左右子区间的 lazya 和 lazyc 中：((t[lson].sum+t[lson].lazya * t[lson].len) * t[lson].lazyc+t[id].lazya * t[lson].len ) * t[id].lazyc，由于难以写成区间元素和的计算形式，所以不推荐此计算顺序。

2. 先乘后加

当前 id 区间元素之和：t[id].sum * t[id].lazyc+t[id].lazya * t[id].len，下放标记，按照先乘后加，将 id 区间的 lazya 和 lazyc 的影响累计到左右子区间的 lazya 和 lazyc 中：左子区间：

(t[lson].sum * t[lson].lazyc+t[lson].lazya * t[lson].len) * t[id].lazyc+t[id].lazya * t[lson].len
=t[lson].sum * $\underbrace{\text{(t[lson].lazyc * t[id].lazyc)}}_{\text{lazya}}$ + $\underbrace{\text{(t[lson].lazya * t[id].lazyc+t[id].lazya)}}_{\text{lazya}}$ * t[lson].len

如上所述，可以整理为区间元素和的计算形式，其中下括号标出来的就是左子区间更新后的 lazyc 和 lazya，即

t[lson].lazyc=t[lson].lazyc * t[id].lazyc

t[lson].lazya=t[lson].lazya * t[id].lazyc+t[id].lazya

同理可得，右子区间更新后的 lazyc 和 lazya：

t[rson].lazyc=t[rson].lazyc * t[id].lazyc

t[rson].lazya=t[rson].lazya * t[id].lazyc+t[id].lazya

因此采用先乘后加的顺序计算，如图 3-7-7 所示。

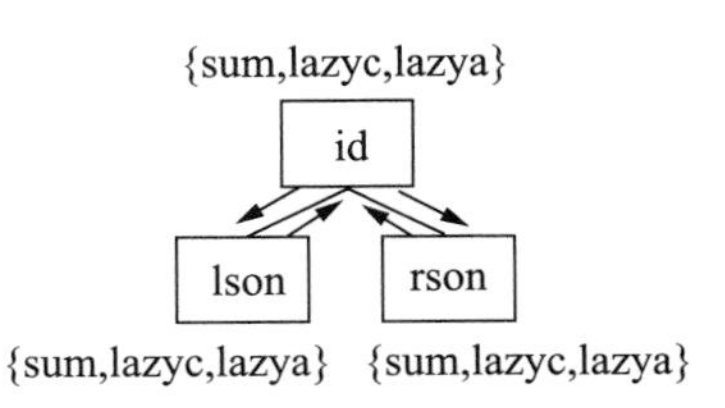


图 3-7-7 例题 3.7.1 题目分析

参考代码如下。

```
#include<bits/stdc++.h>
using namespace std;
typedef long long LL;
struct Node
{
    int L,R;
    LL sum, lazya, lazyc;
}t[300000];
LL a[150000];
const int P = 1000000009;
int N,Q;
int len(int id)
{
    return t[id].R - t[id].L + 1;
}
void update(int id)
{
    t[id].sum = t[id << 1].sum * t[id << 1].lazyc % P + t[id << 1].lazya * len(id << 1) % P +
          t[id << 1|1].sum * t[id << 1|1].lazyc % P + t[id << 1|1].lazya * len(id << 1|1) % P;
    t[id].sum %= P;
}
void pushdown(int id)
{
    if(t[id].lazyc != 1 || t[id].lazya)
    {
        t[id << 1].lazyc = (t[id << 1].lazyc * t[id].lazyc) % P;
        t[id << 1].lazya = (t[id << 1].lazya * t[id].lazyc % P + t[id].lazya) % P;

        t[id << 1|1].lazyc = (t[id << 1|1].lazyc * t[id].lazyc) % P;
        t[id << 1|1].lazya = (t[id << 1|1].lazya * t[id].lazyc % P + t[id].lazya) % P;

        t[id].sum = (t[id].sum * t[id].lazyc % P + t[id].lazya * len(id) % P) % P;

        t[id].lazyc = 1;
        t[id].lazya = 0;
    }
}
void buildTree()
{
    int len = 1;
    while(len < N) len *= 2;
    for(int id = len; id < len * 2; id++)
    {
        t[id].L = t[id].R = id - len + 1;
        t[id].sum = a[id - len + 1] % P;
        t[id].lazya = 0;
        t[id].lazyc = 1;
    }
    for(int id = len - 1; id >= 1; id--)
    {
        t[id].L = t[id << 1].L;
        t[id].R = t[id << 1|1].R;
        t[id].lazyc = 1;
        t[id].lazya = 0;
        update(id);
```

```
    }
}

//k:1add 2mul
void change(int id, int L, int R, int k, int c)
{
    if(L == t[id].L && t[id].R == R)
    {
        c %= P;
        if(k == 2)
        {
            t[id].lazyc = (t[id].lazyc * c) % P;
            t[id].lazya = (t[id].lazya * c) % P;
        }
        else if(k == 1)
        {
            t[id].lazya = (t[id].lazya + c) % P;
        }
        return;
    }
    pushdown(id);
    if(R <= t[id << 1].R)
        change(id << 1, L, R,k,c);
    else if(t[id << 1|1].L <= L)
        change(id << 1|1,L, R, k,c);
    else
    {
        change(id << 1,L,t[id << 1].R,k,c);
        change(id << 1|1,t[id << 1|1].L, R, k,c);
    }
    update(id);
}

LL query(int id, int L, int R)
{
    if(L == t[id].L && t[id].R == R)
    {
        return (t[id].sum * t[id].lazyc % P + t[id].lazya * len(id) % P) % P;
    }
    pushdown(id);
    if(R <= t[id << 1].R)   return query(id << 1, L, R);
    else if(t[id << 1|1].L <= L) return query(id << 1|1,L, R);
    else return (query(id << 1,L,t[id << 1].R) + query(id << 1|1,t[id << 1|1].L, R)) % P;
}
int main()
{
    cin >> N >> Q;
    for(int i = 1; i <= n; i++)
        scanf("%lld",&a[i]);
    buildTree();
    int op, x, y, c;
    while(Q--)
    {
        scanf("%d%d%d",&op,&x,&y);
        if(op == 1 || op == 2)
        {
```

```
            scanf(" %d",&c);
            change(1,x,y,op,c);
        }
        else
            printf(" %lld\n", query(1,x,y) );
    }
    return 0;
}
```

**例题 3.7.2　开关灯。**

**题目描述**：某一路旁安装了 N 盏路灯，路灯可以远程开关，开关规则如下：按下一段路径左右路灯的控制按钮，则这两盏灯以及之间的所有路灯，都会变化开关状态，原来开的路灯变成关闭，原来关闭的路灯将被打开。初始时所有的路灯都是关闭的。经过多人的一系列操作后，路灯的状态就变得比较复杂，现在需要知道的是任意给出的一段路灯中有多少路灯是开着的。

**输入格式**：第一行两个整数 N 和 M($1 \leqslant N \leqslant 10^5$，$1 \leqslant M \leqslant 10^5$)，分别表示路灯的数量和操作的个数。接下来 M 行，每行一个操作，格式如下。

(1) xy：表示按下路灯 x 和 y 的控制按钮，$1 \leqslant x \leqslant y \leqslant N$。

(2) xy：表示需要查询路灯[x,y]之间的开着的路灯的个数，包括 x 和 y 的状态，$1 \leqslant x \leqslant y \leqslant N$。

**输出格式**：对于所有查询操作，输出一行一个整数，表示查询结果，如表 3-7-2 所示。

表 3-7-2　例题 3.7.1 测试样例

| 样例输入 | 样例输出 |
| --- | --- |
| 4 5<br>0 1 2<br>0 2 4<br>1 2 3<br>0 2 4<br>1 1 4 | 1<br>2 |

**题目分析**：题目考查的依旧是对区间懒惰标记 lazy 的灵活应用，区间修改的策略是开变成关，关变成开，如果关为 0，开为 1，则修改操作为反转 0 变成 1，1 变成 0，可以用异或 xor 操作。区间懒惰标记 lazy：1 表示需要区间须反转，0 则表示不需要反转，维持现状。区间 1 的个数用 sum 来表示，当前区间 id 实际的个数为

$$sum=\begin{cases} t[id].sum, & if(t[id].lazy==0) \\ t[id].right-t[id].left+1-t[id].sum, & if(t[id].lazy==1) \end{cases}$$

区间 lazy 为 1 时下放，将左右区间的 lazy 异或 1，反转操作。向上更新时，按照左右子节点的 lazy 情况，统计左右子的个数信息，再累加到当前区间，如图 3-7-8 所示。

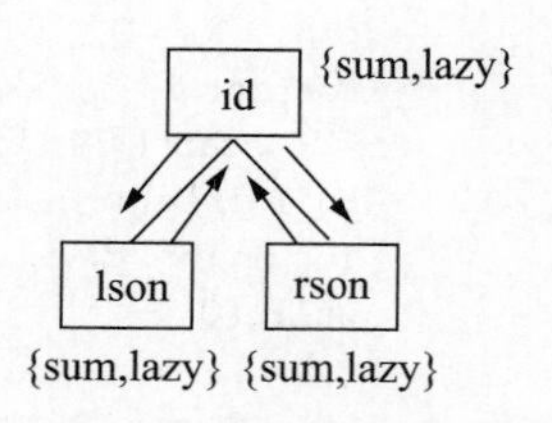


图 3-7-8　例题 3.7.2 题目分析

参考代码如下。

```
#include<bits/stdc++.h>
using namespace std;
struct Tree
{
    int left,right;
    int sum, lazy;                    //lazy 为 1 反转,为 0 保持不变
}t[300000];
int d[150000],N,M;
void buildTree(int id, int L, int R)
{
    t[id].left = L; t[id].right = R; t[id].lazy = 0;
    t[id].sum = 0;                    //初始灯全闭,lazy 为 0
    if(L == R) return;
    int m = (L + R)>> 1;
    buildTree(id << 1,L,m);
    buildTree(id << 1|1,m + 1,R);
}
void update(int id)                   //更新
{
    int suml = 0, sumr = 0;
    if(t[id << 1].lazy) suml = t[id << 1].right - t[id << 1].left + 1 - t[id << 1].sum;
    else suml = t[id << 1].sum;
    if(t[id << 1|1].lazy) sumr = t[id << 1|1].right - t[id << 1|1].left + 1 - t[id << 1|1].sum;
    else sumr = t[id << 1|1].sum;
    t[id].sum = suml + sumr;
}
void pushdown(int id)                 //下放 lazy
{
    if(t[id].lazy)
    {
        t[id << 1].lazy ^= t[id].lazy;
        t[id << 1|1].lazy ^= t[id].lazy;
        t[id].sum = (t[id].right - t[id].left + 1) - t[id].sum;
        t[id].lazy = 0;
    }
}
void change(int id, int L, int R, int c) //区间修改
{
    if(t[id].left == L && t[id].right == R)
    {
        t[id].lazy ^= c;
        return;
    }
    pushdown(id);
    if(R <= t[id << 1].right)
        change(id << 1, L, R, c);
    else if(L >= t[id << 1|1].left)
        change(id << 1|1,L,R,c);
    else
    {
        change(id << 1, L, t[id << 1].right, c);
        change(id << 1|1, t[id << 1|1].left, R, c);
    }
    update(id);
}
int query(int id, int L, int R)       //区间查询
```

```
{
    if(t[id].left == L && t[id].right == R)
    {
        if(t[id].lazy) return (t[id].right - t[id].left + 1) - t[id].sum;
        else return t[id].sum;
    }
    pushdown(id);
    if(R <= t[id << 1].right)
        return query(id << 1, L, R);
    else if(L >= t[id << 1|1].left)
        return query(id << 1|1,L,R);
    else
        return query(id << 1, L, t[id << 1].right) + query(id << 1|1, t[id << 1|1].left, R);
}
int main()
{
    scanf("%d%d",&N,&M);
    buildTree(1,1,N);
    int op, a,b;
    while(M--)
    {
        scanf("%d%d%d",&op,&a,&b);
        if(op == 0)
            change(1,a,b,1);
        else if(op == 1)
            printf("%d\n",query(1,a,b));
    }
    return 0;
}
```

**例题 3.7.3 最大连续子段和。**

**题目描述**:给定一个数列 $a_i$,有以下两个操作。①x,y:将数列中 $A_x$ 修改为 y;②x,y:查询闭区间[x,y]中最大连续子段和。

**输入格式**:第一行两个整数 N、Q($1 \leqslant N,Q \leqslant 10^5$),分别表示数列的长度和操作的个数。下一行 N 个用空格隔开的整数,第 i 个数为数列中第 i 个元素的值 $a_i$($-10^4 \leqslant a_i \leqslant 10^4$)。接下来 Q 行,每行包含 3 个元素,表示一个操作,具体含义见题目描述。

**输出格式**:对于每一个查询操作,输出一个整数,表示查询区间的最大值。

**题目分析**:一个区间的最大连续子段和,可能有如下三种情况:完全在左子区间、完全在右子区间、跨左右子区间,如图 3-7-9 所示。

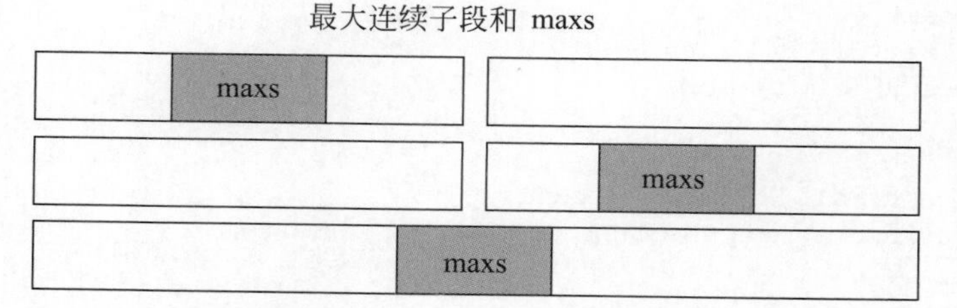


图 3-7-9 例题 3.7.3 题目分析

完全在左右子区间的情况,用一个变量 maxs 表示即可,跨左右子区间的,则需要再增加两个变量：从区间左端点开始的最大左子段和 lsum 和从区间右端点开始的最大子段和 rsum。

维护区间连续最大子段和为：t[id]. maxs＝max(max(t[id << 1]. maxs，t[id << 1|1]. maxs)，t[id << 1]. rsum＋t[id << 1|1]. lsum)

如图 3-7-10 所示，维护区间最大左子段和为：t[id]. lsum＝max(t[id << 1]. lsum，t[id << 1]. sum＋t[id << 1|1]. lsum)，同理可以维护区间最大右子段和。

最大左子段和 lsum

lsum

lsum

图 3-7-10　例题 3.7.4 题目分析

参考代码如下。

```
#include <iostream>
#include <cstdlib>
#include <cstdio>
#include <cstring>
using namespace std;
struct Tree
{
    int left, right;
    int sum, ls, rs, maxs;
} t[300000];
int a[150000];
void update(int id)
{
    t[id].sum = t[id << 1].sum + t[id << 1|1].sum;
    t[id].ls = max(t[id << 1].ls, t[id << 1].sum + t[id << 1|1].ls);
    t[id].rs = max(t[id << 1|1].rs, t[id << 1|1].sum + t[id << 1].rs);
    t[id].maxs = max(t[id << 1].rs + t[id << 1|1].ls, max(t[id << 1].maxs, t[id << 1|1].maxs));
}
void build(int id, int l, int r)
{
    t[id].left = l;
    t[id].right = r;
    if(l == r)
    {
        t[id].sum = t[id].ls = t[id].rs = t[id].maxs = a[l];
        return;
    }
    int m = (l + r)>> 1;
    build(id << 1,l,m);
    build(id << 1|1,m + 1,r);
    update(id);
}
void change(int id, int l, int c)
{
    if(t[id].left == l && t[id].left == t[id].right)
    {
        t[id].sum = t[id].ls = t[id].rs = t[id].maxs = c;
        return;
```

```
    }
    if(l <= t[id << 1].right)
        change(id << 1, l, c);
    else
        change(id << 1|1, l, c);
    update(id);
}
Tree query(int id, int l, int r)
{
    if(t[id].left == l && t[id].right == r)
    {
        return t[id];
    }
    if(r <= t[id << 1].right)
        return query(id << 1,l,r);
    else if(l >= t[id << 1|1].left)
        return query(id << 1|1,l,r);
    Tree la = query(id << 1,l,t[id << 1].right);
    Tree ra = query(id << 1|1,t[id << 1|1].left, r);
    Tree res;
    res.sum = la.sum + ra.sum;
    res.ls = max(la.ls, la.sum + ra.ls);
    res.rs = max(ra.rs, ra.sum + la.rs);
    res.maxs = max(la.rs + ra.ls,max(la.maxs, ra.maxs));
    return res;
}
int main()
{
    Tree tmp;
    int n,m;
    cin >> n;
    for(int i = 1; i <= n; i++)
        scanf("%d",&a[i]);
    build(1,1,n);
    cin >> m;
    int op, l, r;
    while(m--)
    {
        scanf("%d%d%d",&op, &l, &r);
        if(op == 0)
            change(1,l,r);
        else
        {
            tmp = query(1,l,r);
            printf("%d\n",tmp.maxs);
        }
    }
    return 0;
}
```

# 第八节 并查集

集合的运算包括：两个集合求交集、两个集合求并集、两个集合求差集、两个集合求补集及查询某一元素属于哪个集合。

并查集主要讨论集合的并运算及查询某一元素属于的集合。当元素关系可传递时，可以用其判断元素之间是否存在某种关联关系。所谓传递性，就是指如果A与B有关系，B与C有关系，那么A与C也有关系，例如，A计算机和B计算机相连通，B计算机和C计算机相连通，则A和C就是联通的，若给出N台计算机和部分计算机之间连通关系，就可以判断某些计算机是否连通。可见，并查集擅长动态维护具有传递性的关系。同时，并查集还可用来维护无向图中节点之间的连通性，在图论中一些常见的利用并查集辅助解决的问题有：求连通子图、Kruskal算法求最小生成树、求最近公共祖先(LCA)等。

## 一、并查集概述

并查集是一种非常精巧而实用的数据结构，可以动态维护若干个不重叠的集合，并支持集合的合并和查询的数据结构。

(1) 查询(get)：查询某个元素属于的集合。一般用于判断两个元素是否属于同一集合。

(2) 合并(merge)：把两个集合合并成一个集合。

在逻辑上，并查集是一种森林结构，可以用一棵树表示一个集合，同一集合的元素构成一棵树，一棵树代表一个集合。例如：集合A={1,2}，B={3,4,5}，C={6,7,8,9}。

这里我们引入一个概念“代表元”。用集合中的某个元素代表这个集合，该元素称为集合的代表元。对于一个集合，可以将集合内所有的元素组织成以代表元为根的树状结构。如图3-8-1所示，A集合的代表元为2，B集合的代表元为5，C集合的代表元为6。可以发现，同一个集合可能画出多种不同的树状结构，也会有多种不同的代表元代表这个集合，这都不会影响并查集的查询和合并操作的正确性，后面会有详细介绍，请读者思考体会。

存储方法方面，算法竞赛中为了处理方便，我们利用一维数组，精简巧妙地实现了这种结构和相关操作。

定义一个一维整型数组Father，对于每一个元素x，定义Father[x]表示x在树状结构上的父节点。如果x是根节点，则令Father[x]=x，也说明x是此集合表示的代表元。根据此定义，可以得出若Father[x]=x，则x为此集合的代表元；反之，x为此集合代表元，则Father[x]=x。如图3-8-2所示的树状结构，则有Father[6]=5，Father[5]=2，Father[2]=1，Father[1]=1，其中，1是此集合的代表元。

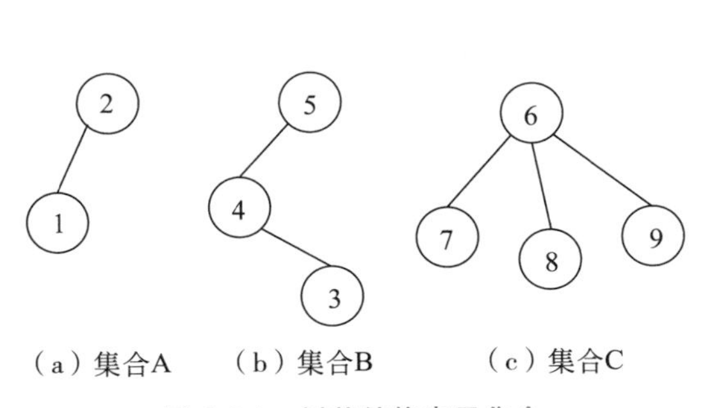


图3-8-1　树状结构表示集合

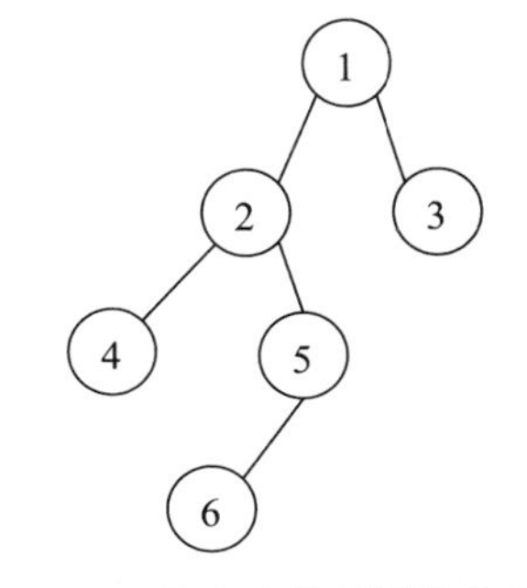


图3-8-2　并查集的树型结构表示

## 二、并查集基本操作

### (一) 初始化

设有n个元素，起初所有元素各自构成一个独立的集合，即有n棵只有1个节点(根节点)的树，元素本身就是自己集合的代表元，所以设一维数组 Father[x]=x，表示 x 的父节点是它自己。

## （二）带路径压缩的查询操作

查询元素 x 所在的集合，也就是查找 x 所在集合的代表元（根节点）。代表元的特点是 Father[x]=x，所以当 Father[x]≠x 时，可以沿着 Father[x]不断在树状结构中向上移动，直到某个 x'，有 Father[x']=x'，此时，x'即为集合的代表元。

当我们处理集合时，每查询一个元素的代表元都需要沿着树枝向上比较多次，逻辑上构建的树状结构若深度较大，比较次数就多，若深度较小，比较次数就少，可见树的结构影响查询效率，我们希望较少的比较而得到结果，因此更喜欢扁平化一些的树状结构。例如在图 3-8-2 中，查找元素 6 的代表元，需要 4 次比较；查找元素 5 的代表元，需要调用 3 次比较；查询元素 2 的代表元，需要 2 次比较。同时，这里不关注每个节点的父子关系，而关注节点所在树的根节点（代表元），而且通过上面举例，不知是否发现，各节点在向上查询代表元时，是存在重复操作的。

综上所述，为了减少比较次数、提高效率，每次查询操作过程中，可以将 x 到根节点路径上的所有节点的父亲都设为根节点 x'，即 Father[x]=x'，这样若再次查询这条路径上的节点的代表元时，无须沿着路径一步步向上查询，仅通过一次查询就可获得此节点的代表元，这个优化过程称为路径压缩，如图 3-8-3 所示。

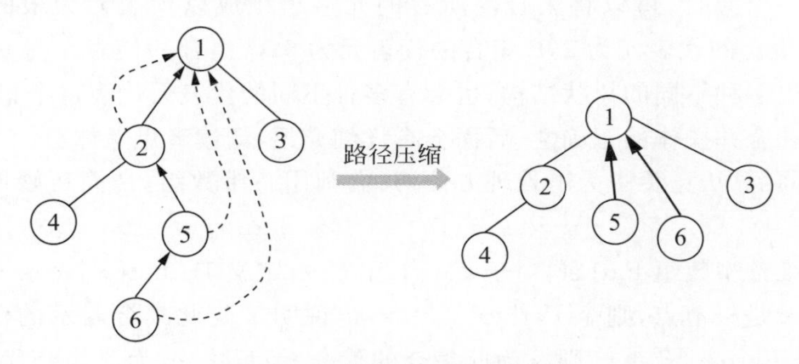


图 3-8-3 带路径压缩查询操作

路径压缩过程仅发生在查询操作时，没有查询时无须进行路径压缩操作。当查询一个元素 x 的代表元时，我们会将 x 节点到根节点的这条查询路径进行压缩，路径中所有节点的父节点会直接赋为根节点（代表元）。这样这些节点再查询代表元时，两次比较就可找到，而其他不在查询路径上的节点没受到影响，保持不变，且没有额外操作。路径压缩操作没有增加额外比较操作次数，被压缩路径的节点再次查询时还可以节约比较次数，所以整体查询效率得到提升。

参考代码如下。

```
//并查集带路径压缩的查询操作
int get(int x)
{
    if(x == Father[x])
        return x;
    return Father[x] = get(Father[x]);   //路径压缩,Father 直接赋值为代表元
}
```

## （三）判定操作

判断 x 元素与 y 元素是否属于相同的集合，即判断 x 元素所在的集合的代表元是否与 y

元素所在集合代表元相同。利用查询操作查找集合 A 的代表元 x',查找集合 B 的代表元 y',判断 x'是否等于 y'。

```
bool judge(int x, int y)
{
    return get(x) == get(y);
}
```

## (四)合并操作

将 x 元素所在的集合 A 和 y 元素所在的集合 B 进行合并,即让两个集合中所有元素拥有相同的代表元,逻辑上将两棵树合并为一棵树,可以将其中一棵树作为子树接在另一棵树的根节点上。具体来说查找集合 A 的代表元 x',查找集合 B 的代表元 y',并赋值 Father[x']=y'即可(也可以 Father[y']=x'),这时它们有了相同代表元,如图 3-8-4 所示。

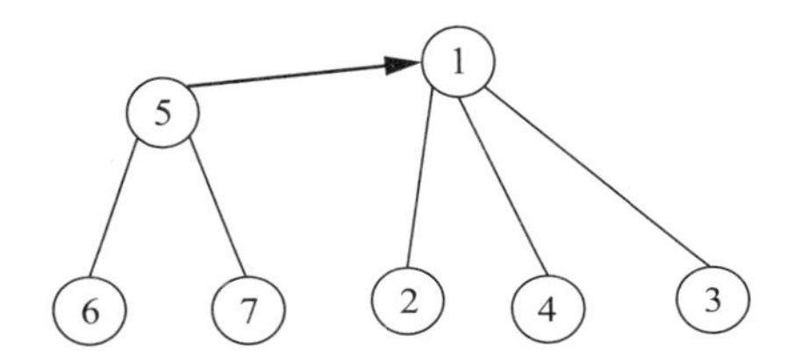


图 3-8-4 并查集合并操作

合并操作的参考代码如下。

```
//并查集的 merge(并)操作,合并元素 x 和元素 y 所在的集合,等价于让 x 的树根作为 y 的树根的子
  节点
void merge( int x, int y)
{
    int fx = get(x);
    int fy = get(y);
    if(fx ! = fy)
        Father[fx] = fy;
}
```

并查集还有一些为提高查询效率的处理方法,例如集合合并时,根据集合所包含元素个数的多少,以元素较多集合的树的根节点为根节点,小树向大树合并等。但上述介绍的路径压缩方法更通用有效,所以这里其他方法不再赘述,感兴趣的读者可以查找相关资料进行学习。

### ◇ 扩展:带权并查集、种类并查集

#### 1. 带权并查集

带权并查集即为节点带有权值信息的并查集,可以处理不同种类维护、元素关系判断、元素记数等问题。一般并查集只能判断元素是否有关系(同属一个集合),而带权并查集可以在元素间有关系(同属一个集合)情况下,计算、判断元素间有什么样的关系。当元素之间的关系可以被量化且可以传递时,就可以使用带权并查集来维护。带权并查集每个元素的权通常描述其与父节点的关系,操作的核心是路径压缩时,计算当前元素与其根节点的关系以及元素合并时关系的计算。

带权并查集除了记录父节点信息，还需要存储一维信息 rel，表示当前节点 x 与父节点 Father[x]之间的权值(关系)。每次路径压缩后，每个访问过的节点都会直接指向树根，我们需要同时更新这些节点的 rel 值，可以利用路径压缩过程计算当前节点到根节点之间路径上每个节点与根节点的关系。因为路径压缩是一个递归过程，会先将当前节点父节点的父亲指向根节点，也会得到父节点与根节点的关系 rel 值，而在计算当前节点与根节点的关系也经常借助其父节点与根节点的关系，因此关系计算过程相当于从根节点沿着路径逐步推算到当前节点。在这个过程中关键是确定计算这些节点关系 rel 值的公式，使得边权(关系)随着路径压缩进行合理统计和转移。两个元素合并时，部分元素相当于重新确定父节点(代表元)，也可利用类似的方式来计算关系，具体问题具体分析。判断两个元素关系时，先计算出它们相对同一代表元的关系 rel 值，再根据这两个 rel 值来判断两个元素间关系。

2. 种类并查集

并查集主要维护同种关系，一般来说元素 x 与所在同一集合的其他元素有相同关系，若元素 x 与元素 y 也有相同关系，可以将 x 所在集合和 y 所在集合合并。那么如何用并查集来维护不同关系呢？我们仍然用增加变量来记录更多信息的方法：种类并查集(扩展域)。

种类并查集并非表示种类，而是巧用种类的方式表示关系。例如，有 n 个节点，要维护两个不同种类，Father 数组需要扩展为两倍大小(分成三类就扩展为三倍大小)，在 Father 数组中给每个变量 i 增加一个镜像变量 i+n，含义为若 i 属于集合一(种类一)，则其镜像变量 i+n 属于集合二(种类二)，即 i 与 i+n 属于不同种类。若 a，b 属于相同种类则 merge(a，b)和 merge(a+n，b+n)，若 a，b 属于不同种类，则 merge(a，b+n)和 merge(a+n，b)，表示 a 属于集合一，b 属于集合二。注意，每次进行合并操作时要将所有可能都合并，而查询 a 和 b 的关系时，不但要考虑 a 和 b，还要考虑 a 和 b+n 的关系，a 和 b 在同一集合表示 a 与 b 相同种类，a 和 b+n 在同一集合表示 a 与 b 不同种类。

带权并查集是将能确定关系的节点都放在一个集合中并用 rel 值来维护；而种类并查集的处理思路则类似于图论中的拆点，将一个点拆成多个点，点之间存在某些关系，然后按照相同种类就合并的方式用并查集来维护，这样关系的维护就变得简单了。

综上所述，并查集可以动态维护具有传递性的关系，可以维护相同关系，也可以通过添加权值和扩展种类维护不同关系。若找准了关系逻辑，种类并查集使用起来非常简单，大大简化题目难度；带权并查集的关键在于在路径压缩过程中节点关系的计算，这里权值不仅可以表示关系，还可以进行记数等操作，适用性更广。

## 三、典型例题

例题 3.8.1　民族的数量。

题目描述：R 学校中学生来自不同的民族，你很感兴趣了解 R 学校中民族的数量。假设学校有 n ($0<n\leqslant 50000$)名学生，你不方便直接问他们的民族，因此，需要问 m[$0\leqslant m\leqslant n(n-1)/2$]对学生，他们的民族是否相同。这样虽然你不一定知道每个人的民族，但是可以了解你采访的这群同学中有多少不同的民族。假设每个学生只属于一个民族。

输入格式：输入包含多组数据，每组数据开始为一行两个数 n 和 m。接下来 m 行，每一行为两个整数 i 和 j，表示学生 i 和学生 j 属于同一民族。其中，每个学生都用编号 1 到 n 表示。整个输入以 n=m=0 结束。

输出格式：对于每组输入，输出形如 Case #：ans 的一行，其中#表示每组数据编号（以1开始），ans 表示不同的民族数量，如表 3-8-1 所示。

表 3-8-1　例题 3.8.1 测试样例

| 输入样例 | 输出样例 |
| --- | --- |
| 10 9<br>1 2<br>1 3<br>1 4<br>1 5<br>1 6<br>1 7<br>1 8<br>1 9<br>1 10<br>10 4<br>2 3<br>4 5<br>4 8<br>5 8<br>0 0 | Case 1:1<br>Case 2:7 |

数据范围：$0<n\leqslant 500000\leqslant m\leqslant n(n-1)/2$。

题目分析：种类计数问题。

方法1（关注过程）：不同民族的最大值为学生数 n，因此一开始把 n 个学生看作 n 个不同民族（集合），对给出的每对学生 a 和 b，如果他们在不同的集合，就合并他们并将民族数减 1，最后得到不同的民族数。

参考代码如下。

```
#include< cstdio >
using namespace std;
const int MAXN = 50050;
int n,m;
int Father[MAXN];
void init(int n)
{
    for(int i = 1;i <= n; i++)
    {
        Father[i] = i;
    }
}
int get(int x)
{
    if(x == Father[x])
        return x;
    return Father[x] = get(Father[x]);
```

```
}
bool judge(int x, int y)
{
    return get(x) == get(y);
}
void merge(int x, int y)
{
    int fx = get(x);
    int fy = get(y);
    if(fx != fy)
        Father[fx] = fy;
}
int main()
{
    int d = 1;
    while(scanf("%d%d",&n, &m))
    {
        if(n == 0 && m == 0)
            break;
        init(n);
        int ans = n;
        for(int i = 1;i <= m; i++)
        {
            int x, y;
            scanf("%d%d", &x, &y);
            if(!judge(x, y))
            {
                ans--;
                merge(x, y);
            }
        }
        printf("Case %d: %d\n", d, ans);
        d++;
    }
    return 0;
}
```

方法 2(关注结果):根据关系进行合并,处理好所有集合后,通过统计根节点个数,获得不同集合的个数(连通图个数),即得到不同民族数。参考代码如下。

```
#include <cstdio>
#include <cstring>
using namespace std;
const int MAXN = 50050;
int n, m;
int Father[MAXN], vis[MAXN];
int get(int x)
{
    if(x == Father[x])
        return x;
    return Father[x] = get(Father[x]);
}
void merge(int x, int y)
{
    int fx = get(x);
```

```
    int fy = get(y);
    if(fx != fy)
        Father[fx] = fy;            //也可直接在这里统计连通图的个数
}
int main()
{
    int casen = 0;
    while(scanf("%d%d", &n, &m) && ( n || m ))
    {
        for(int i = 0; i < n; i++)
        {
            Father[i] = i;
        }
        for(int i = 0; i < m; i++)
        {
            int x, y;
            scanf("%d%d", &x, &y);
            merge(x, y);
        }
        memset(vis, 0, sizeof(vis));
        for(int i = 0; i < n; i++)
        {
            vis[get(Father[i])] = 1;  //找到所有的根节点,标记为1,用于统计连通图的个数
        }
        int sum = 0;
        for(int i = 0; i < n; i++)
            if(vis[i] == 1)
                sum++;
        printf("Case %d: %d\n", ++casen, sum);
    }
    return 0;
}
```

例题 3.8.2 银河英雄传说。

题目描述：杨威利擅长排兵布阵，巧妙地运用各种战术屡次以少胜多，难免恣生骄气。在这次决战中，他将巴米利恩星域战场划分成 30000 列，每列依次编号为 1,2,…,30000。之后，他把自己的战舰也依次编号为 1,2,…,30000，让第 i 号战舰处于第 i 列，形成“一字长蛇阵”，诱敌深入，这是初始阵形。当敌人到达时，杨威利会多次发布合并指令，将大部分战舰集中在某几列上，实施密集攻击。合并指令为 M i j，含义为第 i 号战舰所在的整个战舰队列，作为一个整体(头在前尾在后)接至第 j 号战舰所在的战舰队列的尾部。显然战舰队列由处于同一列的一个或多个战舰组成。合并指令的执行结果会使队列增大。

然而，老谋深算的莱因哈特早已在战略上取得了主动。在交战中，他可以通过庞大的情报网络随时监听杨威利的舰队调动指令。

在杨威利发布指令调动舰队的同时，莱因哈特为了及时了解当前杨威利的战舰分布情况，也会发出一些询问指令：C i j。该指令意思是，询问计算机，杨威利的第 i 号战舰与第 j 号战舰当前是否在同一列中，如果在同一列中，那么它们之间布置有多少战舰。

作为一个资深的高级程序设计员，你被要求编写程序分析杨威利的指令以及回答莱因哈特的询问。

输入格式：第一行有一个整数 T($1 \leqslant T \leqslant 5 \times 10^5$)，表示总共有 T 条指令。以下有 T 行，每

行有一条指令。指令有两种格式。

(1) M i j:i 和 j 是两个整数(1≤i,j≤30000),表示指令涉及的战舰编号。该指令是莱因哈特窃听到的杨威利发布的舰队调动指令,并且保证第 i 号战舰与第 j 号战舰不在同一列。

(2) C i j:i 和 j 是两个整数(1≤i,j≤30000),表示指令涉及的战舰编号。该指令是莱因哈特发布的询问指令。

输出格式:依次对输入的每一条指令进行如下分析和处理。

(1) 如果是杨威利发布的舰队调动指令,则表示舰队排列发生了变化,你的程序要注意到这一点,但是不要输出任何信息。

(2) 如果是莱因哈特发布的询问指令,你的程序要输出一行,仅包含一个整数,表示在同一列上,第 i 号战舰与第 j 号战舰之间布置的战舰数目。如果第 i 号战舰与第 j 号战舰当前不在同一列上,则输出−1,如表 3-8-2 所示。

表 3-8-2 例题 3.8.2 测试样例

| 样例输入 | 样例输出 |
|---|---|
| 4<br>M 2 3<br>C 1 2<br>M 2 4<br>C 4 2 | −1<br>1 |

战舰位置图如图 3-8-5 所示,表格中阿拉伯数字表示战舰编号。

| | 第一列 | 第二列 | 第三列 | 第四列 | …… |
|---|---|---|---|---|---|
| 初始时 | 1 | 2 | 3 | 4 | …… |
| M 2 3 | 1 | | 3<br>2 | 4 | …… |
| C 1 2 | 1号战舰与2号战舰不在同一列,因此输出-1 | | | | |
| M 2 4 | 1 | | | 4<br>3<br>2 | …… |
| C 4 2 | 4号战舰与2号战舰之间仅布置了一艘战舰,编号为3,输出1 | | | | |

图 3-8-5 例题 3.8.1 题图

题目分析:设 before 一维整型数组,before[x]维护战舰 x 到 Father[x]间的战舰数量,若 Father[x]为代表元,before[x]也即表示其所在列(集合)中战舰 x 之前的战舰数量。若战舰 x 和战舰 y 同属一列(集合),x 和 y 路径压缩后父节点都是根节点,则 before[x]与 before[y]二者之差的绝对值再减 1,就表示 x 和 y 之间间隔战舰的数量。路径压缩操作中要从根节点向当前节点逐步更新路径上每个节点之前的战舰数量 before 值,即 x 节点新的 before 值(x 到根节点的战舰数量)等于 x 节点旧的 before 值(x 到父节点之间的战舰数量)加上 x 父节点的 before 值(父节点到根节点之间战舰数量);合并时,x 集合的根节点作为 y 的子节点,即把 x 战舰所在列(集合)接入 y 战舰所在列的末尾,y 战舰集合中战舰都排在 x 战舰之前,因此 x 战舰 before 值要累加上 y 集合全部战舰数量,因此需要一个 cnt 数组在每个集合代表元上记录当前集合大小。参考代码如下。

```
#include< cstdio >
#include< cmath >
#include< iostream >
using namespace std;
const int MAX = 30001;
int Father[MAX];
int cnt[MAX];                       //表示所在集合中战舰的总个数
int before[MAX];                    //before[i] 表示i所在集合中在i号战舰之前有多少个战舰
int get(int a)
{
    if(a == Father[a])
        return a;
    else
    {
        int tmp = get(Father[a]);   //关键步骤:以下三步处理顺序很重要,伴随着路径压缩从根逐
                                      层向下更新 before 值
        before[a] += before[Father[a]];
        Father[a] = tmp;
        return tmp;
    }
}
void merge(int x, int y)
{
    int fx = get(x);
    int fy = get(y);
    Father[fx] = fy;
    before[fx] += cnt[fy];
    cnt[fy] += cnt[fx];
}
int main()
{
    int T, a, b;
    char cmd[3];
    for(int i = 1; i <= MAX; ++i)
    {
        Father[i] = i;
        before[i] = 0;
        cnt[i] = 1;
    }
    scanf("%d", &T);
    while(T--)
    {
        scanf("%s%d%d", cmd, &a, &b);
        if(cmd[0] == 'M')
        if(get(a))! = gef(b))
            merge(a, b);            //让编号为 a 的战舰所在的整个列加到编号为 b 的战舰所在列
                                      后边
        else
            if(get(a) != get(b))
                printf("-1\n");
            else
                printf("%d\n", abs(before[a] - before[b]) - 1);
    }
    return 0;
}
```

**例题 3.8.3　食物链。**

**题目描述**：动物王国中有三类动物 A、B、C，这三类动物的食物链构成了有趣的环形。A 吃 B，B 吃 C，C 吃 A。现有 N 个动物，以 1～N 编号。每个动物都是 A、B、C 中的一种，但是我们并不知道它到底是哪一种。有人用两种说法对这 N 个动物所构成的食物链关系进行描述。

(1) 第一种说法是 1 X Y，表示 X 和 Y 是同类。

(2) 第二种说法是 2 X Y，表示 X 吃 Y。

此人对 N 个动物，用上述两种说法，一句接一句地说出 K 句话，这 K 句话有的是真的，有的是假的。当一句话满足下列三条之一时，这句话就是假话，否则就是真话。

① 当前的话与前面的某些真的话冲突，就是假话。

② 当前的话中 X 或 Y 比 N 大，就是假话。

③ 当前的话表示 X 吃 X，就是假话。

你的任务是根据给定的 N 和 K 句话，输出假话的总数。

**输入格式**：第一行两个整数 N、K，表示有 N 个动物，K 句话。第二行开始每行一句话(按照题目要求，见样例)。

**输出格式**：一行，一个整数，表示假话的总数，样例如表 3-8-3 所示。

表 3-8-3　例题 3.8.3 测试样例

| 输入样例 | 输出样例 |
|---|---|
| 100 7<br>1 101 1<br>2 1 2<br>2 2 3<br>2 3 3<br>1 1 3<br>2 3 1<br>1 5 5 | 3 |

**数据范围**：$1 \leqslant N \leqslant 5 * 10^4$，$1 \leqslant K \leqslant 10^5$。

**题目分析**：题目求假话的数量，题目对假话定义为三种情况，第二种和第三种都很好判断，第一种要判断当前读入语句与之前是否冲突，需要一定技巧。题目中介绍了三类动物以及它们的关系，有人可能会计划用 A、B、C 三个集合来描述三类动物，这种方式比较复杂，对于读入语句中的 X 和 Y，若枚举它们在 A、B、C 集合的可能性，不仅处理麻烦而且复杂度高。题目中确实给了三类物种，但我们不需要关心具体谁是哪个物种，我们关心的是同类、捕食者和被捕食者的关系，根据读入，我们不判定动物属于哪个种类(集合)，而是判定它们是不是有关系，是否和已有的关系冲突，并以这个关系建立集合。因此可以从维护种类及维护关系两个角度解题。

方法 1：种类并查集解法，即维护同类、捕食者和被捕食者三个种类。可以将每个动物 x 分化成三个集合(种类)，即同类集合 $X_s$、捕食者集合 $X_{eat}$ 和被捕食者集合 $X_{en}$，当 $1 \leqslant x \leqslant n$，n 表示动物总数时，可以设 $x \in X_s$，$x+n \in X_{eat}$，$x+2n \in X_{en}$，即表示若 x 属于同类集合，则 x+n 值属于捕食者集合，x+2n 值属于被捕食者集合。若输入信息 x 与 y 是同类，则说明 $X_s$ 与 $Y_s$

一样、$X_{eat}$ 与 $Y_{eat}$ 一样、$X_{en}$ 与 $Y_{en}$ 一样，所以分别合并这些数值所在的集合；若输入信息 x 吃 y，说明 x 捕食 y 及其同类，x 的同类都是 y 的捕食者，所以 x 的天敌都是 y 捕食的物种，所以合并 $X_{eat}$ 与 $Y_s$、$X_s$ 与 $Y_{en}$、$X_{en}$ 与 $Y_{eat}$。

对于每句输入都先检查其真假。若读入信息为"x 与 y 同类"，可通过两次检验判断是否与已知矛盾：一检验 $X_{eat}$ 是否与 $Y_s$ 同一集合（说明 x 吃 y）；二检验 $X_s$ 是否与 $Y_{eat}$ 同一集合（说明 y 吃 x），存在二者之一即说明此句输入是假话；若读入信息为"x 吃 y"，可通过两次检验判断是否与已知矛盾：一检验 $X_s$ 与 $Y_s$ 同一集合（说明 x 与 y 同类）；二检验 $X_s$ 与 $Y_{eat}$ 同一集合（说明 y 吃 x），存在二者之一即说明此句输入是假话。这种方法不需要复杂的关系推导，处理相对简单，get 函数和 merge 函数都没有变化，但注意这需要三倍空间。

参考代码如下。

```
#include <iostream>
#include <cstdio>
using namespace std;
const int MAXN = 2e5 + 10;                    //需要 N 的三倍空间
int Father[MAXN];
int n,m,k,x,y,ans;
int get(int x)
{
    if(x == Father[x]) return x;
    return Father[x] = get(Father[x]);
}
void merge(int x, int y)
{
    Father[get(x)] = get(y);
}
int main()
{
    cin >> n >> m;
    for(int i = 1; i <= 3 * n; i++) Father[i] = i;
    for(int i = 1; i <= m; i++)
    {
        scanf("%d%d%d", &k, &x, &y);
        if( x > n || y > n ) ans++;
        else if(k == 1)
        {
            if(get(x) == get(y + n) || get(x) == get(y + n + n)) ans++;
            else
            {
                merge(x, y);
                merge(x + n, y + n);
                merge(x + n + n, y + n + n);
            }
        }
        else
        {
            if(x == y || get(x) == get(y) || get(x) == get(y + n)) ans++;
            else
            {
                merge(x, y + n + n);
                merge(x + n, y);
                merge(x + n + n, y + n);
```

```
            }
        }
    }
    printf("%d",ans);
}
```

方法2：带权并查集解法。从维护关系角度出发，处理同类关系、捕食关系和被捕食关系，重点在于路径压缩和集合合并时关系的变化。因为并查集处理节点是向上看，即看x的父亲是谁，所以我们也向上设计关系，设计三种关系：权值0表示当前节点x与其父节点是同类关系，权值1表示当前节点x捕食其父节点(捕食关系)，权值2表示当前节点x被其父节点捕食(被捕食关系)。对于输入格式："D　x　y"，表达x与y之间有某种关系，当D=1时，D−1=0，可以表示x节点与父节点y是同类关系；当D=2时，D−1=1，可以表示x节点捕食父节点y，正好与我们设定权值代表的意义相契合。

首先，考虑get操作路径压缩关系推导。路径压缩是一个递归过程，会先将当前节点父节点的父亲指向根节点，所以求当前节点x与根节点root的关系也需要借助父节点fx与根节点root的关系。我们将这种关系变换定义为"三角形规则"。在本题中关系的三角形规则为：节点x对根节点root的关系=(节点x对父节点fx的关系+父节点fx对root的关系)%3。如图3-8-6所示。通过枚举不同的关系值，很容易验证结论的正确性。

路径压缩时，注意要先进行递归操作找根节点，在递归回退时再按"三角形规则"处理关系，因为要求x和root的关系，需要fx和root的正确关系，这样需要让父节点先和根节点建立联系，同时，还要注意递归操作前要保留当前节点的父节点信息。

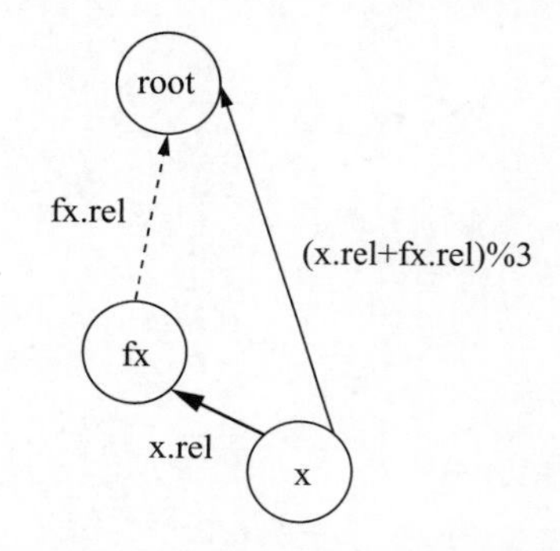


图 3-8-6　关系变化的"三角形规则"

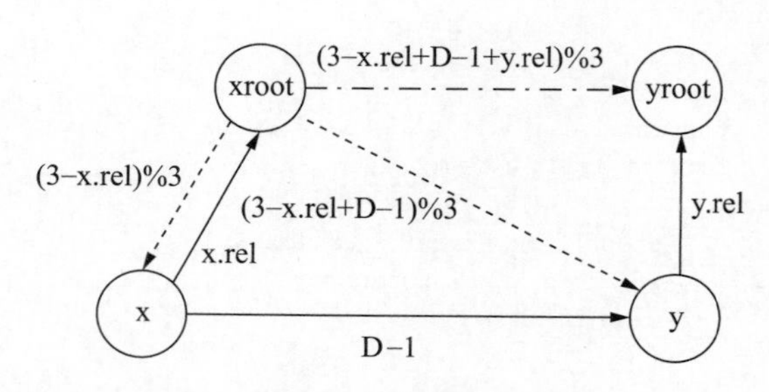


图 3-8-7　转换关系

其次，考虑merge操作关系合并。合并涉及求x的根节点xroot对y的根节点yroot的关系，其关系转换也符合"三角形规则"。查询集合中已有关系可以知道x对xroot的关系为x.rel，则xroot对x的关系为(3−x.rel)%3；根据读入已知x对y的关系为D−1，把xroot当成当前节点，y当成根节点，则求得xroot对y的关系为(3−x.rel+D−1)%3；又知道y对yroot关系为y.rel，把xroot当成当前节点yroot当成根节点，最终得到xroot对yroot关系为(3−x.rel+D−1+y.rel)%3。转换关系如图3-8-7所示，也可以通过枚举不同关系值，证明推导的正确性。

最后，考虑判断真伪操作。若x和y不属于一个集合，则进行合并操作；若x和y属于一个集合，即之前已有一定的关系，路径压缩后x和y有同一个父节点，可以验证当前读入的关系和已有的关系是否冲突。当读入D=1，表示x和y同类，则已有关系中x对父节点的关系

x. rel应与y对父节点的关系y. rel相同；当读入D＝2，表示x捕食y，则已有关系x. rel和y. rel与D－1，可以构成一个三角形关系链，可以通过“三角形规则”来验证此三者关系是否合理，即(x. rel＋3－y. rel)％3是否等于D－1。

综上所述，问题处理整体过程，对于每句输入，若查到x和y之前已经有关系(在一个集合中)，则需要判断当前关系真伪并记录假话数量，否则根据读入关系，将x与y进行合并。

此方法涉及关系推导，处理稍微复杂，但所需空间比第一种方法少，同时权值可表征的信息种类多，方法适用性广。

参考代码如下。

```
#include<cstdio>
#include<iostream>
using namespace std;
const int MAXN = 5e4 + 10;
struct animal
{
    int fa;
    int rel;
    /*  rel = 0 - 当前节点与其父节点是同类
        rel = 1 - 当前节点吃它的父节点
        rel = 2 - 当前节点被它的父节点捕食 */
}a[MAXN];
int n, k;
int get(int x)
{
    if(x == a[x].fa)
        return x;
    else                                        //注意带权值的路径压缩处理方法
    {
        int tf = a[x].fa;                       //暂存当前父节点
        a[x].fa = get(a[x].fa);                 //找到根节点
       a[x].rel = (a[x].rel + a[tf].rel) % 3;   //“三角形规则”推出当前节点与根节点关系
        return a[x].fa;
    }
}
void merge(int d, int x, int y)
{
    int fx = get(x);
    int fy = get(y);
    a[fx].fa = fy;
    a[fx].rel = (3 - a[x].rel + d - 1 + a[y].rel) % 3;
}
bool judge(int d, int x, int y)
{
    if( get(x) == get(y))                       //在同一个集合
    {
        if(d == 1 && a[x].rel != a[y].rel)
            return false;
        else if(d == 2 && (a[x].rel + 3 - a[y].rel) % 3 != 1)
            return false;
    }
    return true;
}
int main()
{
    int d, x, y, ans;
    scanf("%d%d", &n, &k);
```

```
    for(int i = 1; i <= n; i++)                    //初始化
    {
        a[i].fa = i;
        a[i].rel = 0;
    }
    ans = 0;                                        //假话数量
    while( k-- )
    {
        scanf(" %d%d%d", &d, &x, &y);
        if( x > n || y > n)                         //情况二
            ans++;
        else if(x == y && d == 2)                   //情况三
            ans++;
        else if(!judge(d, x, y))                    //情况一
            ans++;
        else
            merge(d, x, y );
    }
    printf(" %d", ans);
}
```

# 第九节 二叉排序树

前面已经介绍过树状数组和线段树，它们都可以对序列中的一些信息进行维护。接下来介绍一些更有趣也更灵活的数据结构：本节介绍二叉排序树，第十节介绍平衡树，其中二叉排序树是平衡树的基础。平衡树是维护序列操作很有用的数据结构，能实现更加灵活、复杂的维护操作。

## 一、二叉排序树概述

二叉排序树又称二叉查找树、二叉搜索树（BST，Binary Search Tree），如图 3-9-1 所示。一棵二叉排序树或者是空树，或者是节点包含权值，且具有以下特征的二叉树。

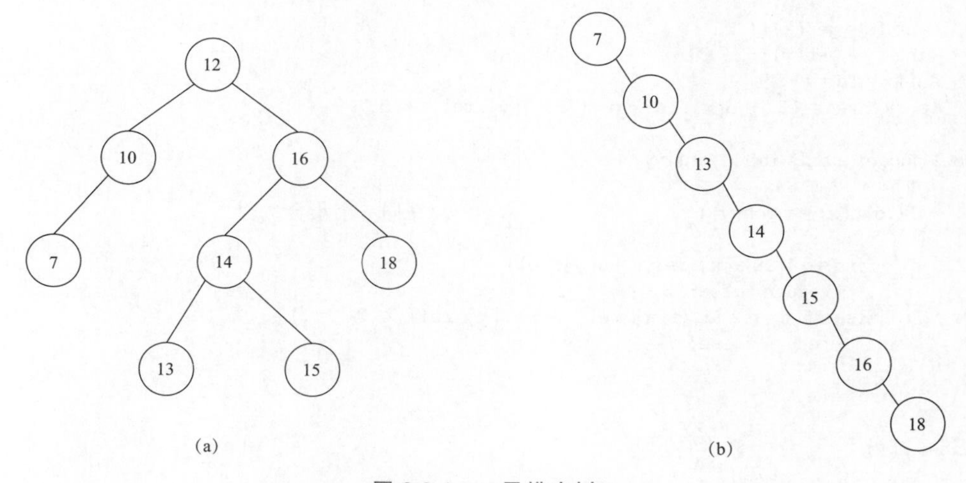


图 3-9-1 二叉排序树

(1) 若左子树不空,则左子树上所有节点的权值均小于根节点的权值。
(2) 若右子树不空,则右子树上所有节点的权值均大于根节点的权值。
(3) 左、右子树也是二叉排序树。

## 二、二叉排序树基本操作

### (一) 基本结构

这里,我们首先定义二叉排序树的基本结构。传统二叉排序树中不存在重复值,为了处理重复值,结构中加入了 cnt 表示相同 val 值的节点数量,sz 描述当前节点为根的子树的节点总数,主要用于排名查询。为了避免越界、减少特殊情况判断,一般初始会在二叉排序中插入－INF 和 INF 节点,这样就可以将有效值包围起来,方便处理。

```
struct BSTNode
{
    int lc, rc;                    //左、右子节点
    int val;                       //节点值
    int sz;                        //当前子树的节点总数
    int cnt;                       //相同 val 值的节点的数量
} bst[MAXN];                       //数组模拟链表存储二叉排序树
int tot = 0;                       //总节点数
int root = 0, INF = 1 << 30;
int newnode(int val)               //在二叉排序树中建立一个新节点
{
    bst[++tot].val = val;
    bst[tot].lc = bst[tot].rc = 0;
    bst[tot].sz = 1;
    bst[tot].cnt = 1;
    return tot;
}
void initbuild()                   //建树初始化
{                                  //插入最小和最大边界值
    newnode( - INF);
    newnode(INF);
    root = 1;
    bst[1].rc = 2;
}
```

同时,处理某些问题时需要获取并维护以当前节点为根的子树大小(节点数量信息),当前节点为根子树的节点总数等于当前节点个数与左右子树节点数量之和,所以类似于线段树的处理,我们设计 pushup 函数,对此信息进行维护。

```
void pushup(int p)
{
bst[p].sz = bst[bst[p].lc].sz + bst[bst[p].rc].sz + bst[p].cnt;
}
```

### (二) 插入操作

在以p为根节点的二叉排序树中插入一个权值为val的新节点。
(1) 若p为空,直接插入新节点。
(2) 若p的权值等于val,节点重复个数量 cnt 增加 1。

(3) 若p的权值大于val,在p的左子树插入权值为val的节点。

(4) 若p的权值小于val,在p的右子树插入权值为val的节点。

插入新节点后要对当前子树进行维护,需要 pushup 操作。

```
void insertbst(int &p, int val)   //在二叉排序树中从节点 p 开始,插入值为 val 的节点,p 是引用,
                                    被同时更新
{
    if (p == 0)                   //若二叉排序树为空,则生成并返回一个节点的二叉排序树
    {
        p = newnode(val);
        return;
    }
    if (val == bst[p].val)        //待插入值 val 在原树中已存在
    {
        bst[p].cnt++;
        pushup(p);
        return ;
    }
    else if (val<bst[p].val)
        insertbst(bst[p].lc, val);
    else
        insertbst(bst[p].rc, val);
    pushup(p);
}
```

## (三) 删除操作

在以 p 为根节点的二叉排序树中删除一个权值为 val 的节点。查找到权值为 val 的节点,然后分为以下三种情况进行处理。

(1) 若该节点的度为 0,即为叶子节点,可以直接删除。

(2) 若该节点的度为 1,即只有左子树或右子树,则用这棵子树代替 p 节点,与 p 的父节点相连。

(3) 若该节点的度为 2,即左子树和右子树均不空,有两种不同做法,选择其中之一即可。

方法 1:找出左子树中的权值最大的节点 x(即前驱),将该节点的权值替换为 x 节点的权值,再按照(1)或(2)方法删除 x 节点(x 作为左子树的权值最大节点,度一定是 0 或 1)。

方法 2:找出右子树中的权值最小的节点 y(即后继),将该节点的权值替换为 y 节点的权值,再按照(1)或(2)方法删除 y 节点(y 作为右子树的权值最小节点,度一定是 0 或 1)。

参考代码如下。

```
void removebst(int &p, int val)              //在 p 为根的二叉排序树中删除值为 val 的节点
{
    if(p == 0)
        return;
    if(val == bst[p].val)                    //找到值为 val 的节点
    {
        if(bst[p].lc == 0 && bst[p].rc == 0) //值为 val 的节点的左右子树都为空,直接删除
            p = 0;
        else if(bst[p].lc == 0)              //值为 val 的节点的左子树为空,用右子树代替
            p = bst[p].rc;
        else if(bst[p].rc == 0)              //值为 val 的节点的右子树为空,用左子树代替
```

```
            p = bst[p].lc;
        else                                        //值为 val 的节点有左右两个子树
        {
            int x = bst[p].lc;                      //方法 1:查找左子树的最大值
            while(bst[x].rc > 0)
                x = bst[x].rc;
            removebst(bst[p].lc, bst[x].val);  //在左子树上将 x 删除,使 x 的子树可以填充 x 的
                                                  位置
                                                //用节点 x 代替节点 p
            bst[x].lc = bst[p].lc;
            bst[x].rc = bst[p].rc;
            p = x;
        }
    }
    else if(val < bst[p].val)                   //值 val 比当前节点值小,在当前节点左子树继续
                                                  查找
        removebst(bst[p].lc, val);
    else                                        //值 val 比当前节点值大,在当前节点右子树继续
                                                  查找
        removebst(bst[p].rc, val);
}
```

### (四) 查找操作

在以 p 为根节点的二叉排序树中查找一个权值为 val 的节点。

(1) 若 p 为空,则查找不成功。

(2) 若 p 的权值等于 val,则查找成功。

(3) 若 val 小于 p 的权值,递归查找左子树。

(4) 若 val 大于 p 的权值,递归查找右子树。

```
int searchbst(int p, int val)        //在二叉排序树中从节点 p 开始,查找值为 val 的节点,并返回节
                                       点编号
{
    if (p == 0)                       //查找失败
        return 0;
    if (val == bst[p].val)            //查找成功
        return p;
    else if (val<bst[p].val)
        return searchbst(bst[p].lc, val);
    else
        return searchbst(bst[p].rc, val);
}
```

### (五) 查询 X 元素的排名

在二叉排序树中根据值 val 查询某 X 元素的排名,相当于查询元素在二叉排序树的中序遍历序列中是第几名,也即是第几小。根据二叉排序树性质,当前节点 val 值比左子树节点值大,比右子树节点值小,可得查询步骤如下。

(1) 若待查 val 值比当前节点值小,递归向左子树继续查询。

(2) 若待查 val 值比当前节点值大,递归向右子树查询,并将排名累加当前节点左子树节点个数 sz 及当前节点重复的个数 cnt。

(3) 若待查 val 值与当前节点值相等,将排名累加上当前节点的左子树节点个数 sz 并再

加 1,即得到值为 val 的元素的排名。

查询操作时间复杂度 O(h),h 为树高。

```
int getrnk(int p, int val)          //在二叉排序树中从节点 p 开始,查找值为 val 的节点的排名
{
if (p == 0) return 0;
  if (bst[p].val == val) return bst[bst[p].lc].sz + 1;
  if (bst[p].val > val) return getrnk(bst[p].lc, val);
  if (bst[p].val < val) return getrnk(bst[p].rc, val) + bst[bst[p].lc].sz + bst[p].cnt;
}
```

### (六) 查询排名第 k 的元素

在二叉排序树中排名第 k 的元素即为其中序遍历序列中排名为 k 的元素,相当于查询第 k 个元素是谁。根据二叉排序树性质,左子树节点值都比当前节点小,右子树节点值都比当前节点大,左子树节点都排在当前节点前面,可得查询步骤如下。

(1) 若当前节点左子树节点总数 sz 大于或等于 k,则递归向左子树中查找。

(2) 若当前节点左子树节点总数 sz 与当前节点重复数量 cnt 之和小于 k,则更新 k=k−sz−cnt,递归向右子树中查找。

(3)否则,相当于 k∈[sz+1, sz+cnt],答案为当前节点。

**注意**,查询第 k 排名操作不需要与当前节点的 val 值比较,依据左右子树节点总数即可。

```
int getkth(int p, int k)
{
  if (bst[bst[p].lc].sz >= k) return getkth(bst[p].lc, k);
  if (bst[bst[p].lc].sz < k - bst[p].cnt) return getkth(bst[p].rc, k - bst[bst[p].lc].sz -
bst[p].cnt);
  return bst[p].val; //如要找排名为 k 的元素所对应的节点,直接 return p 即可
}
```

### (七) 查询前驱/后继

前驱是指在二叉排序树中小于 val 值且最接近这个值的元素,后继则是大于 val 值并且最接近这个值的元素。val 值可能存在于二叉排序树中,也可能不存在。

查询 val 值的前驱。若 val 值存在于二叉排序树中,分为以下两种情况。

(1) val 值节点有左子树,则前驱节点就是 val 值节点左子树中值最大的节点,即左子树的最右边节点。

(2) val 值节点没有左子树,则假设其前驱节点为 ans,那么 ans 一定是 val 值节点的低层祖先,且 val 值节点在 ans 的右子树里。

若 val 值不存在于二叉排序树中,则前驱为在查找路径中离查找结束位置最近的祖先 ans,且查找结束位置位于 ans 的右子树。

因此,可以在二叉排序树查询时,每经过一个点都检查此节点元素值,判断其能否更新所求前驱 ans。

综上所述,查询 val 值的前驱的步骤如下。

(1) 从根节点开始,查询值为 val 的节点,若 val 比当前节点值小,则向左子树查询,否则向右子树查询,并在查询过程中记录更新离它较近的祖先节点 ans,且 val 属于这个 ans 的右

子树。

(2) 当找到值为 val 的节点,若 val 节点没有左子树,则 ans 为所求,若 val 节点有左子树,则从左子树出发一直向右查找,可以找到 val 的前驱。

(3) 若没有找到值为 val 的节点,此时,val 的前驱在经过的祖先节点中,ans 即为所求。

查询 val 值的后继。若 val 值存在于二叉排序树中,分为以下两种情况。

(1) val 值节点有右子树,则后继节点就是 val 值节点右子树中值最小的节点,即右子树的最左边节点。

(2) val 值节点没有右子树,则假设其后继节点为 ans,那么 ans 一定是 val 值节点的低层祖先,且 val 值节点在 ans 的左子树里。

若 val 值不存在于二叉排序树中,则后继为在查找路径中离查找结束位置最近的祖先 ans,且查找结束位置位于 ans 的左子树。

综上,查询 val 值的后继的步骤如下。

(1) 从根节点开始,查询值为 val 的节点,若 val 比当前节点值小,则向左子树查询,否则向右子树查询,并在查询过程中记录更新离它较近的祖先节点 ans,且 val 属于这个 ans 的左子树。

(2) 当找到值为 val 的节点,若 val 节点没有右子树,则 ans 为所求,若 val 节点有右子树,则从右子数出发一直向左查找,可以找到 val 的后继。

(3) 若没有找到值为 val 的节点,此时,val 的后继在经过的祖先节点中,ans 即为所求。

参考代码如下。

```
int getpre(int val)                                            //val 值前驱
{
    int ans = 1;                                               //初始建树时,a[1].val == - INF
    int p = root;
    while (p)
    {
        if (val == bst[p].val)                                 //检索成功
        {
            if (bst[p].lc > 0)                                 //存在左子树
            {
                p = bst[p].lc;
                while (bst[p].rc > 0) p = bst[p].rc;           //沿左子树上一直向右走
                ans = p;
            }
        break;
        }
        if (val > bst[p].val && bst[p].val > bst[ans].val) ans = p; //每经过一个节点,尝试更新前驱
        p = val<bst[p].val ? bst[p].lc :bst[p].rc;
    }
    return ans;
}
int getsuf(int val)                                            //val 值后继
{
    int ans = 2;                                               //初始建树时,bst[2].val =
                                                               = INF
    int p = root;
    while (p)
    {
        if (val == bst[p].val)                                 //检索成功
```

```
        {
            if (bst[p].rc > 0)                              //有右子树
            {
                p = bst[p].rc;
                while (bst[p].lc > 0) p = bst[p].lc;        //右子树上一直向左走
                ans = p;
            }
            break;
        }
        if (bst[p].val > val && bst[p].val<bst[ans].val) ans = p;
                                                            //每经过一个节点,尝试更新后继
        p = val<bst[p].val ? bst[p].lc :bst[p].rc;
    }
    return ans;
}
```

### (八) 中序遍历

对二叉排序树中序遍历,可以得到各节点值从小到大排序的序列。

```
void inOrderTraveral(int p)
{
    if(p == 0)
        return;
    inOrderTraveral(BST[p].lc);
    printf(" %d", BST[p].val);
    inOrderTraveral(BST[p].rc);
}
```

满足二叉排序树性质且中序遍历序列相同的二叉排序树是不唯一的,这些二叉排序树维护的是相同一组数值,它们是等价的,在这样的二叉查找树上执行相同操作得到的结果相同,但实际效率却不尽相同,原因来自于树的形态,如图 3-9-1 所示。若构造的二叉排序树树高较小,树比较“矮胖”,树中每个节点左右子树高度差都较小,其各项基本操作的期望时间复杂度都为 O(logN);否则左右子树高度相差很大、很“不平衡”,二叉排序树看起来像一条链,操作的期望时间复杂度退化为 O(N)。所以在实际应用中,我们希望构建的二叉排序树能“平衡”一些,由此产生了一种数据结构:平衡树。

## 第十节 平衡树

平衡树,或者说具有“平衡性”的树。前面我们介绍了二叉排序树,它的查找操作期望复杂度是 O(logN),效率很大程度上依赖于树的形状。在建树时,它有可能会退化为一条链,因而查找操作时间复杂度为 O(N),处理效率大打折扣。左右子树大小相差很大的树是“不平衡”的,为了保证效率,我们需要更加稳健的结构,平衡的树。

使二叉排序树平衡的想法最初源自 Adel‘son-Vel’skii 和 Landis 提出的一类称为“AVL 树”的平衡查找树。另一类称为“2-3 树”的查找树由 J. E. Hopcroft 提出,它的平衡是通过操纵节点度数来维持的。在“2-3 树”的基础上,Bayer 和 McCreight 介绍了一种推广,称为 B 树。红黑树是 Bayer 以“对称的二叉 B 树”的名字发明的,后续 Guibas 和 Sedgewick 详细研究它们的性质,并引入红/黑颜色约定的称呼。Seidel 和 Argon 提出了 Treap,它兼具二叉排序树和堆的性质，简单易用。Sleator 和 Tarjan 发明了有趣的“伸展树”(Splay)，它可以“自我调整”。平衡的二叉树还有很多变种，如带权平衡树、K 邻居树和替罪羊树等。

平衡树具有二叉排序树特性，其中序遍历是一个从小到大有序序列，旋转操作使树高发生变化，但中序遍历不变，与当前所维护的序列保持一致。常见的平衡树有 Treap、Splay、AVL 树(平衡二叉排序树)、B 树(多路平衡搜索树)、红黑树等。对比分析如表 3-10-1 所示。

表 3-10-1　常见平衡树

| 常见平衡树 | 树型 | 平衡特点 | 应用对比 |
|---|---|---|---|
| AVL | 二叉树 | 控制每个节点的左右子树的高度之差的绝对值不超过 1 | 最先发明的自平衡二叉查找树，目前竞赛中用的不多 |
| B 树(多路平衡搜索树) | 非二叉树(多叉树) | 多路平衡结构和处理方法 | 主要用于硬盘设备相关算法操作，查找效率高 |
| Treap | 二叉树 | 引入部分堆性质实现的平衡树(tree+heap) | 相对简单，代码好写，效率尚可，但有局限，部分操作无法实现 |
| Splay | 二叉树 | 把访问过的点通过伸展 splay(旋转)转到根节点的位置 | 比 Treap 复杂一些，代码长度适中、效率尚可，非常灵活，但有很多细节需要注意 |
| 红黑树(Red Black Tree) | 二叉树 | 把树上的点染成红黑两种颜色，并且能够证明这样可行 | 效率高，代码特别长，比较难写，在竞赛中很少直接手写 |
| 替罪羊树(Scapegoat Tree) | 二叉树 | 一种无旋树，基于部分重建的自平衡二叉搜索树，删除的时候只标记而不真删除，标记过多就暴力重建整个树 | 核心操作是暴力重构，整体效率与 FHQ Treap 和 Splay 不相上下 |

值得注意的是，C++STL 中的 map、set 等就是采用了红黑树而实现的高效的结构。总体上，竞赛中我们使用 Treap 和 Splay 较多，下面我们进行详细介绍。

## 一、Treap 概述

Treap 是同时具有二叉排序树和堆的性质的一种数据结构，因此名字为 Tree 和 Heap 的组合。从代码复杂度和运行效率而言，Treap 是一种性价比较高的平衡树。Treap 分为有旋 Treap 和无旋 Treap 两种，传统意义单指 Treap 都是有旋 Treap，它是由 Seidel 和 Argon 提出的，而无旋 Treap 也叫 FHQ Treap，是近些年由 IOI2011 金牌得主范浩强基于 Treap 发明的，它天生具有维护序列、可持久化等特性，同时代码相对简单，在竞赛中得到广泛应用。

### (一) 基本概念

通常 Treap 的每个节点 x 包含关键字 val 和优先级 pri 两种权值。对于关键字 Treap 构成一棵二叉排序树，对于优先级 Treap 构成一个堆，可以是大根堆也可以是小根堆。图 3-10-1 展示了一个大根堆 Treap，节点内黑色数字表示关键字，节点外蓝色数字表示优先级。若所有关键字不同，所有的优先级也不同，则有：

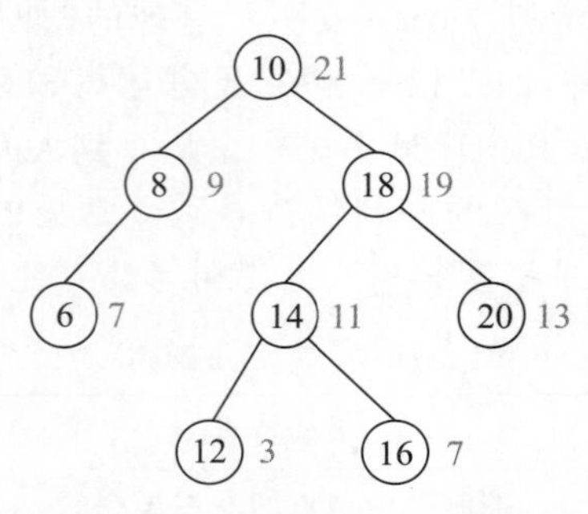


图 3-10-1 大根堆 Treap 结构示例

(1) 若 v 是 u 的左孩子，则 v. val＜u. val，即左孩子的关键字小于父节点关键字；

(2) 若 v 是 u 的右孩子，则 v. val＞u. val，即右孩子的关键字大于父节点关键字；

(3) 若 v 是 u 的孩子，则 v. pri＜u. pri，即孩子节点的优先级小于父节点的关键字。

在随机数据中，构建出的二叉排序树会相对平衡，一次操作的期望复杂度是 O(logN)。其性质可以得到证明，一棵在 N 个关键字上随机构造的二叉排序树的期望高度为 O(logN)，感兴趣的同学可以进行证明。

Treap 就利用这种“随机”来创造较为平衡的树。Treap 把“随机”作用在堆这个维度上，在插入新节点时，数据作为关键字权值按二叉排序树规则插入，同时给每个节点随机分配一个额外的优先级权值，然后像二叉堆处理节点过程一样，自底向上检查，当某个节点不满足大根堆性质时，就将该点与父节点进行对调，传统意义上，这个操作被叫作旋转(无旋 Treap 是通过分裂一合并实现的)。通过旋转可以让 Treap 形成相对“平衡”的形状，使得 N 个节点组成的 Treap 树高接近 logN，所以插入、删除、查询节点操作的时间复杂度都是 O(logN)。

## (二) 有旋 Treap

### 1. 基本结构

类似于二叉排序树，为了后续描述方便，我们首先定义 Treap 的基本结构，并以建立大根堆 Treap 为例进行说明，小根堆 Treap 与此类似。

```
const int SIZE = 100010;
struct Treap
{
    int l, r;                    //左右子节点在数组中的下标
    int val, pri;                //节点关键字、优先级
    int cnt, size;               //副本数、子树大小
} tp[SIZE];                      //数组模拟链表
int tot, root;                   //总节点数、根节点
int newnode(int val)             //新建节点
{
    tp[++tot].val = val;
    tp[tot].pri = rand();        //随机生成一个优先级
    tp[tot].cnt = 1;
    tp[tot].size = 1;
    return tot;
}
```

```
void pushup(int p)                    //维护节点信息
{
    tp[p].size = tp[tp[p].l].size + tp[tp[p].r].size + tp[p].cnt;
}
```

2. 旋转操作

旋转操作分为“左旋”和“右旋”。

Treap 中关于左旋和右旋操作，不同的书籍定义会有不同，有的书籍定义为子节点绕着父节点向左、向右或父节点绕着子节点向左、向右转。这些仅是说法不同，实质其实是一样的。本书提供一种相对容易记忆和书写的方法，以旋转前处于父节点位置的节点旋转后处于左子节点位置，定义为左旋；以旋转前处于父节点位置的节点旋转后处于右子节点位置，定义为右旋。

如图 3-10-2 所示，X 为根节点的树通过左旋操作，成为 Y 节点的左子树。初始情况，X 为根节点，A 为 X 的左子树，Y 为 X 的右子节点，B 和 C 为 Y 的左右子树。左旋操作在保持原有二叉排序树性质基础上，把 Y 变成 X 的父节点，因为 X 的关键字小于 Y，所以应该把 X 作为 Y 的左子节点。当 Y 变成 X 的父节点后，X 的右子树就空出来了，Y 原来的左子树 B 就可以作为 X 的右子树。这样完成了左旋操作。

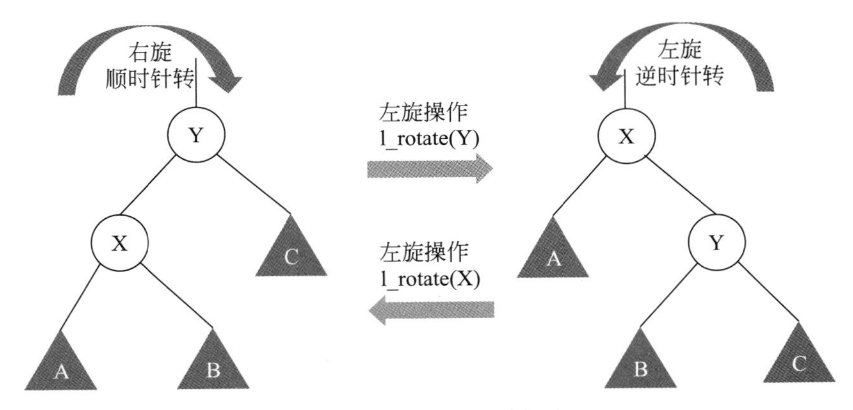


图 3-10-2　Treap 旋转操作

旋转使得左右子树的高度发生变化。如图 3-10-2 所示，X 为根的树左旋，原来的左子树高度＋1，原来的右子树高度－1，Y 为根的树右旋，原来的左子树高度－1，原来的右子树高度＋1。

一次旋转操作中，树的形态只有三个指针发生了变化，以左旋为例，变化的三个指针为：指向 X 的指针(root)、X 的右孩子指针和 Y 的左孩子指针。

左旋操作的参考代码如下。

```
void l_rotate(int &p)                 //p 相当于 root 指向 X 的指针
{
    int q = tp[p].r;                  //q 相当于 X 的右子指针，指向 Y
    tp[p].r = tp[q].l;                //X 的右子指针变化
    tp[q].l = p;                      //Y 的左子指针变化
```

```
    p = q;  //root 指针变化
    pushup(tp[p].l);
    pushup(p);
}
```

**注意**：旋转之后树结构发生变化，需要 pushup 向上更新节点信息，先更新子节点，再更新父节点。同理，右旋变化的三个指针为：指向 Y 的指针(root)、Y 的左子指针和 X 的右子指针。

右旋操作的参考代码如下。

```
void r_rotate(int &p)              //p 相当于 root 指向 Y 的指针
{
    int q = tp[p].l;               //q 相当于 Y 的左子指针，指向 X
    tp[p].l = tp[q].r;             //Y 的左子指针变化
    tp[q].r = p;                   //X 的右子指针变化
    p = q;                         //root 指针变化
    pushup(tp[p].r);
    pushup(p);
}
```

合理的旋转使二叉排序树变得更“平衡”，如图 3-10-3 所示，一条链通过旋转，在保持二叉排序树性质不变的情况下，可以变得更平衡。

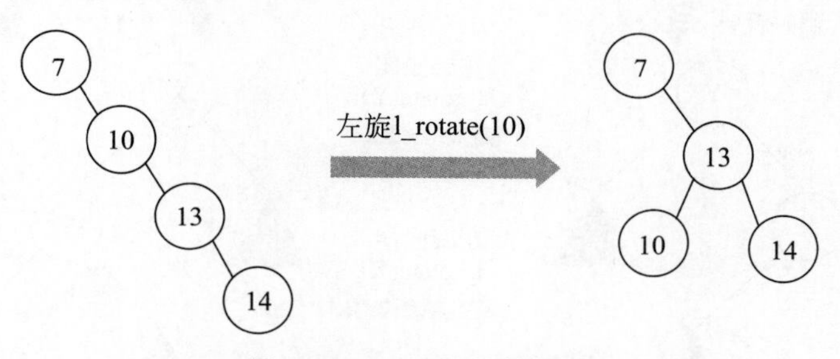


图 3-10-3　Treap 旋转操作

Treap 在插入新节点时，会给每个节点随机地分配优先级权值，然后检查其是否满足堆性质，确定是否需要旋转。如图 3-10-4 所示，节点内黑色数字表示关键字，节点外蓝色数字表示优先级，依次插入关键字为 7、10、13 的节点，若仅有关键字则会生成一条链，若添加优先级，则根据优先级构建大根堆，需要 10 节点和 7 节点父子关系对换，即左旋 7 节点，得到了更加平衡的树状结构。可能你已经发现了，这种调整依赖于随机分配的优先级，虽然某一次旋转不一定使树变得更平衡，但 N 个节点随机分配的优先级，建树的期望高度为 O(logN)，平均意义上树是平衡的。

图 3-10-4　旋转使树更加平衡

根据上述介绍,旋转操作改变树的形态并保持二叉排序树的性质不变,它是 Treap 的核心操作。通过旋转可以使树的形状态平均意义上更加平衡,保证了其插入、删除等基本操作的执行效率。

3. 插入操作

在以 p 为根节点的 Treap 中插入一个关键字权值为 val 的新节点,总体思路与二叉排序树插入操作相同。

(1) 给新节点随机生成一个优先级权值。

(2) 像二叉排序树插入过程一样,插入这个节点。

(3) 自底向上检查是否满足堆性质,若不满足就执行旋转操作,使得该点与其父节点关系对换。

参考代码如下。

```
void insert(int &p, int val)
{
    if (p == 0)
    {
        p = newnode(val);
        return;
    }
    if (val == tp[p].val)
    {
        tp[p].cnt++, pushup(p);
        return;
    }
    if (val < tp[p].val)
    {
        insert(tp[p].l, val);
        if (tp[p].pri < tp[tp[p].l].pri) r_rotate(p);        //不满足堆性质,右旋
    }
    else
    {
        insert(tp[p].r, val);
        if (tp[p].pri < tp[tp[p].r].pri) l_rotate(p);        //不满足堆性质,左旋
    }
    pushup(p);
}
```

4. 删除操作

在以 p 为根节点的 Treap 中删除一个关键字权值为 val 的节点。

(1) 像二叉排序树查找过程一样,找到这个节点。

(2) 将这个节点像下旋转成子节点。

(3) 直接删除这个节点。

这样删除可以避免二叉排序树删除操作中处理待删除左右子节点等复杂情况。

参考代码如下。

```
void remove(int &p, int val)
{
    if (p == 0) return;
    if (val == tp[p].val)                                    //检索到了 val
```

```
    {
        if (tp[p].cnt > 1)                                //有重复,减少副本数即可
        {
            tp[p].cnt -- , pushup(p);
            return;
        }
        if (tp[p].l || tp[p].r)                           //不是叶子节点,向下旋转
        {
            if (tp[p].r == 0 || tp[tp[p].l].pri > tp[tp[p].r].pri)
                r_rotate(p), remove(tp[p].r, val);
            else
                l_rotate(p), remove(tp[p].l, val);
            pushup(p);
        }     else p = 0;                                 // 叶子节点,删除
        return;
    }
    val < tp[p].val ? remove(tp[p].l, val) :remove(tp[p].r, val);
    pushup(p);
}
```

5. 查询操作

Treap 具有二叉排序树的基本性质,其相关查找类操作:查询值 val 元素、查询值 val 元素的排名、查询排名第 k 元素、查询值 val 的前驱和后继等,与二叉排序树中查询操作相似,此处不再赘述。

参考代码如下。

```
int searchTreap(int p, int val)
{
    if (p == 0)                                           //查找失败
        return 0;
    if (val == tp[p].val)                                 //查找成功
        return p;
    else if (val < tp[p].val)
        return searchTreap(tp[p].l, val);
    else
        return searchTreap(tp[p].r, val);
}
int getrnk(int p, int val)
{
    if (p == 0) return 0;
    if (val == tp[p].val) return tp[tp[p].l].size + 1;
    if (val < tp[p].val) return getrnk(tp[p].l, val);
    return getrnk(tp[p].r, val) + tp[tp[p].l].size + tp[p].cnt;
}
int getkth(int p, int k)
{
    if (p == 0) return INF;
    if (tp[tp[p].l].size >= k) return getkth(tp[p].l, k);
    if (tp[tp[p].l].size + tp[p].cnt >= k) return tp[p].val;
    return getkth(tp[p].r, k - tp[tp[p].l].size - tp[p].cnt);
}
int getpre(int val)
{
```

```
    int ans = 1;                                                //a[1].val == - INF
    int p = root;
    while (p)
    {
        if (val == tp[p].val)
        {
            if (tp[p].l > 0)                                    //存在左子树
            {
                p = tp[p].l;
                while (tp[p].r > 0) p = tp[p].r;                //沿左子树上一直向右走
                ans = p;
            }
            break;
        }
        if (val > tp[p].val && tp[p].val > tp[ans].val) ans = p; //更新前驱
        p = val < tp[p].val ? tp[p].l :tp[p].r;
    }
    return tp[ans].val;
}
int getsuf(int val)
{
    int ans = 2;                                                //a[2].val == INF
    int p = root;
    while (p)
    {
        if (val == tp[p].val)
        {
            if (tp[p].r > 0)                                    //存在右子树
            {
                p = tp[p].r;
                while (tp[p].l > 0) p = tp[p].l;                //沿右子树上一直向左走
                ans = p;
            }
            break;
        }
        if (val < tp[p].val && tp[p].val < tp[ans].val) ans = p; //更新后继
        p = val < tp[p].val ? tp[p].l :tp[p].r;
    }
    return tp[ans].val;
}
```

有旋 Treap 的大部分操作与普通二叉排序树相似，区别是额外需要根据优先级堆进行旋转调整。读者可以通过练习加深理解。

### （三）无旋 Treap（FHQ Treap）

传统的 Treap 最复杂地方就是旋转，而无旋 Treap（FHQ Treap），不需要旋转也可以使树较为平衡，其关键在于两个操作：split（分裂）和 merge（合并），它们将一棵平衡树分裂成两棵及将两棵平衡树合并，并在此过程中改变树的形状，使其较为平衡。无旋 Treap 在处理问题过程中，通过分裂和合并树结构，就像拼图一样，进而拼出最终的结果。无旋 Treap 不但方便操作，而且代码简洁。

1. 基本结构

无旋 Treap 的基本结构与有旋 Treap 的基本结构相似。

```
const int SIZE = 100010;
struct FHQTreap
{
    int l, r;                   //左右子节点在数组中的下标
    int val, pri;               //节点键值、优先级
    int size;                   //子树大小
    bool lazy;                  //区间标记,初始 lazy = false,区间翻转 lazy = true
} fhq[SIZE];                    //数组模拟链表
int tot, root;                  //总节点数、根节点
int newnode(int val)            //新建节点
{
    fhq[++tot].val = val;
    fhq[tot].pri = rand();
    fhq[tot].size = 1;
    return tot;
}
void pushup(int now)            //维护节点信息
{
    fhq[now].size = fhq[fhq[now].l].size + fhq[fhq[now].r].size + 1;
}
```

2. 分裂操作

分裂(split)顾名思义,就是把一棵平衡树分成左右两棵树。

split 操作有两种:按照权值(val)split;按照个数(前 k 个)来 split。

如果按照权值 split,那么分出来两棵树的第一棵树上的每一个数的值都小于或等于(或小于,视具体问题而定)val。如果按照个数 split,那么分出来两棵树的第一棵树恰好有 k 个节点。

1) 按权值 split

设函数 split(int p, int val, int &x, int &y)表示将根节点为 p 的树按 val 值分成左右两棵树,左边树 x 的节点权值都小于或等于 val,右边树 y 的节点权值都大于 val。这里 x 与 y 是引用,可以同时获得两棵树。

从当前树根节点 p 开始遍历,假如 p 的权值小于或等于 val,那么把 p 节点以及左子树都分到左边的 x 树中,然后对 p 右孩子为根节点的树继续分裂,将其中权值小于或等于 val 的节点接到 x 树中(原来 p 右孩子的位置),将其中权值大于 val 的节点分到右边 y 树中;如果当前节点权值大于 val,那么把 p 节点以及右子树都分到右边的 y 树中,然后对 p 左孩子为根节点的树继续分裂,将其中权值小于或等于 val 的节点分到左边 x 树中,将其中权大于 val 的节点接到 y 树中(原来 p 左孩子的位置)。最后 pushup 向上更新节点信息。整个操作过程最多就是一直分裂到底,所以时间复杂度为 O(logN)。

参考代码如下。

```
void split(int p, int val, int &x, int &y)      //x 和 y 都是引用,可以同时得到这两棵树
{
    if(!p) x = y = 0;                            //p 为空,所以 x 和 y 也为空
    else
```

```
        {
            if(fhq[p].val <= val)
            {
                x = p;
                split(fhq[p].r, val, fhq[p].r, y);    //对当前节点 p 的右子树继续按 val 分裂,小
                                                        于等于 val 的点接到原 p 的右孩子位置
            }
            else
            {
                y = p;
                split(fhq[p].l, val, x, fhq[p].l);
            }
            pushup(p);                                //更新子树的大小信息
        }
    }
```

2）按照个数 split

设函数 split(int p, int k, int &x, int &y) 表示将根节点为 p 的树按第 k 位置分成左右两棵树，前 k 个节点都分到左边树 x 中，从 k+1 个往后节点都分到右边树 y 中。这里 x 与 y 是引用，可以同时获得两棵树。

从当前树根节点 p 开始遍历，如果其左子树的节点总数 l.size 小于 k，那么把 p 节点以及左子树都分到左边的 x 树中，然后对 p 右孩子为根节点的树继续分裂，将其中前 k−l.size−1 个节点接到 x 树中(原来 p 右孩子的位置)，将后面的节点分到右边 y 树中；如果 p 节点左子树的节点总数 l.size 大于或等于 k，那么把 p 节点及右子树都分到右边的 y 树中，然后对 p 左子为根节点的树继续分裂，将其中前 k 个节点分到左边 x 树中，将后面的节点接到 y 树中(原来 p 左子的位置)。最后 pushup 向上更新节点信息。整个的操作过程最多就是一直分裂到底，所以时间复杂度为 O(logN)。

按值分裂前提保证二叉排序树中节点权值左小右大的性质，而按个数分裂不需要这种性质，它是依据左右子树节点个数而进行的操作。一些操作，如序列区间翻转，可能改变序列中元素值的单调性，这时只能用按个数分裂操作。类似于线段树，区间操作一般需要为区间打懒标记，同时，拆分区间前也需要先将懒标记下传(pushdown)函数定义参见区间操作。

参考代码如下。

```
void split(int p, int k, int &x, int &y)
{
    if(!p) x = y = 0;                        //p 为空,所以 x 和 y 也为空
    else
    {
        if(fhq[p].lazy) pushdown(p);         //更改区间前,下传懒标记
        if(fhq[fhq[p].l].size < k)
        {                                    //当前节点 p 的左子树 size 小于 k,则当前节点一定
                                               会分到 x 上
            x = p;
            split(fhq[p].r, k - fhq[fhq[p].l].size - 1, fhq[p].r, y);//将右子树继续划分
        }
        else
        {
```

```
            y = p;
            split(fhq[p].l, k, x, fhq[p].l);        //将左子树继续划分
        }       pushup(p);                          //更新子树的大小信息
    }
}
```

3. 合并操作

合并操作(Merge)就是把左右两个 Treap 树合成一个。合并过程主要依据节点的优先级,合并出的树要满足堆性质。以大根堆的 Treap 为例,若左边树中当前节点 x 优先级 pri 比右边树当前节点 y 优先级大,则合并后节点 x 在上,节点 y 在下,同时原来 x 在左树,y 在右树,合并后还保持 x 在左,y 在右,所以 y 节点与 x 原来的右子合并作为 x 的新的右子;若节点 x 优先级 pri 比节点 y 优先级小,则合并后 x 在下,节点 y 在上,x 节点作为 y 节点的左子合并。这个过程可以简要地理解为在左边树的右子树插入右边树,或在右边树的左子树插入左边树,而左右哪一个作为父节点处于树状结构上面位置,是根据其优先级 pri 而确定的。可见,根据随机的优先级进行合并,使得 FHQ Treap 整体保持相对平衡的结构。

若左边的树 x 的节点权值都小于右边树 y 的节点权值,那么合并出的树一定保持二叉排序树节点权值左小右大的性质。若无法保证,例如出现过区间翻转操作,按个数分裂出的左右两棵树再次合并,那么合并出的树就无法保证二叉排序树节点权值左小右大的性质,但这并不要紧,因为树的中序遍历序列始终与所维护的当前序列保持一致,维护序列才是使用它的主要任务。

```
int merge(int x, int y)
{
    if(!x || !y) return x + y;
    if(fhq[x].pri > fhq[y].pri)              //大根堆,>>= <<= 都可以,根据需要选择
    {
        //if(fhq[x].lazy) pushdown(x);        //若有区间标记,要先下传区间标记
        fhq[x].r = merge(fhq[x].r, y);        //x 优先级大,x 作为根节点,x 原来的右子树和 y 合并作
                                                为新的右子树接在 x 右下方
        pushup(x);
        return x;
    }
    else
    {
        //if(fhq[y].lazy) pushdown(y);        //若有区间标记,要先下传区间标记
        fhq[y].l = merge(x, fhq[y].l);        //y 优先级大,y 作为根节点
        pushup(y);
        return y;
    }
}
```

综上所述,有旋 Treap 通过随机的优先级影响节点是否发生旋转,进而使树变得相对平衡,而无旋 Treap 在分裂和合并过程中,通过随机的优先级影响节点合并时处于的上下位置,进而使树变得相对平衡。无旋 Treap 除了处理平衡的方式特别,增加、删除、修改、查询等具体操作也可以通过这种分裂合并的方式得以实现,简单、灵活且高效。

4. 插入操作

插入一个权值为 val 的点到 Treap 中,且不破坏二叉排序树的性质。

把树从根节点按照 val 权值分裂成左树 x、右树 y 两棵树，将 val 节点单独作为一棵树，再按照“x、val 节点、y”的顺序依次合并三棵树。

```
void insert(int val)
{
    int x, y;
    split(root, val, x, y);                    //按值分裂
    root = merge(merge(x, newnode(val)), y);
}
```

5. 删除操作

从 Treap 中删除权值为 val 的点。把树从根节点按照 val 值分成左树 x、右树 z 两棵树，再把 x 树按照 val－1 分成左树 x、右树 y 两棵树，此时树 x 中节点权值都小于等于 val－1，树 z 中节点权值都大于 val，树 y 中节点权值等于 val。删除 y 树根根，把树 y 的左右子节点合并起来更新树 y，相当于删除一个 val 节点。最后再将树 x、y、z 按顺序合并。

```
void remove(int val)
{
    int x, y, z;
    split(root, val, x, z);                    //按值分裂
    split(x, val - 1, x, y);                   //按值分裂
    y = merge(fhq[y].l, fhq[y].r);             //相当于删除 y 的根节点
    root = merge(merge(x, y), z);
}
```

6. 查询元素的排名

查询 val 值元素的排名。从树根节点按照 val－1 值把树分成左树 x、右树 y 两棵树，那么树 x 中节点最大值是 val－1，树 x 中节点个数即为小于等于 val－1 值的节点个数，这样 val 值节点的排名即为 fhq[x].size＋1。最后要将两棵树合并回去。

```
int getrnk(int val)
{
    int x, y;
    split(root, val - 1, x, y);                        //按值分裂
    int ans = fhq[x].size + 1;
    root = merge(x, y);
    return ans;
}
```

7. 查询排名第 k 的元素

查询排名第 k 位置的元素值(或编号)。方法与有旋 Treap 中查找排名第 k 的元素相似，也可以使用按个数分裂的方法求取。

```
int getkth(int k)
{
    int p = root;
    while(p)
    {
        if(fhq[fhq[p].l].size + 1 == k)
```

```
            break;
        else if(fhq[fhq[p].l].size >= k)
            p = fhq[p].l;
        else
        {
            k -= fhq[fhq[p].l].size + 1;
            p = fhq[p].r;
        }
    }
    return fhq[p].val;                    //return p; 返回查询节点编号
}
```

8. 查询前驱/后继

查找 val 值元素的前驱，从树根节点按照 val－1 值把树分成左树 x、右树 y 两棵树，在树 x 中找最大值节点，即树 x 中最右边的节点。最后将两棵树合并回去。查找 val 值元素的后继，从树根节点按照 val 值把树分成左树 x、右树 y 两棵树，在树 y 中找最小值节点，即树 y 中最左边的节点。最后将两棵树合并回去。

```
int getpre(int val)
{
    int x, y;
    split(root, val - 1, x, y);     //按值分裂
    int p = x;
    while(fhq[p].r)
        p = fhq[p].r;
    int ans = fhq[p].val;
    root = merge(x, y);
    return ans
}

int getsuf(int val)
{
    int x, y;
    split(root, val, x, y);          //按值分裂
    int p = y;
    while(fhq[p].l)
        p = fhq[p].l;
    int ans = fhq[p].val;
    root = merge(x, y);
    return ans;
}
```

9. 区间翻转

区间翻转也需要添加一个懒惰标记 lazy，表示区间是否被翻转（lazy＝0 表示没翻转，lazy＝1 表示翻转），在分裂区间或合并区间时，都要将 lazy 标记下传。将[l,r]区间进行翻转，就是从根节点开始将前 l－1 个元素分到左树 x，将 l 及之后的元素分到右树 y；再对树 y 分裂，将树 y 前 r－l＋1 个元素分到树 y，其他元素分到树 z 上，这时树 y 就表示[l,r]区间，可以进行区间翻转操作。最后将所有树合并回去。

```
void pushdown(int now)
{
    swap(fhq[now].l, fhq[now].r);
    fhq[fhq[now].l].lazy ^= 1;
    fhq[fhq[now].r].lazy ^= 1;
    fhq[now].lazy = false;
}
void reverse(int l, int r)
{
    int x, y, z;
    split(root, l - 1, x, y);        //按个数分裂
    split(y, r - l + 1, y, z);       //按个数分裂
    fhq[y].lazy ^= 1;
    root = merge(merge(x, y), z);
}
```

通过区间翻转过程可以发现,无旋 Treap 在维护区间信息时很有优势,通过按个数分裂操作,将待处理的区间分裂成一个子树,进而得到有效的处理。一般来说,对区间[l, r]进行操作,这里的区间指的是中序遍历中第 l 和第 r 个节点之间部分,基本步骤如下。

(1) 从根节点开始按个数分裂,将前 l－1 个元素分到左树 x,将 l 及之后的元素分到右树 y。

(2) 将树 y 按个数分裂,将前 r－l＋1 个元素分到左树 y,将其他元素分到右树 z。

(3) 此时树 y 的就代表整个区间[l, r],可以取出这个区间信息,或对其进行相关操作。

进行区间操作,一般都使用懒惰标记,要注意及时地下传更新标记。同时,发生区间操作后,Treap 树不保证二叉排序树节点权值左小右大的性质,但它保证树的中序遍历序列一定与当前维护的序列一致。这种方法在无旋 Treap 处理区间问题时被广泛应用,值得大家深入体会理解。

## 二、Treap 典型例题

**例题 3.10.1 郁闷的出纳员。**

**题目描述:**出纳员任务之一是统计每位员工的工资。老板经常调整员工的工资。他可能把每位员工的工资加上一个相同的量,也可能把当前在公司的所有员工的工资扣除一个相同的量。一旦某位员工发现自己的工资已经低于了合同规定的工资下限,他就会立刻离开公司且再也不会回来。每位员工的工资下界都是统一规定的。每当一个人离开公司,出纳员就要从计算机中把他的工资档案删去,同样,每当公司招聘了一位新员工,就得为他新建一个工资档案。

老板经常来询问工资情况,询问现在工资第 k 多的员工拿多少工资。每当这时,出纳员就不得不对数万名员工进行一次漫长的排序,然后告诉老板答案。现在出纳员想请你编一个工资统计程序。

**输入格式:**第一行有两个整数 n 和 min。n 表示下面有多少条命令,min 表示工资下限。接下来的 n 行,每行一个字符 x 和一个整数 k,表示一条命令。命令可以是以下四种之一。

(1) I k 新建一个工资档案,初始工资为 k。如果某员工的初始工资低于工资下限,他将立刻离开公司。

(2) A k 把每位员工的工资加上 k。

(3) S k 把每位员工的工资扣除 k。

(4) F k 查询第 k 多的工资。

在初始时,可以认为公司里一个员工也没有。

**输出格式**:对于每条 F 命令,你的程序要输出一行,仅包含一个整数,为当前工资第 k 多的员工所拿的工资数,如果 k 大于目前员工的数目,则输出 −1。输出的最后一行包含一个整数,为离开公司的员工的总数,如表 3-10-1 所示。请注意,初始工资低于工资下限而离开的员工将不计入最后的答案内。

表 3-10-1 例题 3.10.1 测试样例

| 样例输入 | 样例输出 |
| --- | --- |
| 9 10<br>I 60<br>I 70<br>S 50<br>F 2<br>I 30<br>S 15<br>A 5<br>F 1<br>F 2 | 10<br>20<br>−1<br>2 |

**数据范围**:对于全部的测试点,保证以下几点。

(1) I 命令的条数不超过 $10^5$。

(2) A 和 S 命令的总条数不超过 100。

(3) F 命令的条数不超过 $10^5$。

(4) 每次工资调整的调整量不超过 $10^3$。

(5) 新员工的工资不超过 $10^5$。

(6) $0 \leqslant n \leqslant 3 \times 10^5$,$0 \leqslant min \leqslant 10^9$,输入的所有数字均在 32 位带符号整型范围内。

**题目分析**:巧妙处理对所有人的工资进行修改,设“实际工资＝相对工资＋波动值”,读入的是实际工资,存储的是相对工资,用一个“波动值”delta 记录所有的修改,这样每次需要涨工资或降工资,只需要修改波动值就可以了。这样对于每个点,后续的波动会对它有影响,而之前的波动都不会有影响。插入、查询操作与平衡树基本操作相似,这里注意删除操作,本题中要删除小于 val 的整个区间,可以用 FHQ Treap,按值将小于等于 val−1 的元素分到一棵树,将这棵树删除即可。

参考代码如下。

```
#include <iostream>
#include <cstdio>
#include <cstring>
#include <algorithm>
using namespace std;
```

```
const int SIZE = 3e5 + 5;
struct FHQTreap
{
    int l, r;                        //左右子节点在数组中的下标
    int val, pri;                    //节点键值、优先级
    int cnt;                         //相同 val 的点重复个数
    int size;                        //子树大小
} fhq[SIZE];                         //数组模拟链表
int tot = 0, root = 0;
int n, bound, delta = 0, ans = 0;    //bound 是工资下界,delta 表示至今为止工资的波动值,ans
                                       是一共有多少员工离开
int newnode(int val)
{
    fhq[++tot].val = val;
    fhq[tot].pri = rand();
    fhq[tot].size = 1;
    return tot;
}
void pushup(int now)
{
    fhq[now].size = fhq[fhq[now].l].size + fhq[fhq[now].r].size + 1;
}
void split(int p, int val, int &x, int &y)
{
    if(!p) x = y = 0;
    else
    {
        if(fhq[p].val <= val)
        {
            x = p;
            split(fhq[p].r, val, fhq[p].r, y);
        }
        else
        {
            y = p;
            split(fhq[p].l, val, x, fhq[p].l);
        }
        pushup(p);
    }
}
int merge(int x, int y)
{
    if(!x || !y) return x + y;
    if(fhq[x].pri > fhq[y].pri)
    {
        fhq[x].r = merge(fhq[x].r, y);
        pushup(x);
        return x;
    }
    else
    {
        fhq[y].l = merge(x, fhq[y].l);
        pushup(y);
        return y;
    }
}
```

```
void insert(int val)
{
    int x, y;
    split(root, val, x, y);
    root = merge(merge(x, newnode(val)), y);
}
int remove(int val)                                         //删除小于 val 的所有节点
{
    int x, y, res;
    split(root, val - 1, x, y);
    res = fhq[x].size;
    root = y;
    return res;
}
int getkth(int k)                                           //查询第 k 小的数
{
    int p = root;
    while(p)
    {
        if(fhq[fhq[p].l].size + 1 == k)
            break;
        else if(fhq[fhq[p].l].size >= k)
            p = fhq[p].l;
        else
        {
            k -= fhq[fhq[p].l].size + 1;
            p = fhq[p].r;
        }
    }
    return fhq[p].val;
}
int main()
{
    scanf("%d%d", &n, &bound);
    int x;
    char str[5];
    while(n--)
    {
        scanf("%s %d", str, &x);
        switch(str[0])
        {
            case 'I':
                if(x >= bound) insert(x - delta);   break; //工资的相对值,插入节点
            case 'A':
                delta += x;      break;                     //涨工资
            case 'S':
                delta -= x; ans += remove(bound - delta);  break;
                                                            //删除所有工资低于 bound - delta 的
            case 'F':
                if(x > fhq[root].size) printf("-1\n");
                else printf("%d\n", getkth(fhq[root].size - x + 1) + delta);   break;
                                                            //getkth 为查询第 k 小的数,求第 k
                                                              大的工资
        }
    }
    printf("%d", ans);
}
```

## 三、伸展树概述

伸展树(splay)是一种平衡的二叉排序树，基于伸展(splay)操作实现的伸展树，简称splay。与Treap引入随机的优先级使树更加平衡不同，splay希望查找频率较高的节点处于离根节点相对较近的位置以方便查找。什么样的节点查找频率会较高呢？虽然这不好统计，但基于处理器的缓存设计思想，之前被访问过的数据，后续还可能继续访问。因此，可以认为每次被访问的点查找频率相对较高，即每次做完一项操作都把这个点往上提升根节点。所以它是统计意义上的平衡树，需要处理的节点在统计意义上总是动态集中于根节点附近。

### （一）基本概念

为保持平衡，splay核心就是伸展操作，即每次处理(查询、插入等)节点后都会调整树的结构，使刚处理的点伸展到树根，处理频率高的点更靠近树根。这虽然无法保证某单个操作的效率，但可以证明平均意义的每次操作时间复杂度为O(logN)。

伸展操作的基础是旋转操作，旋转的本质是将处理的节点上移到其父节点位置，并且旋转保证整棵树的中序遍历不变，不破坏二叉排序树的性质，受旋转影响的节点所维护的各项信息依然正确有效。

从视角上，splay的旋转与Treap的旋转操作略有不同，Treap的旋转一般是站在父节点角度，其向左旋或右璇，原来的父节点就旋转成对应的子节点，左右子树的高度差会发生变化，最终统计意义上树高期望值为logN；splay的旋转一般站在孩子节点角度，其向左旋或右旋，原来的子节点转成父节点，即发生了提根操作，左右子树的高度差也会发生变化，但可能变大也可变小(我们不用关注)，但处理频率高的节点统计意义上都靠近树根。之所以有这样不同的视角定义，也是为了代码处理时，各自都比较方便。它们旋转的共同点是，内部对于左旋或右旋名字的不同定义都不会影响操作的效率与正确性。两种平衡树的旋转都是把一个节点转到它的父节点的位置，且不破坏其中序遍历的顺序。

### （二）旋转操作

为了后续描述方便，首先定义splay的基本结构。

```
const int MAXN = 2e5 + 10;
struct SNode
{
    int val,sz;   //这个节点所表示的值、每个节点为根子树的大小
    int ch[2];    //0 左孩子、1 右孩子
    int fa;       //每个节点的父亲
    int cnt;      //相同 val 值节点的个数
    int rev;      //区间翻转标记
} sp[MAXN];       //数组模拟树形结构
int root = 0;     //splay 的根
int tot = 0;      //树所有的节点数量
```

类似于二叉排序树，我们也设计pushup函数，对树的节点个数信息进行维护，在旋转操作后向上传递。其他符合自下而上更新过程的信息也可以写入pushup函数。

```
void pushup(int x){   //从下向上更新节点信息
    sp[x].sz = sp[sp[x].ch[0]].sz +   sp[sp[x].ch[1]].sz + sp[x].cnt;
}
```

在 splay 中旋转分为两种：Zig(右旋)和 Zag(左旋)。

关于左旋和右旋操作，不同的书籍定义有所不同，仅是叫法不同，实质是一样的。本书定义 Zig(X)为 X 节点右旋，即 X 为左子节点，X 围绕父节点顺时针转动，“向右打方向盘”转动。可见，右旋可将处于左子位置的节点旋转到父节点位置。定义 Zag(X)为 X 节点左旋，即 X 为右子节点，X 围绕父节点逆时针转动，“向左打方向盘”转动。可见，左旋可将处于子位置的节点旋转到父节点位置，如图 3-10-5 所示。

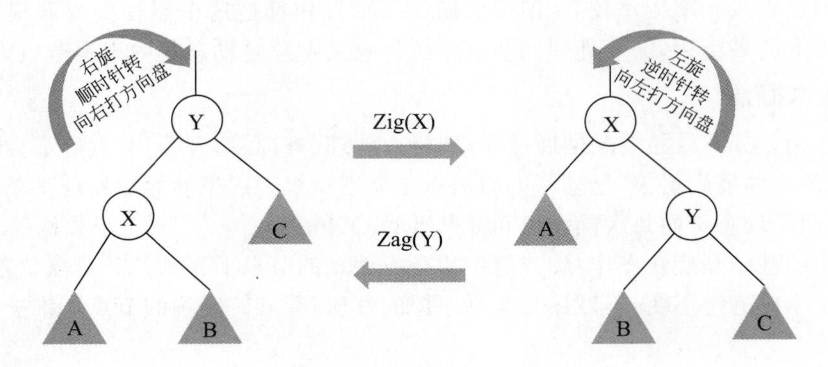


图 3-10-5 旋转操作

Zig 和 Zag 操作都可以在保持原有二叉排序树性质基础上，把当前节点提升到父节点位置，也称为提根操作。如图 3-10-5 所示，Zig(X)操作，初始时 Y 为父节点，X 为 Y 的左子节点，C 为 Y 的右子树，A 和 B 为 X 的左右子树，通过 Zig(X)操作，X 变成 Y 的父节点，因为 X 的关键字小于 Y，所以应该把 Y 作为 X 的右子节点。当 X 变成 Y 的父节点后，Y 的左子树就空出来了，X 原来的右子树 B 就可以作为 Y 的左子树。旋转前和旋转后，中序遍历都是 AXBYC，顺序保持不变。

同时，一次旋转操作过程中，只有三个指针发生了变化。如图 3-10-6 所示，Zig(X)变化的三个指针为：指向 Y 的指针(root)、Y 的左子指针和 X 的右子指针。具体改变过程如下。

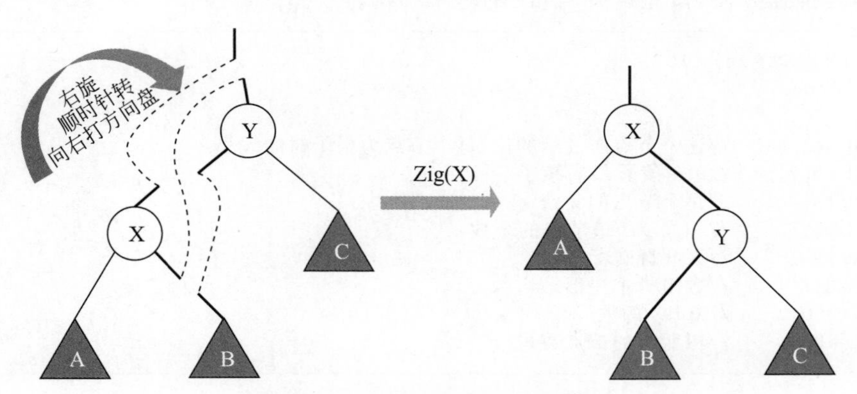


图 3-10-6 旋转操作所改变的指针

(1) 如果原来的 Y 还有父节点 Z，那么把 Z 的个子指针(原来 Y 所在的节点位置)指向 X，同时把 X 的父节点指向 Z。

if(z)　sp[z].ch[sp[z].ch[1] = = y] = x; sp[x].fa = z;

(2) 将 Y 的左子节点指向 X 的右子节点 B,且 B(如果非空)的父节点指向 Y。

sp[y].ch[0] = sp[x].ch[1]; if(sp[x].ch[1]) sp[sp[x].ch[1]].fa = y;

(3) 将 X 的右子节点指向 Y,且 Y 的父节点指向 X。

sp[x].ch[1] = y; sp[y].fa = x;

(4) 旋转后树的结构发生变化,pushup 向上更新各节点信息。

同理,Zag(Y)变化的三个指针为:指向 X 的指针(root)、X 的右子指针和 Y 的左子指针。

选择 Zig 或 Zag 主要根据为当前节点所处的左右孩子位置,其步骤相似,所以可以将 Zig 和 Zag 操作代码合二为一,写成旋转 rotate 操作,参考代码如下。

```
void rotate(int x)
{
    int y = sp[x].fa, z = sp[y].fa;            //y是x父节点,z是y父节点
    int k = sp[y].ch[1] == x;                  //k = 0 左孩子,左孩子向右旋,k = 1 右孩子,右孩子向
                                                 左旋
    if(z)  sp[z].ch[sp[z].ch[1] == y] = x;     //z与x连
    sp[x].fa = z;
    sp[y].ch[k] = sp[x].ch[!k];                //k = 0 时,为y的左孩子,为x的右孩子
    if(sp[x].ch[!k])  sp[sp[x].ch[!k]].fa = y;
    sp[x].ch[!k] = y;                          //k = 0 时 x 的右孩子
    sp[y].fa = x;
    pushup(y);                                 //旋转后,y是孩子节点,在x下面,所以先 pushup
    pushup(x);
}
```

### (三) splay 操作

splay 操作是核心。每个节点被访问后,我们都要将该节点旋转到根节点(目标节点)位置,即进行 splay 操作。splay 旋转操作具体分为六种情况。

(1) X 的父节点 Y 就是目标节点,X 是 Y 的左子节点,只需要 Zig(X)一次,如图 3-10-7(a)所示。

(2) X 的父节点 Y 就是目标节点,X 是 Y 的右子节点,只需要 Zag(X)一次,如图 3-10-7(b)所示。

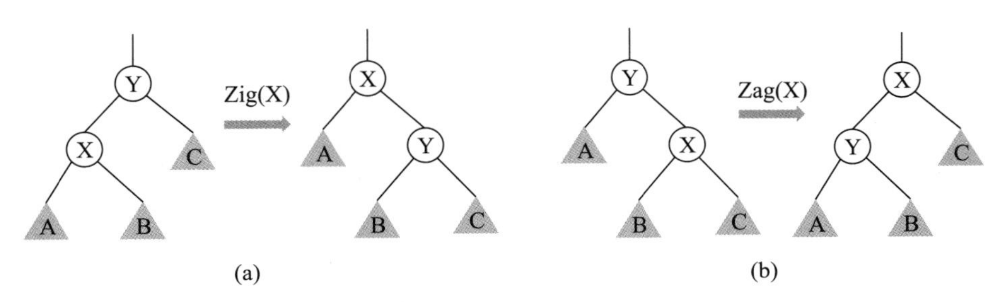


图 3-10-7　splay 单旋操作

(3) X 的父节点 Y 不是目标节点，Y 的父节点 Z 是目标节点，并且 X 和父节点 Y 的子类型相同，成“一字形”，它们都是左子节点，则依次 Zig(Y)、Zig(X)，如图 3-10-8 所示。

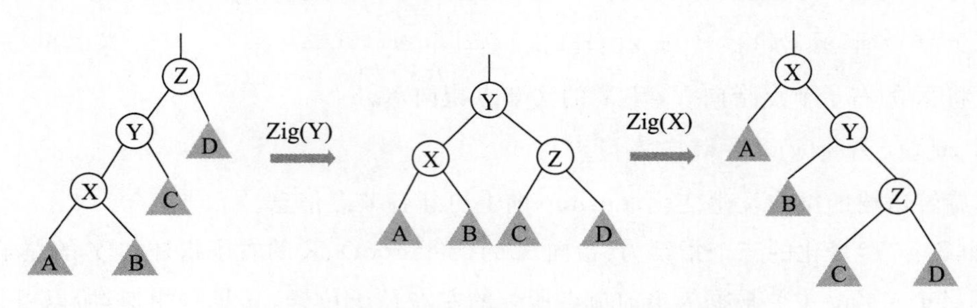


图 3-10-8　splay 双旋操作“一字形”

(4) X 的父节点 Y 不是目标节点，Y 的父节点 Z 是目标节点，并且 X 和父亲 Y 的儿子类型相同，成“一字形”，它们都是右孩子节点，则依次 Zag(Y)，Zag(X)，如图 3-10-9 所示。

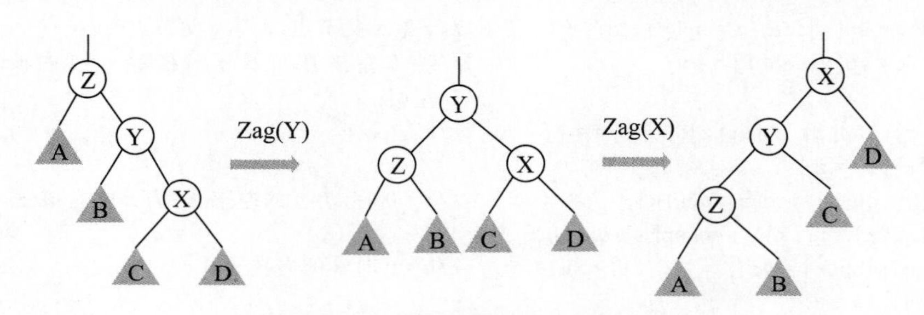


图 3-10-9　splay 双旋操作“一字形”

(5) X 的父节点 Y 不是目标节点，Y 的父节点 Z 是目标节点，并且 X 和父亲 Y 的儿子类型不同，成“之字形”，若 X 是左孩子，Y 是右孩子，则先 Zig(X)，再 Zag(X)，如图 3-10-10 所示。

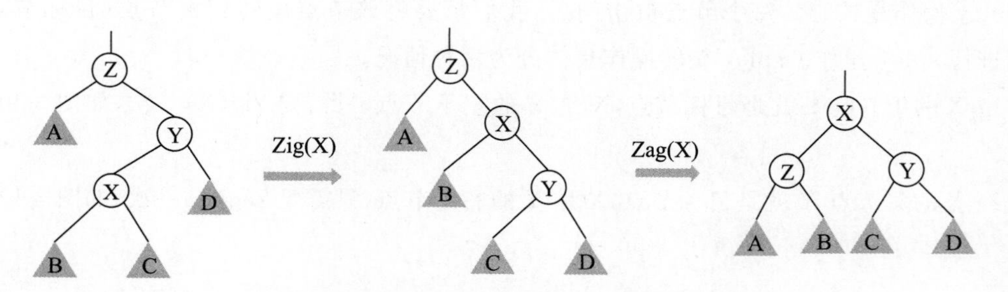


图 3-10-10　splay 双旋操作“之字形”

(6) X 的父节点 Y 不是目标节点，Y 的父节点 Z 是目标节点，并且 X 和父亲 Y 的子节点类型不同，成“之字形”，若 X 是右子节点，Y 是左子节点，则先 Zag(X)，再 Zig(X)，如图 3-10-11 所示。

由此可见，splay 操作就是根据当前节点与目标节点之间的左右子节点关系，参照以上六种模式情况的处理方法，通过不断地 Zig 和 Zag 旋转实现提根的，还可以进一步化简合并此过程。

(1) 当前节点 X 的父节点 Y 就是要旋转到的目标节点,只需一次 Zig(X)或 Zag(X)旋转,即 rotate(X)。

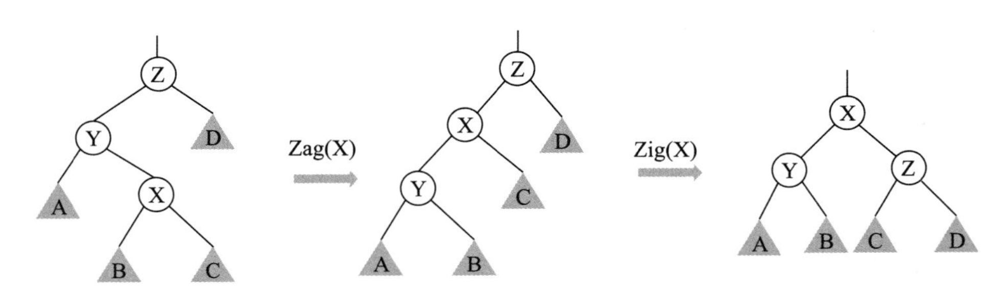


图 3-10-11 splay 双旋操作"之字形"

(2) 当前节点 X 的父节点 Y 不是目标节点,Y 的父节点为目标节点 Z,并且 X 与 Y 作为子节点的类型相同,即 X、Y、Z 节点成"一字形",需要双旋,先 rotate(Y),再 rotate(X)。

(3) 当前节点 X 的父节点 Y 不是目标节点,Y 的父节点为目标节点 Z,并且 X 与 Y 作为子节点的类型不同,即 X、Y、Z 节点成"之字形",需要双旋,进行两次 rotate(X)即可。

为了处理方便,一般定义函数 splay(int x, int goal),表示将 x 节点伸展到 goal 点的下面。根据上述过程,参考代码如下。

```
void splay(int x, int goal)                               //将 x 节点旋转到 goal 节点下
{
    while(sp[x].fa ! = goal)
    {
        int y = sp[x].fa, z = sp[y].fa;
        if(z ! = goal)
        {
            if((sp[y].ch[1] == x) == (sp[z].ch[1] == y))  rotate(y);  //一字形
            else  rotate(x);                                          //之字形
        }
        rotate(x);
    }
    if(goal == 0) root = x;
}
```

## (四) 基本操作

### 1. 插入操作

插入一个值为 val 的元素,具体步骤如下。

(1) 如果当前子树为空,则直接插入作为根节点并退出,否则向下查找插入位置。

(2) 如果 val 等于当前节点的权值(相当于插入重复元素),则对当前节点增加其重复次数 cnt,并对当前节点 splay 操作,将其伸展到根节点位置。这里 splay 操作会顺带更新伸展路径上每个节点的信息,保证插入后相关节点信息的正确性。

(3) 如果 val 不等于当前节点的权值,则按照二叉排序树的性质,若 val 大于当前节点权值,向右子树查找插入位置;若 val 小于当前节点权值,向左子树查找插入位置;最后找到空位置插入节点即可,同时要进行 splay 操作。

参考代码如下。

```
void newnode(int p, int val, int fa)  //构造新节点,将编号为p的节点赋值val,p的父亲为fa节点
{
    sp[p].val = val;
    sp[p].sz = 1;
    sp[p].ch[0] = sp[p].ch[1] = 0;
    sp[p].fa = fa;
    sp[p].cnt = 1;
    sp[p].rev = 0;
}
void insert(int val)                  //带重复值的插入
{
    int p = root, u = 0;
    while(p)
    {
        if(sp[p].val == val)
        {
            sp[p].cnt++;
            splay(p,0);               //此处必须要splay,将插入节点转到根节点
            return;
        }
        u = p;
        p = sp[p].ch[val > sp[p].val];
    }
    p = ++tot;
    if(u) sp[u].ch[val > sp[u].val] = p;
    newnode(p, val, u);
    splay(p, 0);
    return;
}
```

**注意**,在用 splay 处理数据时,为了操作方便、减少误判,一般会加入两个虚点(例如－INF和＋INF)将有效数据包裹起来再进行处理,尤其是在查询前驱/后继、区间操作等涉及边界的操作中特别有效,请读者在实践练习中认真体会。

2. 查询元素的排名

splay 中查询元素的排名经常理解为在 splay 树中序遍历序列中查询 X 元素的排名。若当前的 splay 树一直保持二叉排序树的性质,则可以理解为查询 X 元素是第几小,这与在二叉排序树查找元素排名相似。但有的问题中 splay 可能进行区间翻转(这也是 splay 操作优势体现),这时就失去了二叉排序树的性质,查询排名仅能体现 X 元素在中序遍历序列中的位置信息,无关值的大小。总之,splay 的操作可以保证树的中序遍历与所维护的序列始终一致,无论当前序列是否是从小到大的有序序列,这点希望大家理解。

若查询 X 节点位置元素排名可以将 X 伸展到根节点,这时根节点的左子树的节点数量加1,就是 X 元素的排名。

若查询值为 val 的元素的排名且 splay 树一直保持二叉排序树性质时,操作与在二叉排序树查找元素排名过程相似,可以按照以下步骤进行。

(1) 如果 val 比当前节点的权值小,向其左子树查找。

(2) 如果 val 比当前节点的权值大,将答案加上左子树节点个数 sz 和当前节点重复数 cnt,并向其右子树查找。

(3) 如果 val 与当前节点的权值相同,将答案加 1 并返回,返回之前需要进行 splay 操作。

参考代码如下。

```
int getrnk(int val)                                   //返回 val 值的排名
{
    int p = root, ans = 0;
    while(p)
    {
        if( val<sp[p].val) p = sp[p].ch[0];           //向左子树递归
        else
        {
            ans += sp[p].ch[0] ? sp[sp[p].ch[0]].sz :0; //累加左子树的元素个数
            if(val == sp[p].val)                      //找到 val
            {
                splay(p, 0);
                return ans + 1;
            }
            else                                      //向右子树递归
            {
                ans += sp[p].cnt;
                p = sp[p].ch[1];
            }
        }
    }
    return -1;                                        //没有找到 val
}
```

3. 查询排名第 k 的元素

查询排名第 k 的元素，是指在树的中序遍历序列中排名为 k 的元素，若当前 splay 树保持二叉排序树性质时，则表示第 k 小元素。操作的思想方法与二叉排序树、Treap 中类似，也根据左右子树的元素个数来查找，具体步骤如下。

(1) 如果左子树非空且需要查找的排名 k 不大于左子树的节点总数 sz，那么向左子树查找。

(2) 否则，如果左子树的节点总数 sz 与当前节点重复数量 cnt 之和大于或等于排名 k 时，即 $k\in[sz+1,\ sz+cnt]$，则当前节点即为所查询的元素，返回节点编号。

(3) 否则，将 k 减去左子树的节点总数 sz 和当前节点重复数量 cnt，继续向右子树查找。

**注意**：①查询排名第 k 的元素，是根据左右子树个数，不受值的大小影响，总能查到排名第 k 元素；②找到元素后，需要进行 splay 操作，但可以直接写在 getkth 函数内，也可以根据处理习惯在调用 getkth 后进行 splay 操作。

参考代码如下。

```
int getkth(int k)           //返回第 k 小元素 slpay 中的 getkth 是中序遍历的第 k 个位置
{
    int p = root;
    while (p)
    {
        pushdown(p);        //一般发生区间相关操作时需要先将信息向下传递
        if(sp[sp[p].ch[0]].sz >= k) p = sp[p].ch[0];
        else if(sp[sp[p].ch[0]].sz + sp[p].cnt >= k)
        {
```

```
            splay(p, 0);  //可以不写进 getkth 内部,根据处理情况,在调用 getkth 后,再手动进
                                    行 splay 操作,一般应用于区间处理
        return p;
        }
        else
        {
            k -= sp[sp[p].ch[0]].sz + sp[p].cnt;
            p = sp[p].ch[1];
        }
    }
    return -1;              //没找到
}
```

4. 查询前驱/后继

值 val 的前驱定义为序列中小于 val 的最大值,值 val 的后继定义为序列中大于 val 的最小值。查询值 val 的前驱或后继,val 值节点可能存在也可能不存在于 splay 树中,一种处理方法(getpre/getsuf)是按照二叉排序树和可旋 Treap 查找前驱/后继的方法,适用性较广,思路参考之前的内容。

参考代码如下。

```
int getpre(int val)
{
    int ans = 1;                                          //需要建树时先构造最小边界点
                                                            sp[1].val == -INF,方便处理
    int p = root;
    while (p)
    {
        if (val == sp[p].val)
        {
            if (sp[p].ch[0]> 0)                           //存在左子树
            {
                p = sp[p].ch[0];
                while (sp[p].ch[1]> 0) p = sp[p].ch[1];   //沿左子树上一直向右走
                ans = p;
            }
            break;
        }
        if (val > sp[p].val && sp[p].val > sp[ans].val) ans = p; //更新前驱
        p = val<sp[p].val ? sp[p].ch[0] :sp[p].ch[1];
    }
    return ans;
}
int getsuf(int val)
{
    int ans = 2;                                          //需要建树时先构造最大边界点
                                                            sp[1].val == INF,方便处理
    int p = root;
    while (p)
    {
        if (val == sp[p].val)
        {
            if (sp[p].ch[1]> 0)                           //存在右子树
            {
```

```
                p = sp[p].ch[1];
                while (sp[p].ch[0]> 0) p = sp[p].ch[0];          //沿右子树上一直向左走
                ans = p;
            }
            break;
        }
        if (val<sp[p].val && sp[p].val<sp[ans].val) ans = p; //更新后继
        p = val<sp[p].val ? sp[p].ch[0] :sp[p].ch[1];
    }
    return ans;
}
```

另一种处理方法(getpre1/getsuf1)从代码书写角度更为方便,体现了 splay 伸展节点的优势,但需要调用 removeval 删除函数,同一个程序中要保证 removeval 删除函数中不再调用 getpre1/getsuf1,否则出现递归死循环。操作步骤如下。

(1) 插入一个 val 值,此时树中必然存在 val 值,并且 val 值的节点伸展到了根位置。

(2) 前驱为左子树的最右边的节点,沿着根节点的左子树的右孩子一直向下查找即可获得;后继为右子树的最左边的节点,沿着根节点的右子树的左孩子一直向下查找即可获得。

(3) 最后删除一个 val 值。

在找到前驱/后继元素后,需要进行 splay 操作,可以直接写在函数内,也可以根据处理习惯,在调用函数后进行 splay 操作。

参考代码如下。

```
void removeval(int val);                    //删除值为 val 的节点
int getpre1(int val)
{
    insert(val);                            //插入操作,保证存在 val 值
    int p = sp[root].ch[0];
    while(sp[p].ch[1])
        p =   sp[p].ch[1];
    removeval(val);                         //删除为了查找而插入的 val 值
    return p;                               //若返回前驱的值可以 sp[p].val;
}
int getsuf1(int val)
{
    insert(val);                            //插入操作,保证存在 val 值
    int p = sp[root].ch[1];
    while(sp[p].ch[0])
        p = sp[p].ch[0];
    removeval(val);                         //删除为了查找而插入的 val 值
    return p;                               //若返回前驱的值可以 sp[p].val;
}
```

同时,根据 getpre1/getsuf1 处理思路,若所查询的 val 值存在于 splay 树中,可以将上述过程中插入和删除操作替换成查询操作,写出 getpre2/getsuf2 函数,消除对删除操作的依赖关系,使得同一个程序中不会出现函数相互调用的死循环。此方法适用于 val 值节点已存在于树中的前驱/后继查询操作。

参考代码如下。

```
int getpre2(int val)                    //适用于 val 存在于 splay 树中
{
    int t = getrnk(val);                //查询 val 排名,目的是将 val 转到根节点
    int p = sp[root].ch[0];
    while(sp[p].ch[1])
        p = sp[p].ch[1];
    return p;
}
int getsuf2(int val)                    //适用于 val 存在于 splay 树中
{
    int t = getrnk(val);                //查询 val 排名,目的是将 val 转到根节点
    int p = sp[root].ch[1];
    while(sp[p].ch[0])
        p = sp[p].ch[0];
    return p;
}
```

5. 查询边界值

查询序列中小于或等于 val 值的最大元素的节点编号,其中 val 值节点可能在 splay 树中存在,也可能不存在。从树根开始,若当前节点 p 的值小于或等于 val,则向右子树查找并将答案 ans 暂记为当前节点,否则向左子树查找;当 p 为空时,返回 ans 即为答案。同理,查询序列中大于等于 val 值的最小元素的节点编号。从树根开始,若当前节点 p 的值大于等于 val,则向左子树查找并将答案 ans 暂记为当前节点,否则向右子树查找;当 p 为空时,返回 ans 即为答案。

参考代码如下。

```
int get_ub(int val)                     //查询 <= val 的最大的数的节点编号
{
    int p = root, ans;
    while(p)
    {
        if(sp[p].val <= val) ans = p, p = sp[p].ch[1];
        else p = sp[p].ch[0];
    }
    return ans;
}
int get_lb(int val)                     //查询>= val 最小的数的节点编号
{
    int p = root, ans;
    while(p)
    {
        if(sp[p].val >= val) ans = p, p = sp[p].ch[0];
        else p = sp[p].ch[1];
    }
    return ans;
}
```

6. 删除操作

删除操作在具体问题中,可以是删除值为 val 的节点,也可以是删除排名第 k 位置的节点,它们的操作思想是相似的,以删除值为 val 的节点举例。

(1) 找到待删除节点的前驱 x,再找到待删除节点的后继 y。

(2) 执行 splay(x,0),将 x 节点伸展到根节点位置,再执行 splay(y,x),将 y 节点伸展到 x 的下面,即作为 x 的右孩子。

(3) 此时,根节点的右孩子的左孩子节点 t 就是待删除的节点,并且 t 节点没有左右孩子节点。

(4) 若 t 节点有重复值 cnt>1,则重复值 cnt --并更新 t 节点信息,否则将 t 节点删除。

(5) 依次向上更新根节点的右孩子以及根节点信息。

若要删除排名第 k 位置节点,则步骤(1)稍有变化,分别对应于查询排名第 k−1 的节点 x 和排名第 k+1 的节点 y,其他步骤相同。

参考代码如下。

```
void clearnode(int p)                          //清空节点
{
    sp[p].val = sp[p].sz = sp[p].ch[0] = sp[p].ch[1] = sp[p].fa = sp[p].cnt = sp[p].rev = 0;
}
void removeval(int val)                        //删除值为 val 的节点
{
    int x = getpre2(val), y = getsuf2(val); //也可以调用 getpre 和 getsuf,但不能调用 getpre1 和
                                              getsuf1
    splay(x, 0);
    splay(y, x);
    int & t = sp[sp[root].ch[1]].ch[0];
    if(sp[t].cnt > 1)
    {
        sp[t].cnt -- ;
        pushup(t);
    }
    else
    {
        clearnode(t);
        t = 0;
    }
    pushup(sp[root].ch[1]);
    pushup(root);
}
void removekth(int k)                          //删除第 k 位置的节点
{
    int x = getkth(k - 1), y = getkth(k + 1);
    splay(x, 0);
    splay(y, x);
    int & t = sp[sp[root].ch[1]].ch[0];
    if(sp[t].cnt > 1)
    {
        sp[t].cnt -- ;
        pushup(t);
    }
    else
    {
        clearnode(t);                          //部分问题中此句可省略
        t = 0;
    }
    pushup(sp[root].ch[1]);
    pushup(root);
}
```

读者可以思考，若要删除一个区间该怎样操作，是否也可以按上面的过程，将待删除部分旋转到根节点的右子节点的左子树位置，然后进行删除呢？

## （五）扩展：区间维护与树的拆合

1. 区间维护

splay 在维护区间信息时非常有优势，可以通过伸展操作，将待处理的区间变成某一节点的子树，进而得到有效的处理。对区间[l,r]进行操作，这里的区间指的是中序遍历中第 l 和第 r 个节点之间部分，基本步骤如下。

（1）找到第 l－1 位置的元素 x，执行 splay(x,0)，把 x 伸展到树根位置。

（2）找到第 r＋1 位置的元素 y，执行 splay(y,x)，把 y 伸展到 x 的右子节点位置。

（3）此时 y 的左子树就代表整个区间[l,r]，我们可以取出这个区间信息或对其进行相关操作。

这种方法在 splay 处理区间问题时被广泛应用，值得大家深入体会理解。

如果需要取出区间[l,r]，y 的左子树即代表这个区间，取出其根节点即可；如果需要进行相关操作，如区间翻转，则可以在这个子树的根节点上标记一个翻转标记 rev＝1(初始时未翻转 rev＝0)，表示当前树(表示的区间)已经翻转，但其左右子节点还未翻转，其作用类似于线段树的懒惰标记。若访问这个区间内部时，则维护标记信息，使用 pushdown 函数将标记下传，去翻转左右节点并清空当前节点的标记。注意，处理区间问题一般都需要标记下传，下传标记要在进入这个区间之前进行。同理，若相关操作指区间数据都增加 d，可以给这个子树的根节点标记一个增加标记 lazy＋＝d(初始时 lazy＝0)，表示当前子树中所有节点值都增加 d；求区间最大值和最小值也可以有类似操作。

参考代码如下。

```
void pushdown(int x)
{
    if(x == 0) return;
    if(sp[x].rev)
    {
        swap(sp[x].ch[0], sp[x].ch[1]);
        sp[sp[x].ch[0]].rev ^= 1;
        sp[sp[x].ch[1]].rev ^= 1;
        sp[x].rev = 0;
    }
}
int kth(int rt, int k)              //kth(rt, k)以 rt 为根的子树中序遍历中第 k 个位置的元素
{
    pushdown(rt);
    if(sp[sp[rt].ch[0]].sz + 1 == k) return rt;
    else if(sp[sp[rt].ch[0]].sz >= k) return kth(sp[rt].ch[0], k);
    else return kth(sp[rt].ch[1], k - sp[sp[rt].ch[0]].sz - 1);
}
void reverse(int l, int r)          //区间翻转
{
    int x = kth(root, l - 1), y = kth(root, r + 1);
```

```
    splay(x, 0);
    splay(y, x);
    sp[sp[y].ch[0]].rev ^= 1;
}
```

同时，还要注意发生区间翻转后，splay 结构不保证二叉排序树节点权值左小右大的性质，但它保证树的中序遍历与当前序列始终一致。

1）插入区间

在节点 x 之后插入[l,r]一段区间，步骤如下。

（1）找到节点 x 的后继节点 y。

（2）执行 splay(x,0)，把 x 伸展到根节点位置。

（3）执行 splay(y,x)，把 y 伸展 x 的右孩子节点位置，y 是 x 的后继，所以 y 没有左子节点。

（4）将[l,r]区间构成的 splay 树的根节点 rt，作为 y 的左子节点接入树中。

类似地，若在第 k 个位置前插入[l,r]，则查询并将第 k－1 位置节点设为 x，k 位置节点设为 y 即可，后续步骤相同。

**注意**：若[l,r]已经是 splay 树中一段，直接将其接入即可；若还不是，则先将[l,r]建成 splay 树。splay 建树的思路类似于线段树建树，一般先将 val 信息直接读入 sp 结构，然后以中间位置为根节点二分地建立左右子树，这样整棵树就建立起来了。

参考代码如下。

```
void build(int &rt, int l, int r, int fa)
{
    if(l > r) return;
    int mid = (l + r)>> 1;
    rt = mid;
    newnode(rt, sp[rt].val, fa);
    build(sp[rt].ch[0], l, mid - 1, rt);
    build(sp[rt].ch[1], mid + 1, r, rt);
    pushup(rt);
}
```

2）删除区间

删除[l, r]区间，步骤如下。

（1）找到第 l－1 位置的节点 x，找到第 r＋1 位置的节点 y。

（2）执行 splay(x,0)，把 x 伸展到树根位置。

（3）执行 splay(y,x)，把 y 伸展到 x 的右孩子节点位置。

（4）此时整个区间[l,r]位于 y 的左子树，将 y 的左孩子置为空，即完成区间删除。

2. 树的拆分与合并

splay 还可以方便地实现树的拆分及合并。

1）按值拆分

给定值 val，把 splay 分成小于 val 和大于 val 的两棵树。这里需要 splay 树具有二叉排序树性质。

（1）可以借助查询操作，把值 val 的节点伸展到树根位置。

（2）这时根节点的左子树即为节点值小于 val 的树，根节点的右子树为节点值大于 val 的树，分别取出左右两棵子树即可。

2）按个数拆分

将树分成两部分（树的中序遍历序列中），前 k 个节点为一棵树，k＋1 及之后节点为另一棵树。这里 splay 树是否具有二叉排序树节点权值左小右大性质都可以。

（1）借助查询排名操作，将第 k＋1 位置节点伸展到根节点位置。

（2）此时根节点的左子树即为前 k 个节点构成的子树。

（3）将左子树从原树上移除，剩下的就是第 k＋1 及之后的节点构成的树，pushup 更新根节点相关信息。

3）树的合并

将之前拆分的两棵树合并为一棵树，这里待合并的树可以是刚拆分出的树，也可以是新建的且符合拆分时相关性质的树。例如一棵树的所有节点 val 值都比另一棵树中节点 val 值小，或者刚按值拆分出的两棵树，那么才可以按值合并。可以发现，按值合并对于两棵树的节点权值。按个数合并相当于将两个序列按要求连接到一起，例如，将 AB 两棵树（序列）按个数合并，A 树在左 B 树在右（即 A 序列在前 B 序列在后），具体步骤如下。

（1）借助查询排名操作，找到 A 树（树根 x）中的最后一位元素，将其伸展到根节点位置。

（2）借助查询排名操作，找到 B 树（树根 y）中的第一位元素，将其伸展到根节点位置。

（3）将 y 作为根节点，x 作为 y 的左子树（或 x 作为根节点，y 作为 x 的右子树），将两棵树连接到一起，更新根节点信息并返回。

参考代码如下。

```
void splitval(int &x, int &y, int val)  //按值拆分
{
    int t = getrnk(val);
    x = sp[root].ch[0];
    y = sp[root].ch[1];
    sp[root].ch[0] = 0;
    sp[root].ch[1] = 0;
    pushup(root);
}
void splitkth(int &x, int &y, int k)    //按个数拆分
{
    y = kth(root, k + 1);
    splay(y, 0);
    x = sp[y].ch[0];
    sp[y].ch[0] = 0;
    pushup(y);
}
void merge(int &x, int &y)              //按个数合并,x 接到 y 的前面
{
    x = kth(x, sp[x].sz);
    y = kth(y, 1);
    splay(x, 0);
    splay(y, 0);
    sp[y].ch[0] = x;
    sp[x].fa = y;
    pushup(y);
}
```

总之，splay 的应用广泛，把握住 splay 伸展的思想，可以处理很多有趣的问题。

## 四、splay 典型例题

例题 3.10.2　超级记忆。

题目描述：小华受邀去参加一个超级记忆的活动，需要参与者做一项记忆游戏。首先，主持人告诉参加者一个整数序列 $\{A_1,A_2,\cdots,A_n\}$，然后会告诉大家一些序列上的操作并询问问题，具体如下。

(1) ADD x y D：对子序列 $\{A_x,\cdots,A_y\}$ 每个元素都增加 D，例如"ADD 2 4 1" 作用于序列 {1,2,3,4,5} 得到序列 {1,3,4,5,5}。

(2) REVERSE x y：翻转子序列 $\{A_x,\cdots,A_y\}$，例如"REVERSE 2 4"作用于序列 {1,2,3,4,5} 得到序列 {1,4,3,2,5}。

(3) REVOLVE x y T：将子序列 $\{A_x,\cdots,A_y\}$ 循环右移 T 个单位，例如"EVOLVE 2 4 2" 作用于序列 {1,2,3,4,5} 得到序列 {1,3,4,2,5}。

(4) INSERT x P：在元素 $A_x$ 后插入值 P，即在第 x 位元素后插入值 P，例如"INSERT 2 4"作用于序列 {1,2,3,4,5} 得到序列 {1,2,4,3,4,5}。

(5) DELETE x：删除元素 $A_x$，即删除第 x 位元素，例如"DELETE 2"作用于序列 {1,2,3,4,5} 得到序列 {1,3,4,5}。

(6) MIN x y：询问参与者子序列 $\{A_x,\cdots,A_y\}$ 中元素的最小值，并输出这个最小值。例如"MIN 2 4"作用于序列 {1,2,3,4,5}，输出结果为 2。

需要写一个程序帮助小华完成挑战，接收序列数据及序列上操作，并在任何收到询问时给出正确的结果。

输入格式：第一行正整数 n(n≤100000)，表示 n 个数据。接下来 n 行整数，表示整个序列。接下来一个整数 m(m≤100000)，表示一共 m 次操作和询问。接下来 m 行，描述每一次操作和询问。

输出格式：对于每一次 MIN 询问，输出正确的结果，如表 3-10-2 所示。

表 3-10-2　例题 3.10.2 测试样例

| 输入样例 | 输出样例 |
|---|---|
| 5<br>1<br>2<br>3<br>4<br>5<br>2<br>ADD 2 4 1<br>MIN 4 5 | 5 |

数据范围：n≤100000，m≤100000。初始序列中数的范围为 $[1,10^5]$，操作保证合法，序列中的数始终都在 int 范围内。

题目分析：此题为平衡树操作的模板题目，但处理相对复杂，有多种区间操作，可以用splay处理。splay区间操作核心是通过伸展操作，将待处理的区间[l,r]伸展到根节点的右子树的左子节点位置，进而得到有效的处理。大部分区间操作如区间加、区间翻转等，都可以通过给这个区间添加懒惰标记的形式进行延迟处理，在之后真正访问子节点时才对子节点进行实际的更新操作，以达到节省时间提高效率的目的。当然，这样对树中节点访问（如查询序列中第k位元素）时，都要先pushdown，将该节点的懒惰标记下传给孩子节点。每次对树的节点进行修改（如插入、删除）之后，都要向上维护信息，需要pushup操作。

(1) ADD x y D操作：将[x,y]区间伸展到根节点的右子树的左子节点位置，对区间每个元素都加D，可以给代表这个区间的子树的根节点打上标记lazy+=D。注意标记的意义为这个点的权值已经被修改过，但是它的子树没有被修改。

(2) REVERSE x y操作：将[x,y]区间伸展到根节点的右子树的左孩子位置，给区间标记一个翻转标记rev=1表示当前区间被翻转。

(3) REVOLVE x y T操作：将[x,y]区间轮换T次，若T=y−x+1，相当于没有进行轮换，所以先求模将T=T % (y−x+1)，再进行操作。此命令相当于将[x,y]区间中靠右的T个数据移到x前面。这个过程可以：先将[y−T+1,y]区间伸展到根节点的右子树的左子节点位置并剪切下来，再将x−1位置节点伸展到根节点位置，x位置节点伸展到其右子树，最后将剪切下来的区间插入这个右子树的左子节点位置，实现了将区间插入x−1与x位置之间。

(4) INSERT x P操作：将x位置节点伸展到根节点位置，将x+1位置节点伸展到其右子树，生成一个P值节点插入这个右子树的左子节点位置，同时要沿着这个插入节点位置向上更新各类标记。此操作也相当于打开了之前的区间结构，所以要先pushdown再pushup。

(5) DELETE x操作：将x−1位置节点伸展到根节点位置，将x+1位置节点伸展到其右子树，x节点这时处于这个右子树的左子节点位置，并且没有左右子节点，可以将它直接删除。

(6) MIN x y操作：将[x,y]区间伸展到根节点的右子树的左孩子位置，此时这个子树的根节点所维护的区间最小值mi即为所求。

建议读者熟练splay相关的操作模板，这在处理具体问题时是非常必要的。

参考代码如下。

```
#include <cstdio>
#include <iostream>
using namespace std;
const int MAXN = 2e5 + 10;
struct SNode
{
    int val,sz;                 //这个节点所表示的值、每个节点为根子树的大小
    int ch[2];                  //0 左子节点、1 右子点节
    int fa;                     //每个节点的父亲
    int mi;                     //个节点子树的最小值
    int rev;                    //翻转标记
    int lazy;                   //延迟标记
} sp[MAXN];
int root;                       //splay 的根
int tot;                        //树所有的节点数量
void update_add(int x, int val)
```

```
{
        if(x)
        {
        sp[x].lazy += val;
        sp[x].val += val;
        sp[x].mi += val;
        }
}
void pushup(int x)
{
    if(x == 0) return;
    sp[x].sz = 1;
    sp[x].mi = sp[x].val;
    if(sp[x].ch[0])
    {
        sp[x].sz += sp[sp[x].ch[0]].sz;
        sp[x].mi = min(sp[x].mi, sp[sp[x].ch[0]].mi);
    }
    if(sp[x].ch[1])
    {
        sp[x].sz += sp[sp[x].ch[1]].sz;
        sp[x].mi = min(sp[x].mi, sp[sp[x].ch[1]].mi);
    }
}
void pushdown(int x)
{
    if(x == 0) return;
    if(sp[x].lazy)
    {
        update_add(sp[x].ch[0], sp[x].lazy);
        update_add(sp[x].ch[1], sp[x].lazy);
        sp[x].lazy = 0;
    }
    if(sp[x].rev)
    {
        swap(sp[x].ch[0], sp[x].ch[1]);
        sp[sp[x].ch[0]].rev ^= 1;
        sp[sp[x].ch[1]].rev ^= 1;
        sp[x].rev = 0;
    }
}
void newnode(int rt, int value, int father)
{
    sp[rt].fa = father;
    sp[rt].sz = 1;
    sp[rt].mi = sp[rt].val = value;
    sp[rt].ch[0] = sp[rt].ch[1] = sp[rt].rev = sp[rt].lazy = 0;
}
void build(int &rt, int l, int r, int fa)
{
    if(l > r) return;
    int mid = (l + r)>> 1;
    rt = mid;
    newnode(rt, sp[rt].val, fa);
    build(sp[rt].ch[0], l, mid - 1, rt);
    build(sp[rt].ch[1], mid + 1, r, rt);
```

```
    pushup(rt);
}
void rotate(int x)
{
    int y = sp[x].fa, z = sp[y].fa;  //y是x父节点,z是y父节点
    int k = sp[y].ch[1] == x;        //k = 0左孩子,左孩子向右旋,k = 1右孩子,右孩子向左旋
    pushdown(y);                     //旋转前y是父节点,在x上面,所以先pushdown
    pushdown(x);
    if(z)  sp[z].ch[sp[z].ch[1] == y] = x;
    sp[x].fa = z;
    sp[y].ch[k] = sp[x].ch[!k];
    if(sp[x].ch[!k])  sp[sp[x].ch[!k]].fa = y;
    sp[x].ch[!k] = y;
    sp[y].fa = x;
    pushup(y);                       //旋转后,y是孩子节点,在x下面,所以先pushup
    pushup(x);
}
void splay(int x, int goal)          //将x节点旋转到goal节点下
{
    pushdown(x);
    while(sp[x].fa != goal)
    {
        int y = sp[x].fa, z = sp[y].fa;
        pushdown(z);
        pushdown(y);
        pushdown(x);
        if(z != goal)
        {
            if((sp[y].ch[1] == x) == (sp[z].ch[1] == y))  rotate(y);
                                     //一字形
            else  rotate(x);         //之字形
        }
        rotate(x);
    }
    pushup(x);
    if(goal == 0) root = x;
}
int kth(int rt, int k)               //kth(rt, k)以rt为根的子树中序遍历中第k个位置的元素
{
    pushdown(rt);
    if(sp[sp[rt].ch[0]].sz + 1 == k) return rt;
    else if(sp[sp[rt].ch[0]].sz >= k) return kth(sp[rt].ch[0], k);
    else return kth(sp[rt].ch[1], k - sp[sp[rt].ch[0]].sz - 1);
}
void addsec(int l, int r,int value)  //区间加
{
    int x = kth(root, l - 1), y = kth(root, r + 1);
    splay(x, 0);
    splay(y, x);
    update_add(sp[y].ch[0], value);
}
void reverse(int l,int r)            //区间翻转
{
    int x = kth(root, l - 1), y = kth(root, r + 1);
    splay(x, 0);
    splay(y, x);
```

```
        sp[sp[y].ch[0]].rev ^= 1;
    }
    void revolve(int l, int u, int r)                   //区间交换,将[u,r]区间移到 l 前面
    {
        int x = kth(root, u - 1), y = kth(root, r + 1);     //取出[u,r]区间
        splay(x, 0);
        splay(y, x);
        int tmp_right = sp[y].ch[0];
        sp[y].ch[0] = 0;                                    //相当于剪切
        x = kth(root, l - 1), y = kth(root, l);             //准备好插入位置,在原来的 l - 1 和 l 之间
                                                              插入区间
        splay(x, 0);
        splay(y, x);
        sp[y].ch[0] = tmp_right;
        sp[tmp_right].fa = y;
    }
    void insert(int k, int value)                       //在第 k 个数后插入值为 val 的节点
    {
        int x = kth(root, k), y = kth(root, k + 1);
        splay(x, 0);
        splay(y, x);
        newnode(++tot, value, y);
        sp[y].ch[0] = tot;
        for(x = y; x; x = sp[x].fa)
        {
            pushdown(x);
            pushup(x);
        }
    }
    void remove(int k)                                  //删除第 k 位置的数
    {
        int x = kth(root, k - 1), y = kth(root, k + 1);
        splay(x, 0);
        splay(y, x);
        sp[sp[root].ch[1]].ch[0] = 0;
        pushup(sp[root].ch[1]);
        pushup(root);
    }
    int minsec(int l, int r)                            //区间最小值
    {
        int x = kth(root, l - 1), y = kth(root, r + 1);
        splay(x, 0);
        splay(y, x);
        return sp[sp[y].ch[0]].mi;
    }
    int main()
    {
        int n, m;
        scanf("%d", &n);
        sp[1].val = sp[n + 2].val = 1e9;                //多加两个编号 0, n + 1, 把区间 1 - n 包起来
        for(int i = 2; i <= n + 1; i++)
            scanf("%d", &sp[i].val);
        tot = n + 2;
        root = 0;
        sp[0].fa = sp[0].sz = sp[0].ch[0] = sp[0].ch[1] = sp[0].rev = sp[0].lazy = 0;
        build(root, 1, tot, 0);
```

```
    scanf("%d", &m);
    while(m--)
    {
        char op[10];
        int x, y, d;
        scanf("%s", op);
        if(op[0] == 'A')
        {
            scanf("%d%d%d", &x, &y, &d);
            addsec(x+1, y+1, d);
        }
        else if(op[0] == 'M')
        {
            scanf("%d%d", &x, &y);
            printf("%d\n", minsec(x+1, y+1));
        }
        else if(op[0] == 'I')
        {
            scanf("%d%d",&x, &d);
            insert(x+1, d);
        }
        else if(op[0] == 'D')
        {
            scanf("%d", &x);
            remove(x+1);
        }
        else if(op[3] == 'E')
        {
            scanf("%d%d", &x, &y);
            reverse(x+1, y+1);
        }
        else if(op[3] == 'O')
        {
            scanf("%d%d%d", &x, &y, &d);          //需要将[x,y]区间中后d个元素剪切,然后插入x前面
            d=d % (y-x+1);
            if(d)revolve(x+1, y-d+2, y+1);
        }
    }
    return 0;
}
```

# 第四章　图　　论

在解决实际问题时，经常需要将现实世界中事物和事物间的关系抽象成图，这里的图是离散数学中的重要概念，图论是离散数学中的重要问题，我们常常将图表示为一个二元组 G(V，E)，其中 V 表示图中的节点，E 表示节点之间的边的集合。本章我们将介绍图论的相关概念，在理解相关概念的基础上进行一些经典算法的讲解，例如最短路、拓扑排序、最小生成树等。解决图论问题的关键点往往在于图模型的灵活运用，本章将结合具体问题，介绍一些建模的基本方法供读者参考。

## 第一节　图论基础

### 一、图的基本概念

通常我们将图中的节点用编号 1，2，3，…，n 来表示，用每条边的两个端点(u，v)来表示这条边，如果一条边以 u 为起点，v 为终点，只能从 u 到达 v，我们称为有向边，如果一条边既能从 u 到 v，又能从 v 到 u，则称为无向边。建立起点和边的概念，我们对一些图概念进行如下描述。

(1) 子图：边的子集和相关联的点的集合。

(2) 有向图：图中所有的边都是有向边的图。

(3) 无向图：图中所有的边都是无向边图。

(4) 带权图：图中的边带有权值，权值表示某种具体的含义，例如距离、费用、拥堵程度等，权值可以是正值，也可以是零或负值。

(5) 稠密图/稀疏图：设图中节点数为 n，边数和$\frac{n(n-1)}{2}$相比非常少的图成为稀疏图，反之则为稠密图。

(6) 简单图：无向图中，两点之间如果多于一条边，则称这些边为重边(平行边)，有向图中的重边起点和终点均相同，不包含重边和自环(某个节点的一条边指向自己)的图称为简单图。

(7) 完全图：完全图是一张简单无向图，如果边数等于$\frac{n(n-1)}{2}$则称为完全图。

(8) 连通图：如果图中任意两点之间都存在路径可达，则称为连通图，否则为非连通图。

(9) 树：树是一种特殊的图，指的是 n 个节点，n－1 条边的简单连通图(不存在环)。

### 二、图的存储

在算法中，当我们以图为研究对象时，需要对图进行保存，根据图的特点可以有邻接矩阵和邻接表两种表示方法，下面分别予以介绍。

(1) 邻接矩阵：设图中节点数为 n，我们可以用一个 n×n 的矩阵(二维数组)来保存图的信息，若这个二维数组为 g，则 g[i][j]表示以 i 为起点，j 为终点的权值，通常用 inf 来表示两点之间没有边。

参考代码如下。

```
const int maxn = 1005;            //节点数
int g[maxn][maxn];
int main()
{
    int n,m;
    int u,v,w;
    memset(g,0x3f,sizeof(g));    //数组的默认值极大(inf)
    cin >> n >> m;
    for(int i = 1;i <= m;i++)
    {
        cin >> u >> v >> w;         //输入每条边的起点、终点和权值
        g[u][v] = w;                //无向边，分别对两个方向进行存储
        g[v][u] = w;
    }
}
```

邻接矩阵的优势是可以很方便地随机存取每一条边的值，而且代码十分简洁，但缺点也很明显，如果要遍历所有的边，需要将节点两两进行枚举，而且空间复杂度为 $O(n^2)$，如果是稀疏图，会大大降低代码效率，甚至空间无法满足存储要求。

(2) 邻接表：如图 4-1-1 所示，邻接表结合了数组和链表的存储优势，用一个长度为 n 的数组作为表头，分别代表每一个节点，将该节点所有出边的信息用链表的方式依次存储在表头节点后面，这样空间复杂度降低至 O(n+m)。

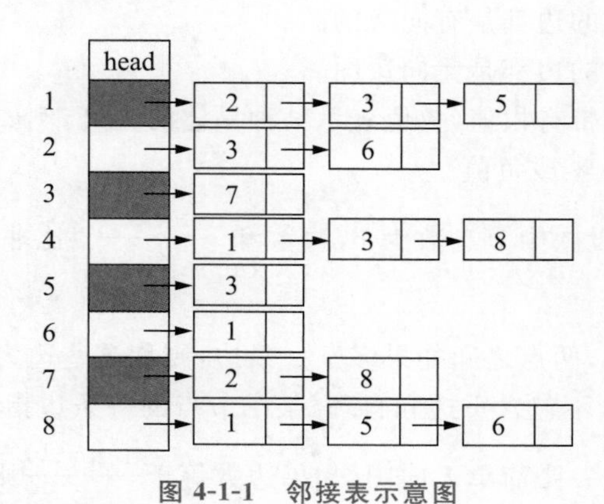


**图 4-1-1 邻接表示意图**

邻接表有两种实现方式，分别是结构体数组实现(链式前向星)和向量实现，下面分别进行介绍。

结构体数组的实现代码如下。

```
const int maxn = 10005,maxm = 20005;
int head[maxn], cnt;
struct Edge
{
    int v,w,nxt;
} edge[maxm];
void add(int u,int v,int w)
{
    cnt++;
    edge[cnt].v = v;
    edge[cnt].w = w;
    edge[cnt].nxt = head[u];
    head[u] = cnt;
}
    int main()
{
    int n,m,u,v,w;
        cin >> n >> m;
        for(int i = 1;i <= m;i++)
        {
        cin >> u >> v >> w;
            add(u,v,w);
        }
        for(int i = 1;i <= n;i++)
        {
            for(int j = head[i];j;j = edge[j].nxt)
            {
                //对边进行处理
            }
        }
}
```

代码中 head 为表头,可以想象为许多火车头并列在一起,如果第 x 个节点后面相邻一条边,便给第 x 个车头后面挂一节车厢,即 edge 数组中的一个元素。具体地说,当插入一条新边时,首先给 edge 中空闲的下一个元素赋值,然后将这个元素的 nxt 值指向表头所指的 edge 元素,然后表头指向新赋值的 edge。(这个过程相当于有许多空闲车厢排列在一起,首先找到一个空闲车厢,装载规定货物后找到指定火车头,将火车头所连接的第一节车厢连到新车厢后面,再将新车厢与火车头相连。)这样,当我们需要找某一条边时,只要找到表头,然后顺序访问即可,直到某条边的 nxt 为 0,就是在提示我们,后面没有车厢了,如图 4-1-2 所示。

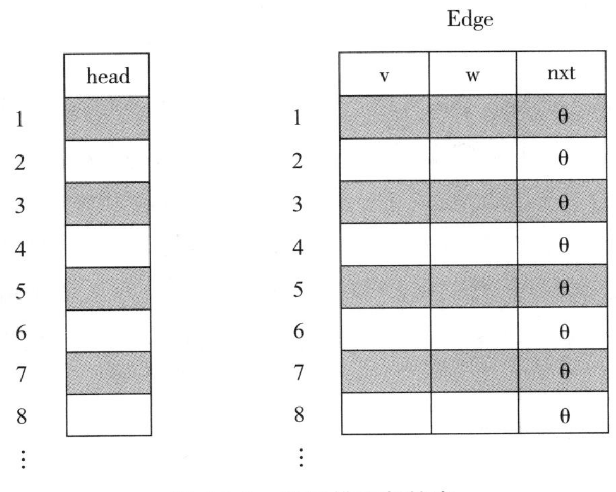


图 4-1-2 数组模拟邻接表

向量实现的参考代码如下。

```
const int maxn = 10005,maxm = 20005;
vector < pair < int,int > > edge[maxn];
int main()
{
    int n,m,u,v,w;
    cin>> n>> m;
    for(int i = 1;i <= m;i++)
    {
        cin>> u>> v>> w;
        edge[u].push_back(make_pair(v,w));
        edge[v].push_back(make_pair(u,w));
    }
    for(int i = 1;i <= n;i++)
    {
        for(int j = 0;j < edge[i].size();j++)
        {
            int v = edge[i][j].first;
            int w = edge[i][j].second;
            //对边进行处理
        }
    }
}
```

这种实现方式可以看作一个动态的二维数组,数组第 i 行存储 i 号节点相邻的出边,这一行从下标 0 开始依次存储每一条边的相关信息。

虽然图的存储一般不会单独出题,但它是图论的基础,大部分图论题目都离不开图的存储,我们根据图的稠密程度或者题目需要选择合适的存储方式。例题 4.1.1 除了图的存储,还涉及一个重要概念就是节点的度数。与一个节点关联的边的条数称作该节点的度,记作d[i]。在有向图中,度数又分为入度和出度,以一个节点为起点的边的条数称为该节点的出度,以一个节点为终点的边的条数称为该节点的入度。

例题 4.1.1 刺猬图。

题目描述:刺猬图是一张无向图,其中有一个节点度数至少为 3(图中心),其他节点度数均为 1,现在我们将其定义为 1 重刺猬图,并在此基础上我们定义 k 重刺猬图:对于所有 k≥2 的情况,k 重刺猬图是在(k−1)重刺猬图的基础上定义的,假设 v 是其度数为 1 的节点,u 是与其相邻的节点,那么删除节点 v,将其替换为一个 1 重刺猬图,该刺猬图中心为 w,连接 u 和 w,此时的新图便是 k 重刺猬图。现在请判断,给定的图是否为 k 重刺猬图。

输入格式:第一行输入两个整数 n 和 k;以下 n−1 行每行两个整数 u 和 v,用来描述待判断的图中的每条边。

输出格式:根据判断结果输出“Yes”或“No”,如表 4-1-1 所示。

表 4-1-1　例题 4.1.1 测试样例

| 样例 1 输入 | 样例 1 输出 | 样例 2 输入 | 样例 2 输出 |
|---|---|---|---|
| 14 2<br>1 4<br>2 4<br>3 4<br>4 13<br>10 5<br>11 5<br>12 5<br>14 5<br>5 13<br>6 7<br>8 6<br>13 6<br>9 6 | Yes | 3 1<br>1 3<br>2 3 | No |

**数据范围**：$1 \leqslant n \leqslant 10^5, 1 \leqslant k \leqslant 10^9, 1 \leqslant u, v \leqslant n; u \leqslant v$。

**题目分析**：根据样例 1 我们可以确定 2 重刺猬图如图 4-1-3 所示。

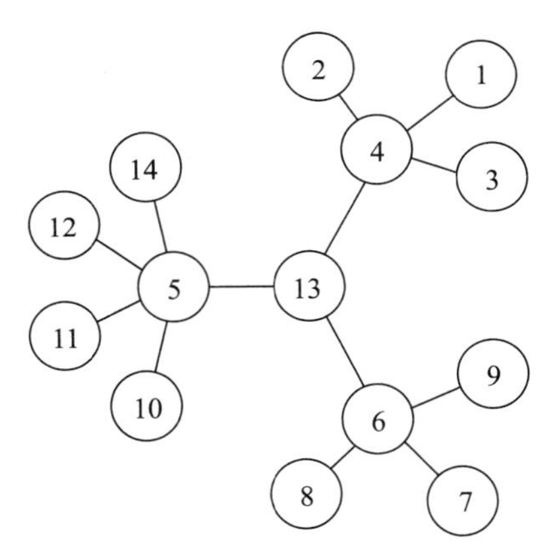


图 4-1-3　例题 4.1.1 图例

多重刺猬图是在 1 重刺猬图的基础上递归地进行定义，将刺猬的每一根“刺”变为一个刺猬图，便可以在原图上增加一重。判断一张图是不是多重刺猬图可以从定义出发反向操作，把刺猬图最外层的刺去掉后，刺猬图便会降低一重，重复以上操作，最后刺猬图会只剩下最核心的一个点。实际上，刺就是图中度为 1 的节点，在删去度为 1 的节点之前，我们需要判断与它相连的点度数是否不小于 3 这个要求，如果在过程中发现有节点不满足该要求，那么可以直接判断该图不是刺猬图。

在计算节点总数时，数量会随着重数的增加以指数级别增加，在中心节点上至少加 3 个节点就成为 1 重图，至少加 $3^2=9$ 个节点成为 2 重图，后面要依次加 $3^3, 3^4, \cdots$，所以重数最多个。超过 12（$3^{12}=531441$，最外层的节点数量已经超过 n）。

参考代码如下。

```
#include < bits/stdc++.h >
using namespace std;
const int maxn = 100005,maxm = 200005;
int head[maxn],cnt,d[maxn],del[maxn],n,k;
priority_queue < int > q;
struct Edge
{
    int v,nxt;
} edge[maxm];
void add(int u,int v)
{
    cnt++;
    edge[cnt].v = v;
    edge[cnt].nxt = head[u];
    head[u] = cnt;
}
int deg[100005];
bool solve()
{
    if(k > 12) return false;
    while(k)                                    //k 重刺猬图从外向内去掉 k 层后会留下中心
                                                  节点
    {
        for(int i = 1;i <= n;i++)               //1  1 和 2 两层循环对所有的边进行依次遍历
        {
            if(del[i]) continue;                //节点已经被删除
            d[i] = 0;
            for(int j = head[i];j;j = edge[j].nxt)//2
            {
                if(!del[edge[j].v]) d[i]++;     //统计节点度数
            }
        }
        int c = 0;
        for(int i = 1;i <= n;i++) if(d[i]> 1) c++;//如果不存在大于 1 度的节点,已经存在刺
                                                    猬图了
        if(!c) return false;                    //而此时循环没有结束,说明给定的刺猬图重数
                                                  大于实际重数
        for(int i = 1;i <= n;i++)
        {
            if(del[i]) continue;
            int leaf = 0;
            for(int j = head[i];j;j = edge[j].nxt)
            {
                if(!del[edge[j].v]&&d[edge[j].v] == 1) leaf++; //统计相连的叶子节点数
            }
            if(leaf < 3&&leaf! = 0)return false;        //除最外层 1 重刺猬的中心外,其他节点
                                                          不包含叶子节点
        }
        for(int i = 1;i <= n;i++)
        {
            if(del[i]) continue;
            for(int j = head[i];j;j = edge[j].nxt)
            {
```

```
                    int v = edge[j].v;
                    if(!del[v]&&d[v] == 1) del[v] = 1;              //删除叶子节点
                }
            }
            k--;
        }
        int nd = 0;
        for(int i = 1;i <= n;i++)
            if(!del[i]) nd++;
        if(nd == 1) return true;
        else return false;
}
int main()
{
        cin >> n >> k;
        for(int i = 1;i < n;i++)
        {
            int u,v;
            cin >> u >> v;
            add(u,v);
            add(v,u);
        }
        if(solve()) cout <<"Yes";
        else cout <<"No";
        return 0;
}
```

## 三、图的遍历

学习图论之前大家应该已经掌握了搜索算法，无论是深度优先搜索（深搜）还是广度优先搜索（广搜），都可以解决图上的问题，搜索的状态对应图上的节点，状态与状态之间的关系就是图上的边，最后我们所有的搜索路径在图上构成了一棵树，通常称为搜索树。实际上，深搜和广搜都是在进行图的遍历，即是指沿着某条搜索路线，依次对图中每个节点做一次访问。那么，只要我们采用合适的访问策略，能访问到图中的每一个节点即可。深搜和广搜我们不再赘述，通过例题我们来强化一下“访问策略”的选择。

**例题 4.1.2　图的遍历。**

**题目描述：**给定 n 个点 m 条的无向连通图，要求从 1 号点出发遍历整张图，中间可以重复经过某个点，当第一次经过某个点时，记录其编号，这些编号组成一个长度为 n 的序列，求字典序最小的序列。

**输入格式：**第一行输入两个整数 n 和 m；以下 m 行每行两个整数 $u_i$ 和 $v_i$，表示每条边的起点和终点，图中可能存在重边和自环。

**输出格式：**输出字典序最小的序列，如表 4-1-2 所示。

表 4-1-2 例题 4.1.2 测试样例

| 样例 1 输入 | 样例 1 输出 | 样例 2 输入 | 样例 2 输出 | 样例 3 输入 | 样例 3 输出 |
|---|---|---|---|---|---|
| 3 2<br>1 2<br>1 3 | 1 2 3 | 5 5<br>1 4<br>3 4<br>5 4<br>3 2<br>1 5 | 1 4 3 2 5 | 10 10<br>1 4<br>6 8<br>2 5<br>3 7<br>9 4<br>5 6<br>3 4<br>8 10<br>8 9<br>1 10 | 1 4 3 7 9 8 6 5 2 10 |

**数据范围**：$1\leqslant n,m\leqslant 10^5$。

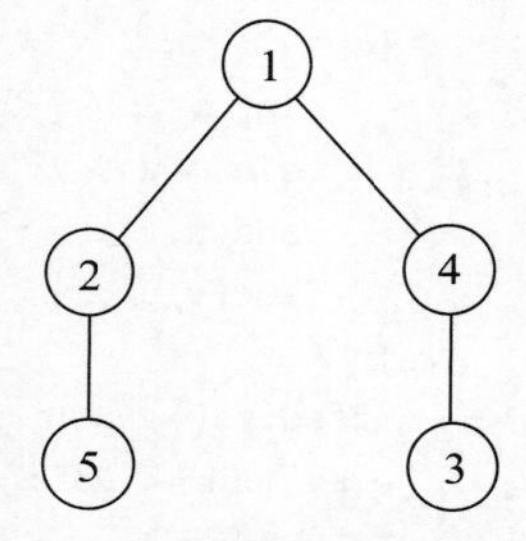

图 4-1-4 例题 4.1.2 图例

**题目分析**：本题题面中直接要求遍历每一个点，并且输出序列的字典序最小，所以我们从 1 号节点开始访问。如果采用深度优先搜索的策略，选择某个节点扩展后，生成了这个节点的所有儿子节点，我们可以从小到大依次访问，然后去遍历下一层(即子节点的子节点)，但其实在这个过程中，编号大小并不能预先确定，又因为本题可以重复经过某个节点，序列中只记录节点第一次出现的位置，说明我们可以在已经搜索过的节点中任意切换。如图 4-1-4 所示，1 号节点扩展出 2 号和 4 号节点，2 号节点扩展出了 5 号节点，此时我们可以不访问 5 号节点而是重新回到 1 号，访问它的下一个子节点也就是 4 号节点，使得最终的结果更优。

那么访问策略就是：每个时刻，在当前所有可以访问的节点当中，选择编号最小的节点进行访问，对其扩展后将它的子节点加入可访问节点列表中，然后重复上述步骤。C++的 STL 中优先队列可以完成上述任务，优先队列实际上是“堆”这种数据结构，可以用 O(logn)的复杂度求出 n 个节点中的最值，优先队列默认是大顶堆，为了实现简单，我们将边的相反数存入优先队列中，这样每次可以得到编号最小的点的相反数。参考代码如下。

```
#include < bits/stdc++.h >
using namespace std;
const int maxn = 100005,maxm = 200005;
int head[maxn], cnt, book[maxn];
priority_queue < int > q;
struct Edge
{
    int v,nxt;
} edge[maxm];
void add(int u,int v)              //边数和点数接近,是稀疏图,所以我们用邻接表来进行图的存储
{
    cnt++;
    edge[cnt].v = v;
    edge[cnt].nxt = head[u];
```

```
    head[u] = cnt;
}
int main()
{
    int n,m,u,v;
    cin>> n>> m;
    for(int i = 1;i <= m;i++)
    {
        cin>> u>> v;
        add(u,v);                       //建边操作
        add(v,u);
    }
    u = 1;
    q.push( - u);
    book[u] = 1;
    while(q.size())                     //只要还有待扩展元素,我们就继续循环对其扩展
    {
        u = - q.top();q.pop();          //每次得到的值是编号的相反数,我们对其取反
        cout << u<<" ";
        for(int i = head[u];i;i = edge[i].nxt)
        {
            int v = edge[i].v;
            if(!book[v])
            {
                q.push( - v);           //存入编号的相反数
                book[v] = 1;
            }
        }
    }
    return 0;
}
```

## 四、图的连通性

在无向图中,对于图中两个不同的节点 u 和 v,如果存在一条路径可以使得 u 能到达 v,我们称 u 和 v 是连通的。若图中任意两个点都连通,那么我们称这个图是连通图,这一性质就是图的连通性。若无向图的一个子图具有连通性,我们将其称为图的连通子图。如果子图外任意一点加入子图后都会影响子图的连通性,那么这个子图就是极大连通子图,我们也将其称为连通分量或者连通块。

在有向图中,对于图中两个不同的节点 u 和 v,如果存在一条路径可以使得 u 能到达 v,则称 u 可达 v。若图中任意两个点相互之间都可达,那么称这个图是强连通图;若图中任意两个点至少有一个方向可达,我们称这个图是弱连通图,如果将弱连通的所有边都改为无向边,我们可以得到一张连通图。与无向图的连通分量相似,有向图对应也有强连通分量和弱连通分量的概念。

无向图的连通性一般通过搜索即可判断,如果所有的节点都在同一棵搜索树上,那么这些点构成的图便是一张连通图。而有向图中要求所有的点两两之间相互可达,每条边都有方向,如果两两之间都进行一次搜索,那复杂度往往不能满足题目要求。Tarjan 通过在搜索过程中记录每个点的追溯值和时间戳,用一次搜索就完成了有向图连通性的判断,是一个特别巧妙的算法。

Tarjan 是一位美国计算机科学家,他设计了众多算法和数据结构:并查集、最近公共祖先

的离线算法、树链剖分、斐波那契堆等，我们这里指的是有向图的强连通分量算法，其他算法和无向图的双连通分量求解算法不在探讨范围内，读者有兴趣可以自行查阅相关资料。

该算法在求解强连通分量时涉及两个重要概念。

(1) 时间戳：时间戳是指节点 u 在搜索过程中的次序编号，在算法中称为 dfn 值。

(2) 追溯值：追溯值是指节点 u 或者 u 的子树可以追溯（搜索）到的最早的栈中节点的时间戳，在算法中称为 low 值。

我们以图 4-1-5 为例，图中节点按照深度优先的搜索顺序进行标号，所以编号即为节点的 dfn 值，搜索树见右图。

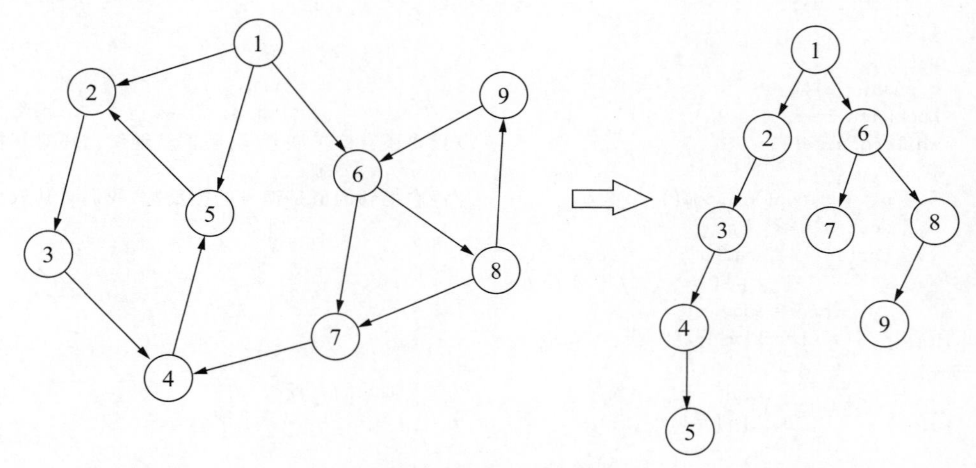

图 4-1-5 有向图及其搜索树

我们通过观察可以知道：2、3、4、5 属于一个强连通分量；6、8、9 属于另一个强连通分量。我们以 2、3、4、5 为例来说明搜索过程：根节点 1 共有三个子节点，分别是 2、5、6，首先搜索 2 号节点，然后按顺序依次搜索 3、4、5，并且用一个栈来记录搜索序列，由于目前还没有出栈操作，所以栈中节点是 1、2、3、4、5。当通过(5,2)这条边去访问 2 号节点时，我们发现 2 号节点已经有 dfn 值，并且 2 号节点在栈中，由于 5 可以追溯到 2，我们将 5 的 low 值更新为 2，回溯至 3 和 4 时，可以分别用子节点的追溯值更新当前的追溯值，因此三个节点的 low 值均为 2，当回溯到 2 号节点时，由于没有其他子节点，以 2 为根的子树搜索完毕，此时发现，2 号节点的追溯值和时间戳相等，说明它是一个强连通分量的根节点，此时要进行出栈操作，将该节点以上包括该节点的所有节点均弹出，并将它们都记为同一个连通成分，2、3、4、5 这个连通分量处理完毕。我们再通过接下来的搜索查看如何排除不是连通分量的情况。当回溯至 1 号节点时，它还有两个子节点 5 和 6 没有搜索，所以继续搜索其他子节点，搜索 5 时，发现这个节点已经有 dfn 值，但此时 5 已经不在队列中，所以不做任何处理，继续查看 6 号，6 号有两个子节点 7 和 8，当通过 7 号搜索 4 号时，4 号也是不在栈中的已搜索节点，回溯至 7，7 会单独被标记为一个连通成分并且出栈，回到 6，然后 6、8、9 的处理方式和之前类似，将其标记为同一个连通成分后回溯至 1，1 也单独标记为一个连通成分，算法结束。

总结这个图例的算法实现过程，我们可以发现从 u 搜索到 v 时，v 的处理有以下三种情况。

(1) v 未被访问，那么递归搜索 v 节点，并且用回溯时 v 的 low 值更新 u 的 low 值，例如 4→5。

(2) v 已经被访问，那么：

① v 在栈中，此时 v 作为“祖先”节点再次被访问到，需要用 v 的 dfn 值更新 u 的 low 值，即 u 是 v 能追溯到的最早的节点，例如 5→2。

② v 不在栈中，那么说明 v 是其他子树上的节点，对 u 没有任何影响，不做处理，例如7→4 以及 8→7。

当所有的子节点都经过了以上处理后，如果 u 的 low 值没有被更新，那么 u 就是这个连通分量的根节点，栈中元素均为该连通分量上的节点，进行标记和存储即可。

参考代码如下。

```
void tarjan(int u)
{
    dfn[u] = low[u] = ++num;
    stack[++top] = u;
    ins[u] = 1;
    for(int i = head[u];i;i = edge[i].nxt)
    {
        int v = edge[i].v;
        if(!dfn[v])
        {
            tarjan(v);                           //直接搜索未搜过的节点
            low[u] = min(low[u],low[v]);         //回溯后用子节点的 low 值更新当前节点的 low 值
        }
        else if(ins[v])                          //访问到已经搜索过的节点并且节点在队列中
            low[u] = min(low[u],dfn[v]);
    }
    //出栈操作
    if(dfn[u] == low[u])                         //强连通分量的根
    {
        cnt++;                                   //新建一个连通分量,编号加 1
        int v;
        do {
            v = stack[top--];                    //栈中的节点都属于这个连通分量
            ins[v] = 0;                          //入栈标记清空
            c[v] = cnt;                          //标记连通分量上的节点
            scc[cnt].push_back(v);               //存储这个连通分量
        } while(u! = v);
    }
}
```

**例题 4.1.3　检查站。**

**题目描述：**给定 n 个点 m 条边的有向图，图中一些节点需要建一些检查站确保安全，检查站如果建在节点 i，那么它可以保护当前节点及满足条件的节点 j——从 i 可以到达 j 然后返回 i。每个点建检查站的代价是这个点的点权，现在希望花费最小成本完成检查站的修建，使得每个节点都得到保护，在此基础上希望检查站的数量最少。请求出满足要求的修建方案数，只要有一个节点的状态（修或者不修）是不同的，那么整个方案就是不同的。

**输入格式：**第一行输入整数 n 表示点数；第二行输入 n 个整数表示每个点的点权，点权不超过 $10^9$；第三行输入整数 m 表示边数；以下 m 行每行两个整数 $u_i$ 和 $v_i$，表示从 $u_i$ 到 $v_i$ 存在一条边，保证没有重边。

**输出格式：**输出两个整数，第一个整数表示最少花费，第二个整数表示在此花费下的方案数模 1000000007（$10^9+7$），如表 4-1-3 所示。

表 4-1-3　例题 4.1.3 测试样例

| 样例 1 输入输出 | 样例 2 输入输出 | 样例 3 输入输出 | 样例 4 输入输出 |
|---|---|---|---|
| 3<br>1 2 3<br>3<br>1 2<br>2 3<br>3 2 | 5<br>2 8 0 6 0<br>6<br>1 4<br>1 3<br>2 4<br>3 4<br>4 5<br>5 1 | 10<br>1 3 2 2 1 3 1 4 10 10<br>12<br>1 2<br>2 3<br>3 1<br>3 4<br>4 5<br>5 6<br>5 7<br>6 4<br>7 3<br>8 9<br>9 10<br>10 9 | 2<br>7 91<br>2<br>1 2<br>2 1 |
| 3 1 | 8 2 | 15 6 | 7 1 |

**数据范围**：$1\leqslant n\leqslant 10^5$，$0\leqslant m\leqslant 3\times 10^5$。

**题目分析**：每个节点可以保护自己以及从自己出发还能回到自己的所有节点，这样可以确定每个节点保护的范围是它所在的强连通分量，换言之，每个强连通分量需要一个节点来保护，我们求每个强连通分量中点权的最小值即可。

当最小值确定时，每个连通分量中可能有多个点具有这个最小权值，对于单个连通分量，每增加一个这样的点，方案数可以增加 1，通过乘法原理，便可以很方便地求出总方案数。

参考代码如下。

```
#include<bits/stdc++.h>
using namespace std;
const int maxn = 100005,mod = 1000000007;
int n,m;
vector<int> e[maxn];
int cost[maxn],vis[maxn],mins[maxn],cnts[maxn];

int dfn[maxn],low[maxn],st[maxn],scc[maxn],ins[maxn];
int num,cnt,top;
void tarjan(int u)                              //tarjan 求连通块
{
    dfn[u] = low[u] = ++num;
    st[++top] = u;
    ins[u] = 1;
    for(int i = 0;i < e[u].size();i++)          //本题用了 vector 存边
    {
        int v = e[u][i];
        if(!dfn[v])
        {
            tarjan(v);
```

```
                low[u] = min(low[u],low[v]);
            }
            else if(ins[v])
                low[u] = min(low[u],dfn[v]);
        }
        if(dfn[u] == low[u])
        {
            cnt++;
            int v;
            do {
                v = st[top--];
                ins[v] = 0;
                scc[v] = cnt;
            } while(u! = v);
        }
}
int main()
{
    int u,v;
    scanf("%d",&n);
    for(int i = 1;i <= n;i++)
        scanf("%d",&cost[i]);
    scanf("%d",&m);
    for(int i = 1;i <= m;i++)
    {
        scanf("%d%d",&u, &v);
        e[u].push_back(v);
    }
    for(int i = 1;i <= n;i++)
    {
        if(!dfn[i]) tarjan(i);
    }
        memset(mins,0x3f,sizeof(mins));
        for(int i = 1;i <= n;i++)
        {
            if(cost[i]< mins[scc[i]])
            {
                mins[scc[i]] = cost[i];                //记录每个连通块的最小点权
                cnts[scc[i]] = 1;                      //重置连通块中具有最小点权的点数
            }
            else if(mins[scc[i]] == cost[i])
            {
                cnts[scc[i]]++;                        //统计连通块中具有最小点权的点数
        }
    }
    long long ans = 0,amount = 1;
    for(int i = 1;i <= cnt;i++)
    {
        ans + = mins[i];                               //累加每个连通块的代价
        amount = amount * cnts[i] % mod;               //乘法原理求方案数
    }
    printf("%lld %lld\n",ans,amount);
    return 0;
}
```

# 第二节 最短路算法

最短路(径)问题是图论中最经典的问题。路径是指从图上一点到另外一点所经过的不会重合的点和边的集合,通过第一节内容我们了解到带权图的概念,边的权值通常用来表示通过这条边所消耗的代价,可能是距离或者费用等。我们通常所说的最短路是指两点之间边权和最小的一条路径。最短路算法根据求解目标可以分为单源最短路和多源最短路,单源最短路算法是指从单个节点(源点)出发,计算到图上其他所有点的最短路径的算法,包括迪杰斯特拉(及其堆优化)算法、贝尔曼—福特(及其队列优化)算法等;多源最短路算法是指计算多个节点(源点)到图上其他节点的算法,其中具有代表性的是弗洛伊德算法,弗洛伊德算法是一个全源最短路算法,利用动态规划的思想计算图上所有节点两两之间的最短路径。本节我们会分别对这些算法进行介绍。

## 一、迪杰斯特拉算法

迪杰斯特拉(Dijkstra)算法是求解单源最短路径的算法,算法的计算过程类似"孤岛探险",初始时孤岛上只有一座大本营即源点,探险者每次在与孤岛连通的所有节点中选择离大本营最近的点进行扩展,并将扩展点纳入孤岛的管辖范围,这样大本营可以通过这个点到达与之连通的其他点,重新计算大本营与孤岛周围连通的节点的距离,并重复以上过程,直至所有的点都纳入孤岛范围或者其他的点与孤岛都不再连通。

算法的关键在于每次以源点为中心进行扩展,源点可以通过已经扩展过的节点到达其他连通且没有扩展过的点,每次在符合条件的节点中选择与源点距离最近的点进行扩展。以图 4-2-1 为例,初始时,所有节点都没有扩展,此时只能到达大本营(源点)且距离为 0,扩展 1 号节点后可以通过该节点到达 2、3、6,距离分别是 1 号节点到达这些节点的边权。此时 2 号节点是距离最近的节点,所以 2 号节点进行扩展到达第 2 轮,经过 2 号节点可以到达 4 号节点,距离为 7+15=22,此时到 3 号节点的距离 9 最短,扩展到达第 3 轮。在第 3 轮中可以经过 1-3-6 这条路径到达 6 号节点,且距离最短,到 6 号的最短路更新为 11。

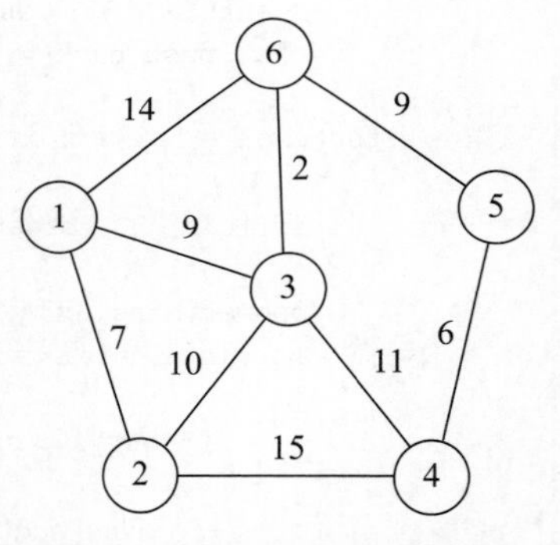

图 4-2-1 迪杰斯特拉样例图

我们可以发现,在节点还未扩展之前,到达该节点的距离可以不断更新到更优值,而节点一旦扩展,到达该节点的距离将不再变化,第 6 轮得到的即为最终的结果,如图 4-2-2 所示。

| 轮次 | 已扩展(孤岛范围) | 距离 | | | | | |
|---|---|---|---|---|---|---|---|
| | | 1 | 2 | 3 | 4 | 5 | 6 |
| 初始 | 无 | 0 | ∞ | ∞ | ∞ | ∞ | ∞ |
| 1 | 1 | 0 | 7 | 9 | ∞ | ∞ | 14 |
| 2 | 1、2 | 0 | 7 | 9 | 22 | ∞ | 14 |
| 3 | 1、2、3 | 0 | 7 | 9 | 20 | ∞ | 11 |
| 4 | 1、2、3、6 | 0 | 7 | 9 | 20 | 20 | 11 |
| 5 | 1、2、3、4、6 | 0 | 7 | 9 | 20 | 20 | 11 |
| 6 | 1、2、3、4、5、6 | 0 | 7 | 9 | 20 | 20 | 11 |

图 4-2-2 迪杰斯特拉算法图示

参考代码如下。

```
void dijkstra(int s)
{
    for(int i = 1;i <= n;i++) dis[i] = inf;//dis 用来存储源点到任意节点的最短路,初始值无穷大
    dis[s] = 0;                            //源点到自身的最短路显然为 0
    for(int i = 1;i < n;i++)               //每次扩展一个节点,除源点外共有 n-1 个节点待扩展
    {
        int u,cost = inf;
        //找到距离孤岛最近的节点
        for(int j = 1;j <= n;j++)
        {
            if(!vis[u]&&dis[j]< cost)
            {
                cost = dis[j];
                u = j;
            }
        }
        vis[u] = true;                     //u 标记为已访问
        //对 u 进行扩展
        for(int j = head[u];j;j = edge[j].nxt)
        {
            int v = edge[j].v,w = edge[j].w;
            if(!vis[v]&&dis[v]> dis[u] + w)
                dis[v] = dis[u] + w;
        }
    }
}
```

需要注意的是,迪杰斯特拉算法只能处理边权为正的情况,在了解这个问题之前,我们首先看看算法的正确性如何得到保证。假设源点为 1 号节点,如果 u 是已扩展节点,那么 dis[u]表示源点到该点的最短路,如果 v 是未访问节点,那么 dis[v]表示源点通过已扩展节点到它的最短路(如果源点通过已扩展节点到该点的最短路不存在,则 dis[v]的值无穷大),下面我们需要证明,如果节点 v 是所有未访问节点中 dis 值最小的节点,那么 dis[v]即是源点到 v 点的最短路。

(1) 当图上只存在 u、v 两个节点时,结论显然成立。

(2) 假设有 n−1 个节点时结论成立,节点 u 是已扩展节点并通过边(u,v)与未扩展节点 v 相连,dis[v]=dis[u]+w[u][v]。如果结论不成立,那么必定存在一条从源点到 v 点更短的路径,假设 p 是该路径上第一个未访问的节点,与条件矛盾;如果不存在 p 点,即在没有经过未访问节点情况下存在一条到 v 的更短路径,那么该路径上的最后一个节点显然是 u。所以 dis[v]一定是源点到 v 点的最短路。处理完节点 v 后,对其余未访问节点做相同处理,均可保证得到的路径是源点到该点的最短路,所以算法成立。

我们在算法证明过程中之所以能保证经过未访问节点到 v 点的路径比 dis[v]更优,是因为未访问节点当前的 dis 值已经不小于 v 点,而图中不存在负权边,所以经过未访问节点无法使得 dis[v]比现在更优,故算法也无法处理负权的情况。

我们注意到,算法的时间复杂度为 $O(n^2)$,而每轮扩展,我们都需要遍历所有的节点找到最小的 dis 值。这里我们可以用堆这种数据结构将已经得到的 dis 值存储起来,假设最多有 n

个元素，那么堆每次得到最小值的复杂度为 O(log n)，而插入一个新元素进行调整的复杂度也为 O(log n)。在算法中一个点的 dis 值可能被更新多次，所以一个点相关的 dis 值会多次加入堆，加入次数的上限与边数 m 有关，扩展次数还是 n 次，这样进行堆优化后，算法的时间复杂度变为 O(n log m)。参考代码如下。

```
struct node
{
    int u,val;
    bool operator < (const node &other) const
    {
        return val > other.val;
    }
};
void dijkstra(int s)
{
    for(int i = 1;i <= n;i++) dis[i] = inf;    //dis 用来存储源点到任意节点的最短路，初始值无穷大
    dis[s] = 0;                                 //源点到自身的最短路显然为 0
    priority_queue < node > q;
    q.push((node){s,dis[s]});
    while(q.size())
    {
        int u = q.top().u; q.pop();
        if(vis[u]) continue;
        vis[u] = true;
        //对 u 进行扩展
        for(int j = head[u];j;j = edge[j].nxt)
        {
            int v = edge[j].v,w = edge[j].w;
            if(!vis[v]&&dis[v]> dis[u] + w)
            {
                dis[v] = dis[u] + w;
                q.push((node){v,dis[v]});
            }
        }
    }
}
```

在算法的实现中，通过边(u,v)到达 v 更优，我们把更新 dis[v]的操作称为对边的松弛。

**例题 4.2.1　删边策略。**

**题目描述**：给定 n 个点 m 条边的无向连通图，从图中删去一些边，要求最多剩余 k 条。如果删边后，1 号点到某个点最短路径长度不变，则定义这个点为"好点"，求一种删边方案，使得"好点"的数量最多。原图为简单图，即没有重边和自环。

**输入格式**：第一行输入三个整数 n、m 和 k；以下 m 行，每行三个整数 x、y、w，表示 x 和 y 之间有一条权值为 w 的点。

**输出格式**：第一行输出一个整数 e，表示剩余的边的条数 (0⩽e⩽k)；第二行输出 e 条边的编号，编号按照输入顺序从 1 到 m，如表 4-2-1 所示。

表 4-2-1　例题 4.2.1 样例

| 样例 1 输入 | 样例 1 输出 | 样例 2 输入 | 样例 2 输出 |
| --- | --- | --- | --- |
| 3 3 2<br>1 2 1<br>3 2 1<br>1 3 3 | 2<br>1 2 | 4 5 2<br>4 1 8<br>2 4 1<br>2 1 3<br>3 4 9<br>3 1 5 | 2<br>3 2 |

**数据范围**：$n, m \leqslant 3\times10^5$，$1\leqslant w\leqslant10^9$。

**题目分析**：该题是对迪杰斯特拉算法求解过程的灵活运用，算法求解最短路时，一个点一旦得到扩展，那么源点到该点的最短路就已经确定，这样，从源点出发的所有最短路构成的图一定是一棵树，最多剩余 k 条即为最多保留 k+1 个节点，这些节点构成了一棵以 1 号点为根的最短路树。我们只要在迪杰斯特拉求解最短路的过程中保留包括源点在内的前 k+1 个点，并输出对应的边，或者在跑完最短路后在最短路树上进行搜索(BFS 或 DFS 均可)即可，下面以广搜为例给出核心代码。

```
dijkstra(1);                              //通过单源最短路得到源点到每个点的最短距离
if(n < k + 1) cout << n - 1 << endl;      //边数的上限为 n - 1
else cout << k << endl;
queue < ll > lst;
memset(vis,0,sizeof(vis));
lst.push(1);
vis[1] = 1;
ans = 0;
while(lst.size()&&ans < k)
{
    ll u = lst.front();lst.pop();
    for(int i = head[u];i;i = e[i].nxt)
    {
        ll v = e[i].v,w = e[i].w;
        if(!vis[v]&&dis[v] == dis[u] + w)  //当前边是最短路书上的边
        {
            ans++;
            cout <<(i + 1)/2 <<" ";        //无向图每条边正反各存一次
            if(ans == k) break;
            lst.push(v);
            vis[v] = 1;
        }
    }
}
```

**例题 4.2.2　删除路径。**

**题目描述**：给定一张 n 个节点的无向连通图，节点编号从 1 到 n，图上有 m 条普通边和 k 条特殊边，特殊边一定与 1 号节点相连，问最多可以删除多少条特殊边，使得删除后以 1 号节点为源点的最短路径长度不变。

**输入格式**：第一行输入三个数 n、m、k；以下 m 行，输入普通边($u_i$，$v_i$)，权值为 $x_i$，用三个整数 $u_i$、$v_i$、$x_i$ 表示；接下来的 k 行，输入特殊边(1，$s_i$)，权值为 $y_i$，用两个整数 $s_i$、$y_i$ 表示。

**输出格式**：输出一个整数表示答案，如表 4-2-2 所示。

表 4-2-2 例题 4.2.2 样例

| 样例 1 输入 | 样例 1 输出 | 样例 2 输入 | 样例 2 输出 |
|---|---|---|---|
| 5 5 3<br>1 2 1<br>2 3 2<br>1 3 3<br>3 4 4<br>1 5 5<br>3 5<br>4 5<br>5 5 | 2 | 2 2 3<br>1 2 2<br>2 1 3<br>2 1<br>2 2<br>2 3 | 2 |

**数据范围**：$2\leqslant n\leqslant 10^5$，$1\leqslant m\leqslant 3\times 10^5$，$1\leqslant k\leqslant 10^5$，$u_i\neq v_i$，$1\leqslant x_i,y_i\leqslant 10^9$。

**题目分析**：该题与例题 4.2.1 面有很多相似之处，但是仔细审题发现，由于特殊边与源点相连，那么删除特殊必须要分析该边对后续节点最短路的影响。某条特殊边可以被删掉，说明这条边没有利用价值或者价值不大。在最短路算法中我们用 dis[u]记录源点到 u 点的最短路，对于一条特殊边(1,s)，如果 dis[s]<w(1,s)，说明(1,s)这条边不会出现在任何最短路径中，属于没有利用价值的边可以直接删除。

另外一类边 dis[s]=w(1,s)，需要检查这条边是否有其他替代方案，也就是有其他长度相同的路径可以从 1 号点到达 s 号节点，如果存在这样的路径，便可以将特殊边删除。我们在求解过程中如果遇到最短路径的长度相等的情况时，对最短路径的条数进行统计即可，最后根据统计结果对边进行相应操作。参考代码如下。

```
#include<bits/stdc++.h>
using namespace std;
#define pa pair<int,int>
using namespace std;
const int maxn = 1000005;
const int maxm = 5000005;
int n, m, k, S = 1, cnt, ans;
int dis[maxn], head[maxn], a[maxn][3], num[maxn];
bool vis[maxn];
struct Edge
{
    int v,w,nxt;
}e[maxm];
priority_queue<pa, vector<pa>, greater<pa> > q;

void add(int u, int v, int w)
{
    e[++cnt] = {v,w,head[u]};
    head[u] = cnt;
}

void dijkstra(int s)
```

```
{
    memset(dis, 0x3f, sizeof(dis));
    dis[s] = 0, q.push(make_pair(0, s));

    while (!q.empty())
    {
        int u = q.top().second; q.pop();
        if (vis[u]) continue; vis[u] = 1;
        for (int i = head[u];i;i = e[i].nxt)
        {
            int v = e[i].v;
            if (dis[v] == dis[u] + e[i].w) num[v]++;      //统计相同代价的最短路径条数
            if (dis[v] > dis[u] + e[i].w)
            {
                dis[v] = dis[u] + e[i].w;
                num[v] = 1;                              //代价更新,重新统计
                q.push(make_pair(dis[v], v));
            }
        }
    }
}
int main()
{
    int i, u, v, w;
    cin >> n >> m >> k;
    for (i = 1;i <= m;i++)
    {
        cin >> u >> v >> w;
        add(u, v, w);
        add(v, u, w);
    }
    for (i = 1;i <= k;i++)
    {
        cin >> a[i][1] >> a[i][2];
        v = a[i][1], w = a[i][2];
        add(1, v, w);
        add(v, 1, w);
    }
    dijkstra(S);
    for (i = 1;i <= k;i++)
    {
        v = a[i][1], w = a[i][2];
                                                        //下面对答案进行统计
        if (dis[v] < w) ans++;                           //没有价值,直接删除
        if (dis[v] == w)
            if (num[v] > 1) ans++,num[v]--;              //可以替代,由于有重边,所以需要
                                                           更新路径数量,以免误删
    }
    cout << ans << endl;
    return 0;
}
```

## 二、贝尔曼—福特算法

贝尔曼—福特(Bellman-Ford)算法是求解单源最短路的另一种方法,核心操作也是对边的松弛。算法对所有的边进行 n－1 轮松弛操作,在第 1 轮松弛操作后,得到的是源点最多经过一条边到达其他顶点的最短距离;第 2 轮得到的是源点最多经过两条边到达其他顶点的最短距离;第 3 轮得到的是源点最多经过一条边到达其他顶点的最短距离……在含有 n 个节点的图中,任意两点之间的最短路径最多包含 n－1 边,所以经过这些操作后,就可以得到源点到其他所有点的最短路。参考代码如下。

```
for(int i = 1;i <= n;i++) dis[i] = inf;   //dis 用来存储源点到任意节点的最短路,初始值无穷大
dis[s] = 0;                               //源点到自身的最短路为 0
for(int i = 1;i < n;i++)
{
    for(int j = 1;j <= m;j++)
    {
        int u = edge[j].u, v = edge[j].v, w = edge[j].w;
        if(dis[v]> dis[u] + w)
            dis[v] = dis[u] + w;
    }
}
```

贝尔曼—福特算法对边没有要求,可以处理负权边,所以比迪杰斯特拉算法更具有普遍性,而且在算法结束后如果还能进行松弛操作,说明图中存在负权回路,也就是负环,所以算法还可以用来判断图中是否存在负环。

然而,贝尔曼—福特算法也有明显的劣势,算法的时间复杂度高达 O(nm),还有优化空间。

我们可以观察到,在算法的松弛过程中,很多时候松弛的起点和终点最短路长度都是无穷大,此时的更新没有任何意义,所以我们希望只对最短路长度有意义的节点进行松弛操作。显而易见的是,只有前序节点已经进行过有意义的松弛,对后序相邻节点的松弛才有意义,我们借助广度优先搜索的思想,每松弛一个节点,便将其相邻的节点加入队列,每次我们只对队列中的节点进行松弛操作。根据贝尔曼—福特的算法思想,在 n 个节点的图中,每个节点最多会被松弛 n－1 次(其他 n－1 个节点都是它的前序节点),所以每个节点至多进队 n 次,否则图中必定存在负环。和迪杰斯特拉算法不同的是,如果一个节点已经在队列中,那么再次进队是没有意义的。参考代码如下。

```
bool spfa(int s)
{
    for(int i = 1;i <= n;i++) dis[i] = inf;          //初始化操作
    queue < node > q;
    dis[s] = 0;
    in[s] = true;                                    //标记节点是否在队列中
    cnt[s]++;                                        //记录节点进入队列的次数
    q.push(s);
    while(q.size())
    {
        int u = q.front();q.pop();
        in[u] = false;
```

```
        for(int j = head[u];j;j = edge[j].nxt)
        {
            int v = edge[j].v,w = edge[j].w;
            if(dis[v]> dis[u] + w)              //对相邻的每条边进行松弛
                dis[v] = dis[u] + w;
            if(in[v]) continue;
            q.push(v);
            in[v] = true;
            cnt[v]++;
            if(cnt[v]> n)
            {
                return false;                   //存在负环
            }
        }
    }
    return true;
}
```

例题 4.2.3　关键节点。

题目描述：给定一张 n 个节点 m 条边的无向连通图，节点编号从 1 到 n。求图上共有多少个关键位置，即到达节点 s 的最短距离恰好为 $l$ 的位置，关键位置可以位于某个节点或者某条边上。图中没有重边、自环。

输入格式：第一行输入三个整数 n、m 和 s，分别表示节点数、路径数和关键节点参数 s；以下 m 行每行包含三个整数 $v_i$、$u_i$、$w_i$，表示连接 $v_i$、$u_i$ 节点的一条边，权值为 $w_i$；最后一行输入参数 $l$。

输出格式：输出一个整数，表示关键节点的数量，如表 4-2-3 所示。

表 4-2-3　例题 4.2.3 样例

| 样例 1 输入 | 样例 1 输出 | 样例 2 输入 | 样例 2 输出 |
|---|---|---|---|
| 4 6 1<br>1 2 1<br>1 3 3<br>2 3 1<br>2 4 1<br>3 4 1<br>1 4 2<br>2 | 3 | 5 6 3<br>3 1 1<br>3 2 1<br>3 4 1<br>3 5 1<br>1 2 6<br>4 5 8<br>4 | 3 |

数据范围：$2 \leqslant n \leqslant 10^5, n-1 \leqslant m \leqslant \min\left[10^5, \frac{n(n-1)}{2}\right], v_i \neq u_i, 1 \leqslant w_i \leqslant 1000, 0 \leqslant l \leqslant 10^9$。

题目分析：本题是对单源最短路算法松弛条件的灵活运用。通过分析可以发现，位于节点上的关键位置可以通过单源最短路算法很快找到，只需要从节点 s 开始跑一遍最短路算法即可，下面我们分析位于边上的关键位置。

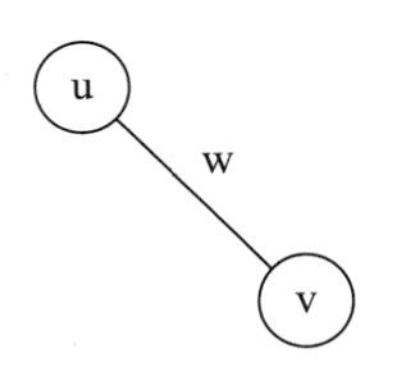

图 4-2-3　例题 4.2.3 图例

如图 4-2-3 所示，对于某条边(u,v)，如果这条边上有关键点，那么从源点到这条边上某一点的位置距离一定为 l，但是这个条件并不充分。从图上看，源点可以经过 u 点或者 v 点中任意一个点到达边(u,v)上的某个位置，源点到这一位置距离为 l，如果这个点是关键点，必须保证源点到达这一位置的最短路一定是 l，也就是通过另外一个端点到达这个位置的距离一定不大于 l。可以肯定的是如果满足 dis[u]<l 并且 dis[u]+w>l，那么该边上一定存在关键点，有以下几种情况。

情况 1：经过 u 存在一个关键点，那么该点通过 v 到达源点的距离大于 l。

情况 2：经过 v 存在一个关键点，那么该点通过 u 到达源点的距离大于 l。

情况 3：经过 u、v 存在同一个关键点，那么该点经过两个端点到达源点的距离均为 l。

需要特别注意的地方是，上述第一、二种情况可能同时存在，也就是靠近 u 和靠近 v 的地方分别存在一个关键点，所以进行判断的时候应该是多选，而不是单选。

参考代码如下。

```
#include<bits/stdc++.h>
using namespace std;
#define pa pair<int,int>
const int maxn = 100005;
const int maxm = 200005;
const int inf = 0x3f3f3f3f;
struct Edge
{
    int u,v,w,nxt;
}edge[maxm];
int vis[maxn],head[maxn],dis[maxn],cnt[maxn],in[maxn];
int n,m,s,num;
void add(int u,int v,int w)
{
    num++;
    edge[num] = {u,v,w,head[u]};
    head[u] = num;
}
bool spfa(int s)
{
    for(int i = 1;i <= n;i++) dis[i] = inf;                //初始化操作
    queue<int> q;
    dis[s] = 0;
    in[s] = true;                                          //标记节点是否在队列中
    cnt[s]++;                                              //记录节点进入队列的次数
    q.push(s);
    while(q.size())
    {
        int u = q.front();q.pop();
        in[u] = false;
        for(int j = head[u];j;j = edge[j].nxt)
        {
            int v = edge[j].v,w = edge[j].w;
            if(dis[v]> dis[u] + w)                         //对相邻的每条边进行松弛
                dis[v] = dis[u] + w;
            if(in[v]) continue;
            q.push(v);
            in[v] = true;
            cnt[v]++;
            if(cnt[v]> n)
            {
                return false;                              //存在负环
            }
```

```
            }
        }
        return true;
    }
    int main()
    {
        int u,v,w,l;
        scanf("%d%d%d",&n,&m,&s);
        for(int i = 1;i <= m;i++)
        {
            scanf("%d%d%d",&u,&v,&w);
            add(u,v,w);
            add(v,u,w);
        }
        scanf("%d",&l);
        spfa(s);                                        //通过单源最短路得到源点到
                                                          每个点的最短距离
        //dijkstra(s);                                  //两种最短路算法均可
        int ans1 = 0,ans2 = 0;
        for(int i = 1;i <= n;i++)
            if(dis[i] == l)                             //解决位于节点上的关键位置
                ans1++;
        for(int i = 1;i <= num;i += 2)
        {
            int u = edge[i].u,v = edge[i].v,w = edge[i].w;
                                                        //几种情况可能并列发生
            if(dis[u]< l&&dis[u] + w > l&&dis[u] + dis[v] + w > l * 2)    //情况 1
                ans2++;
            if(dis[v]< l&&dis[v] + w > l&&dis[u] + dis[v] + w > l * 2)    //情况 2
                ans2++;
            if(dis[u]< l&&dis[v]< l&&dis[u] + dis[v] + w == l * 2)        //情况 3
                ans2++;
        }
        printf("%d\n",ans1 + ans2);
        return 0;
    }
```

对于求最短路的题目,实际使用的比较多的是迪杰斯特拉堆优化或 SPFA,经过队列优化后,贝尔曼—福特算法的复杂度为 O(km),其中 k 是一个常数,但是在某些情况下(例如给定的图是一个网格图或者稠密图),SPFA 算法复杂度会退化到 O(nm),所以迪杰斯特拉堆优化算法相比之下更加稳定,而 SPFA 常常用来处理负权图或者判断负环的存在。一般在难度比较低的竞赛中,两者可以互换。

**例题 4.2.4 最优花费。**

**题目描述:**给定一张 n 个节点 m 条边的无向连通图,节点编号从 1 到 n。每个节点上的人必须在当前节点或者前往其他节点消费一次并回到初始节点,消费的代价是目标点的点权,如果前往其他节点,需要消耗的额外代价是经过所有边的边权,求每个人的最小花费。

**输入格式:**第一行包含两个整数 n 和 m;接下来 m 行,每行三个数 u、v、k,表示(u,v)这条边的边权为 k;接下来一行有 n 整数 $a_1,a_2,\cdots,a_n$,表示每个点的点权。

**输出格式:**输出 n 整数,表示每个人的最小花费,如表 4-2-4 所示。

表 4-2-4 例题 4.2.4 样例

| 样例 1 输入 | 样例 1 输出 | 样例 2 输入 | 样例 2 输出 |
|---|---|---|---|
| 4 2<br>1 2 4<br>2 3 7<br>6 20 1 25 | 6 14 1 25 | 3 3<br>1 2 1<br>2 3 1<br>1 3 1<br>30 10 20 | 12 10 12 |

**数据范围**：$2 \leqslant n \leqslant 2 \times 10^5$，$1 \leqslant m \leqslant 2 \times 10^5$，$v_i \neq u_i$，$1 \leqslant w_i \leqslant 10^{12}$，$1 \leqslant a_i \leqslant 10^{12}$。

**题目分析**：通过对题意进行分析，如果求解每个点到其他节点的最短路径，加上对应点的点权，和当前点的点权比较后很容易求得最优解。但是通过观察数据范围，算法的时间复杂度显然无法满足要求。

通常面对这类既有点权又有边权的问题，我们会在图的构建过程中将点权和边权相互转化。我们发现每个人的花费包括在节点上的消费和前往节点的路径代价两部分，如果抽象一个虚拟节点，虚拟节点到每个点的代价设为这个节点的消费代价（化点权为边权），那么虚拟节点到每个点的最短路即是消费代价和路径代价的总和。如果路径代价存在（在原始节点消费只有消费代价），那么往返的路径应该是同一条，我们只需要在建图时将路径代价加倍即可。本题用两种单元最短路算法都可以实现。参考代码如下。

```
#include<bits/stdc++.h>
using namespace std;
#define ll long long
#define pa pair<ll,ll>
const int maxn = 200005;
const int maxm = maxn * 3;
ll n, m, cnt;
ll dis[maxn], head[maxn];
bool vis[maxn];
struct Edge
{
    ll v,w,nxt;
}e[maxm];
priority_queue<pa, vector<pa>, greater<pa> > q;
void add(ll u, ll v, ll w)
{
    e[++cnt] = {v,w,head[u]};
    head[u] = cnt;
}
void dijkstra(int s)
{
    memset(dis, 0x3f, sizeof(dis));
    dis[s] = 0, q.push(make_pair(0, s));
    while (!q.empty())
    {
        int u = q.top().second; q.pop();
        if (vis[u]) continue; vis[u] = 1;
        for (int i = head[u];i;i = e[i].nxt)
        {
            int v = e[i].v;
            if (dis[v] > dis[u] + e[i].w)
            {
```

```
                    dis[v] = dis[u] + e[i].w;
                    q.push(make_pair(dis[v], v));
                }
            }
        }
    }
    int main()
    {
        scanf("%lld%lld", &n, &m);
        for (int i = 1; i <= m; i++)
        {
            ll u,v,w;
            scanf("%lld%lld%lld", &u, &v, &w);
            add(u, v, 2 * w), add(v, u, 2 * w);          //路径加倍
        }
        for (int i = 1; i <= n; i++)
        {
            ll p;
            scanf("%lld", &p);
            add(0, i, p);                                //虚拟点到每个节点连边,化点权为边权
        }
        dijkstra(0);
        for(int i = 1; i <= n; i++)
        printf("%lld ", dis[i]);
        return 0;
    }
```

例题 4.2.5　添加路径。

题目描述：给定一张 n 个节点 m 条边的无向连通图，节点编号从 1 到 n，每条边的权值均为 1。现在要对没有连边的节点之间连上一条边，并且保证 s 到 t 之间的最短路径长度不变(最短路径长度表示 s 到 t 最少经过的边的数量)，请问最多可以添加多少条这样的边。

输入格式：第一行输入四个整数 n、m、s 和 t；以下 m 行每行输入两个整数，表示两个节点之间存在一条边。

输出格式：输出一个整数，表示最多可以连接的边数，如表 4-2-5 所示。

表 4-2-5　例题 4.2.5 样例

| 样例 1 输入 | 样例 1 输出 | 样例 2 输入 | 样例 2 输出 | 样例 3 输入 | 样例 3 输出 |
|---|---|---|---|---|---|
| 5 4 1 5<br>1 2<br>2 3<br>3 4<br>4 5 | 0 | 5 4 3 5<br>1 2<br>2 3<br>3 4<br>4 5 | 5 | 5 6 1 5<br>1 2<br>1 3<br>1 4<br>4 5<br>3 5<br>2 5 | 3 |

数据范围：$2 \leqslant n \leqslant 1000, 1 \leqslant m \leqslant 1000, 1 \leqslant s, t \leqslant n, s \neq t$。

题目分析：我们可以注意到，迪杰斯特拉算法的扩展过程和广度优先搜索有一些类似，从源点开始，逐步向外扩展。不同的是，迪杰斯特拉算法处理的是带权图，所以扩展时考虑每条边的权值，优先扩展距离更近的点，本题图上边权均为 1，迪杰斯特拉算法的扩展过程便和广搜一致了，由于每个节点是逐层加入优先队列中，那么优先队列的作用就和队列完全一样了。

如图 4-2-4 所示，如果某条边对 s 到 t 的路径长度不会造成影响，那么让 s 到 t 的强行经过这条边后，路径长度应该不小于它们之间的最短路，即 s－>i－>j－>t 与 s－>j－>i－>t 均不小于 s 到 t 的最短路长度。

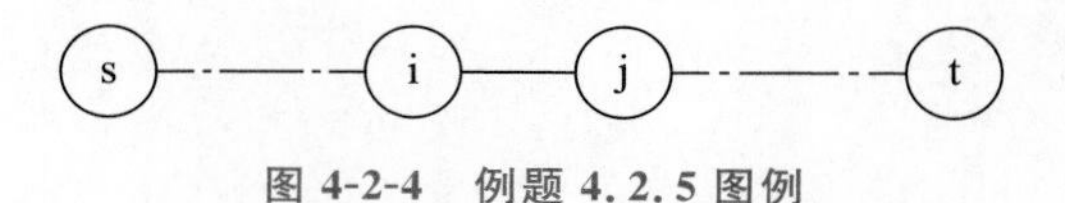


图 4-2-4　例题 4.2.5 图例

首先应分别得到以 s 为源点和以 t 为源点的最短路。然后枚举每一条不在图上的边，根据要求统计对答案的贡献。参考代码如下。

```
#include <bits/stdc++.h>
using namespace std;
const int maxn = 1005;
int n,m,cnt;
struct Edge
{
    int v,nxt;
}e[maxn * 2];
int head[maxn],mp[maxn][maxn],diss[maxn],dist[maxn];
void add(int u,int v)
{
    e[++cnt] = {v,head[u]};
    head[u] = cnt;
}
int main()
{
    int u,v,s,t;
    scanf("%d%d%d%d",&n,&m,&s,&t);
    for(int i = 1;i <= m;i++)
    {
        scanf("%d%d",&u,&v);
        add(u,v);add(v,u);
        mp[u][v] = mp[v][u] = 1;
    }
    memset(diss,-1,sizeof(diss));
    memset(dist,-1,sizeof(dist));
    queue<int> qs;
    qs.push(s);
    diss[s] = 0;
    while(qs.size())
    {
        int u = qs.front();qs.pop();
        for(int i = head[u];i;i = e[i].nxt)
        {
            int v = e[i].v;
            if(diss[v] == -1)
            {
                diss[v] = diss[u] + 1;
                qs.push(v);
            }
        }
    }
    queue<int> qt;
    qt.push(t);
    dist[t] = 0;
```

```
        while(qt.size())
        {
            int u = qt.front();qt.pop();
            for(int i = head[u];i;i = e[i].nxt)
            {
                int v = e[i].v;
                if(dist[v] == -1)
                {
                    dist[v] = dist[u] + 1;
                    qt.push(v);
                }
            }
        }
        int ans = 0;
        for (int i = 1; i < n; i++)
            for (int j = i + 1; j <= n; j++)
              if (!mp[i][j] && diss[i] + dist[j] + 1 >= diss[t] && diss[j] + dist[i] + 1 >= diss[t]
                    ++ans;
        printf("%d\n", ans);
        return 0;
    }
```

## 三、弗洛伊德算法

弗洛伊德(Floyd)算法代码简洁,却比较抽象,它同样利用了松弛的思路,但是没有直观地体现出路径生成的过程。算法依次枚举每一个节点,判断它是否可以作为其他节点对之间的断点,对其他节点之间的路径进行松弛,由于枚举点对需要 $O(N^2)$ 的复杂度,所以弗洛伊德算法的时间复杂度为 $O(n^3)$,由于需要用邻接矩阵来记录图中两两节点间的距离,所以需要 $O(n^2)$ 的空间复杂度。参考代码如下。

```
for(int k = 1;k <= n;k++)
    for(int i = 1;i <= n;i++)
        for(int j = 1;j <= n;j++)
            dis[i][j] = min(dis[i][j],dis[i][k] + dis[k][j]);
```

弗罗伊德算法是一种多源最短路算法,一次便可以计算图上两两点对之间的最短路,而且边权的正负对代码的正确性没有影响,在面对稠密图时有很大优势,要优于 n 次堆优化的迪杰斯特拉算法或队列优化的贝尔曼—福特算法。

**例题 4.2.6 寻找最短序列。**

**题目描述:** 给定 n 个节点的有向无环图和一条 m 个节点的路径 $p_1, p_2, \cdots, p_m$(不保证是简单路径,但是相邻节点之间一定有边),$v_1, v_2, \cdots, v_k$ 是 p 的子序列,其中 $v_1 = p_1, v_k = p_m$,现在请找出最短的 v 序列,满足 p 序列是经过 v 序列中所有节点的最短路径之一。

**输入格式:** 第一行输入一个整数 n,表示图的节点数;以下 n 行给出图的邻接矩阵,1 和 0 分别表示对应位置存在和不存在边;下面一行输入一个整数 m,表示路径上的点数,最后一行输入 m 个整数 $p_1, p_2, \cdots, p_m$,用来描述给定的路径。

**输出格式:** 第一行输出整数 k,表示最短序列长度,第二行输出 k 个整数 $v_1, \cdots, v_k$,描述找到的最短序列,如果存在多种情况,输出任意一种即可,路径上的每个节点需要保证唯一,如

表 4-2-6 所示。

表 4-2-6 例题 4.2.6 样例

| | 样例 1 | 样例 2 | 样例 3 | 样例 4 |
|---|---|---|---|---|
| 输入 | 4<br>0110<br>0010<br>0001<br>1000<br>4<br>1 2 3 4 | 4<br>0110<br>0010<br>1001<br>1000<br>20<br>1 2 3 4 1 2 3 4 1 2<br>3 4 1 2 3 4 1 2 3 4 | 3<br>011<br>101<br>110<br>7<br>1 2 3 1 3 2 1 | 4<br>0110<br>0001<br>0001<br>1000<br>3<br>1 2 4 |
| 输出 | 3<br>1 2 4 | 11<br>1 2 4 2 4 2 4 2 4 2 4 | 7<br>1 2 3 1 3 2 1 | 2<br>1 4 |

**数据范围**：$2 \leqslant n \leqslant 100$，$2 \leqslant m \leqslant 10^6$。

**题目分析**：题目用矩阵的方式给出图，并且顶点的最大值为 100，容易想到用弗洛伊德算法求两两之间的最短路。然后从顶点 $p_1$ 开始遍历，如果 $p_i$ 和 $p_j$ 之间的最短路与序列 $p_i$，$p_{i+1}$，…，$p_{j-1}$，$p_j$ 上两两点对之间最短路之和相等，那么继续向后遍历，直到最短路径长度小于路径之和的长度，此时 $p_i$ 和 $p_{j-1}$ 之间的最短路等于序列上相邻两点之间的路径和，并且 $p_{j-1}$ 是满足该条件的最后一个点，将 $p_{j-1}$ 加入 v 序列满足 v 序列尽可能短的条件，然后用相同策略继续向后遍历，直到遍历完整个序列。参考代码如下。

```
#include<bit/stdc++.h>
using namespace std;
const int inf = 0x3f3f3f3f;
const int maxn = 105;
const int maxm = 1000005;
int dis[maxn][maxn],v[maxm],p[maxm];
char str[maxn];
int main()
{
    int n,m;
    cin>> n;
    for(int i = 1;i <= n;i++)
    {
        cin>>(str + 1);
        for(int j = 1;j <= n;j++)
            dis[i][j] = (str[j] == '1')?1:inf;
        dis[i][i] = 0;
    }
    cin>> m;
    for(int i = 1;i <= m;i++) scanf("%d",&p[i]);
                                            //弗洛伊德计算多源最短路
    for(int k = 1;k <= n;k++)
        for(int i = 1;i <= n;i++)
            for(int j = 1;j <= n;j++)
                dis[i][j] = min(dis[i][k] + dis[k][j],dis[i][j]);
    v[1] = p[1];
```

```
    int cnt = 1, sum = 0;                    //v序列中的点数,路径上点对间的距离和
    for(int i = 2;i <= m;i++)
    {
        sum += dis[p[i - 1]][p[i]];          //对路径上点对的距离进行统计
        if(sum > dis[v[cnt]][p[i]])
        {
            v[++cnt] = p[i - 1];             //上一个点加入v序列
            sum = dis[v[cnt]][p[i]];
        }
    }
    v[++cnt] = p[m];                         //最后一个点一定在v中
    printf("%d\n",cnt);
    for(int i = 1;i <= cnt;i++)
        printf("%d ",v[i]);
    return 0;
}
```

例题 4.2.7　城市通勤。

题目描述：有 n 个城镇，各个城镇两两之间要么由铁路相连，要么由公路相连，共有 m 条铁路线，任意两城镇间的距离均为 1 个特定单位。现有两个人同时从城镇 1 出发，分别坐火车和坐汽车到达城镇 n，求两人到达 n 号城镇需要的最短时间，假设任意两个城镇间两种交通方式用时都是一个单位时间。

输入格式：第一行包含两个整数 n 和 m，接下来 m 行，每行两个整数 u 和 v，表示城镇 u 到城镇 v 之间有一条双向铁路相连。

输出格式：仅有一个整数，表示个人都到达城镇 n 需要的最短时间，若其中一人不能到达或都不能到达终点，输出 −1，如表 4-2-7 所示。

表 4-2-7　例题 4.2.7 样例

| 样例 1 输入 | 样例 1 输出 | 样例 2 输入 | 样例 2 输出 | 样例 3 输入 | 样例 3 输出 |
|---|---|---|---|---|---|
| 4 2<br>1 3<br>3 4 | 2 | 4 6<br>1 2<br>1 3<br>1 4<br>2 3<br>2 4<br>3 4 | −1 | 5 5<br>4 2<br>3 5<br>4 5<br>5 1<br>1 2 | 3 |

数据范围：$2\leqslant n\leqslant 400, 0\leqslant m\leqslant n\times\frac{n-1}{2}, 1\leqslant u,v\leqslant n, u\neq v$。

题目分析：题目的目标是分别求乘坐火车和乘坐汽车从城镇 1 到城镇 n 需要的最短时间，节点数不多的“完全图”，明显应该用邻接矩阵来存图，用弗洛伊德求来求解。参考代码如下。

```
#include <bits/stdc++.h>
using namespace std;
const int INF = 0x3f3f3f3f;
int map1[1010][1010],map2[1010][1010];
```

```
int main()
{
    int n,m,x,y;
    scanf("%d%d",&n,&m);
    for(int i = 1;i <= n;i++)
        for(int j = 1;j <= n;j++)
        {                                   //初始化:默认初始时两城镇间汽车可达,火车不可达
            map1[i][j] = map1[j][i] = INF;
            map2[i][j] = map2[j][i] = 1;
        }
    for(int i = 1;i <= m;i++)
    {                                       //map1[i][j] 表示从城镇 i 到城镇 j 之间乘坐火车
                                              需要的最少时间
        scanf("%d%d",&x,&y);
        map1[x][y] = map1[y][x] = 1;
        map2[x][y] = map2[y][x] = INF;
    }                                       //map2[i][j] 表示从城镇 i 到城镇 j 之间乘坐汽车
                                              需要的最少时间
    for(int k = 1;k <= n;k++)               //枚举乘火车需要中转的城镇 k
        for(int i = 1;i <= n;i++)           //求乘火车从城镇 i 到城镇 j 的最少时间
            for(int j = 1;j <= n;j++)
                map1[i][j] = min(map1[i][j],map1[i][k] + map1[k][j]);
    for(int k = 1;k <= n;k++)               //枚举乘汽车需要中转的城镇 k
        for(int i = 1;i <= n;i++)           //求乘汽车从城镇 i 到城镇 j 的最少时间
    for(int j = 1;j <= n;j++)
        map2[i][j] = min(map2[i][j],map2[i][k] + map2[k][j]);
    if(map1[1][n]>= INF || map2[1][n]>= INF) printf("-1\n");
    else printf("%d\n",max(map1[1][n],map2[1][n]));
    return 0;
}
```

**例题 4.2.8 计算器。**

**题目描述**：定义 x－y 计算器的功能，这个计算器的初始数值为 0，每次操作前会先将当前结果的最低位进行打印，然后加上 x 或 y。以 4－2 计算器为例。

(1) 输出 0，然后加上 4，当前数值为 4，当前整体输出为 0。

(2) 输出 4，然后加上 4，当前数值为 8，当前整体输出为 04。

(3) 输出 8，然后加上 4，当前数值为 12，当前整体输出为 048。

(4) 输出 2，然后加上 2，当前数值为 14，当前整体输出为 0482。

(5) 输出 4，然后加上 4，当前数值为 18，当前整体输出为 04824。

当然，我们也可以每次都进行加 2 操作，这样得到的结果就是 0246802468024 这个序列。

现在给定一个 x－y 计算器得到的序列 s，由于某些原因，中间的一些数字丢失了。为了恢复序列，你需要对于每一款 x－y($0 \leqslant x,y < 10$)计算器，输出恢复序列 s 需要插入的最少数字的个数。

**输入格式**：输入一个字符串 s，表示剩余的输出序列，保证 $s_1 = 0$。

**输出格式**：输出一个 10×10 的矩阵，$a_{ij}$ 表示需要恢复 i－j 计算器所需要插入的最少数字个数，如果无法恢复则输出－1，如表 4-2-8 所示。

表 4-2-8 例题 4.2.8 样例

| 样例 1 输入 | 样例 1 输出 |
|---|---|
| 0840 | −1 17 7 7 7 −1 2 17 2 7<br>17 17 7 5 5 5 2 7 2 7<br>7 7 7 4 3 7 1 7 2 5<br>7 5 4 7 3 3 2 5 2 3<br>7 5 3 3 7 7 1 7 2 7<br>−1 5 7 3 7 −1 2 9 2 7<br>2 2 1 2 1 2 2 2 0 1<br>17 7 7 5 7 9 2 17 2 3<br>2 2 2 2 2 2 0 2 2 2<br>7 7 5 3 7 7 1 3 2 7 |

**数据范围**：$1 \leqslant |s| \leqslant 2 \times 10^6$，$s_i \in \{0-9\}$。

**题目分析**：题目要求的是恢复 i−j 计算器所需要插入的最少数字个数，通过观察可以发现，每次可能打印出来的数构成了一棵以 0 为根节点的二叉树，根节点的左右子节点分别是 x 和 y，假设父节点的值为 u，那么左子节点为 (u+x) mod 10，右子节点为 (u+y) mod 10，在确定计算器类型的前提下，两个打印数字之间需要插入的数字个数是树上这两个字符之间的最短路长度。

多源最短路的计算用弗洛伊德算法，在计算器类型为 i−j 的前提下，dis[i][j]表示 i 和 j 之间的距离，初始时我们将树上父子节点之间的距离置为 1，其他节点间的距离为 inf，路径上每经过一个中转节点，路径长度加 1，最后需要插入的数字个数即为两个点之间的最短路径上的节点个数，即最短路长度减 1。弗洛伊德复杂度为 $O(10^3)$，总的时间复杂度为 $O(10^2 \times (10^3 + |s|))$。参考代码如下。

```
#include< bits/stdc++.h>
using namespace std;
const int inf = 0x3f3f3f3f;
int dis[10][10],len;
char s[2000005];
int solve(int x,int y)
{
    memset(dis,0x3f,sizeof(dis));
    for(int i = 0;i< 10;i++)
    {
        dis[i][(i + x) % 10] = 1;              //相邻两点距离为 1
        dis[i][(i + y) % 10] = 1;
    }
    for(int k = 0;k < 10;k++)                  //弗洛伊德计算多源最短路
        for(int i = 0;i < 10;i++)
            for(int j = 0;j < 10;j++)
                dis[i][j] = min(dis[i][k] + dis[k][j],dis[i][j]);
    int ans = 0;
    for(int i = 1;i < len;++i)                 //统计答案
    {
        int c1 = s[i] - '0',c2 = s[i + 1] - '0';
        if(dis[c1][c2] == inf) return - 1;
        ans + = dis[c1][c2] - 1;               //将需要插入的数字个数进行累加
    }
```

```
    return ans;
}
int main()
{   scanf("%s",s+1);
    len=strlen(s+1);
    for(int x=0;x<10;++x)
    {
        for(int y=0;y<10;++y)
            cout<<solve(x,y)<<" ";
        cout<<endl;
    }
    return 0;
}
```

本题的难点是如何将插入的数字个数转化为求解最短路，这也是最短路问题的难点。如果给定一张图求解最短路径，这类问题一般都比较容易，但是如果给定一个复杂背景，需要将其抽象为图论问题，然后用最短路求解，问题将变得特别复杂，同学们要多加练习，积累建模的经验。

# 第三节 拓扑排序

在有向无环图中，一条有向边由起点指向终点，起点称为其终点的前驱节点；同理，终点称为起点的后继节点。在这张图中，将所有点排成一个序列，使得任意点的所有前驱节点都出现在该点之前，那么这个排序过程就称作拓扑排序。

如图 4-3-1 所示，1、2、3、4、5 和 1、3、4、2、5 等将节点 1 排在第一位，节点 5 排在最后一位的排序方法，这样的序列称为这张图的拓扑序。

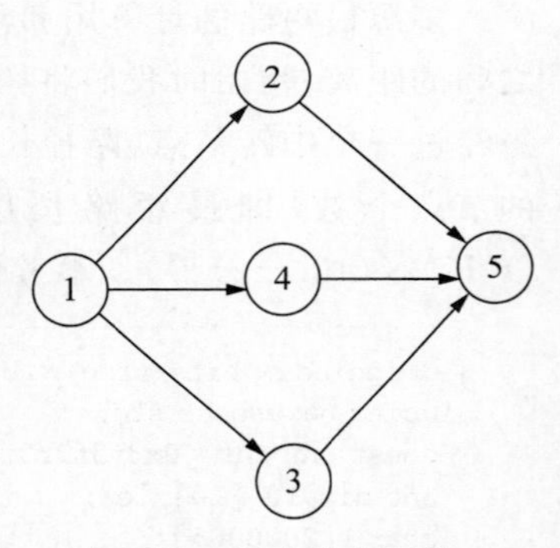

图 4-3-1 拓扑排序图例

拓扑排序常用来在有依赖的事物之间，确定事物发生的顺序。如确定零件加工顺序、工人的任务安排等。冬天穿衣服的顺序安排也是一种拓扑排序，必须从里到外依次穿好，但是拓扑序并不是唯一的，比如先穿外套还是先穿裤子对最终的结果不会造成什么影响。

## 一、拓扑排序算法讲解

拓扑排序算法必须从一个入度为 0 的节点开始，因为这样的节点不依赖任何前序节点，如果有多个节点入度均为 0，可以从其中任意节点开始。

(1) 选择入度为 0 的节点。

(2) 从图中依次删除与这些节点相邻的边，并且修改后继节点的入度。

(3) 重复以上步骤，直到没有满足条件的节点。

参考代码如下。

```
void topsort()
{
    queue<int> q;
```

```
    for(int i = 1;i <= n;i++)
    {
        if(in[i] == 0)   q.push(i);              //将所有入度为 0 的点加入队列
    }
    while(q.size())
    {
        int u = q.front();q.pop();               //这里也可以用优先队列,找到的拓扑序字典序
                                                   最小
        cout << u <<" ";
        for(int i = head[u];i;i = edge[i].nxt)  //遍历与 u 的所有出边,修改后继节点的入度
        {
            int v = edge[i].v;
            in[v] -- ;
            if(in[v] == 0) q.push(v);
        }
    }
}
```

如果一个有向图在拓扑排序后输出的节点数小于原图中的点数,那么图中一定存在环。

## 二、典型例题

例题 4.3.1　选课。

题目描述:学校共开设了 n 门课供同学选择,小 A 需要通过其中指定 k 门必修课才能顺利完成该阶段的学习,有一些课程需要先完成一些先修课程后才能进行该课程的学习。现在给定所有课程的先修课程列表,小 A 希望找到一种选课顺序,使得他修完最少的科目即可顺利毕业。

输入格式:第一行输入两个整数 n 和 k,表示课程总数和必修课数量;第二行输入 k 个 1 到 n 之间的数表示必修课序号;以下 n 行分别描述每门课的先修课,第一个数字 $t_i$ 表示先修课数量,后面 $t_i$ 个数字分别表示这些先修课的序号。所有课程序号都在 1～n,保证所有 $t_i$ 的和不超过 $10^5$。

输出格式:如果找不到合法方案则输出 −1;否则先输出一个整数 m 表示最少选课数量,在下一行输出 m 个数,按选课顺序给出课程序号。如果有多种答案,输出任意一种即可,如表 4-3-1 所示。

表 4-3-1　例题 4.3.1 样例

| 样例 1 输入 | 样例 1 输出 | 样例 2 输入 | 样例 2 输出 | 样例 3 输入 | 样例 3 输出 |
|---|---|---|---|---|---|
| 6 2<br>5 3<br>0<br>0<br>0<br>2 2 1<br>1 4<br>1 5 | 5<br>1 2 3 4 5 | 9 3<br>3 9 5<br>0<br>0<br>3 9 4 5<br>0<br>0<br>1 8<br>1 6<br>1 2<br>2 1 2 | 6<br>1 2 9 4 5 3 | 3 3<br>1 2 3<br>1 2<br>1 3<br>1 1 | −1 |

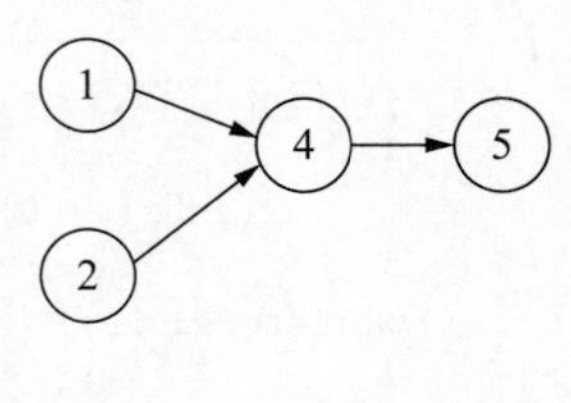

图 4-3-2 例题 4.3.1 图示

**数据范围**：$1\leqslant k\leqslant n\leqslant 10^5$，$0\leqslant t_i\leqslant n-1$。

**题目分析**：本题拓扑排序的特征十分明显：任务安排问题且任务有依赖关系。但是题目要求完成最少科目的学习，那么在拓扑排序中，只要必修课满足要求就要马上修完这门课，而且需要尽可能让必修课先满足要求，朴素的拓扑排序算法无法满足要求。如果我们将依赖关系作图可以发现，某个节点依赖的所有前置节点，一定都在一棵以这个节点为根节点的树上，如图 4-3-2 所示。

可以建一个拓扑排序图的反向图，对于每一门必修课，反向搜索这门必修课的所有依赖课程，然后进行标记，后续搜索时，如果依赖课程已经被标记过，则可以不继续往下搜索，直接返回。所有必修课在反向图上生成了多棵树（通常称为森林），森林中的节点数即为最少需要修完的课程数。参考代码如下。

```
#include<bits/stdc++.h>
using namespace std;
const int maxn = 100005;
vector<int> edge[maxn],lst;
int vis[maxn],b[maxn];
void dfs(int u)
{
    if(vis[u] == 2)
        return;
    vis[u] = 1;                                   //临时标记,正在搜索以该节点为根的树
    for(int i = 0;i < edge[u].size();i++)
    {
        int v = edge[u][i];
        if(vis[v] == 1)                           //构成了环,直接退出
        {
            cout << -1 << endl;
            exit(0);
        }
        dfs(v);
    }
    vis[u] = 2;                                   //永久标记,表明以该节点为根的树已经搜完
    lst.push_back(u);                             //依赖节点都已搜过,加入队列
}

int main()
{
    int n,m,k,v;
    scanf("%d%d",&n,&k);
    for(int i = 1;i <= k;i++)
        scanf("%d",&b[i]);
    for(int i = 1;i <= n;i++)
    {
        scanf("%d",&m);
        for(int j = 0;j < m;j++)
```

```
        {
            scanf("%d",&v);
            edge[i].push_back(v);
        }
    }
    for(int i = 1;i <= k;i++) dfs(b[i]);

    cout << lst.size()<< endl;
    for(int i = 0;i < lst.size();i++)
        cout << lst[i]<<' ';
    return 0;
}
```

深度优先搜索中，操作放在递归前还是递归后有很大的区别，虽然是反向搜索，但是放在递归后加入答案队列却是正着输出。这究竟是为什么呢？

例题 4.3.2　特殊的字典序。

题目描述：给定一些字符串，这些字符串按照某种特殊的字典序（26 个字母的顺序不再是 a、b、c、d、e、f、g、…、x、y、z）排序，请求出这个顺序，如果存在多种情况，输出任意一种即可，无解输出 Impossible。注意无论在哪种字典序下，一个串的前缀总是排在这个串之前。

输入格式：第一行输入一个整数 n，表示字符串数量；以下 n 行按顺序输入字符串 $str_i$，字符串只包含小写字母，且不会有相同的字符串出现。

输出格式：如果这样的字典序存在，则按这种特殊顺序输出字母 'a'～'z'，否则输出 "Impossible"，如表 4-3-2 所示。

表 4-3-2　例题 4.3.2 样例

| | 样例 1 | 样例 2 |
|---|---|---|
| 输入 | 3<br>rivest<br>shamir<br>adleman | 10<br>tourist<br>petr<br>wjmzbmr<br>yeputons<br>vepifanov<br>scottwu<br>oooooooooooooooo<br>subscriber<br>rowdark<br>tankengineer |
| 输出 | bcdefghijklmnopqrsatuvwxyz | Impossible |

数据范围：$1 \leqslant n \leqslant 100, 1 \leqslant |str_i| \leqslant 100$。

题目分析：解题方向十分明确，根据给定字符串的字典序，我们可以知道其中一些字母的依赖关系，然后输出任意满足依赖关系的字母顺序即可。在确定依赖关系时，注意如果一个字符串是另一个字符串的前缀，那么长度较短的字符串一定要排在前面，否则不符合题目要求。参考代码如下。

```
#include<bits/stdc++.h>
using namespace std;
const int maxn = 105;
string str[maxn];
struct Edge
{
    int v,nxt;
}edge[maxn];
int vis[30],head[30],in[30],cnt;
char ans[30];
void add(int u,int v)
{
    edge[++cnt] = {v,head[u]};
    head[u] = cnt;
}
void topsort()
{
    queue<int> q;
    int idx = 0;
    for(int i = 0;i < 26;i++)
    {
        if(in[i] == 0)  q.push(i);                    //将所有入度为 0 的点加入队列
    }
    while(q.size())
    {
        int u = q.front();q.pop();
        ans[idx++] = 'a' + u;                          //将节点加入答案串
        for(int i = head[u];i;i = edge[i].nxt)
        {
            int v = edge[i].v;
            in[v]--;
            if(in[v] == 0) q.push(v);
        }
    }
    ans[idx] = '\0';
    if(idx == 26) cout << ans << endl;
    else cout <<"Impossible"<< endl;
}
int main()
{
    int n;
    cin >> n;
    for(int i = 1;i <= n;i++) cin >> str[i];
    for(int i = 1;i < n;i++)
    {
        int j = 0,l1 = str[i].length(),l2 = str[i + 1].length();
        while(j < min(l1,l2)&&str[i][j] == str[i+1][j]) j++;//找到第一个不相等的字符
        if(j >= min(l1,l2))
        {
            if(l1 > l2)                                //不符合题目要求
```

```
            {
                cout <<"Impossible"<< endl;
                return 0;
            }
            continue;
        }
        add(str[i][j] - 'a',str[i + 1][j] - 'a');//从字典序小的字符到字典序大的字符连一条边
        in[str[i + 1][j] - 'a']++;
    }
    topsort();
    return 0;
}
```

例题 4.3.3　级别确定。

题目描述：n 个机器人，每个机器人有一个介于 1～n 的不同级别，高级别的机器人可以打败低级别的机器人，现在给出 n 个机器人 m 场比赛的胜负情况，问：至少需要前几场比赛的胜负情况可以确定每个机器人的级别？

输入格式：第一行输入两个整数 n 和 m，分别表示机器人数量和比赛场次；以下 m 行分别描述每场比赛的胜负情况，$u_i$ 和 $v_i$ 表示第 i 场比赛 $u_i$ 打败了 $v_i$，数据保证至少存在一种顺序满足所有比赛的胜负情况。

输出格式：如果可以用前 k 场比赛的情况唯一确定所有机器人的级别，则输出 k，如果有多种级别均可以满足这 m 场比赛的胜负情况，则输出 −1，如表 4-3-3 所示。

表 4-3-3　例题 4.3.3 测试样例

| 样例 1 输入 | 样例 1 输出 | 样例 2 输入 | 样例 2 输出 |
|---|---|---|---|
| 4 5<br>2 1<br>1 3<br>2 3<br>4 2<br>4 3 | 4 | 3 2<br>1 2<br>3 2 | −1 |

数据范围：$2\leqslant n\leqslant 100000, 1\leqslant m\leqslant \min\left[\frac{n\times(n-1)}{2}, 10^5\right]$。

题目分析：如果每个机器人的级别都是唯一确定的，那么在拓扑排序的过程中，这些机器人的关系可以形成一条链。在样例 2 中，(1,3,2)和(3,1,2)两种拓扑序均可以，1 和 3 两个节点入度均为 0，形成了树形结构，这样 1 和 3 之间的强弱关系就无法确定。所以在解决这个问题时，我们可以用拓扑排序的方法，在排序过程中始终保持每个节点前后仅有一个节点，如果多余一个，例如，初始化时有两个及以上的点入度为 0 或者在更新入度时出现多个入度为 0 的点，说明排序方案不止一种，否则我们在排完序后可以获得唯一的排序方案用来确定机器人的级别。

```
#include<bits/stdc++.h>
using namespace std;
const int maxn=100005;
struct Edge
{
    int v,nxt;
}edge[maxn];
int head[maxn],vis[maxn],in[maxn];
int n,m,cnt;
void add(int u,int v)
{
    edge[++cnt]={v,head[u]};
    head[u]=cnt;
}
void topsort()
{
    queue<int> q;
    int idx=0,ans=0;
    for(int i=1;i<=n;i++)
        if(in[i]==0)  q.push(i);          //将所有入度为0的点加入队列

    if(q.size()>1)                        //超过1个无法确定他们之间的关系
    {
        cout<<-1<<endl;
        return;
    }
    while(q.size())
    {
        int u=q.front();q.pop();
        int flag=0;
        for(int i=head[u];i;i=edge[i].nxt)
        {
            int v=edge[i].v;
            in[v]--;
            if(in[v]==0)
            {
                q.push(v);
                ans=max(ans,i);           //更新最大边的编号
                flag++;
            }
        }
        if(flag>1) break;
    }
    if(q.size()) cout<<-1<<endl;
    else cout<<ans<<endl;
}
int main()
{
    int u,v;
    scanf("%d%d",&n,&m);
    for(int i=1;i<=m;i++)
    {
        scanf("%d%d",&u,&v);
        add(u,v);
        in[v]++;
    }
    topsort();
    return 0;
}
```

**例题 4.3.4 边的重定向。**

**题目描述**：给定一张有向图，改变其中一些边的方向，使得图中没有环，求使得所选边边权的最大值最小的方案。

**输入格式**：第一行输入两个整数 n 和 m，表示图的点数和边数；以下 m 行每行三个整数 $u_i$，$v_i$ 和 $w_i$，表示每条边的起点、终点和边权。

**输出格式**：第一行输出两个整数 ans 和 k，分别表示最小边权以及改变的边数，k 不一定是最小值；第二行输出 k 个整数，分别表示需要改变方向的边的序号，如果有多种解，输出任意一种即可，如表 4-3-4 所示。

表 4-3-4 例题 4.3.4 测试样例

| 样例 1 输入 | 样例 1 输出 | 样例 2 输入 | 样例 2 输出 |
|---|---|---|---|
| 5 6<br>2 1 1<br>5 2 6<br>2 3 2<br>3 4 3<br>4 5 5<br>1 5 4 | 2 2<br>1 3 | 5 7<br>2 1 5<br>3 2 3<br>1 3 3<br>2 4 1<br>4 3 5<br>5 4 1<br>1 5 3 | 3 3<br>3 4 7 |

**数据范围**：$2 \leqslant n \leqslant 100000$，$1 \leqslant m \leqslant 100000$，$1 \leqslant w_i \leqslant 10^9$。

**题目分析**：学习过二分答案的读者应该发现了题目里有一个很明显的特征——求使得所选边边权的最大值最小的方案。要使最大值最小，或者最小值最大，我们可以通过二分答案首先确定一个最大值，然后检查在这个最大值的前提下是否能满足要求，如果能满足，再尝试找更优解，否则放松条件继续检查。那么在确定了一个最大值后，如何检查这个值是否可行呢？

我们可以发现，在最大边权确定后，大于该边权的所有边都不能再进行调整，而不超过该边权的边可以随意调整，我们记录方案待后续输出即可。这样，我们对所有的点进行拓扑排序，拓扑排序过程中，大于阈值边权的边作为约束条件，对节点间的关系进行约束，其他边不加入约束。如果可以正常进行拓扑排序，说明图中没有环，排序后根据排序结果确定不大于阈值的边权方向即可。参考代码如下。

```
#include<bits/stdc++.h>
using namespace std;
vector<int> E[100005];
struct Edge
{
    int u,v,w,id;
    bool operator<(const Edge &o) const
    {
        return w<o.w;
    }
}edge[100005];
int n,m,ans,tp[100005],in[100005],cnt;
```

```
vector<int> lst;
bool check(int num)
{
    memset(in,0,sizeof(in));
    memset(tp,0,sizeof(tp));
    cnt = 0;
    for(int i = 1;i <= n;i++) E[i].clear();
    for(int i = num + 1;i <= m;i++)                //大于阈值的边,加入拓扑排序的约束中
    {
        E[edge[i].u].push_back(edge[i].v);
        in[edge[i].v]++;
    }
    queue<int> q;
    for(int i = 1;i <= n;i++)
        if(in[i] == 0) q.push(i);
    while(q.size())
    {
        int u = q.front();
        q.pop();
        tp[u] = ++cnt;                             //记录每个点的拓扑序
        for(int i = 0;i < E[u].size();i++)
        {
            int v = E[u][i];
            if(--in[v] == 0) q.push(v);
        }
    }
    for(int i = 1;i <= n;i++)                      //存在无法进行拓扑排序的点,也就是图中有环
        if(in[i]) return 0;
    lst.clear();
    ans = edge[num].w;
    for(int i = 1;i <= num;i++)
    {
        if(tp[edge[i].u]> tp[edge[i].v])           //根据拓扑序,确定不超过阈值的边的方向
            lst.push_back(edge[i].id);
    }
    return 1;
}
int main()
{
    cin>> n>> m;
    for(int i = 1;i <= m;i++)
    {
        cin>> edge[i].u>> edge[i].v>> edge[i].w;
        edge[i].id = i;
    }
    sort(edge + 1,edge + m + 1);
    int l = 0,r = m;
    while(l <= r)
    {
        int mid = (l + r)/2;
        if(check(mid)) r = mid - 1;
        else l = mid + 1;
    }
    cout << ans <<' '<< lst.size()<< endl;
    for(int i = 0;i < lst.size();i++) cout << lst[i]<<' ';
    return 0;
}
```

问题拓展：给定一张图，其中一些边为有向边，另一边是无向边，是否可以将无向边变成有向边构成一张新的图，使得图中没有环，输出定向方案。拓展问题的目标是对无向边进行定向，确保定向后图中不存在环。如图 4-3-3 所示，我们可以发现，如果沿用本题的思路，对图像进行拓扑排序，将有向边作为对节点的约束，这样 2 号节点没有任何约束，既可以排在 1 之前，也可以排在 1 之后，均是正常的拓扑序，所以我们可以从 2 到 1、5 连边（见图 4-3-3）或者 1 到 2 连边，2 到 5 连边，这样操作之后图中都不会有环。

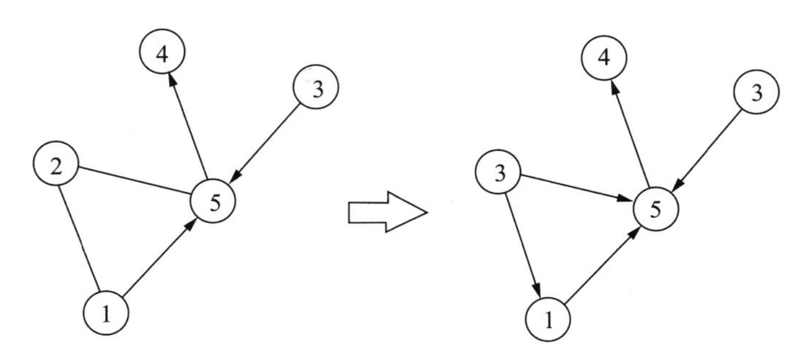


图 4-3-3 例题 4.3.4 问题拓展图示

## 第四节 最小生成树

我们在之前已经了解到，树是一种特殊的图，指的是 n 个节点，n－1 条边的简单连通图（不存在环）。在有 n 个点的无向连通图中，取其中 n－1 条边，并连接所有的顶点，所得到的子图称为原图的一棵生成树。如果无向连通图带权，那么在所有生成树中，边权和最小的一棵生成树即为原图的最小生成树。

常见的最小生成树算法有克鲁斯卡尔和普里姆两种，它们都用了贪心的构造思想，在不破坏最小生成树结构的前提下，尽可能选取权值较小的边，下面我们分别介绍两种算法。

### 一、克鲁斯卡尔算法

克鲁斯卡尔（Kruskal）算法首先对所有边进行排序，每次选定一条边，如果这条边加入集合后不会与集合内的其他边构成环，那么便把这条边加入集合，最后当集合内边数达到 n－1 时，集合内的所有边就构成了最小生成树。

```
int fa[maxn];
int find(int x)
{
    if(fa[x] == x) return x;
    return fa[x] = find(fa[x]);
}
void kruskal()
{
    for(int i = 1;i <= n;i++) fa[i] = i;       //初始化并查集
    sort(edge + 1,edge + 1 + m);               //将所有边按照从小到大的顺序进行排序
    for(int i = 1;i <= m;i++)
    {
```

```
            if(cnt == n - 1) break;
            int u = edge[i].u,v = edge[i].v,w = edge[i].w;
            if(find(u)! = find(v))                    //这条边不会破坏生成树的结构
            {
                fa[find(u)] = find(v);                //将该边加入集合中
                sum + = w;                            //统计权值
                cnt++;                                //统计边数
            }
        }
    }
```

上述代码中用到了并查集，通过并查集可以很方便地查看某条边是否会破坏生成树的结构，也就是与之前的边构成环，如果该边连接的两个节点之前不在同一个集合中，说明两个节点在不同的连通分量里，这样引入这条边一定不会构成环，否则一定会生成环。代码的时间复杂度容易分析，排序的时间复杂度为 O(mlogm)，循环中由于使用了并查集，并查集的复杂度为 O(logn)，所以总的复杂度为 O(mlogm)。

## 二、普里姆算法及其优化

普里姆(prim)算法核心思想也是贪心，从"孤岛"开始逐步往外扩展。初始时孤岛范围内只有一个起始节点，每次在岛外与孤岛连接的点中选择连接边权最小的点进行扩展，将该点合并至孤岛，重复以上过程，直到所有的节点都合并到小岛或者无法继续合并，算法结束。

通常我们将上面的描述中小岛称作已扩展集合，岛外的点组成待扩展集合。参考代码如下。

```
void prim()
{
    memset(dis, inf, sizeof(dis));                    //初始化距离
    memset(vis, 0, sizeof(vis));                      //初始化标记
    dis[1] = 0, vis[1] = 1;                           //将 1 号节点标记为已扩展
    for (int i = head[1];i;i = edge[i].nxt)           //更新待扩展集合中的点到已扩展集合的距离
    {
        int v = edge[i].v,w = edge[i].w;
        dis[v] = w;
    }
    for (int i = 1; i < n;i++)                        //扩展剩余的 n - 1 个节点
    {
        int minn = inf,idx = 0;
        for(int j = 1;j <= n;j++)                     //寻找待扩展集合中距离最近的节点
        {
            if (!vis[j]&&dis[j]< minn)
            {
                minn = dis[j];
                id = j;
            }
        }
        sum + = dis[id]; cnt++;                       //统计答案
        vis[id] = 1;                                  //扩展标记
        for (int j = head[id];i;i = edge[i].nxt)
```

```
            {//更新距离,新加入的点会影响已扩展集合与其他点之间的距离
                int v = edge[j].v,w = edge[j].w;
                if (!vis[v]&&dis[v] > w)
                {
                    dis[v] = w;
                }
            }
        }
    }
```

通过分析我们不难发现，代码的瓶颈在于寻找扩展集合中距离最近的点，整个算法复杂度高达 $O(n^2)$，如果用堆来求最小值，可以对算法进行如下优化。

```
struct node
{
    int u,val;
    bool operator < (const node &other) const
    {
        return val > other.val;
    }
};
void prim()
{
    memset(dis, inf, sizeof(dis));          //初始化距离
    memset(vis, 0, sizeof(vis));            //初始化标记
    dis[1] = 0, vis[1] = 1;                 //将 1 号节点标记为已扩展
    priority_queue < node > q;
    q.push((node){1,dis[1]});
    while(q.size()&&cnt < n)
    {
        int u = q.top().u; q.pop();
        if(vis[u]) continue;
        vis[u] = true;
        cnt++;
        sum + = dis[u];
        for (int j = head[u];j;j = edge[j].nxt)
        {
            int v = edge[j].v,w = edge[j].w;
            if (!vis[v] && dis[v] > w)
            {
                dis[v] = w;
                q.push((node){v,dis[v]})
            }
        }
    }
}
```

经过堆优化，普里姆算法的复杂度为 O(mlogm)，这是因为 15 行和 22 行的嵌套循环执行的次数最多为 m，每次入堆操作的复杂度为 O(logm)，这样可以得到总的时间复杂度。

## 三、典型例题

**例题 4.4.1　电力系统。**

**题目描述：**有 n 个城市，现在要新建一套电力系统，使每个城市都通上电。一个城市通电，

必须有发电站或者有电缆与其他通电城市相连。在一个城市建造发电站的代价是 $c_i$，两个城市连接电缆的代价是 $(k_i+k_j)\times(|x_i-x_j|+|y_i-y_j|)$，$k_i$ 是第 i 个城市连接电缆的难度系数，$|x_i-x_j|+|y_i-y_j|$ 是两个城市之间的曼哈顿距离。求使所有城市通电的最小代价及方案。

**输入格式**：第一行为一个整数 n，表示城市数量；以下 n 行每行两个整数 $x_i$ 和 $y_i$，表示该城市坐标；下面一行包含 n 个整数 $c_1$，$c_2$，…，$c_n$，表示每个城市建造发电站的代价；最后一行包含 n 个整数 $k_1$，$k_2$，…，$k_n$，表示连接电缆的难度系数。

**输出格式**：输出第一行为一个整数，表示建造电力系统的最小代价；第二行一个整数，表示建造的电站数量 v；第三行为 v 个整数，表示建造电站的城市编号；第四行为一个整数，表示建立电缆连接的城市对数 e；以下 e 行每行一对整数 a 和 b($1\leqslant a,b\leqslant n,a\neq b$)，表示 a 和 b 城市之间用电缆连接；输出任意一种合法方案即可，如表 4-4-1 所示。

表 4-4-1　例题 4.4.1 测试样例

| 样例 1 输入 | 样例 1 输出 | 样例 2 输入 | 样例 2 输出 |
|---|---|---|---|
| 3<br>2 3<br>1 1<br>3 2<br>3 2 3<br>3 2 3 | 8<br>3<br>1 2 3<br>0 | 3<br>2 1<br>1 2<br>3 3<br>23 2 23<br>3 2 3 | 27<br>1<br>2<br>2<br>1 2<br>2 3 |

**数据范围**：$1\leqslant n\leqslant 2000$，$1\leqslant x_i,y_i\leqslant 10^6$，$1\leqslant c_i\leqslant 10^9$，$1\leqslant k_i\leqslant 10^9$。

**题目分析**：如图 4-4-1 所示，绿色方格表示在该城市建设发电站，蓝色方格表示需要从其他有发电站的城市取点，红色连线为电缆。

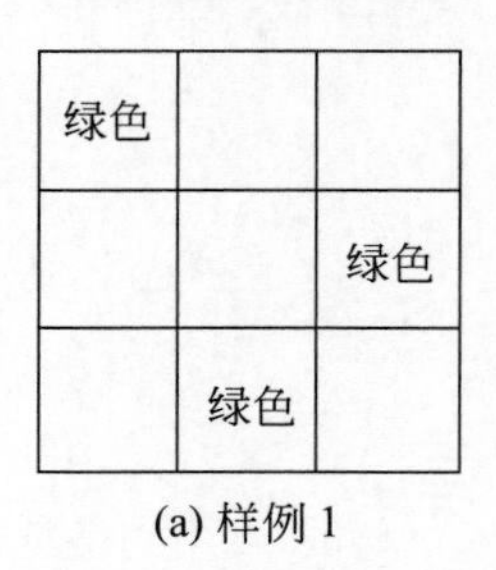

(a) 样例 1

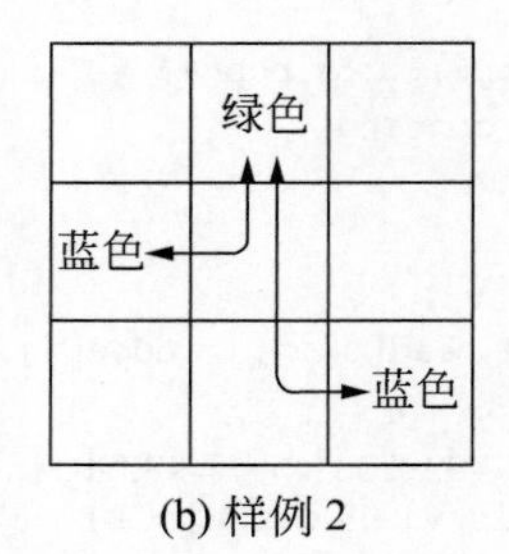

(b) 样例 2

图 4-4-1　例题 4.4.1 图示

显然，每一个节点要么自己建发电站，要么接入已经通电的电网，电网是指发电站所在城市或者已经与发电站所在城市相连的城市。通过这样的操作后，电网构成了若干个连通成分，连通成分中如果含有环明显是不划算的，每一个连通成分实际上是一棵树，最后整个图生成了一个森林，但是这样，问题给问题的解决带来难度：既要考虑建发电站的点权，也要考虑连入电网的边权。我们处理时希望将森林转化为树，将点权和边权统筹处理。在最短路章节中我们提到过化点权为边权的方法，如果某一个点需要建发电站，可以视作将这个点与一个“核心发电站”相连，连接的权值就是建发电站的代价。至此，所有的问题都转化为了在图上连线的问题，如果所有的城市都要供电，那么图上所有的节点都要花费最小的代价连通，这样我们将问题转化为在新图上求最小生成树的问题。参考代码如下。

```
#include <bits/stdc++.h>
using namespace std;
typedef long long ll;
const int N = 300005;
const int mod = 1e9 + 7;
struct ab
{
    int x,y;
}a[N];
int b[N],c[N];
struct edge
{
    int to,from;
    ll w;
    bool operator < (const edge& x) const
    {
        return w < x.w;
    }
}ma[N * N];
int fa[N],x1[N],y1[N],z1[N];
ll sum[N];
int get(int x)
{
    if(fa[x] == x) return x;
    else return fa[x] = get(fa[x]);
}
int main()
{
    int n;
    scanf("%d",&n);
    int i,j,k;
    int cnt = 0,cnt1 = 0,cnt2 = 0;
    for(i = 1;i <= n;i++) scanf("%d %d",&a[i].x,&a[i].y);
    for(i = 1;i <= n;i++) scanf("%d",&b[i]);
    for(i = 1;i <= n;i++) scanf("%d",&c[i]);
    for(i = 1;i <= n;i++) ma[++cnt] = (edge) {0,i,b[i]};
    for(i = 0;i <= n;i++) fa[i] = i,sum[i] = 0;
    b[0] = 0;
    for(i = 1;i <= n;i++)
    {
        for(j = 1;j <= n;j++)
        {
            int p = a[i].x - a[j].x,q = a[i].y - a[j].y;
            if(p < 0) p = -p;
            if(q < 0) q = -q;
            ma[++cnt].w = 1ll * (p + q) * (c[i] + c[j]),ma[cnt].from = i,ma[cnt].to = j;
        }
    }
    sort(ma,ma + 1 + cnt);
    ll ans = 0,ans1 = 1;
    for(i = 1;i <= cnt;i++)
    {
        int u = ma[i].to,v = ma[i].from;
        int g = get(v);
        if(u == 0&&g != 0)
        {
            ans += b[v];
            z1[++cnt2] = v;
```

```
            fa[g] = 0;
            continue;
        }
        int p = get(u),q = get(v);
        if(p! = q)
        {
            ans += ma[i].w;
            x1[++cnt1] = u,y1[cnt1] = v;
            if(b[p]> b[q])
            {
                fa[p] = q;
            }
            else fa[q] = p;
        }
    }
    printf(" % lld\n % d\n",ans,cnt2);
    for(i = 1;i <= cnt2;i++) printf(" % d\n",z1[i]);
    printf(" % d\n",cnt1);
    for(i = 1;i <= cnt1;i++)
    {
        printf(" % d  % d\n",x1[i],y1[i]);
    }
}
```

**例题 4.4.2 最大距离。**

**题目描述**：给定 n 个点 m 条边的无向连通图，其中有 k 个特殊点：$x_1, x_2, \cdots, x_k$，定义一条路径的长度为这条路径上边权的最大值，两点之间的距离为两点之间所有路径长度的最小值。请在特殊点集合中找出距离每一个点最远的点，并输出最远距离。

**输入格式**：第一行输入三个整数 n、m 和 k，第二行输入特殊点编号 $x_1, x_2, \cdots, x_k$；以下 m 行每行三个整数 u、v 和 w，描述图中的每一条边，可能有重边或者自环。

**输出格式**：输出一行 k 个整数，分别表示 $x_i$ 和它距离最远的特殊点之间的距离，如表 4-4-2 所示。

表 4-4-2 例题 4.4.2 样例

| 样例 1 输入 | 样例 1 输出 | 样例 2 输入 | 样例 2 输出 |
|---|---|---|---|
| 2 3 2<br>2 1<br>1 2 3<br>1 2 2<br>2 2 1 | 2 2 | 4 5 3<br>1 2 3<br>1 2 5<br>4 2 1<br>2 3 2<br>1 4 4<br>1 3 3 | 3 3 3 |

**数据范围**：$2 \leqslant k \leqslant n \leqslant 10^5, n-1 \leqslant m \leqslant 10^5, 1 \leqslant w \leqslant 10^9$。

**题目分析**：首先我们可以确定的是，关键节点之间的路径一定在最小生成树上。容易证明：如果这条路径不在最小生成树上，那么这条路径会与最小生成树中的一些边构成环，根据最小生成树的性质，该边（如图 4-4-2 中的节点 5 和 2 中间的边）的边权一定大于环上任意一条边，根据题目中路径的定义，经过该边的路径不可能是两点之间的距离。

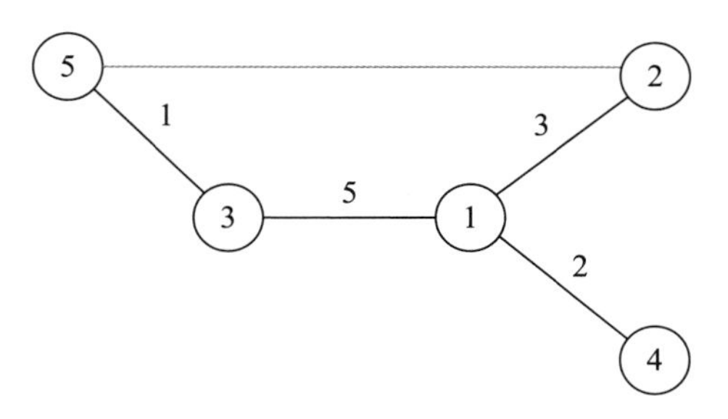


图 4-4-2 例题 4.4.2 图示 1

在克鲁斯卡尔算法求最小生成树的过程中，生成树上最长的边一定最后加入，如图 4-4-3 中的(3,1)，该边将最后的两个连通分量合并在一起，得到最小生成树。如果某个特殊点在左边的生成树中，那么距离它最远的特殊点一定位于右边的生成树，反之亦然。但是前提一定是在所连接的两个连通分量中都存在特殊点。我们可以在合并过程中，记录每个连通分量中是否有特殊点，然后不断更新连接特殊点所在连通分量的边的长度，最后求得的最大值即为所有特殊点两两之间的最远距离。

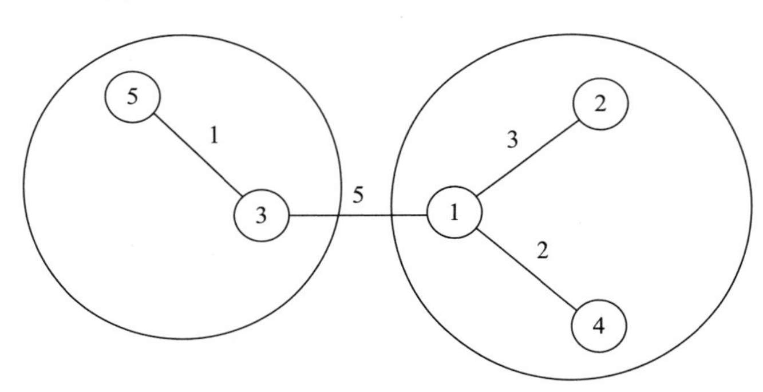


图 4-4-3 例题 4.4.2 图示 2

参考代码如下。

```
#include < bits/stdc++.h >
using namespace std;
const int maxn = 100005;
struct Edge
{
    int u,v,w;
    bool operator < (const Edge &other) const
    {
        return w < other.w;
    }
}edge[maxn];
int n,m,k,ans;
int flag[maxn];
int fa[maxn];
int find(int x)
```

```
{
    if(fa[x] == x) return x;
    return fa[x] = find(fa[x]);
}
void kruskal()
{
    int cnt = 0;
    for(int i = 1;i <= n;i++) fa[i] = i;
    sort(edge + 1,edge + 1 + m);
    for(int i = 1;i <= m;i++)
    {
        if(cnt == n - 1) break;
        int u = edge[i].u,v = edge[i].v,w = edge[i].w;
        int ru = find(u),rv = find(v);
        if(ru! = rv)
        {
            if(flag[ru]&&flag[rv]) ans = max(w,ans);//合并集合中都有特殊点
            fa[ru] = rv;
            flag[rv]| = flag[ru];                    //只要有一个集合存在特殊点便更新合并后
                                                      的标记
            cnt++;
        }
    }
}
int main()
{
    int x;
    scanf(" % d % d % d",&n,&m,&k);
    for(int i = 1;i <= k;i++)
    {
        scanf(" % d",&x);
        flag[x] = 1;                                  //标记为特殊点
    }
    for(int i = 1;i <= m;i++)
        scanf(" % d % d % d",&edge[i].u,&edge[i].v,&edge[i].w);
    kruskal();
    for(int i = 1;i <= k;i++)
        printf(" % d ",ans);
    return 0;
}
```

例题 4.4.3　问题反转。

题目描述：有一类问题是给定一棵树，询问树上两点之间的距离。现在给定两两之间的距离，请问是否能构成一棵树。

输入格式：第一行输入一个整数 n；第二行输入一个 $n \times n$ 的矩阵，$a_{ij}$ 表示图上 i、j 两点之间的距离。

输出格式：存在这样的一棵树，输出“YES”，否则输出“NO”，如表 4-4-3 所示。

表 4-4-3 例题 4.4.3 样例

| | 样例 1 | 样例 2 | 样例 3 | 样例 4 | 样例 5 |
|---|---|---|---|---|---|
| 输入 | 3<br>0 2 7<br>2 0 9<br>7 9 0 | 3<br>1 2 7<br>2 0 9<br>7 9 0 | 3<br>0 2 2<br>7 0 9<br>7 9 0 | 3<br>0 1 1<br>1 0 1<br>1 1 0 | 2<br>0 0<br>0 0 |
| 输出 | YES | NO | NO | NO | NO |

**数据范围**：1≤n≤2000。

**题目分析**：两点之间的距离(最短路)一定经过最小生成树的边，证明方法和例题 4.2.2 很相似，如果这样的路径存在，其中一条边一定会和最小生成树上的树边构成一个环，而如果该路径更优，环上这条非树边一定更短，与最小生成树的定义冲突。所以构成的这棵树一定是最小生成树。我们将所有的路径由小到大进行排序，按照克鲁斯卡尔的思路构建最小生成树，构建完成后以每一个节点为源点计算到树上其他节点的距离，然后依次检查是否与已知条件冲突，如果检查通过，则构建的最小生成树即是答案。参考代码如下。

```
#include<bits/stdc++.h>
using namespace std;
const int MAXN = 2005,MAXM = 2000005;
int n,a[MAXN][MAXN],dis[MAXN][MAXN];
int head[MAXN],edgenum,h[MAXN],m;
struct node
{
    int u,v,nxt,w;
}edge[MAXM],e[MAXM];
bitset<MAXM> is_tree;
void add_edge(int u,int v,int w)
{
    edge[++edgenum].nxt = head[u];
    edge[edgenum].v = v;
    edge[edgenum].u = u;
    edge[edgenum].w = w;
    head[u] = edgenum;
}
void add(int u,int v,int w)
{
    e[++m].nxt = h[u];
    e[m].v = v;
    e[m].u = u;
    e[m].w = w;
    h[u] = m;
}
bool cmp(const node& x,const node& y)
{
    return x.w < y.w;
}
int fa[MAXN];
int find(int x)
{
```

```
    if(x! = fa[x])fa[x] = find(fa[x]);
    return fa[x];
}
void dfs(int u,int fa,int rt)                    //当前节点,父节点,初始节点
{
    for(int i = h[u];i;i = e[i].nxt)
    {
        int v = e[i].v;
        if(v == fa)continue;
        dis[rt][v] = dis[rt][u] + e[i].w;
        dfs(v,u,rt);
    }
}
bool solve()
{
    scanf(" %d",&n);
    bool flag = 0;
    for(int i = 1;i <= n;i++)
    {
        for(int j = 1;j <= n;j++)
        {
            scanf(" %d",&a[i][j]);
            if(i < j) add_edge(i,j,a[i][j]);
            if(i == j&&a[i][j]! = 0) return false;
            else if(i > j&&a[i][j]! = a[j][i]) return false;
            flag| = (a[i][j]> 0);
        }
    }
    if(n > 1&&!flag) return false;               //至少有一条边的权值大于 0
    for(int i = 0;i < n + 1;i++)fa[i] = i;
    sort(edge + 1,edge + edgenum + 1,cmp);

    for(int i = 1;i <= edgenum;i++)
    {
        int u = find(edge[i].u),v = find(edge[i].v);
        if(u! = v)
        {
            add(edge[i].u,edge[i].v,edge[i].w);
            add(edge[i].v,edge[i].u,edge[i].w);
            fa[u] = v;
            is_tree[i] = 1;
        }
    }
    for(int i = 1;i <= n;i++)                    //计算从 i 出发到其他节点的距离
        dfs(i,0,i);
    for(int i = 1;i <= edgenum;i++)
        if(!is_tree[i])                          //如果是树上的边,则验证距离是否与已知冲突
        {
            int u = edge[i].u,v = edge[i].v;
            if(dis[u][v]! = edge[i].w)   return false;
        }
    return true;
}
int main()
{
    if(solve()) puts("YES");
    else puts("NO");
    return 0;
}
```

例题 4.4.4　权值计算。

题目描述：给定 n 个节点的无向图连通图，第 i 个点的权值为 $a_i$，从 p 点到达 q 点可能存在多条简单路径，每条路径所有点权的最小值记为该条路径的权值，所有权值的最大值为 p，q（$p \neq q$）两点间最终的路径权值 f（p，q）。请问所有 f（p，q）（$p \neq q$）的平均值是多少？

输入格式：第一行输入两个整数 n 和 m；第二行输入 n 个整数：$a_1, a_2, \cdots, a_n$；以下 m 行，每行两个整数 $x_i$ 和 $y_i$，表示两个编号间存在一条边。

输出格式：输出一个实数表示答案：$\frac{\sum f(p,q)}{n(n-1)}$，答案误差的绝对值不超过 $10^{-4}$，如表 4-4-4 所示。

表 4-4-4　例题 4.4.4 测试样例

| | 样例 1 | 样例 2 | 样例 3 |
|---|---|---|---|
| 输入 | 4 3<br>10 20 30 40<br>1 3<br>2 3<br>4 3 | 3 3<br>10 20 30<br>1 2<br>2 3<br>3 1 | 7 8<br>40 20 10 30 20 50 40<br>1 2<br>2 3<br>3 4<br>4 5<br>5 6<br>6 7<br>1 4<br>5 7 |
| 输出 | 16.666667 | 13.333333 | 18.571429 |

数据范围：$2 \leqslant n \leqslant 10^5$；$0 \leqslant m \leqslant 10^5$，$0 \leqslant a_i \leqslant 10^5$。

题目分析：对于一张确定的图，$\frac{\sum f(p,q)}{n(n-1)}$ 分母部分容易计算，分析分子 $\sum f(p,q)$，对于任意点对（p，q），它们之间可能存在多条简单路径，每条路径上只有权值最小点可能对答案做贡献。这样我们可以从每个点的视角进行考虑：如果这个点的权值是整条路径上的最小值，那么就有可能对其他点进行贡献，如果对每个点进行 BFS，搜索路径上的点都可以得到该点的贡献，直到搜到权值更小的点，搜索终止。分别统计搜索树中各个子树上的节点个数，直接计算答案即可，但是这个暴力做法无法满足复杂度要求。

我们发现本题对路径的定义与例题 4.2.2 相似，如果我们将点权转化为边权，那么两点之间的路径显然通过最大生成树（例题 4.2.2 的路径是权值最大的边）上的边，证明方法见例题 4.2.2。根据路径定义，我们令 w(u,v) = min(value(u), value(v))，然后对边权从大到小排序，每次加入的边会对合并的两个集合中的所有点做贡献，这样通过一次建树过程就可以完成对答案的统计。参考代码如下。

```
#include<bits/stdc++.h>
#define ll long long
using namespace std;
ll n,a[100005],x,y,m,sz[100005],fa[100005],ans;
struct Edge
{
    ll u,v,cost;
    bool operator<(const Edge &o) const
    {
        return cost>o.cost;
    }
}edge[100005];
ll find(ll x)
{
    if(fa[x]==x) return x;
    return fa[x]=find(fa[x]);
}
int main()
{
    cin>>n>>m;
    for(ll i=1;i<=n;i++) cin>>a[i];
    for(ll i=1;i<=m;i++)
    {
        cin>>x>>y;
        edge[i]={x,y,min(a[x],a[y])};
    }
    for(ll i=1;i<=n;i++) fa[i]=i,sz[i]=1;
    sort(edge+1,edge+m+1);
    ll cnt=1,i=0;
    while(cnt<n)
    {
        ll x=edge[++i].u,y=edge[i].v;
        ll u=find(x),v=find(y);
        if(u==v) continue;
        cnt++,ans+=sz[u]*sz[v]*edge[i].cost;
        sz[u]+=sz[v],fa[v]=u;
    }
    printf("%.5lf",ans*2.0/(double)n/(double)(n-1));
    return 0;
}
```

例题 4.4.5 同一棵树。

题目描述：给定 n 个点 m 条边的无向图，给出每次询问给出 $k_i$ 条边，问这些边能否同时在一棵最小生成树上。

输入格式：第一行输入两个数 n 和 m，分别表示点和边的数量；以下 m 行每行三个整数 $u_i$、$v_i$、$w_i$，表示图上的每条边和边权；接下来一行输入一个整数 q，表示询问次数；以下 q 行，每行第一个数为 $k_i$，表示询问的边数，后面 $k_i$ 个 1 到 m 的数表示询问的所有边，保证所有询问中 $k_i$ 的和不超过 $5\times10^5$。

输出格式：对于每次询问，如果这些边如果可以在一棵最小生成树上输出“YES”，否则输出“NO”，如表 4-4-5 所示。

表 4-4-5 例题 4.4.5 样例

| 样例 1 输入 | 样例 1 输出 |
| --- | --- |
| 5 7 | YES |
| 1 2 2 | NO |
| 1 3 2 | YES |
| 2 3 1 | NO |
| 2 4 1 | |
| 3 4 1 | |
| 3 5 2 | |
| 4 5 2 | |
| 4 | |
| 2 3 4 | |
| 3 3 4 5 | |
| 2 1 7 | |
| 2 1 2 | |

**数据范围**：$2 \leqslant n, m \leqslant 5 \times 10^5$，$n-1 \leqslant m$，$1 \leqslant w_i \leqslant 5 \times 10^5$，$1 \leqslant q \leqslant 5 \times 10^5$，$1 \leqslant k_i \leqslant n-1$。

**题目分析**：克鲁斯卡尔算法在按边权从小到大进行枚举时，如果当前加入的边的权值为 w，那么所有权值小于 w 的边加入并查集后不影响当前图的连通性。如果在给定的图中最小生成树方案不唯一，那么在最小生成树的边集中，任意权值的边数量是一定的。

先来证明第一个性质：克鲁斯卡尔按照边权从小到大的顺序依次加边，如果边(u,v)加入前 u,v 两点不在同一个集合中，则(u,v)是最小生成树上的边。假设对于任意一条边权 $w(u',v')<w(u,v)$ 的边$(u',v')$不在最小生成树上，但是在(u,v)加入最小生成树集合时$(u',v')$会影响影响并查集的连通性，那么遍历$(u',v')$时 $u'$,$v'$一定不在同一个集合中，按照算法流程，$(u',v')$一定会成为最小生成树上的边，与假设矛盾，故结论成立。

下面证明第二个性质：设给定的图中有两棵最小生成树，两棵树的边构成两个集合 $s_1$、$s_2$。必然存在 $s_1$ 的子集 $a_1,a_2,\cdots,a_n$ 和 $s_2$ 的子集 $b_1,b_2,\cdots,b_n$，子集中不存 $w(a_i)=w(b_j)$，但是满足 $\sum w(a_i)=\sum w(b_j)$，不妨设 $w(a_1)<w(b_1)$，那么在第二棵最小生成树遍历到 $a_1$ 时，$a_1$ 的两个端点一定属于同一个集合。根据第一个性质，改变第二棵树连通性的边的权值一定等于 $w(a_1)$，此时只需要证明最小生成树上，相同权值的边加入并查集后对连通性的改变是相同的的这一性质即可证明假设矛盾，而这一性质显然成立。

分析题目可以发现，如果询问的某些边不在最小生成树上，那么：

(1) 这条边的权值较大；

(2) 这条边加入后构成环。

如果用暴力做法，可以把这 k 条边直接加到一个并查集，然后直接跑最小生成树判断是否有环即可，时间复杂度 $O[q(m+k)\log n]$。该如何优化呢？遇到多组询问的题目时，一般不会多次重复计算，而是将计算和查询分开考虑，或者在一次或有限次算法计算过程中得到查询结果。

根据上面的两条性质考虑这样一种方法：记录在加入权值为 w 的边之前连通块的状态，就可以很快查询到所有权值等于 w 的边是否在树上。在用克鲁斯卡尔求解最小生成树时，当处理完所有权值小于 w 的边后，对所有连通块进行缩点和编号，假设(u,v)是一条权值为 w 的边，首先将 u 所在的连通块编号和 v 所在的连通块编号记在这条边中，而不实际加入最小生成树，直到所有权值等于 w 的边都记录完为止。这样，在查询中我们分开考虑权值相等的边，依次查询这些边两个端点所记录的连通块是否已经合并，便可以得到结果。注意在重置并查集时应该只重置使用的部分，否则复杂度将退化为 O(qnlogn)，运用双指针解决重置问题。总的时间复杂度为 $O[m\log m+\sum k_i(\log k_i+\log n)]$。

参考代码如下。

```
#include<bits/stdc++.h>
using namespace std;
const int maxn = 500005,maxm = 500005;
int fa[maxn],n,m,q,k,head[maxn],cnt;
bool book[maxn];
struct node
{
    int u,v,w,nxt,id,x,y;
    bool operator<(const node& o)const
    {
        return w<o.w;
    }
}edge[maxm];
vector<node> e;
void add(int u,int v,int w)
{
    cnt++;
    edge[cnt].u = u;
    edge[cnt].v = v;
    edge[cnt].w = w;
    edge[cnt].nxt = head[u];
    head[u] = cnt;
}
int find(int x)
{
    if(x! = fa[x]) fa[x] = find(fa[x]);
    return fa[x];
}
void us(int x,int y)
{
    int rx = find(x),ry = find(y);
    if(rx! = ry)
    {
        fa[rx] = fa[ry];
    }
}
bool cmp(const node& a,const node& b)
{
    return a.id<b.id;
}
int main()
{
    int u,v,w;
    scanf("%d%d",&n,&m);
    for(int i = 1;i<= m;i++)
    {
        scanf("%d%d%d",&u,&v,&w);
```

```
        add(u,v,w);
        edge[i].id = i;
    }
    sort(edge + 1,edge + m + 1);
    edge[0].w = -1;
    for(int i = 1;i <= n;i++) fa[i] = i;
    for(int i = 1;i <= m;)
    {
        int j = i;
        do
        {                        //首先记录两个端点所在的连通块编号,编号用根节点编号表示
                edge[j].x = find(edge[j].u),edge[j].y = find(edge[j].v);
                j++;
        }   while(j <= m&&edge[j].w == edge[j - 1].w);
            while(i < j)
            {                    //将权值相等并且已经记录过的边加入并查集
                while(find(edge[i].u) == find(edge[i].v)&&i < j)i++;
                if(i < j)us(edge[i].u,edge[i].v);
            }
    }
        scanf("%d",&q);
        sort(edge + 1,edge + m + 1,cmp);
        for(int i = 1;i <= n;i++) fa[i] = i;
        while(q--)
        {
            scanf("%d",&k);
            for(int i = 1;i <= k;i++)
            {
                int pos;
                scanf("%d",&pos);
                node tmp;      //得到要查询的边的信息
                tmp.u = edge[pos].x,tmp.v = edge[pos].y,tmp.w = edge[pos].w;
                e.push_back(tmp);
            }
        sort(e.begin(),e.end());
        bool ans = 1;
        for(int i = 0;i < e.size()&&ans;)
        {                        //查询两个端点所在的连通块是否相等
            if(find(e[i].u) == find(e[i].v))
            {
                ans = 0;
                break;
            }
            us(e[i].u,e[i].v);
            int j = i + 1;
            while(j < e.size()&&e[i].w == e[j].w)
            {                    //查询两个端点所在的连通块是否相等
                if(find(e[j].u) == find(e[j].v))
                {
                    ans = 0;
                    break;
                }
                us(e[j].u,e[j].v);j++;
            }                    //恢复并查集状态
```

```
            while(i < j)fa[e[i].u] = e[i].u,fa[e[i].v] = e[i].v,i++;
        }
        puts(ans?"YES":"NO");
        e.clear();
    }
    return 0;
}
```

# 第五章　动态规划

本章将介绍动态规划(Dynamic Programming,DP)思想及其解决问题的方法。动态规划是一种解决问题的思想,它是通过把原本复杂的问题分解为相对简单的子问题进行求解的一种思想。在应用中,动态规划通常被简称为 DP。它并不是某种具体的算法,而是一种解决特定问题的思想方法,因此它会出现在一些数据结构中,也会跟一些其他算法融合在一起。根据问题的模型不同,动态规划也被抽象出一些经典的模型,比如线性 DP、背包 DP、区间 DP、树形 DP、数位 DP、状压 DP 等,本章将逐一介绍。运用动态规划思想解决的问题通常都比较复杂,应用中需要运用各种数学方法、数据结构和其他算法进行科学优化,本章将结合实际问题,介绍一些基本的优化方法。

## 第一节　递推与动态规划

递推是通过给定的已知条件,利用特定关系,结合数学规律,得到中间结论,并进一步推算,直至得到特定问题结果的方法。这种用递推解决问题的方法称为递推算法。相对于递归,递推算法的思路更接近于传统的数学思维,直接从边界(已知条件)出发,逐步推断得到结果,没有数据进出栈的过程,更加直观。

例如,在计算斐波那契数列各项的值:第 1 项是 1,第二项是 1,从第三项开始,任意一项都是与之最近的前两项之和。如果定义 $f(n)$表示斐波那契数列第 n 项的值,按照题目的描述,$f(1)=1$,$f(2)=1$,对于 $n>2$ 时,$f(n)=f(n-1)+f(n-2)$。显然知道了第 1 项和第 2 项,直接能够求得第 3 项,知道了第 2 项和第 3 项,能求得第 4 项,依次类推,一遍扫下来,可以求得我们需要的任意一项。这就是递推算法中典型的顺推法。当然,我们也可以逆过来想,要求第 n 项,需要先求得第 $n-1$ 项和第 $n-2$ 项,要得到第 $n-1$ 项,又得先求第$n-2$ 项和第 $n-3$ 项,以此类推,直推到第 1 项和第 2 项,再回头逐步得到每一项,这是递推算法中的逆推法。逆推法的思想跟递归类似。

递推算法分为顺推法和逆推法两种。顺推法是从已知条件出发,逐步推算出问题结果的方法。逆推法是从问题出发,逐步探寻需要进一步求解的新问题,一直追溯到已知条件,再回头,逐步迭代出问题的答案。逆推法是顺推法的一个逆过程,本节讲的递推主要是指顺推法。

### 一、递推的应用

例题 5.1.1　统计路径数。

题目描述:一只蚂蚁从棱长为 1 的正四面体 ABCD 的一个顶点出发,要走过长度为 n 的路径并回到出发点,有多少种不同的方案?要求只能沿着正四面体各条棱上走动。对于一条路径上的边按走过的先后编号，两种方案不同，当且仅当两条路径上至少存在一条编号相同的不同边。蚂蚁从一个顶点到达另一个顶点中途不能掉头。

输入格式：仅有一个整数 n，表示路径的长度。

输出格式：仅有一个整数，表示不同的方案数，结果对 $10^9+7$ 取模后输出，如表 5-1-1 所示。

表 5-1-1 例题 5.1.1 测试样例

| 样例 1 输入 | 样例 1 输出 | 样例 2 输入 | 样例 2 输出 |
|---|---|---|---|
| 2 | 3 | 4 | 21 |

数据范围：$1 \leqslant n \leqslant 10^7$。

题目分析：题目看起来很复杂，因为情况数太多了，无从下手。但按照问题的描述，可以从小规模的数据入手，逐步深入，尝试找到问题隐含的内在规律。首先说明，正四面体就是六条棱长均相等的三棱锥。假设蚂蚁是从顶点 A 出发的，如果路径的长度为 1，它一定到达了另外一个顶点，无法走回出发点，所以此时方案数为 0。如果路径长度为 2，蚂蚁可以走到另外三个点的任意一个点，再走回来，路径长度恰好是 2，此时，方案数为 3。

如果用 f[i]表示蚂蚁从点 A 出发，走了 i 步，并回到了 A 点，那么问题要求的答案就是 f(n)，容易发现，如果蚂蚁走了 i 步恰好回到起点，那么在此基础上再走一步是无法回到起点的，它只能到达另外三个顶点中的任意一个；如果是在此基础上走两步，那么它走出去并回到起点就可以有三种选择，从起点到另外三个点中的任意一个，再返回即可；如果在此基础上走三步，情况就比较复杂了，这样不容易找到简单易懂的规律。为了更好地描述问题的规律，再用 g[i]表示走了 i 步，最后停在非起点的另外三点中的任意一个，因为从另外三点只需要一步即可到达起点，总共只有三种可能，所以 $f[i]=3g[i-1]$，同时发现，从起点出发，只需要一步即可到达非起点，而三个非起点中，任意两个走一步均可到达另外一个非起点，因此可以得到 $g[i]=g[i-1]+g[i-1]+f[i-1]=2g[i-1]+f[i-1]$。

通过上面的分析，可得到两个重要规律，即 $f[i]=3g[i-1]$ 和 $g[i]=2g[i-1]+f[i-1]$，有了这两个递推关系，就容易求得题目需要的答案。参考代码如下。

```
#include <bits/stdc++.h>
#define ll long long
using namespace std;
const int maxn = 1e7 + 5,mod = 1e9 + 7;
ll n,ans,m = 1,tmp,f[maxn],g[maxn];
int main()
{
    scanf("%lld",&n);
    f[1] = 0,g[1] = 1;
    for(int i = 2;i <= n;i++)
    {
        g[i] = (2 * g[i - 1] + f[i - 1]) % mod;
        f[i] = 3 * g[i - 1] % mod;
    }
    printf("%lld",f[n]);
    return 0;
}
```

当然，有了上述递推关系，可以连数组都不用即可求解。因为题目只需要求得最终的结果 f(n)，中间的过程结果没有必要保留，因此可以将代码优化如下。

```
#include <bits/stdc++.h>
#define ll long long
using namespace std;
const int mod = 1e9 + 7;
ll n,ans,m = 1,tmp;
int main()
{
    scanf("%lld",&n);
    for(int i = 2;i <= n;i++)
    {
        tmp = ans;
        ans = 3 * m % mod;
        m = (tmp + 2 * m) % mod;
    }
    printf("%lld",ans);
    return 0;
}
```

算法学习者经常会面对这样的问题，需要从问题描述中找到特定关系，抽象出数学模型，进一步得到递推关系，从而让问题得解。

**知识拓展**：上述分析得到，f[i]=3g[i-1]，g[i]=2g[i-1]+f[i-1]，两式消元可得：g[i]=2g[i-1]+3g[i-2]，对于这个线性递推数列，可以根据这个数列的特征方程为 $x^2=2x+3$，方程的两根为 $x_1=-1$，$x_2=3$，用待定系数法求得：$g[i]=\frac{3^i-(-1)^i}{4}$。读者能够发现，跟求斐波那契数列的通项公式的方法相同，数学爱好者可以深入探究。

**例题 5.1.2　消灭虫子。**

**题目描述**：校门外平直的马路边，每隔两米远就有一棵树，一共有 n 棵树，从一端开始用 1 到 n 顺次编号。夏天来了，树上有很多虫子，为了保护树木，环卫部门要进行消杀。消杀前的调研了解到每一棵树上的虫子数，第 i 棵树上的虫子数为 $a_i$，环卫车对第 i 棵树消杀是瞬间完成的，而且能够将这棵树上的虫子一次性全部消灭掉，但消杀活动会对附近三米内造成影响，也就是说，如果这棵树的两边有相邻的树，树上有虫子，它们会飞走逃避消杀，不会停在任何一棵树上。请你帮助制定方案，使得环卫部门能够消灭掉尽可能多的虫子。

**输入格式**：第一行仅有一个正整数 n，表示树的棵数。第二行包含 n 个整数 $a_1,a_2,\cdots,a_n$ 依次为 n 棵树上的虫子数，第 i 棵树上的虫子数为 $a_i$。

**输出格式**：仅有一个数，表示能够消杀到的最多的虫子数，如表 5-1-2 所示。

表 5-1-2　例题 5.1.2 测试样例

| 样例输入 | 样例输出 |
|---|---|
| 6<br>2 3 5 3 1 4 | 11 |

**数据范围**：$1\leqslant n\leqslant 10^4$，$1\leqslant a_i\leqslant 10^4$。

**题目分析**：读完这道题，很多读者可能首先想到的是贪心方法，找到虫子最多的那棵树先消杀，但思考之后发现，如果这样操作，有可能让两边相邻的两棵树的虫子数之和比这棵树更多的虫子飞走了，那是不是每次判断一下三棵树，两侧树上的虫子数之和大于中间那棵树上的虫子数就可以了呢？通过分析发现，只考虑这一步是不够的，因为两侧树上的虫子要不要消杀，会跟它本身及其两侧树上的虫子数是有关的，可见，影响因素是比较复杂的。

可以换一个角度思考问题：如果只有一棵树，显然就是把这棵树上的虫子全部消杀即是最优，设为 $b_1$；如果只有两棵树，只能选择其一进行消杀，选择其中有较多虫子数的那棵树消杀即是最优，设为 $b_2$；如果只有三棵树，虫子数分别是 $a_1$、$a_2$、$a_3$，显然最优解应该是 $b_3=\max\{a_1+a_3, a_2\}$。分析前四棵树，可以发现，第四棵树只有消杀和不消杀两种情况，如果第四棵树要进行消杀，那第三棵树就不能被消杀，这样之前的最优解 $b_2$ 加上第四棵树上的虫子数即可，如果第四棵树不进行消杀，那最优解也是前三棵树的最优解，即为 $b_3$，因此，前四棵树能够得到的最优解就是这两种情况的较大者，即 $b_4=\max\{b_2+a_4, b_3\}$。按照这个递推方法，研究第 $i(i>3)$棵树的时候，第 i 棵树也只有消杀和不消杀两种情况，如果消杀，可得到的最优解为 $a_i+b_{i-2}$，如果不消杀最优解仍然是前面 $i-1$ 棵树的最优解 $b_{i-1}$，因此，前 i 棵树能够消杀到最多虫子数为 $b_i=\max\{a_i+b_{i-2}, b_{i-1}\}$。从上面的递推可以发现，从第一棵树到第 n 棵树，每次得到的都是当前的最优解，不会因为问题规模的扩大，导致前面解的不确定。

根据上面的分析，可以很容易得到下面的代码。

```
#include <bits/stdc++.h>
using namespace std;
const int maxn = 1e4 + 10;
int n,a[maxn],b[maxn];
int main()
{
    cin >> n;
    for(int i = 1;i <= n;i++) cin >> a[i];
    b[1] = a[1];
    b[2] = max(a[1],a[2]);
    for(int i = 3;i <= n;i++) b[i] = max(b[i - 1],b[i - 2] + a[i]);
    cout << b[n];
    return 0;
}
```

通过上面两道例题的分析求解，能够初步了解怎样在问题解决过程中，从小规模的问题入手，逐步找到递推关系。

## 二、递推与动态规划

从上面的例题分析中，读者可以对递推方法有初步了解，在 OI 中，计数等非最优化问题的递推解法也经常被不规范地称作动态规划，因为他们的确有很多相似之处。动态规划思想是把原来复杂问题拆成若干个重叠的子问题，然后逐层求解，每个子问题的求解过程构成一个“阶段”，每个阶段都有相应的“状态”信息。递推从一种结论，利用特定的关系或条件推出另一种结论，递推中的这种结论相当于动态规划中的各个阶段的状态。

动态规划求解时，强调各个子问题的重叠性，无后效性和最优结构性。各个阶段都能得到当前的最优解，后续的求解不会影响已经得到的最优解，每个阶段记录的状态，能够方便地实现各个阶段的转移，这个转移的方法称为“决策”。

**例题 5.1.3 最大上升子序列。**

**题目描述**：给定一个长度为 n 的序列 $a_1, a_2, \cdots, a_n$，定义 $a_i, a_{i+1}, a_{i+2}, \cdots, a_j (1 \leqslant i \leqslant j \leqslant n)$ 为原序列的长度为 $j-i+1$ 的连续子序列，如果允许恰好修改一个数(可以修改为需要的任何整数)，则能够得到的严格递增的连续子序列的最大长度是多少？

**输入格式**：第一行仅有一个整数 n，第二行包含 n 个整数 $a_1, a_2, \cdots, a_n$。

**输出格式**：仅有一个数，表示最长的严格递增连续子序列的长度，如表 5-1-3 所示。

表 5-1-3 例题 5.1.3 测试样例

| 样例输入 | 样例输出 |
| --- | --- |
| 6<br>9 1 3 1 6 9 | 5 |

**数据范围**：$1 \leqslant n \leqslant 10^5, 1 \leqslant a_i \leqslant 10^9$。

**题目分析**：首先强调这里是连续的子序列，也就是子串。给定样例中，如果将 $a_4$ 改为 4 或 5，则可得最大严格递增的序列 $a_2, a_3, a_4, a_5, a_6$ 即得答案为 5。题干允许修改一个数，很容易想到选定某个数进行修改，使其前面连续上升子序列的长度和其后面连续上升子序列的长度连续起来。从前面递推方法的探讨中，读者掌握了一些基本的递推方法，本题容易想到的递推方法：如果用 $l_i$ 表示以前 i 个数能够得到的最长连续上升子序列的长度，用 $r_i$ 表示从第 i 个数开始的最长连续上升子序列的长度，这样有三种可能。

(1) 将第 i 个数修改为 $b_i$，能够满足 $a_{i-1} < b_i < a_{i+1}$，这样就可以将这个数两边的连续上升序列拼起来，可得当前解为 $l_{i-1}+1+r_{i+1}$，枚举所有的 $i \in [2, n-1]$，即可得到这类情况的最优解。

(2) 将第 i 个数修改为 $b_i$，能够满足 $b_i > a_{i-1}$，但无法满足 $b_i < a_{i+1}$，可得当前解为 $l_{i-1}+1$，枚举所有的 $i \in [2, n-1]$，即可得到这类情况的最优解。

(3) 将第 i 个数修改为 $b_i$，能够满足 $b_i < a_{i+1}$，但无法满足 $b_i > a_{i-1}$，可得当前解为 $r_{i+1}+1$，枚举所有的 $i \in [2, n-1]$，即可得到这类情况的最优解。

事实上，上述三种情况的最优方案就是整个问题的最优解，即

$$\max\left\{\max_{i=2}^{n-1} l_{i-1}+1+r_{i+1}, \max_{i=2}^{n-1} l_{i-1}+1, \max_{i=2}^{n-1} r_{i+1}+1\right\}$$

参考代码如下。

```
#include<bits/stdc++.h>
using namespace std;
const int maxn = 1e5 + 10;
int a[maxn],l[maxn],r[maxn];
int n,ans;
int main()
{
    scanf("%d",&n);
    for(int i = 1;i <= n;i++) scanf("%d",&a[i]);
    l[1] = r[n] = 1;
    for(int i = 2;i <= n;i++)                          //计算 l[i],r[i]
        if(a[i - 1]< a[i]) l[i] = l[i - 1] + 1;
        else l[i] = 1;
    for(int i = n - 1;i;i -- )
```

```
        if(a[i]< a[i+1]) r[i] = r[i+1] + 1;
        else r[i] = 1;
    for(int i = 1;i <= n;i++)
    {
        ans = max(ans,l[i-1] + 1);
        ans = max(ans,1 + r[i+1]);
        if(a[i-1] + 1 < a[i+1]) ans = max(ans,l[i-1] + 1 + r[i+1]);
    }
    printf("%d\n",ans);
    return 0;
}
```

例题 5.1.4　在网格棋盘上绘制矩形。

题目描述：有一张 n×m 的矩形网格棋盘，矩形的边缘在棋盘的边框上，网格的大小均为 1×1 的方格。你可以在这个棋盘上绘制矩形，每次绘制的矩形必须被上次绘制的矩形严格包围(边缘线不能有任何重叠)，每次绘制的矩形的轮廓线必须在棋盘网格线上。进行 k 次绘制，共有多少种不同的方案？两个方案是不同的，当且仅当绘制完成后在棋盘上的图像不完全同。

输入格式：仅有一行包含三个整数 n、m、k。

输出格式：仅有一个整数，表示不同的方案数，结果对 $10^9+7$ 取模后输出，如表 5-1-4 所示。

表 5-1-4　例题 5.1.4 测试样例

| | 样例 1 | 样例 2 | 样例 3 |
|---|---|---|---|
| 输入 | 3 3 1 | 4 4 1 | 6 7 2 |
| 输出 | 1 | 9 | 75 |

数据范围：$1\leqslant n、m、k\leqslant 10^3$。

题目分析：观察绘制好的图像，可以发现，每一个网格线上至多有一个矩形的一条边，如果一条网格线上有两条矩形的边，就会有矩形边缘线重叠，不符合严格包围的要求。对于每个矩形，两条水平边所在的网格线和两条竖直边所在的网格线确定，绘制的矩形也就唯一确定了。对于 k 次绘制，共有 2k 条水平边和 2k 条竖直边，只要边确定了，矩形也就唯一确定了，而且水平边和竖直边是独立的，可以分开来看，可以分布来做，先选择 2k 条水平边，再选择 2k 条竖直边，这样总的方案数就是两种选择的方案数相乘即可，即 $C_{n-1}^{2\times k}\times C_{m-1}^{2\times k}$，这样就把问题转化成了一道数学中的组合问题。在杨辉三角中可以了解到，求组合数可以用递推的方法求得最后的答案。用递推求组合数的，时间复杂度是 $O(n^2)$。参考代码如下。

```
#include <bits/stdc++.h>
#define ll long long
using namespace std;
int n,m,k;
ll C[2020][2020];
const int mod = 1e9 + 7;
int main()
```

```
{
    C[0][0] = 1;
    for(int i = 1;i <= 1000;i++)
    {
        C[i][0] = 1;
        for(int j = 1;j <= i;j++)
            C[i][j] = (C[i - 1][j] + C[i - 1][j - 1]) % mod;
    }
    cin >> n >> m >> k;
    cout << C[n - 1][2 * k] * C[m - 1][2 * k] % mod;
    return 0;
}
```

如果用逆元求组合数,复杂度就只有 O(n)了,有兴趣的读者可以自行拓展。

针对本题,上述从排列组合的角度思考问题,下面换一个角度来看待这个问题,用 f[i][j]表示当前从内到外已经画了 i 个矩形,第 i 个矩形边长长度为 j 的方案数,则对于任意的 j, $f[1][j]=1, f[i][j]=\sum_{k=1}^{j-2} f[i-1][k]\times(j-k-1)$,这里 j−k−1 是长度为 k 的段在长度为 j 的段中排列的可能的排列方案数。

所以答案就是 $f[k+1][n]\times f[k+1][m]$,这理论复杂度是 $O(n^2k)$,可以进一步优化:

因为 $f[i][j]=1\times f[i-1][j-2]+2\times f[i-1][j-3]+\cdots+(j-2)\times f[i-1][1]$,

$f[i][j-1]=1\times f[i-1][j-3]+2\times f[i-1][j-4]+\cdots+(j-3)\times f[i-1][1]$,

所以 $f[i][j]=f[i][j-1]+\sum_{k=1}^{j-2} f[i-1][k]$。

式中,$\sum$ 的部分可以通过前缀和优化消去一层 for 循环使时间复杂度降至O(nk),容易发现 i 这一维是多余的。参考代码如下。

```
#include < bits/stdc++.h >
#define ll long long
using namespace std;
const int mod = 1e9 + 7;
int n,m,k;
ll g[1010],f[1010];
int main()
{
    cin >> n >> m >> k;
    if(n < m) swap(n,m);
    for(int j = 1;j <= n;j++) f[j] = 1;
    for(int i = 1;i <= k;i++)
        for(int j = 1;j <= n;j++)
        {
            g[j] = (f[j] + g[j - 1]) % mod;
            if(j < 2) f[j] = f[j - 1];
        else f[j] = (g[j - 2] + f[j - 1]) % mod;
        }
    cout << f[n] * f[m] % mod;
    return 0;
}
```

# 第二节 背包专题

背包问题是线性 DP 中的一类特定明确的重要模型，本节作为一个独立的专题来讲解。按照问题模型的差异，分为 0/1 背包、完全背包、多重背包和分组背包。下面逐一进行介绍。

## 一、0/1 背包问题模型

问题模型：给定 $n(1\leqslant n\leqslant 100)$件物品的体积和价值，第 i 件物品的体积是 $w_i$，价值是 $v_i$。有一个容量为 $V_x(0\leqslant w_i\leqslant V_x\leqslant 100)$的背包，任意选择上述物品若干个装入背包，在保证所选物品的总体积不超过背包容量 V 的前提下，装入背包的物品的价值总和最大是多少？

核心提示：相当于有 n 种物品，每种物品仅有一个可选。

题目分析：本题读者容易想到以前学过的贪心思想，优先选择性价比较高的物品，即单位体积价值更高的物品，装入背包。先看一组样例数据，给定三件物品的数据（体积，价值）：(3,6)，(5,15)，(4,10)，背包容量 V=10，若按单位体积的价值计算性价比，分别为 $x_1=2$，$x_2=3$，$x_3=2.5$，根据背包的总容量限制，按照优先选择性价比更高物品的原则，先装入第 2 件物品，再装入第 3 件物品，得到的总价值为 25，考虑所有可能的情况，得到价值 25 是最优的方案。用这样的思路能否解决所有类似的问题呢？再看一组样例，在第一组样例的基础上再增加一件物品(1,4)，背包容量改变为 V=8，这里增加的一件物品性价比为 $x_4=4$，按照贪心的思路，应该首先将第 4 件物品，然后再装入第 2 件物品，此时背包已经被占用了 6 个体积，剩余的背包容量无法装进其他物品了，因此只能得到价值为 19，但考虑所有可能的方案之后，发现还有更优的方案，比如装入第 2 件物品和第 1 件物品，能够得到更大的价值 21。可见，用贪心思想得到的不一定都是最优的方案，从第二组样例可以发现，用最优性价比的方案，尽管保证了性价比的“最优”，但浪费了一些空间，而牺牲性价比的最优，充分利用背包的容量，反而能够得到更大的价值。下面我们来分析这类问题最优解的确定解决方案。

考虑每一件物品，都有放入背包和不放入背包两种情况，按照排列组合思想一共有 $2^n$ 种不同的情况，枚举每一种可能的情况是一种解决方案，当 n 的值较小时能够应对，但随着 n 变大，所需的时间就难以承受了，比如 n 到 100 就无法想象了。对于这种暴力枚举的方法，这里不再赘述。

考虑 dp 背包动态规划定义状态 dp[i][j]表示只考虑前 i 个物品，背包容量只有 j 的情况，能够得到的价值总和的最大值，那么问题的最后答案即为 dp[n][V]。初始时，没有任何物品装入背包，dp[0][0]，dp[0][1]，…，dp[0][V]的值均为 0。

考虑只有第一个物品的情况，当 $j\geqslant w_1$ 时，背包才能装入这个物品，所以 dp[1][0]=0，dp[1][1]=0，…，$dp[1][w_1-1]=0$，$dp[1][w_1]=v_1$，$dp[1][w_1+1]=v_1$，…，$dp[1][V]=v_1$。如果前 i−1 个物品已经处理完毕，dp[i−1][j]($\forall j\in[0,V]$)的值都已经得到，对于第 i 个物品只有装入背包和不装入背包的情况，对于背包的容量 j，如果第 i 个物品不装入背包，则可得的最大价值并没有变化，即当前可得的最大价值依然为 dp[i−1][j]，如果满足 $j\geqslant w_i$，并装入第 i 个物品，则可得 $dp[i-1][j-w_i]+v_i$，相当于从背包容量 j 先拿出体积 $w_i$ 容纳第 i 个物品，对于剩下的体积 $j-w_i$，看在前 i−1 个物品中最多能够获得的价值（即为 $dp[i-1][j-w_i]$），再加上装入第 i 个物品新增的价值 $v_i$。所以最终对于前 i 个物品，背包的容量为 j 能够得到的最大价值 dp[i][j]应该是这二者中的较大者，即得：dp[i][j]=max(dp[i−1][j]，dp[i−1][j−w[i]]+v[i])。

经典的 0/1 背包问题参考代码如下。

```
#include<bits/stdc++.h>
using namespace std;
const int maxn = 1e5,maxm = 100;
int n,V,v[maxn],w[maxn],dp[maxn][maxm];
int main()
{
    scanf("%d%d",&n,&V);
    for(int i = 1;i <= n;i++) scanf("%d%d",&w[i],&v[i]);
    for(int i = 0;i <= V;i++) dp[0][i] = 0;
    for(int i = 1;i <= n;i++)
    {
        for(int j = 0;j <= V;j++)
        {
            if(j >= w[i]) dp[i][j] = max(dp[i - 1][j],dp[i - 1][j - w[i]] + v[i]);
            else dp[i][j] = dp[i - 1][j];
        }
    }
    return 0;
}
```

经典 0/1 背包是最基础的动态规划问题，问题中，对于每一件物品，都有不装入背包和装入背包(0/1)两种情况，用“已经处理过的物品数量”为动态规划的“阶段”，每个阶段除了需要记录阶段，还要记录装入物品的体积，所以要用到二维数组，这也是经典二维 0/1 背包问题名称的由来。当然，不同问题的复杂性不同，有时需要记录更多的“关键信息”，才能更好地实现状态的转移，可能需要用到三维、四维，甚至更多维数来记录过程中需要关注的必要信息。其通用思路：

$$f[i][j]=\begin{cases} f[i-1][j] & \text{第 i 个物品不装入背包} \\ f[i-1][j-w[i]]+v[i] & \text{第 i 个物品装入背包} \\ f[i][j]=\max\{f[i-1][j],f[i-1][j-w[i]]+v[i] & \end{cases}$$

这个通用思路非常重要，几乎所有跟背包相关问题的思路都是由它衍生出来的。

**例题 5.2.1　制作沙拉。**

**题目描述：**有 n 个水果，它们的美味值分别为 $a_1,a_2,\cdots,a_n$，卡路里值分别为 $b_1,b_2,\cdots,b_n$。现从中选择若干个(至少一个)来制作一份特殊的沙拉，沙拉的美味值为所选的水果的美味值的总和，沙拉的卡路里值为所选水果的卡路里值的总和。要求制成的沙拉，美味值恰好是卡路里值的 k 倍。对于给定水果，能够得到的沙拉的美味值最大为多少？

**输入格式：**第一行包含两个正整数 n 和 k，第二行包含 n 个整数 $a_1,a_2,\cdots,a_n$，第三行包含 n 个整数 $b_1,b_2,\cdots,b_n$。

**输出格式：**仅有一个数，表示能够得到的最大美味值，如果无解，输出−1，如表 5-2-1 所示。

表 5-2-1 例题 5.2.1 测试样例

| 样例 1 输入 | 样例 1 输出 | 样例 2 输入 | 样例 2 输出 |
|---|---|---|---|
| 3 2<br>10 8 1<br>2 7 1 | 18 | 5 3<br>4 4 4 4 4<br>2 2 2 2 2 | −1 |

**数据范围**：$1\leqslant n\leqslant 100, 1\leqslant k\leqslant 10, 1\leqslant a_i\leqslant 100, 1\leqslant b_i\leqslant 100$。

**题目分析**：题目要求得到最大的美味值，限制条件是美味值恰好是卡路里值的 k 倍，在满足约束条件的前提下要得到最大的美味值，容易对比前面介绍的背包模型，只是这里的约束条件不那么自然，不像背包模板中，仅仅是容量限制即可，转化这个约束条件是本题的难点。

对于选定的若干个水果，要求 $\sum a_i = k\times\sum b_i$，即 $\sum a_i - k\times\sum b_i = 0$，于是，可以引入一个新的变量，$v_i = a_i - k\times b_i$，可以认为第 i 个水果有一个属性值 $v_i$，显然，对于选定的 m 个水果，$v_i$ 的值可能为正，也可能为负或零，问题最终需要所选水果的 $v_i$ 之和恰好为 0。为了得到 $v_i$ 总和恰好为 0 时的最优解，可以将所给水果分为两个部分，一部分水果的 $v_i$ 值为大于 0，另一部分水果的 $v_i$ 值不大于 0，然后分别对两部分求出 $v_i$ 总和为 $+i$ 和 $-i$ 时的美味最大值，这两个值之和恰好是 $v_i$ 总和为 0 时的一种情况的最优值，问题最终答案就是所有使得 $v_i$ 总和为 0 时两个值之和的最大值。这样就能将问题巧妙转化为一个经典的 0/1 背包问题。

按照这样的思路，如果用 f[i]表示选定水果 $v_i$ 总和为 $+i$ 时美味值总和的最大值，用 g[i]表示选定水果 $v_i$ 总和为 $-i$ 时美味值总和的最大值，最后统计所有可能的 f[i]+g[i]，最大值即为问题的最优解。根据题目给定的数据范围，每个水果的 $v_i$ 的绝对值最大不会超过 1000，所以所选水果 $v_i$ 总和的绝对值不会超过 $10^5$。

参考代码如下。

```
#include < bits/stdc++.h >
using namespace std;
const int maxn = 110,maxm = 100010;
int n,k,a[maxn],b[maxn],v[maxn];
int f[maxm],g[maxm],ans;
int main()
{
    cin >> n >> k;
    for(int i = 1;i <= n;i++) scanf(" % d",&a[i]);
    for(int i = 1;i <= n;i++)
    {
        scanf(" % d",&b[i]);
        v[i] = a[i] - k * b[i];
    }
    int m = 100000;
```

```
    for(int i = 1;i <= m;i++) f[i] = g[i] = - 1e9;
    for(int i = 1;i <= n;i++)
    {
        if(v[i]>= 0)
        {
            for(int j = m;j >= v[i];j -- ) f[j] = max(f[j],f[j - v[i]] + a[i]);
            continue;
        }
        v[i] = - v[i];
        for(int j = m;j >= v[i];j -- ) g[j] = max(g[j],g[j - v[i]] + a[i]);
    }
    for(int i = 0;i <= m;i++) ans = max(ans,f[i] + g[i]);
    if(ans) cout << ans;
    else puts(" - 1");
    return 0;
}
```

经典 0/1 背包是一类问题的基本模型，实际应用中，需要进行必要抽象，才能建立起相应的模型。本题构建背包约束模型是一个难点，不同的问题需要根据具体情况灵活运用。模型建立之后，就转化为经典 0/1 背包问题了。

**例题 5.2.2　挽救物品。**

**题目描述：**火灾现场有 n 件物品，消防员要从中挽救出价值总和尽可能大的物品。对于第 i 件物品，需要挽救它的时间为 $t_i$、它开始燃烧的时刻为 $d_i$，其价值为 $p_i$。每次消防员只能带走一个物品，而且物品一旦开始燃烧就不能再挽救了，也就是说，所有物品必须在其燃烧开始之前挽救走。

**输入格式：**第一行仅有一个整数 n，接下来的 n 行，依次给出 n 件物品的信息，每行给定一个物品的信息，物品按照输入的顺序从 1 到 n 编号，每行包含三个整数 $t_i$、$d_i$、$p_i$，表示第 i 个物品的三个属性。

**输出格式：**第一行仅有一个整数，表示能够获得物品价值总和的最大值，第二行仅有一个数，表示能够带走的物品个数，第三行为能够带走物品的编号，按照输入的顺序输出，两两之间用空格分隔，如表 5-2-2 所示。

表 5-2-2　例题 5.2.2 测试样例

| 样例 1 输入 | 样例 1 输出 | 样例 2 输入 | 样例 2 输出 |
|---|---|---|---|
| 3<br>3 7 4<br>2 6 5<br>3 7 6 | 11<br>2<br>2 3 | 2<br>5 6 1<br>3 3 5 | 1<br>1<br>1 |

**数据范围：**$1 \leqslant n \leqslant 100$，$1 \leqslant t_i \leqslant 20$，$1 \leqslant d_i \leqslant 2000$，$1 \leqslant p_i \leqslant 20$。

**题目分析：**从题目了解到，如果按照物品开始燃烧的时刻升序排列后，第 n 个物品开始燃烧的时刻为 $d_n$ 决定了“背包”的容量，相当于求在 $d_n-1$ 个单位时间内最多能够挽救多大价值的物品，这是一个典型的 0/1 背包问题，但本题还需要求出具体挽救的是哪些物品，所以还要记录背包的“路径”。同时，本题还不同于普通 0/1 背包，对于当前容量，只要得到最大价值即可，而另有一个关键点是，对于第 i 个物品，还需要在 $t_i$ 之前的时间被充分利用。

参考代码如下。

```
#include<bits/stdc++.h>
using namespace std;
const int N=110,M=2010;
struct Node{int t,d,p,id;} a[N];
int n,m,dp[N][M],pre[N][M],res[N],tot,ans,pos;
bool cmp(Node x,Node y){return x.d<y.d;}
int main()
{
    scanf("%d",&n);
    for(int i=1;i<=n;i++)
    {
        scanf("%d%d%d",&a[i].t,&a[i].d,&a[i].p);
        a[i].id=i;
    }
sort(a+1,a+n+1,cmp);
m=a[n].d;  //获得"背包的最大容量"
for(int i=1;i<=n;i++)
    {
    for(int j=1;j<=m;j++) dp[i][j]=dp[i-1][j];
    for(int j=a[i].d-1;j>=a[i].t;j--)
        if(dp[i-1][j-a[i].t]+a[i].p>dp[i][j])
            dp[i][j]=dp[i-1][j-a[i].t]+a[i].p,pre[i][j]=i;
    for(int j=1;j<=m;j++)
        if(dp[i][j]<dp[i][j-1]) dp[i][j]=dp[i][j-1],pre[i][j]=pre[i][j-1];
    }
    for(int i=0;i<=m;i++)
        if(dp[n][i]>ans) ans=dp[n][i],pos=i;
    for(int i=n;i>=1;i--)
    {
        if(!pre[i][pos]) continue;
        res[++tot]=a[pre[i][pos]].id;
        pos-=a[pre[i][pos]].t;
    }
    printf("%d\n%d\n",ans,tot);
    for(int i=tot;i>=1;i--) printf("%d ",res[i]);
    return 0;
}
```

## 二、完全背包问题模型

给定 n($1\leqslant n\leqslant 100$)种物品的体积和价值,对于第 i 种物品,每个物品的重量是 $w_i$,价值是 $v_i$($1\leqslant v_i\leqslant 100$),并且每种都有无数个。有一个容量为 V($0\leqslant w_i\leqslant V\leqslant 100$)的背包,任意选择上述种类的物品若干个装入背包,在保证这些物品的重量总和不超过背包容量 V 的前提下,能够得到的物品价值总和最大是多少?

完全背包模型与 0/1 背包类似,区别仅在于 0/1 背包问题中每种物品不是仅有一个,而完全背包问题中每种物品都有无数个。

完全背包问题可以沿用 0/1 背包的思路,仍用 dp[i][j]表示,对于前 i 种物品,背包中装入总重量为 j 的物品,能够得到的最大总价值。参考代码如下。

```
for(int i = 1;i <= n;i++)
    for(int j = 0;j <= V;j++)
        for(int k = 0;k * w[i]<= j;k++)
            dp[i][j] = max(dp[i - 1][j],dp[i - 1][j - k * w[i]] + k * v[i]);
```

需要注意的是,虽然定义与 0/1 背包类似,但是其状态转移方程与 0/1 背包并不相同。一个朴素的做法:对于第 i 种物品,枚举其选了多少个来转移。这样会增加一层循环,时间复杂度是 $O(n^3)$。这种思路可得转移方程:$dp[i][j]=\max_{k=0}^{j/w[i]}(dp[i-1][j-k\times w_i]+v_i\times k)$。分析发现,对于 dp[i][j],只需要通过 $dp[i][j-w_i]$ 转移即可。因此,上述状态转移方程可以优化为

$$dp[i][j]=\max(dp[i-1][j],dp[i][j-w_i]+v[i])$$

参考代码如下。

```
for(int i = 1;i <= n;i++)
    for(int j = 0;j <= V;j++)
    {
        if(j < w[i]) dp[i][j] = dp[i - 1][j];
        else dp[i][j] = max(dp[i - 1][j],dp[i - 1][j - w[i]] + v[i]);
    }
```

状态转移时,$dp[i][j-w_i]$ 已经由 $dp[i][j-2\times w_i]$ 更新过,那么 $dp[i][j-w_i]$ 就是充分考虑了第 i 件物品所选次数后得到的最优结果。通过局部最优子结构的性质重复,使用了之前枚举过程中的结果,优化了枚举的复杂度。这里仅仅是对基本模型的探讨,在实际问题中,背包的约束条件往往比较隐蔽,需要通过抽象、转化,才能构建出背包的模型,加以利用。

**例题 5.2.3 选取 k 个物品的价值可能值。**

**题目描述:** 商店里有 n 种产品,每种产品都有无限个。对于第 i 种产品,它的价值是 $a_i$。请你从中取出 k 个物品,问取得物品的价值总和可能是多少?

**输入格式:** 第一行包含两个整数 n 和 k,第二行包含 n 个整数 $a_1,a_2,\cdots,a_n$,是从第 1 个到第 n 个物品的价值。

**输出格式:** 按照递增的顺序输出你能取得物品的价值总和的可能值,如表 5-2-3 所示。

表 5-2-3 例题 5.2.3 测试样例

| | 样例 1 | 样例 2 | 样例 3 |
|---|---|---|---|
| 输入 | 3 2<br>1 2 3 | 5 5<br>1 1 1 1 1 | 3 3<br>3 5 11 |
| 输出 | 2 3 4 5 6 | 5 | 9 11 13 15 17 19 21 25 27 33 |

**数据范围:** $1\leqslant n,k\leqslant 1000,1\leqslant a_i\leqslant 1000$。

**题目分析:** 通过前面对完全背包问题模型的介绍,容易发现本题符合完全背包问题模型的特征,但如果用朴素的完全背包,对于每一种价值值可能有多种组合,有没有恰好为 k 个物品组合的情况,还需要进行一些细节的处理。题目明确要求从 n 种物品中取出 k 个,每种物品都有无限个,最后要求这 k 个物品价值总和的可能值。容易想到,枚举每一个价值 i,再判断是否

可得。如果按照物品价值从小到大将 n 种物品排序，显然 i 的最大值为 $k\times a_n$，i 的最小值为 $a_1$，为了处理方便，可以将所有物品的价值 $a_i$ 都减去最小值 $a_1$，设为 $b_i$，求解时枚举差值 $b_i$ 即可，这样 i 的最大值变为 $kb_n$，因为 $b_1=0$，只需要考虑枚举第 2 种物品到第 n 种物品，只要有不超过 k 个物品能够获得价值 j，那么价值 j 一定是可得的，因为第 1 种物品 $b_1=0$，如果获得价值 j 不到 k 个物品，可以用任意多个第 1 种物品补足 k 个，因此，通过加入若干个第 1 种物品，最终可获得的价值值 $j+k\times a_1$。

根据上面的分析，定义 dp[i]表示得到价值总和为 i 最少需要的物品个数。注意，这里的 i 不是最终的价值总和，而是每个物品价值都减去 $a_1$ 之后的情况。参考代码如下。

```
#include<bits/stdc++.h>
using namespace std;
const int maxn = 1e6 + 10;
int a[maxn],dp[maxn];
int main()
{
    int n,k,maxm;
    scanf("%d%d",&n,&k);
    for(int i = 1; i <= n;i++) scanf("%d",&a[i]);
    sort(a + 1,a + 1 + n);
    for(int i = 2;i <= n;i++) a[i] - = a[1];
    memset(dp,63,sizeof(dp));
    dp[0] = 0;maxm = k * a[n];
    for(int i = 2;i <= n;i++)
        for(int j = a[i];j <= maxm;j++)
            dp[j] = min(dp[j],dp[j - a[i]] + 1);
    for(int i = 0;i <= maxm;i++)
        if(dp[i]<= k) printf("%d ",a[1] * k + i);
    return 0;
}
```

## 三、多重背包问题模型

已知 $n(1\leqslant n\leqslant 100)$ 种物品，以及每种物品的个数、重量和价值信息，第 i 种物品有 $a_i$ 个，每个物品的体积是 $w_i$，价值是 $v_i(1\leqslant a_i,v_i\leqslant 100)$。有一个容量为 $V(0\leqslant w_i\leqslant V\leqslant 100)$ 的背包。任意选择上述物品若干个装入背包，在保证这些物品的体积总和不超过背包容量 V 的前提下，可得物品的价值总和最大是多少？

本题跟 0/1 背包和完全背包不同，多重背包问题是每种物品都有指定的有限个数。

有了前面两种背包问题的学习，很容易想到将每一种的若干个物品全部看作是独立的物品个体，从而转化为共有 $a_1+a_2+\cdots+a_n$ 个物品的 0/1 背包问题。按照这样思路解决问题的时间复杂度为 $O\left(V\cdot\sum_{i=1}^{n}a_i\right)$。但需要密切关注数据范围，如果数据范围允许，用这种朴素的 0/1 背包思想解决问题是一种方法。但如果数据范围不允许，就需要采用必要的优化方案。

在介绍优化方案之前，先给出使用 0/1 背包思想解决问题的方法。依然定义 dp[i][j]表示对于前 i 种物品，背包容量为 j 时能够获得的最大价值。参考代码如下。

```
for(int i = 1;i <= n;i++)
    for(int j = 1;j <= a[i];j++)
    {
        for(int k = 0;k <= V;k++)
        {
            if(k >= w[i]) dp[i][k] = max(dp[i - 1][k],dp[i - 1][k - w[i]] + v[i]);
            else dp[i][k] = dp[i - 1][k];
        }
    }
```

按照上述方法解决背包问题时，处理第 i－1 种物品，已经存储了当前的最优解 dp[i－1][j]，在处理第 i 种物品时，只用到了 dp[i－1][j]，可以从优化存储空间的角度，用两个一维数组即可实现，或者仅仅用一个一维数组即可实现。如果仅用一个一维数组，在处理问题的方式时稍微改变一下即可，参考代码如下。

```
for(int i = 1;i <= n;i++)
    for(int j = 1;j <= a[i];j++)
        for(int k = V;k >= w[i];k-- )
            dp[k] = max(dp[k],dp[k - w[i]] + v[i]);
```

这里 dp[k]表示当背包容量为 k 时，能够获得的最大价值。因为对于每一个物品，我们都要求出 dp[k]($\forall k \in [0, V]$)的当前最优解，采用背包容量从大往小处理的方式，在求 dp[k]时，用到了 dp[$k-w_i$]，此时 dp[$k-w_i$]是之前已经求得的最优解，巧妙地避开了需要使用多个数组的情况，也就是说用一个数组就很好地解决了问题。这里为什么不能像之前那样，背包容量从 0 开始往大处理呢？读者要思考明白。

当然，优化存储空间的方法，也可以用滚动数组的方法。

上述方法是将每种物品的 $a_i$ 个看成了独立的个体，转化为基本的 0/1 背包来处理，这样效率很低，可以采用一些优化的方法。

这里简单介绍一下二进制拆分的优化方法。思路源于对于一个长度为 k 的二进制串，当作一个二进制数，从低位开始，各位上的权分别为 $2^0, 2^1, 2^2, \cdots, 2^{k-1}$，它能够表达出区间$[0, 2^k-1]$上的任意整数，也就是说，可以选择若干个 2 的整数次幂的数求和得到区间$[0, 2^k-1]$上任意整数，所以，将 $a_i$ 个第 i 种物品分装成 p+2 个包，每个包的物品个数分别为 $2^0, 2^1, 2^2, \cdots, 2^p, m$，这里的整数 p 是满足 $2^0+2^1+2^2+\cdots+2^p \leqslant a_i$ 的最大整数，则根据最大性，有 $m < 2^{p+1}$，$a_i < 2^0+2^1+2^2+\cdots+2^{p+1}$，显然，从这 p+2 个包中选出若干个数求和，能够得到区间$[0, a_i]$上的任何一个整数，所以，本来是要从 $a_i$ 个物品中选出如干个物品，转化为从 p+2 个包中选出若干个包，将时间复杂度 O(n)降为 O(logn)。

当然，还可以使用单调队列优化的动态规划思想来求解多重背包问题，时间复杂度可以进一步降低到 O(nV)，本节暂不讨论。

**例题 5.2.4 包包子。**

**题目描述：**厨房里有 n 克面团和 m 种不同的馅料，馅料的编号从 1 到 m，第 i 种馅料的量为 $a_i$ 克。现在，小 A 要用这些材料做包子，做一个第 i 种馅料的包子，需要 $b_i$ 克的第 i 种馅料和 $c_i$ 克的面团，同时这种包子可以卖 $d_i$ 块人民币。小 A 也可以不用馅料做馒头，每个馒头需要 $c_0$ 克面团，可以卖 $d_0$ 块人民币。如果面团和馅料有剩余会被扔掉。请你根据给定的数据，判断小 A 最多能赚多少钱。

**输入格式**：第一行包含 4 个整数 n、m、$c_0$ 和 $d_0$，接下来的 m 行，每行包含 4 个整数 $a_i$、$b_i$、$c_i$ 和 $d_i$。

**输出格式**：仅有一个数，表示小 A 最多能赚到钱数，如表 5-2-4 所示。

表 5-2-4　例题 5.2.4 测试样例

| 样例 1 输入 | 样例 1 输出 | 样例 2 输入 | 样例 2 输入 |
|---|---|---|---|
| 10 2 2 1<br>7 3 2 100<br>12 3 1 10 | 241 | 100 1 25 50<br>15 5 20 10 | 200 |

**数据范围**：$1\leqslant n\leqslant 10^3$，$1\leqslant m\leqslant 10$，$1\leqslant a_i$、$b_i$、$c_i$、$d_i\leqslant 100$。

**题目分析**：通过背包问题的学习，可以发现本问题具有明确的背包特征，每一种包子相当于模板中的物品，只是这里没有明确给出每种包子的个数，但只要稍作转化就可以抽象出经典的多重背包模型。可以理解为，用 n 克面团去做 m+1 种包子，种类编号从 0 到 m，把无馅的面团看作是种类编号为 0 的包子。根据题目的描述，第 1 种到第 m 种包子，每种包子最多可以做 $\left[\frac{a_i}{b_i}\right]$ 个，没有馅的面团最多可以做 $\left[\frac{n}{c_0}\right]$ 个。在面团够用，不超过每种馅料能做包子个数的情况下，每种馅料的包子要做多少个，相当于往背包里装物品，这个处理过程跟做包子的种类顺序无关，所以就逐个枚举每个种类的包子。时间复杂度 $O\left(n\sum_{i=1}^{m}\left[\frac{a_i}{b_i}\right]\right)$，即为 $O(10^6)$。

参考代码如下。

```
#include< bits/stdc++.h>
using namespace std;
int n,m,c0,d0,ai,bi,ci,di,dp[1010],ans;
int main()
{
    cin>> n>> m>> c0>> d0;
    for(int i = 1;i <= n/c0;i++) dp[i * c0] = i * d0;
    while(m -- )
    {
        cin>> a>> b>> c>> d;
        for(int t = 1;t <= a/b;t++)
            for(int i = n;i >= c;i -- ) dp[i] = max(dp[i],dp[i - c] + d);
    }
    for(int i = 1;i <= n;i++) ans = max(ans,dp[i]);
    cout << ans;
    return 0;
}
```

**例题 5.2.5　超大的背包。**

**题目描述**：有一个背包的容量为 W，和 8 种物品，物品的重量分别为 1～8 的整数，给定重量为 i 的物品个数为 $a_i$，$1\leqslant i\leqslant 8$。请你计算给定的背包最多能装上多大重量的物品。

**输入格式**：第一行仅有一个整数 W，第二行有 8 个整数 $a_1,a_2,\cdots,a_8$。

**输出格式**：仅有一个整数，表示背包中最多能装的重量，如表 5-2-5 所示。

表 5-2-5　例题 5.2.5 测试样例

| | 样例 1 | 样例 2 | 样例 3 |
|---|---|---|---|
| 输入 | 10<br>1 2 3 4 5 6 7 8 | 10<br>8 8 8 8 3 3 3 3 | 3<br>0 4 1 0 0 9 8 3 |
| 输出 | 10 | 9 | 3 |

**数据范围**：$0\leqslant W\leqslant 10^{18}$，$0\leqslant a_i\leqslant 10^{16}$。

**题目分析**：背包的容量为 W，即该背包能够装进物品的最大重量，物品只有 8 种，物品种类很少且体积都非常小，而背包的容量却很大，尽管这是一个朴素的多重背包问题模型。但因为背包的容量太大，按照前面的朴素做法，时间和空间都不允许，因此需要考虑一些特殊处理方法。

总共只有 8 种物品，这 8 种物品重量的最小公倍数为 840。假设最优方案完成，背包中已经装入大量的物品，设想将这些物品打包成很多个重量为 840 的包，可能会剩余一些物品，但要尽可能多的打包，让打包后剩余的物品尽可能少，便于后续处理。按照这样的要求打包完毕后，每种物品剩余的总重量一定小于 840，如果达到 840，说明之前打包没有进行彻底。通过这种打包方式，可以降低时间复杂度。对于每种总重量不到 840 的物品，才会影响到背包最优的情况，这部分再按照多重背包的思想求最优解。所以，真正影响背包最优答案的物品总重量一定小于 $8\times 840$，求解时，枚举背包容量，如果 $W>8\times 840$ 就只需要考虑 $8\times 840$ 即可，即有效的背包容量 $M=\min(W,8\times 840)$。

设 dp[i][j]表示对于前 i 种物品，背包还可装重量(即剩余的容量)为 j 时，最多能够拼成重量为 840 的组数。枚举当前的第 i 种物品最终会剩余 k 个，显然这里 k 的最大值为 min(j/i,a[i])，这 k 个物品的重量为 $i\times k$，那么之前剩余的容量最多为 $j-i\times k$，当前物品处理完毕后打包个数的增量为$\frac{i\times(a[i-1]-k)}{840}$，所以可得转移方程 $dp[i][j]=\max\left\{dp[i-1][j-i\times k]+\frac{i\times(a[i-1]-k)}{840}\right\}$。

最后统计答案的时候，枚举一个剩余的容量 j 再加上此时最大的个数乘上 840 即可。

参考代码如下。

```
#include<bits/stdc++.h>
#define ll long long
using namespace std;
const int N = 10010;
ll dp[10][N],a[10],W,ans;
int main()
{
    scanf("%lld",&W);
    for(int i = 1;i <= 8;i++) scanf("%lld",&a[i]);
    memset(dp, - 0x3f,sizeof(dp));
    dp[0][0] = 0;
    ll M = min(W,8 * 840ll);                    //如果背包容量非常大,则 M 取 8 × 840
    for(int i = 1;i <= 8;i++)
    {
```

```
        for(ll j = 0;j <= M;j++)                        //"有效"的背包容量为 M
        {
            dp[i][j] = dp[i - 1][j];
            ll t = min(j/i,a[i]);
            for(int k = 0;k <= t;k++)
                dp[i][j] = max(dp[i][j],dp[i - 1][j - k * i] + (a[i] - k)/(840/i));
        }
    }
    for(int i = 0;i <= M;i++)
        if(dp[8][i]>= 0) ans = max(ans,min(dp[8][i],(W - i)/840) * 840 + i);
    printf(" %lld",ans);
    return 0;
}
```

## 四、分组背包问题模型

有 n 组物品，第 i 组物品有 $a_i$ 个，这 $a_i$ 个物品中第 j 个的体积是 w[i][j]，价值是v[i][j]。现有一个容量为 V 的背包，任意选择上述物品装入背包，在保证这些物品的体积总和不超过背包容量 V 的前提下，使得价值总和最大，计算并输出这个最大值。

既然每组只可选一件，可以将其视作一件物品，但决策时需循环组内物品取最优。

参考代码如下。

```
for(int i = 1;i <= k;i++)
    for(int j = m;j >= 0;j -- )
        for(int p = 1;p <= cnt[i];p++)
            if(j >= w[p]) dp[j] = min(dp[j],dp[j - w[p]] + v[p]);
```

**例题 5.2.6　最大价值。**

**题目描述**：有 n 个房间，编号从 1 到 n，每个房间里都摆放着一排物品，每个物品都有自己的价值。现在小 A 要从这些房间里拿走 m 件物品，每次小 A 都会任意选择一个房间，从这个房间中拿走最左边或者最右边的那个物品。请你计算小 A 所取物品价值总和的最大值。

**输入格式**：第一行包含两个整数 n 和 m，接下来的 n 行，每行给出一个房间里物品的信息，具体第一个数表示该房间里物品的个数 k，之后的 k 个数分别为这个房间里从左到右每个物品的价值。数据保证物品总个数不少于 m。

**输出格式**：仅有一个数，表示所取物品的最大总价值，如表 5-2-6 所示。

表 5-2-6　例题 5.2.6 测试样例

| | 样例 1 | 样例 2 |
|---|---|---|
| 输入 | 2 3<br>3 3 7 2<br>3 4 1 5 | 1 3<br>4 4 3 1 2 |
| 输出 | 15 | 9 |

**数据范围**：$1\leqslant n\leqslant 100, 1\leqslant m\leqslant 10^4, 1\leqslant k\leqslant 100$。

**题目分析**:定义 dp1[i][j]表示在第 i 个柜子里取 j 个物品可获得的最大价值,因每次只能从最左或最右边取,dp1[k][l]=max(dp1[k][l],{第 k 个柜子左边取 i 个右边取 j 个的价值}),1≤k≤n,1≤l≤{第 i 个柜子里的物品数},0≤i≤l,j=l−i。有了 dp1,再用 dp2[i][j]表示第 i 个柜子已取 j 个物品的最大总价值。因每个柜子可取 0~{第 i 个柜子的物品数} 个物品,故枚举该柜子里取了几个物品,再进行转移:dp2[k][i]=max(dp2[k][i],dp2[k−1][i−j]+dp1[k][j])。满足 1≤k≤n,0≤i≤m,0≤j≤min(i,{第 i 个柜子的物品数}),最后答案就是 dp2[n][m]。计算时使用每一行的前缀和可以快速计算出第 k 个柜子里的左边取 i 个,右边取 j 个的价值。参考代码如下。

```
#include <bits/stdc++.h>
using namespace std;
int n,m,cnt,tmp,sum[105][105];
int dp1[105][105],dp2[105][10005];
vector<int> a[105];
int cal(int k,int i,int j)
{                                            //第 k 个柜子里取了前 i 个和后 j 个的总价值
    int t = a[k].size();
    return sum[k][t] - sum[k][t - j] + sum[k][i];
}
int main()
{
    cin>> n>> m;                             //从 n 个柜子里取 m 件物品
    for(int i = 1;i <= n;i++)
    {
        cin>> cnt;
        for(int j = 1;j <= cnt;j++)
        {
            cin>> tmp;
            a[i].push_back(tmp);
            sum[i][j] = sum[i][j - 1] + tmp;
        }
    }
    for(int k = 1;k <= n;k++)                //dp1 转移
        for(int l = 1;l <= a[k].size();l++)
            for(int i = 0;i <= l;i++)
            {
                int j = l - i;
                dp1[k][l] = max(dp1[k][l],cal(k,i,j));
            }
    for(int k = 1;k <= n;k++)                //dp2 转移
        for(int i = 0;i <= m;i++)
            for(int j = 0;j <= a[k].size() && j <= i;j++)
                dp2[k][i] = max(dp2[k][i],dp2[k - 1][i - j] + dp1[k][j]);
    cout << dp2[n][m];
    return 0;
}
```

## 第三节 区间 DP

区间 DP 实质是线性 DP 的一种扩展,区间 DP 的主要思想是先在较小的区间进行 DP 得到最优解,再利用小区间的最优解合并求得较大区间的最优解,逐步合并最终得到整个区间的最优解。具体操作要从小到大枚举所有可能的区间。因为区间 DP 是解决特定区间上的最优解问题,初始,将这个区间上每个元素作为一个区间元,因为区间上只有一个元素时,最优解是该元素值。然后解决区间长度为 2 的情况,即所有包含两个元素的区间,显然我们不需要考虑所有两个元素的组合情况,而只需要考虑相邻的两个元素组成的区间,这样全部可能的区间数是区间内全部元素减 1,用 O(n)的时间复杂度就把全部区间长度为 2 的最优解计算并存储起来了。接下来求所有区间长度为 3 的区间最优解,因为所有区间长度为 1 和区间长度为 2 的区间最优解都已经得到并存储在数组中了,只需要利用已有的最优解来合并即可。以此类推,将区间长度为 n 的区间最优解计算出来,问题即得解。

## 一、区间 DP 问题模型

从一道经典"石子合并"问题认识区间 DP 的问题模型。"石子合并"问题是说有 n 堆石子排成一排,从左到右每堆石子的个数依次是 $a_1, a_2, \cdots, a_n$ ($1 \leqslant n \leqslant 500$),现进行 n−1 次合并操作,每次操作将相邻的两堆合并成一堆,获得的分数为这两堆石子的总数。请安排合适的合并方法,使得合并完成后得分最多。

若考虑本章讲过的递推方法,容易想到从小规模的问题出发,逐步递推出整个问题的最优解,仔细思考会发现普通的递推问题规模比较复杂,这里采用一种新的递推思路。用 f[i][j] 表示将区间[i,j]上所有石子合并到一起能够得到的最大得分,那么一定有 f[i][i]=a[i],也就是说,每个区间上只有一堆石子时,得到的最大分数即为本堆石子的个数。如果相邻的两堆合并,总共会有 n−1 种不同的情况,即 f[i][i+1]=a[i]+a[i+1]($1 \leqslant i \leqslant n-1$),相当于枚举了两堆合并的所有情况。当超过两堆合并的情况,假设要找到所有 m 堆合并为一堆的情况,无论怎么合并,最终一定会遇到这 m 堆石子合并为两堆,然后再将这两堆合并起来,因为是从小规模问题入手,逐步扩大规模的,所以在合并 m 堆时,前面所有可能的情况已经计算并存储在数组 f 中,不需要再去逐个重新计算,这样大大减小了计算量,这一过程用数学表达式可以表述为

$$f[i][j]=\max\{f[i][k]+f[k+1][j]+\sum_{t=i}^{j} a[t]\}(i \leqslant k < j)$$

这就是经典的区间 DP 问题模型,上述数学表达式也就是在各个区间上 DP 的状态转移方程。细心的读者会发现,这里可以进一步优化,$\sum_{t=i}^{j} a_t$ 是可以用前缀和来降低时间复杂度的,可以用 sum[i]表示数组 a 的前 i 个数的和,则有 f[i][j]=max{f[i][k]+f[k+1][j]+sum[j]−sum[i−1]。当然这仅仅是解决问题的一个小细节。

## 二、典型例题

**例题 5.3.1 小 A 的游戏。**

**题目描述:** 小 A 要设计一款游戏,这个游戏中有 n 个珠子排成一排,每个珠子都有一种颜色,用一个整数标识,第 i 个珠子的颜色标识是 $a_i$,游戏的目标是尽快地消去一行中所有的珠子。消去的规则:如果一段连续的珠子,它们的颜色分布是回文的,即从左到右看和从右到左看是完全一样的,则可以花一秒的时间将这段珠子消去,一段珠子被消去(删除)后,剩余的珠子将顺次连接在一起,形成一个新的序列。按照给定的规则将所有的珠子全部消去至少需要多长时间?

**输入格式:** 第一行仅有一个整数 n,第二行包含 n 个整数 $a_1, a_2, \cdots, a_n$。

**输出格式**：仅有一个数，表示消去整行珠子所需要的时间，如表 5-3-1 所示。

表 5-3-1　例题 5.3.1 测试样例

| | 样例 1 | 样例 2 | 样例 3 |
|---|---|---|---|
| 输入 | 3<br>1 2 1 | 3<br>1 2 3 | 7<br>1 4 4 2 3 2 1 |
| 输出 | 1 | 3 | 2 |

**数据范围**：$1 \leqslant n \leqslant 500$，$1 \leqslant a_i \leqslant n$。

**题目分析**：题目中的样例 1 是一个回文序列，所以用一秒的时间即可消去；样例 2 每一个数都是独立的，都无法构成回文序列，所以只能逐一消去，共需要 3 秒时间；对于样例 3，可以先消去 4 4，然后消去 12321。容易发现，要解决问题，需要找到是回文序列的区间，在前面知识学习的基础上，容易想到递推的方法，但随着珠子长度的增加，情况也会越来越复杂，要把所有的情况考虑到，解的空间会非常大。观察发现，这是一个经典的区间问题，可以按照区间长度去将问题分类，当区间长度是 1 时，就是每个独立的珠子，如果区间长度是 2，只有 n－1 种情况，每个区间的内的最优解很好求。对于每一个区间长度，再进一步枚举区间的起点，将每一个区间内的最优解求得后存储起来，在区间长度增加后求解时，可以使用前面存储的结果进行递推，这样问题就会变得比较简单。

参考代码如下。

```
#include<bits/stdc++.h>
using namespace std;
const int N = 510;
int n,a[N],dp[N][N];
int main()
{
    scanf("%d",&n);
    for(int i = 1;i <= n;i++) scanf("%d",&a[i]);
    for(int i = 1;i <= n;i++) dp[i][i] = 1;
    for(int i = 2;i <= n;i++)
    {
        for(int j = 1;j <= n - i + 1;j++)
        {
            int r = i + j - 1;
            if(a[j] == a[r])
            {
                if(i == 2) dp[j][r] = 1;
                else dp[j][r] = dp[j + 1][r - 1];
            }
            else dp[j][r] = 0x3f3f3f3f;
            for(int k = j;k < r;k++) dp[j][r] = min(dp[j][r],dp[j][k] + dp[k + 1][r]);
        }
    }
    printf("%d",dp[1][n]);
    return 0;
}
```

这是一个经典的区间 DP 的问题模型，它在分阶段地划分问题时，与阶段中元素出现的顺序和由前一阶段的哪些元素合并而来有很大的关系。用 dp[i][j]记录状态：下标位置 i 到

j的所有元素消去花费的最少时间，接下来用递推思想去探索问题规律。首先从“区间元”开始分析，即只有一个元素的情况，此时dp[i][i]即为第i个元素，仅仅消去一个元素需要一个单位时间，所以初始化时dp[i][i]=1。当每个区间有两个元素时，共有n−1种情况，只需要看每个区间的这两个元素是否相等，如果相等即为回文，此时dp[i][i+1]=1即可，如果不相等，则dp[i][i+1]=2。对于更多元素的区间，即区间长度超过2时，可以利用前面已有的结果，扫一遍即可得到最优解，具体的，加入研究的区间是[l,r]，只要分析区间内左右端点珠子的颜色是否相同，如果相同，则在dp[l+1][r−1]的基础上不会产生增量，否则需要枚举这个区间上所有可能的断点，以便枚举所有情况找到最优解。参考实现代码如下。

```
for(int k = j;k < r;k++) dp[j][r] = min(dp[j][r],dp[j][k] + dp[k + 1][r]);
```

通过上述分析，可以提炼出区间DP类问题的核心代码如下。

```
for(int len = 1;len <= n;len++)
    for(int i = 1;i <= n - len - 1;i++)
    {
        int j = len + i - 1;
        for(int k = i;k < j;k++)
            dp[i][j] = max(dp[i][j],dp[i][k] + dp[k + 1][j] + x);
    }
```

**例题 5.3.2　数组合并。**

**题目描述**：给定一个长度为n的数组$a_1,a_2,\cdots,a_n$，你可以对数组进行若干次指定的操作：对于整数$i\in[1,n)$，如果$a_i=a_{i+1}$，则将这两个相邻的元素合并为一个数，大小为$a_{i+1}$。显然，每次操作之后，数组的长度都会减小1。如果用最优的方案进行操作，最后剩余的数组的最少有多少个元素？

**输入格式**：第一行包含一个整数n，第二行包含n个整数$a_1,a_2,\cdots,a_n$。

**输出格式**：仅有一行，包含一个整数，表示进行若干次操作之后数组元素的最少个数，如表5-3-2所示。

表 5-3-2　例题 5.3.2 测试样例

| | 样例 1 | 样例 2 | 样例 3 | 样例 4 |
|---|---|---|---|---|
| 输入 | 5<br>4 3 2 2 3 | 7<br>3 3 4 4 4 3 3 | 3<br>1 3 5 | 1<br>1000 |
| 输出 | 2 | 2 | 3 | 1 |

**数据范围**：$1\leqslant n\leqslant 500$，$1\leqslant a_i\leqslant 1000$。

**题目分析**：样例1中的最优操作之一为4 3 2 2 3→4 3 3 3→4 4 3→5 3，样例2中的最优操作之一为3 3 4 4 4 3 3→4 4 4 4 3 3→4 4 4 4 4→5 4 4 4→5 5 4→6 4，样例3和样例4，并不能进行任何操作。

通过问题的探索可以得到一个规律：对于一个区间[l,r]上的所有数，如果它们可以被缩成一个数，那么这个数是一个唯一确定的数。这个数具体是多少，要看这个区间上最大的数是多少，原本这个最大的数有多少个，以及能够合并成最大的数有多少个而唯一确定。而解决问题的关键是确定这个区间上的数是否能合并成一个数，如果能，那么这个数是多少？如果把每个区间上能否合并的具体信息得到，很容易通过一个一维的递推，即可得到问题的解决方案。

如果区间[l,r]上的数能够合并成一个数，这个数用 f[l][r]存储，如果不能合并成一个数，则将 f[l][r]记录为 0。这样可以枚举一个中间点 k，如果[l,k]与[k+1,r]都可以合并成一个数 x 那么区间[l,r]上的所有数就可以合并成一个数 x+1。即如果 f[l][k]=f[k+1][r]，则 f[l][r]=f[l][k]+1。

前面已经求出每个区间能不能合成一个数，如果用 dp[i]表示区间[1,i]上合成后最少的元素个数，则 dp[i]=min{dp[j−1]+1}(f[j][i]>0)。

参考代码如下。

```
#include<bits/stdc++.h>
using namespace std;
const int maxn=501;
int n,a[maxn],dp[maxn];
int f[maxn][maxn];
int main()
{
    scanf("%d",&n);
    for(int i=1;i<=n;i++)
    {
        scanf("%d",&a[i]);
        f[i][i]=a[i];
    }
    for(int len=1;len<=n;len++)
        for(int i=1;i<=n-len+1;i++)
        {
            int j=i+len-1;
            for(int t=i;t<j;t++)
                if(f[i][t] && f[i][t]==f[t+1][j]) f[i][j]=f[i][t]+1;
        }
    for(int i=1;i<=n;i++)
    {
        dp[i]=dp[i-1]+1;
        for(int j=1;j<i;j++)
            if(f[j][i]) dp[i]=min(dp[i],dp[j-1]+1);
    }
    printf("%d\n",dp[n]);
    return 0;
}
```

## 三、区间 DP 的优化

区间类 DP 中，朴素的实现方法是，对于转移方程 $dp[i][j]=\min\limits_{k=i}^{k\leqslant j}\{dp[i][k]+dp[k+1][j]+cost[i][j]\}$，需要枚举区间长度，区间的起点和区间断点，三层循环，使得时间复杂度度为 $O(n^3)$。如果数据范围较大，需要考虑优化。这里区间长度 len 从 1 到 n，必须从小到大逐步实现，因为大区间的解需要建立在小区间最优解的基础上，这一层是刚需，无法优化，而对于每一个区间 len 的最优解也必须全部求出来，以备后面进一步使用，所以对于特定的区间长度，所有可能的起点都需要枚举到，也是刚需，所以只能在枚举区间“断点”上下功夫。比较常用的是利用平行四边形不等式进行优化。具体的，在枚举断点时，增加一个数组 g[i][j]记录使得 dp[i]

[j]取得最优解(最小值)的那个断点,则根据平行四边形不等式有 g[i][j−1]≤g[i][j]≤g[i+1][j],这个结论说明 dp[i][j]的最佳断点必然在区间上[g[i][j−1]和 g[i+1][j]]上,所以枚举断点时,只需要枚举区间[g[i][j−1],g[i+1][j]]上的数即可,这个时间复杂度几乎是一个常数。从而实现将区间 DP 的时间复杂度从 $O(n^3)$优化到 $O(n^2)$。结论的证明,需要用到数学归纳法,读者可以自行探索。

# 第四节 树形 DP

树形 DP,即在树上进行的 DP。通过前面对树这种数据结构的学习可以了解到,树和子树具有递归性,很符合动态规划将问题划分为若干个子问题进行求解的性质,因此在树上进行 DP,状态转移会更加直观。因为树的递归性,所以树形 DP 一般都是递归进行的。

## 一、树形 DP 问题模型

树形 DP 问题模型,简单说是 DP 思想在树上的应用,应用中有明确的模型和基本通用的解决方案。对于一个简单的树形 DP 问题,通常将这棵树看作是一个稀疏图,使用邻接表存储,由于树的递归性,用深度优先的方法遍历树上的每个节点,并处理和记录相关信息,从而得到问题的解决方案。下面通过一道例题介绍树形 DP 的基本模型和一般解决方案。

**例题 5.4.1 节点疏通。**

**题目描述:**有一棵包含 n 个节点,编号从 1 到 n,有 n−1 条有向边,不考虑边的有向性恰好构成一棵树。现在要从中选择一个节点,使得你能够通过对最少的边进行反向操作,实现从这个节点可以到达其他任意一个节点。在优先保证反向操作边数最少的前提下,可以选择哪些节点?最少反向操作多少条边?

**输入格式:**第一行仅有一个正整数 n。接下来 n−1 行,每行包含两个正整数 a 和 b,表示从节点 a 到节点 b 有一条边。

**输出格式:**第一行仅有一个整数,表示最少要反向操作的边数,第二行按编号升序输出所有可以选择的节点编号,两两之间用空格分隔,如表 5-4-1 所示。

表 5-4-1 例题 5.4.1 测试样例

| 样例 1 输入 | 样例 1 输出 | 样例 2 输入 | 样例 2 输出 |
|---|---|---|---|
| 3<br>2 1<br>2 3 | 0<br>2 | 4<br>1 4<br>2 4<br>3 4 | 2<br>1 2 3 |

**数据范围:**$2 \leqslant n \leqslant 2 \times 10^5$,$1 \leqslant a,b \leqslant n$。

**题目分析:**题目中明确边是单向边,但实际应用中,为了处理方便,依然会将边采用双向存储,但需要给边赋一个标记方向属性的权值,可用一个数组来记录边的权值。本题没有给定树根,一个朴素的想法是枚举不同的节点作为树根,因为仅仅是可达性问题,遍历一遍所有节点即可判断要改变多少条边的方向才能符合要求,这样时间复杂度为 $O(n^2)$,按照题目给定的数据范围肯定会超时,所以要进一步挖掘问题的隐含信息。通过思考会发现,因为树上,从一个节点到另一个节点的路径是确定,并不需要关心以哪个节点为树根,只需要任意指定一个节点作为树根,遍历一遍所有节点,记录一些必要的信息,即可推导出问题答案需要的信息。

这里就假定 1 号节点为树根,定义 dp[i]为节点 i 到以 i 为根的子树所有节点需要反向操作的边数,用 a[i]存储从 1 号节点到达 i 号节点需要改变方向的边数,用 b[i]存储节点 i 的深度,即从树根 1 号节点到 i 号节点需要走过的边数,用 c[i]存储 i 号节点到达其他所有节点需要改变方向的边数。于是,就可以用 O(n)的时间复杂度,计算出 dp[i]($1\leqslant i\leqslant n$),dp[1]表示树根 1 号节点到达其他所有节点需要改变方向的边数,有了 dp[1],则对于其他任意一个节点 u,要求节点 u 到其他所有节点需要改变方向的边数,就可以转化为求节点 u 到 1 号节点需要改变方向的边数,因为 1 号节点到达其他所有节点的信息已经有了,只要能够得到 u 号节点达到 1 号结点的情况,也就容易得到 u 号节点到其他所有节点的情况。

根据上面的分析,一次 dfs(1,0),O(n)的时间复杂度即可统计出每个节点的关键信息。

```
void dfs(int u,int fa)
{
    for(int i = head[u];i;i = nxt[i])
    {
        int v = ver[i];
        if(v == fa) continue;
        b[v] = b[u] + 1;
        a[v] = a[u];
        if(!w[i]) a[v]++;
        dfs(v,u);
        if(!w[i]) dp[u] + = dp[v] + 1;
        else dp[u] + = dp[v];
    }
}
```

得到上述关键信息,可以求出每一个节点到达其他所有节点需要修改的边数,即 c[i]。对于任意一个节点 u,从节点 1 到节点 u 共有 b[u]条边,其中有 a[u]条反向边,反过来,从节点 u 到节点 1 就有 b[u]−a[u]条反向边,要从节点 u 到节点 1 就需要改向 b[u]−a[u]条边,而除了从节点 u 到节点 1 路径上的边,原本要改向的边数为 dp[1]−a[u],所以可得 c[u]=dp[1]−a[u]+b[u]−c[u],即 c[u]=dp[1]+b[u]−2×a[u]。到此,求出 c[1],c[2],…,c[n]的最小值,即为题目要求的改向最少的边数,问题得解。

参考代码如下。

```
#include< bits/stdc++.h>
using namespace std;
const int N = 2e5 + 10;
int n,dp[N],a[N],b[N],c[N];
int head[N],tot,ver[N << 1],nxt[N << 1],w[N << 1];
void add(int x,int y,int z)
{
    ver[++tot] = y;
    nxt[tot] = head[x];
    head[x] = tot;
    w[tot] = z;
}
void dfs(int u,int fa)                          //分析中已经给出
int main()
{
    int n,u,v;
    scanf("%d",&n);
```

```
    for(int i = 1;i < n;i++)
    {
        scanf(" %d%d",&u,&v);
        add(u,v,true);add(v,u,false);
    }
    b[1] = 0,a[1] = 0;
    dfs(1,0);
    int mn = 4e5;
    for(int i = 1;i <= n;i++)
    {
        c[i] = dp[1] + b[i] - 2 * a[i];
        mn = min(mn,c[i]);
    }
    printf(" %d\n",mn);
    int flag = 1;
    for(int i = 1;i <= n;i++)
        if(mn == c[i]) printf(" %d ",i);
    return 0;
}
```

这是一个经典的树形DP的模型，在一棵树中，利用dfs，采用递归的方式求得相关的关键信息，结合动态规划的思想，由子树从小到大的顺序作为DP的阶段，从而得到整个问题的解决方案。树形DP的思路比较直观，但应用中通常伴随比较复杂的思维，尽管树形DP的标志比较明确，但如确定哪些要记录的信息，如何得到明确的转移方案，还有很多细节需要处理。下面通过树上背包和换根DP进一步了解树形DP解决问题的一般方法。

## 二、树上背包问题

树上背包问题，简单来说就是背包问题与树形DP的结合。下面通过一个实例来说明树上背包问题的模型及解决方案。

例 5.4.2 节点染色。

**题目描述**：给定一棵包含n个节点、n－1条无向边的树，节点编号从1到n。现用两种颜色(红和蓝)对这棵树的节点进行染色，染色规则是：每个节点有三种状态，要么染成红色，要么染成蓝色，要么不染色，规定一条边连接的两个节点要么染成颜色相同，要么一个染色一个不染色。问在保证染色节点最多的前提下，有多少种不同的染色方案？每种方案染成红色与蓝色的节点个数各是多少？要求所有的节点中，至少有一个被染成红色，至少一个被染成蓝色。例如，测试样例1对应的三种染色方案如下。

方案一：2号节点不染色，1号节点染红色，3、4、5号节点染蓝色。

方案二：3号节点不染色，1、2号节点染红色，4、5号节点染蓝色。

方案三：4号节点不染色，1、2、3号节点染红色，5号节点染蓝色。

**输入格式**：第一行仅有一个整数n，接下来的n－1行，每行包含两个整数x、y，表示一条无向边的两个端点。

**输出格式**：第一行仅有一个数k，表示可行的方案数。接下来k行，每行两个数，分别表示一种方案中染成红色节点的数量和染成蓝色节点的数量(按红色节点数量的升序输出)，如表5-4-2所示。

表 5-4-2　例题 5.4.2 测试样例

| 样例 1 输入 | 样例 1 输出 | 样例 2 输入 | 样例 2 输出 |
|---|---|---|---|
| 5<br>1 2<br>2 3<br>3 4<br>4 5 | 3<br>1 3<br>2 2<br>3 1 | 10<br>1 2<br>2 3<br>3 4<br>5 6<br>6 7<br>7 4<br>8 9<br>9 10<br>10 4 | 6<br>1 8<br>2 7<br>3 6<br>6 3<br>7 2<br>8 1 |

**数据范围**：$3\leqslant n\leqslant 5000$，$1\leqslant x、y\leqslant n$。

**题目分析**：根据题目的描述，一条边的两个端点，染色只有两种情况：同色或一个无色一个有色。要使染色的节点最多，而且两种颜色都得有，可以确定整个染色方案中有且仅有一个节点没有染色，在此前提下，讨论不同的染色方案。

方案中仅有一个节点不染色的证明：因为两种颜色的连通块终归要连通，至少会有一条边两个端点颜色不同，所以必须至少有一个节点不染色，来实现两个连通块的连通；至多有一个节点不染色是因为，只要有一个节点不染色，一定能够找到一种可行的染色方案，用这个不染色的节点作为两种颜色的分界即可。

本题的染色方案跟哪一个节点是树根没有必然联系，因此，可以任意指定一个节点为根进行预处理，这里指定树根为 1 号节点。因为只有一个节点不染色，其他节点要么染上了蓝色，要么染上了红色。设染蓝色的节点有 x 个，染红色的节点有 y 个，则必有 $x+y=n-1$ 个。可以逐一枚举这个不染色的节点。如果节点 u 不染色，那么节点 u 的每一棵子树都可以整体染为同一颜色，除了以 u 为根的子树包含的节点外的所有节点也可以染为同一种颜色，因此可把本题中染色问题转化成类背包问题，设以节点 u 为根的子树，节点个数为s[u]，节点 u 有 k 个儿子节点 $v_1,v_2,\cdots,v_k$，构成 k 个子树分支，将除了节点 u 为根的子树的全部节点以外的节点看作是节点 u 的另一个分支，这个分支的节点个数记为 $v_0=n-s[u]$，则问题就可以描述为，有 k+1 个物品，其大小分别为 $v_0,v_1,v_2,\cdots,v_k$，$v_0+v_1+v_2+\cdots+v_k=n-1$，将它们恰好分装到两个不同背包中，求有多少种不同的方案。分析到这里，就可以看出本题实质上是一个简单的背包问题，只不过这个背包是在树上进行的。

这里介绍的解决方案中，用逻辑型数组元素 dp[u][i]记录节点 u 的各个完整的“分支”中，是否可以得到“物品的体积为 i”，这里 “物品体积” 对应题目中染色的节点个数。

参考代码如下。

```
#include <bits/stdc++.h>
using namespace std;
const int N = 5010;
int n,cnt,s[N];
bool dp[N][N],f[N];
int head[N],tot,ver[N << 1],nxt[N << 1];
void add(int x,int y)
```

```
{
    ver[++tot] = y;
    nxt[tot] = head[x];
    head[x] = tot;
}
void dfs(int u,int fa)
{
    s[u] = 1; dp[u][0] = 1;
    for(int i = head[u];i;i = nxt[i])
    {
        int v = ver[i];
        if(v == fa) continue;
        dfs(v,u);
        s[u] + = s[v];
        for(int i = n - 1;i >= 0;i -- )
            if(dp[u][i]) dp[u][i + s[v]] = 1;
    }
    for(int i = n - 1;i >= 0;i -- )
        if(dp[u][i]) dp[u][i + n - s[u]] = 1;
    for(int i = 1;i < n - 1;i++)
        if(dp[u][i]) f[i] = 1;
}
int main()
{
    int u,v;
    scanf(" % d",&n);
    for(int i = 1;i < n;i++)
    {
        scanf(" % d % d",&u,&v);
        add(u,v);add(v,u);
    }
    dfs(1,0);
    for(int i = 1;i < n;i++)
        if(f[i]) cnt++;
    printf(" % d\n",cnt);
    for(int i = 1;i < n - 1;i++)
        if(f[i]) printf(" % d % d\n",i,n - 1 - i);
    return 0;
}
```

树上背包问题，实际上就是充分利用树上递归，方便问题处理的特性，将背包思想跟树的结构特性很好地结合起来，实现问题的解决。

## 三、换根 DP

树形 DP 中的换根 DP 问题又被称为二次扫描，通常不会指定根节点，并且根节点的变化会对一些值，例如子节点深度和、点权和等产生影响。通常需要两次 dfs，第一次 dfs 预处理深度，点权和等相关信息，第二次 dfs 开始进行换根动态规划。下面在具体问题的剖析中介绍换根 DP 的具体方法。

**例题 5.4.3 给树换新装。**

**题目描述**：给定一棵包含 n 个节点（编号从 1 到 n）的树，初始时所有节点都是白色，现在要按照给定的规则将所有节点全部染成黑色。染色规则：一共进行 n 次染色操作，每次操作任选一个与黑色节点有条直接相连的白色节点，将它染成黑色。每次操作获得的奖励分数为本次染色节点在染色前所在白色节点连通块中的节点个数。首次染色可以任意选择一个白色节点进行染色。请计算所有染色方案中 n 次染色奖励分数总和的最大值。

**输入格式**：第一行仅有一个正整数 n，接下来的 n－1 行，每行包含两个整数 u 和 v($1 \leqslant u, v \leqslant n, u \neq v$)。数据保证构成一棵树。

**输出格式**：仅有一个数，表示能够获得的最大的权值，如表 5-4-3 所示。

表 5-4-3 例题 5.4.3 测试样例

| 样例 1 输入 | 样例 1 输出 | 样例 2 输入 | 样例 2 输出 |
|---|---|---|---|
| 9<br>1 2<br>2 3<br>2 5<br>2 6<br>1 4<br>4 9<br>9 7<br>9 8 | 36 | 5<br>1 2<br>1 3<br>2 4<br>2 5 | 14 |

**数据范围**：$2 \leqslant n \leqslant 2 \times 10^5$。

**题目分析**：首先可以确定一个结论：只要第一个节点染色后，获得的奖励分数就是一个确定的值了，也就是说，后面选点的顺序不会影响最终奖励分数的总和。因此，影响奖励分数的大小决定于第一个点的选择，即树根的不同，获得的奖励分数可能不同。一个朴素的想法是，第一次染色的节点作为树根，枚举每一个节点作为树根的情况即可。确定了树根之后，接下来的任务就是计算这个确定的奖励分数总和。

按照染色的规则，所有的染成黑色的节点一定是与树根构成了一个连通块，对于即将要染色的节点 u，以节点 u 为根的整个子树上所有的节点一定都是白色的节点，所以在问题的解决方案中，需要用一个数组 s[u]来记录以节点 u 为根的子树的节点总数。用 f[u]表示对以 u 为根的子树全部染色之后能够获得的奖励分数总和，这棵子树没有进行任何染色 f[u]＝0，首先对节点 u 染色，染色之后 f[u]首先产生增量 s[u]，再对节点 u 的所有子树进行染色，染完所有的子树 f[u]产生的增量为 $f[v_1]+f[v_2]+\cdots+f[v_m]$，这里假设节点 u 有 m 个子节点。最终得到 $f[u]=s[u]+\sum v \in son_u f[i]$，v 为节点 u 的子节点。这部分的参考代码如下。

```
void dfs1(int u,int fa)
{
    s[u] = 1;
    for(int i = head[u];i;i = nxt[i])
    {
        int v = ver[i];
        if(v == fa) continue;
        dfs1(v,u);
        s[u] + = s[v];
        f[u] + = f[v];
    }
    f[u] + = s[u];
}
```

调用上述代码 dfs1(1,0)只是计算出了以节点 1 为树根，进行全部节点的染色能够得到奖励分数，时间复杂度为 $O(n)$。如果要枚举每一个节点为根，计算出所有的情况，取最大值，时间复杂度为 $O(n^2)$。显然按照题目给定的数据范围是超时的，所以需要进一步优化方案，这里就需要用到换根 dfs。

在换根 DP 中，用 g[u]来以节点 u 为整棵树的树根进行染色，染色完毕后能够获得的奖励分数总和。根据上面的分析，$g[1]=f[1]=n+\sum v\in son_1 f[v]$，节点 v 为节点 1 的子节点。

为了更高效率的求得以其他节点为整个树的树根时，能够得到奖励分数总和，我们进行下面的推导，假设在原来节点 1 为根的整棵树中，对于任意一个非节点 1 的节点 u，其为 x，则以节点 u 为整棵树根时，节点 u 的子树很好计算，即 $\sum v\in son_u f[v]$，节点 v 为节点 u 的子节点，接下来重点是要计算除了以 u 为根的子树以外的节点产生的奖励分数增量。原树中，除了以节点 u 为根的子树以外的节点，可以看作是以 x 为根的子树，出去子节点 u 的情况，这部分产生的奖励分数增量为 $(n-s[u])+\sum v\in son_x | v\neq u f[v]$。所以

$$\begin{aligned} g[u] &= n+(n-s[u])+\sum v\in son_x | v\neq u f[v]+\sum v\in son_u f[v] \\ &= n+(n-s[u])+\sum v\in son_x | v\neq u f[v]+f[u]-s[u] \\ &= n+(n-s[u])+\sum v\in son_x f[v]-s[u] \\ &= g[x]+n-2\times s[u] \end{aligned}$$

综上所述可得：对于树中的任意一个非节点 1 的节点 u，x 为 u 的父节点，则 $g[u]=g[x]+n-2\times s[u]$。用换根 dfs 逐个求得以每个节点为根的整棵树的奖励分数总和时，记录其中的最大值即为问题最终的答案。这部分参考代码如下。

```
void dfs2(int u,int fa)
{
    if(u! = 1)
    {
        g[u] = g[fa] + n - s[u] * 2 ;
        ans = max(ans,g[u]);
    }
    for(int i = head[u];i;i = nxt[i])
    {
        int v = ver[i];
        if(v == fa) continue;
        dfs2(v,u);
    }
}
```

整体参考代码如下。

```
#include<bits/stdc++.h>
#define ll long long
using namespace std;
const int N = 2e5 + 10;
int n,s[N],head[N],nxt[N << 1],ver[N << 1],tot;
ll f[N],g[N],ans;
void add(int u,int v)
```

```
{
    ver[++tot] = v;
    nxt[tot] = head[u];
    head[u] = tot;
}
void dfs1(int u,int fa)
void dfs2(int u,int fa)
int main ()
{
    int u,v;
    scanf("%d",&n);
    for(int i = 1;i < n;i++)
    {
        scanf("%d%d",&u,&v);
        add(u,v);add(v,u);
    }
    dfs1(1,0);
    ans = g[1] = f[1] ;
    dfs2(1,0);
    printf("%lld",ans);
    return 0 ;
}
```

**例题 5.4.4　统计合法路径。**

**题目描述：**一棵包含 n 个节点，编号从 1 到 n，共有 n－1 条边，每条边都有一个权值或 0 或 1。一条合法的路径(x,y)(x≠y)满足，从节点 x 出发走到节点 y，一旦经过边权为 1 的边，就不能再经过边权为 0 的边。对于给定的树，求有多少条不同的合法路径？

**输入格式：**第一行仅有一个正整数 n，接下来的 n－1 行，每行包含三个整数 $x_i$、$y_i$ 和 $c_i$，数据保证给定的边恰好构成一棵树。

**输出格式：**仅有一个数，表示合法路径的总条数，如表 5-4-4 所示。

表 5-4-4　例题 5.4.4 测试样例

| 样例输入 | 样例输出 |
| --- | --- |
| 7<br>2 1 1<br>3 2 0<br>4 2 1<br>5 2 0<br>6 7 1<br>7 2 1 | 34 |

**数据范围：**$2 \leqslant n \leqslant 2 \times 10^5$，$1 \leqslant x_i, y_i \leqslant n$，$c_i = 0$ 或 1，$x_i \neq y_i$。

**题目分析：**题目中给定的是一棵无根树，显然可以从任何一个节点出发，寻找合法的路径。先选择任意一个节点为根进行分析，假设选择节点 1 为整棵树的根，对于这棵树中的任意一个节点 u，它的一个子节点为 v（如果有的话），从节点 u 到节点 v 的边权为 k，用f[u][k]表示以节点 u 为根的子树内，节点 u 到它的子节点 v 的边权为 k 时，能够产生合法路径的数量，那么，对于每一个子节点 v，当 k=0 时，f[u][0]就会产生 f[v][1]+f[v][0]+1 的增量，当 k=1 时，f[u][1]会产生 f[v][1]+1 的增量。这个过程，通过一次 dfs 可将每个节点相应的合法路径计算出来。参考代码如下。

```
void dfs1(int u,int fa)
{
    for(int i = head[u];i;i = nxt[i])
    {
        int v = ver[i];
        if(v == fa) continue;
        dfs1(v,u);
        if(w[i]) f[u][1] + = f[v][1] + 1;
        else f[u][0] + = f[v][0] + f[v][1] + 1;
    }
}
```

上面的dfs求出来了以1为根的树中，每一个节点u的子树能够得到合法路径，最后整棵树的合法路径为f[1][0]+f[1][1]，但这个答案仅仅是以1为根的树的合法路径的总数，时间复杂度为O(n)，但还需要计算以其他节点为根的树的合法路径，如果用朴素的换根（枚举每个节点为根），则总的时间复杂度为$O(n^2)$，给定的数据范围肯定是不允许的。所以，接下来要一个dfs进行换根，统计以每一个节点为根的合法路径数量。

换根dfs是建立在上一个dfs的基础上，也就是说已经任意指定了一个根，将每个节点对应的子树上的合法路径已经求出来了，在此基础上，对于任意一个节点u，如果以u为整个树的根，只需要利用上一个dfs得到的信息进一步处理即可得到整棵树上的合法路径。实际上就是看节点u的父节点那边能对该节点合法路径产生多少增量。

这两个dfs是换根DP的核心思想。换根dfs中，用g[u][k]表示以节点u为根的树中，到其子节点的边权为k时合法路径的数量。当根节点从u转移到v时，如果边权为1则以u起点的路径都可以转移到v上，因此g[v][1]=g[u][1]，g[v][0]=f[v][0]；如果边权为0则u其他子树中的路径都可以转移到v上，但为了去重需要减去以v子树中的路径，因此g[v][0]=g[u][0]−f[v][1]+g[u][1]，g[v][1]=f[v][1]。这部分参考代码如下。

```
void dfs2(int u,int fa)
{
    for(int i = head[u];i;i = nxt[i])
    {
        int v = ver[i];
        if(v == fa) continue;
        if(w[i]) f[v][1] = f[u][1];
        else f[v][0] = f[u][0] - f[v][1] + f[u][1];
        dfs2(v,u);
    }
}
```

本例题参考代码如下。

```
#include< bits/stdc++.h>
#define ll long long
using namespace std;
const int N = 2e5 + 10;
int n,head[N],nxt[N << 1],ver[N << 1],w[N << 1],tot;
ll f[N][2],ans;
void add(int u,int v,int val)
```

```
{
    ver[++tot] = v;
    w[tot] = val;
    nxt[tot] = head[u];
    head[u] = tot;
}
void dfs1(int u,int fa){}            //具体代码见上述分析
void dfs2(int u,int fa){}            //具体代码见上述分析
int main()
{
    int u,v,w;
    scanf("%d",&n);
    for(int i = 1;i < n;i++)
    {
        scanf("%d%d%d",&u,&v,&w);
        add(u,v,w);add(v,u,w);
    }
    dfs1(1,0); dfs2(1,0);
    for(int i = 1;i <= n;i++) ans + = f[i][0] + f[i][1];
    printf("%lld\n",ans);
    return 0;
}
```

## 第五节　数位 DP

数位 DP,顾名思义,是按照数字的“位”进行的与计数有关的 DP。通俗地说,是将数字拆分成一位一位的,用动态规划的思想来进行求解的一类特定问题。这个数可以是十进制的数,也可以是其他进制的数,每一位上的数字范围是由进制来决定的。例如,一个十进制数,按照个位、十位、百位、千位等,一位一位的拆分出来,每一位上都是 0 到 9 的数字。数位 DP 一般用来统计满足特定条件的数的数量,通常数据范围比较大,传统的暴力法无法在允许的时间内完成。

### 一、递推与数位 DP

通过前面的学习,可以了解到,对于一个复杂的问题,通常从小规模的数据入手,找到内在的递推关系,从而找到解决复杂问题的方案。下面先通过一个实例,通过寻找递推关系,来了解数位 DP 的一般特征,并进一步探索解决复杂问题的方法。

例题 5.5.1　统计区间内美丽的数。

题目描述:定义一个非负整数是美丽的数,当且仅当有这个数的第一位数字与最后一位数字相等。现给定一个区间[l,r],请找出这个区间上所有第一位数字与最后一位数字相等的数,并输出这样的数的个数。例如:101,477474,9 都是符合第一位和最后一位相等的数,而 47,253,1020 都不是。区间[1,47]上有 2,3,4,5,6,7,8,9,11,22,33,44。

输入格式:仅有一行包含两个整数 l 和 r。

输出格式:仅有一个数,表示符合题目要求的数的个数,如表 5-5-1 所示。

表 5-5-1 例题 5.5.1 测试样例

| 样例 1 输入 | 样例 1 输出 | 样例 2 输入 | 样例 2 输出 |
|---|---|---|---|
| 2 47 | 12 | 47 1024 | 98 |

**数据范围**：$1\leqslant l\leqslant r\leqslant 10^{18}$。

**题目分析**：这是一道利用数位 DP 思想的入门级题目。我们从简单的数字入手，探索问题的内在规律。根据题目的描述，仅有一位的数中，从 1 到 9 都是美丽的数，共有 9 个。两位数中，仅有 9 个美丽的数，即 11,22,33,…,99。三位数中，先不看第二位，首位和末尾相等共有 9 种情况，跟两位的 9 种情况一样，第二位可以是从 0 到 9 的任意一个，所以共有 9×10 个美丽的数。四位数中，先不看第二位和第三位，首末位相等共 9 种情况，而第二位和第三位都是可以从 0 到 9 的任意一个，所以共有 10×10×9 个美丽的数。以此类推，对于所有的 n($n\geqslant 3$)位数中，共有 $9\times 10^{n-2}$ 个美丽的数。

如果找到了这个规律，问题就容易解决了，但还有两个细节需要注意。

(1) 统计不足位的情况。要求的区间端点可能是 k 位数中的任意一个，仅包含 k 位数的一部分，还需要分类讨论，准确找到统计范围内的数。例如，要统计区间[1,4347]上美丽的数的个数，对于一位、两位和三位的数都是按照上述分析的完整的足位情况，共有 9+9+10×9=108 个；而对于四位数，是不足位的情况，需要进一步分析，例如，四位数第一位是 1,2,3，共有 10×10×3=300 个，第一位是 4 的情况，再看第二位是 0,1,2 时有 10×3=30 个，在第一位是 4，第二位是 3 的前提下，继续看第三位，可以是 0,1,2,3 共有 4 个，最后看第四位是 4 符合的，有 1 个，这样不足位的四位的美丽的数共有 335 个，所以所求区间[0,4347]上共有美丽的数 443 个。

(2) 为了处理方便，通常采用"前缀和"的思想来求区间和，自定义一个函数 f(k)来统计区间[1,k]上美丽的数的个数，那么区间[l,r]上美丽的数的个数为 f(r)−f(l−1)。

这两个细节，是数位 DP 经常用到的处理方法，这样的处理方法让数位 DP 类的计数问题更加直观方便。基于上面的分析，可以得到如下参考代码。

```
#include <bits/stdc++.h>
#define ll long long
using namespace std;
const int maxn = 19;
char l[maxn + 2],r[maxn + 2];
ll dp[maxn + 2],p[maxn + 2];

ll solve(char s[])
{
    ll ans = 0;
    int n = strlen(s);
    if(n> 1) ans + = 10;
    else ans + = s[0] - 48 + 1;
    if(n> 2) ans + = 9;
    for(int i = 1;i < n - 2;i++) ans + = 9ll * p[i];
    for(int i = 0;i < n - 1;i++)
    {
        int x = s[i] - 48;
        if(i == 0) x -- ;
```

```
        ans += x * p[n - 2 - i];
    }
    if(n > 1 && s[n - 1]>= s[0] ) ans++;
    return ans;
}
int main ( )
{
    p[0] = 1;
    for(int i = 1;i < maxn;i++) p[i] = p[i - 1] * 10ll;
    scanf( "%s%s",l,r);
    int n = strlen(l);
    ll ans = solve(r) - solve(l);
    if(l[n - 1] == l[0]) ans++;
    printf("%lld",ans);
    return 0;
}
```

因为上述代码中,数字是用字符串来存储的,最后统计答案时 f(r)－f(l－1)还无法直接使用,因为字符串减一操作比较麻烦,所以最后一步对区间的起始端点进行了特殊处理。用字符串可以处理更大范围的数据。对于本题,数据只有 $10^{18}$ 用长整型就够用了,可以不用字符串,可以更简单一些处理,参考代码如下。

```
#include<bits/stdc++.h>
#define ll long long
using namespace std;
ll l,r;
ll solve(ll k)
{
    if(k<10) return k;
    ll ans = k/10 + 9,ans1 = k % 10;
    while(k > 9) k/ = 10;
    return ans - (k > ans1);
}
int main()
{
    scanf("%lld%lld",&l,&r);
    printf("%lld",solve(r) - solve(l - 1));
    return 0;
}
```

通常,能用数位 DP 思想来解决的问题,特征比较明确,一般具有这 3 个特征。

(1) 问题通常是要统计满足一定条件的数的数量。

(2) 将条件经过转化后,能通过对数字的逐位处理。

(3) 计数范围一般很大,常规的暴力枚举会超时。

## 二、数位 DP 问题模型

例题 5.5.2 统计区间内带循环节的数。

**题目描述**:如果一个十进制正整数,其转换为二进制后,存在循环节,则称为带循环节的数。循环节是指,一个字符串 $s_{1,\dots,n}$ 中,对于一个 n 的约数 k,所有的整数 i,只要 $1\leqslant i\leqslant n-k$,就有 $s_i=s_i+k$ 恒成立,则称字符串 s 的循环节为 k。例如,在区间[1,10]上,符合上述要求的数有3、7和10。在区间[25,38]上,符合上述要求的数有31和36。请统计[l,r]上所有带循环节的数的个数。

**输入格式**:仅有一行包含两个整数l和r。

**输出格式**:仅有一个数,表示满足题目要求的数的个数,如表5-5-2所示。

表5-5-2 例题5.5.2测试样例

| 样例1输入 | 样例1输出 | 样例2输入 | 样例2输出 |
|---|---|---|---|
| 20 40 | 2 | 10 100 | 8 |

**数据范围**:$1\leqslant l\leqslant r\leqslant 10^{18}$。

**题目分析**:通过例题5.5.1的分析,容易想到用数位DP的思想解决区间[l,r]上的这类问题,如果用f(k)表示区间[1,k]上带循环节的数的个数,那么区间[l,r]上带循环节的数的个数即为f(r)−f(l−1),符合数位DP思想的基本特征。首先将十进制数k转化为二进制,在探索求f(k)的具体方法。

要求f(k),如果k转换为二进制数后,二进制数字串的长度为n,根据题目给出的数据范围为n<64,可以在1~n−1枚举二进制串的长度,假设枚举的二进制串当前长度为i,需要将二进制串长度为i的数中所有的带循环节的数统计出来,假设为$a_i$。最后再计算长度为n的二进制串中有多少个带循环节的数,因为长度为n的二进制串可能是"不足位"的,需要特殊讨论,假设为$a_n$。这样区间[1,k]上带循环节的数的个数为$f(k)=a_1+a_2+\cdots+a_{n-1}+a_n$。通过上面的分析,可以确定$a_1,a_2,\cdots,a_{n-1}$按照常规计算就好,而计算$a_n$时需要特殊处理,这恰恰是数位DP类问题的两个关键细节。

(1) 计算$a_1,a_2,\cdots,a_{n-1}$的情况如下。

对于一个长度为i的二进制数字串,如果长度j(j≤i/2)是i的一个循环节,则必有i%j=0,此时与之对应的会有$2^{j-1}$个带循环节的数。更简练地说就是长度为i的二进制串,循环节长度为j的带循环节的数有$2^{j-1}$个,因为一个循环节内最高位是1,另外j−1位都是0和1均可,从而共有$2^{j-1}$种不同的情况。要特别注意:这里要解决重复的情况,探究发现循环节长度为6的情况,会把循环节长度为1、2和3的情况都包括了,如1 0 1 0 1 0 1 0,计算循环节为4的时候又把循环节为2的情况再算了一遍,结果需要把所有的重复部分减去。下面是将长度为i的二进制串全部带循环节的数统计到ans中的参考代码如下。

```
for(int j = 1;j <= i/2;j++)
{
    if(i % j! = 0) continue;
    dp[j] + = (1 <<(j - 1));
    for(int k = 1;k < j;k++)
        if(j % k == 0) dp[j] - = dp[k];
    ans + = dp[j];
}
```

(2) 计算$a_n$的情况如下。

长度为n的二进制串,最小的二进制数为100…00(长度为n),对应的十进制数为$2^{n-1}$,求f(k)时最大的十进制数为k,因此要统计的区间为$[2^{n-1},k]$。假设要寻找的带循环节的数m的循环节为j,可以确定m的二进制串一定是个周期串,每个周期内的二进制数长度为j,可以仅仅用一个循环节，用移位的思想得到其他的各个循环节。例如 1011 1011 1011 1011，一共四个循环节，每个循环节是 1011，长度为 j=4，四个循环节从右向左编号依次为 1,2,3,4，那么第 2 个循环节可以看作是第 1 个循环节向左移动 j 位，第 3 个循环节又是第 2 个循环节向左移动 j 位，第 4 个循环节又是第 3 个循环节向左移动 j 位，整个数就是这四个循环节累加求和即可。

基于这个思想，找到一个带循环节的数，只要找到两个关键元素，即循环节的大小和循环节的长度。然后求出一个循环节内十进制数的大小，再通过移位思想得到整个循环节为 j 的数。假设将 k 转化为二进制后，二进制串为 $s_1 s_2 s_3 \cdots s_{n-1} s_n$。注意，按照编程的方便，这里 $s_1$ 低位，$s_n$ 是高位，为了找到所有的比 k 小的，二进制串长度为 n 的带循环节的数，先取高 j 位为一个循环节，再通过移位得到循环节为 j 的带循环节的数。具体的计算一个循环节的十进制数的方法是，高 j 位中，最高位 s[n]要向左移 j−1 位，此高位 s[n−1]要向左移 j−2 位，依次类推，高位的第 j 位 s[n−j+1]不需要移动。计算整个十进制数直接移位累加就可以，注意移位是每次将循环节内每一个数都左移 j 位即可。这两项功能，实现的参考代码如下。

```
for(int i = 1;i <= j;i++) c+ = (s[n - i + 1]<<(j - i));
b = c;
for(int i = 1;i < n/j;i++) b <<= j,b+ = c;
```

需要特别注意的是，这里用的是 k 的二进制数的高 j 位，因为在高位很容易找到目标范围，能够确定要统计的带循环节的数的二进制数高 j 位对应的最小的十进制数是 1<<(j−1)，最大可能恰好是 k 的高 j 位，如果按照 k 的高 j 位求得的带循环节的数大于 k，那么最大的值一定是 k 的高 j 位对应的数减 1。按上述分析，如果 b>k，则要统计的带循环节的数的高 j 位最大值为 c−1，否则就是 c。

综合上述分析，求解 $a_n$ 的功能可以用一个独立的函数 f 来实现，其参考代码如下。

```
ll f(int n,int j,ll k)
    ll c = 0,b = 1;
    for(int i = 1;i <= j;i++) c+ = (s[n - i + 1]<<(j - i));
    b = c;
    for(int i = 1;i < n/j;i++) b <<= j,b+ = c;
    if(b > k) c--;
    return c - (1 <<(j - 1)) + 1;
```

到此，就可以得到本题求解的完整参考代码如下。

```
#include <bits/stdc++.h>
#define ll long long
using namespace std;
int s[70];
ll dp[70];
ll f(int n,int j,ll k)
ll solve(ll k)
{
    int n = 0;
    ll tmp = k,ans = 0;
    while(k)
    {
        s[++n] = k % 2;
```

```
            k/ = 2;
        }
        for(int i = 2;i <= n;i++)
        {
            memset(dp,0,sizeof(dp));
            for(int j = 1;j <= i/2;j++)
            {
                if(i % j! = 0) continue;
                if(i == n) dp[j] + = f(n,j,tmp);
                else dp[j] + = (1 <<(j - 1));
                for(int k = 1;k < j;k++)
                    if(j % k == 0) dp[j] - = dp[k];
                ans + = dp[j];
            }
        }
        return ans;
    }
    int main()
    {
        ll l,r;
        cin >> l >> r;
        printf(" % lld\n",solve(r) - solve(l - 1));
        return 0;
    }
```

**例题 5.5.3　统计区间内有多少个小 A 的吉利数。**

**题目描述**：由小 A 给定一个正整数 m 和一个数字 d，如果一个十进制正整数，能够被 m 整除，且从左到右数，偶数位上全部都是数字 d，而奇数位上都不是数字 d，则这个数就被称为小 A 的吉利数。请你统计区间[l,r]上共有多少个小 A 的吉利数。

**输入格式**：第一行包含两个整数 m 和 d，第二行仅有一个整数 l，第三行仅有一个整数 r。

**输出格式**：仅有一个数，表示指定区间上小 A 的吉利数的个数，结果对 $10^9+7$ 取模后输出。如表 5-5-3 所示。

表 5-5-3　例题 5.5.3 测试样例

| | 样例 1 | 样例 2 | 样例 3 |
|---|---|---|---|
| 输入 | 2 6<br>10<br>99 | 2 0<br>1<br>9 | 19 7<br>1000<br>9999 |
| 输出 | 8 | 4 | 6 |

**数据范围**：$1\leqslant m\leqslant 2000$，$0\leqslant d\leqslant 9$，$1\leqslant l\leqslant r\leqslant 10^{2000}$。

**题目分析**：本题因为区间范围特别大，有了前两道例题的经验，可以确定存储和处理区间端点都要用字符串，而用字符串处理时，不能使用 f(r)－f(l－1)，而是采用 f(r)－f(l)再特判 l 是否为小 A 的吉利数。

定义数组 dp[i][j]表示当前填到第 j 位，模 m 的余数为 j，满足题意的数的个数。当 i＝0 且 j＝0 时，计入总数。

由于记忆化搜索时是从高位往低位处理，但对应的下标为从 n 到 1，所以第 i 位从题目角度看应为第 n－i＋1 位。

不用考虑前导 0：[l,r]范围内的数字并不能存在前导零，否则奇偶位数无法判断。故需要判断前导零，这样状态中就应该再加一维，变成 dp[pos][len][res]，才能防止状态的重复。但这样空间超限，但题目明确了保证 l 和 r 的位数相同，因此如果我们不管前导零，那么那些不合法的状态的数，去除前导零后的位数一定是比 l,r 的位数都要小的，而这些数在统计 l 和 r 的时候都会被计算，相减后就会被抵消，因此不合法的状态都会被剔除，无须考虑前导零。

参考代码如下。

```
#include< bits/stdc++.h>
#define ll long long
using namespace std;
const int N = 2010,mod = 1e9 + 7;
ll f[N][N],n,mx,d,ans,b[N],len;
char l[N],r[N];
ll dfs(int pos,ll x,bool flag)
{
if(pos == -1) return x == 0;
    if(!flag && f[pos][x]! = -1) return f[pos][x];
    ll ans = 0;
    if(flag) mx = b[pos];
    else mx = 9;
    for(int i = 0;i <= mx;i++)
    {
    if((n - pos)&1) {if(i == d) continue; }
        else {if(i! = d) continue; }
        x = (x * 10 + i) % mod;
        flag = flag && (i == mx);
        ans = (ans + dfs(pos - 1,x,flag)) % mod;
    }
    if(flag == 0) f[pos][x] = ans;
    return ans;
}
ll solve(char s[])
{
    n = strlen(s);
    for(int i = 0;i < n;i++) b[n - i - 1] = s[i] - '0';
    return dfs(n - 1,0,1);
}
int check(char s[])
{
    ll x = 0;n = strlen(s);
    for(int i = 0;i < n;i++)
    {
        int t = s[i] - '0';
        if((i + 1)&1) {if(t == d) return 0; }
        else {if(t! = d) return 0; }
        x = (x * 10 + t) % mod;
    }
    if(x == 0) return 1;
    else return 0;
}
int main()
```

```
{
    memset(f, -1,sizeof(f));
    scanf("%lld%lld",&m,&d);
    scanf("%s%s",l,r);
    ans = solve(r) - solve(l);
    ans = (ans + check() + mod) % mod;
    printf("%lld\n",ans);
    return 0;
}
```

# 第六节 状压 DP

状压 DP,即状态压缩的动态规划思想,就是将动态规划中需要记录的"状态"进行压缩以节约空间,便于状态转移。具体而言,在动态规划的过程中,状态维度会不断扩展,部分状态已经求出最优解,部分状态尚未求出最优解,经常需要记录一个集合以保存这些状态的边界信息,如果集合大小不超过 M,集合中每个数都是小于 N 的自然数,那么我们可以将该集合视为一个 M 位 N 进制数,用其整数形式来保存状态。

通常而言,状态压缩 DP 问题中 M 的数值较小,且 N 常为 2,利用计算机二进制的性质以描述状态,利用位运算以实现快捷的转移。在本节中,我们将用例题来详细解释状态压缩 DP。

## 一、状压 DP 的含义

为了更好地理解状压 DP,并能够具体实现问题的解决方案,需要用到位运算的相关知识。下面将使用频率较高的一些要点给出简单的介绍。

(1) "&"符号,x&y,会将两个十进制数按照二进制逐位进行与运算,然后返回其十进制下的值。例如 6(110)&5(101)=4(100)。

(2) "|"符号,x|y,会将两个十进制数按照二进制逐位进行或运算,然后返回其十进制下的值。例如 6(110)|5(101)=7(111)。

(3) "^"符号,x^y,会将两个十进制数按照二进制逐位进行异或运算,然后返回其十进制下的值。例如 6(110)^5(101)=3(011)。

(4) "<<"符号,左移操作,x<<k,将 x 在二进制下的每一位向左移动 k 位,最右边的 k 位用 0 填充,x<<1 相当于让 x 乘以 2。相应地,">>"是右移操作,x>>1 相当于去掉 x 二进制下的最右一位,将 x 的值更新为 x/2。

在上述运算中,若参与运算的两个数,在二进制下位数不等,在位数少的高位补 0。这四种运算在状压 DP 中有着广泛的应用,常见的应用如下。

(1) 判断一个数字 x 二进制下第 i 位是不是等于 1 的方法为:if(((1<<(i−1))&x)>0)…即将 1 左移 i−1 位,相当于构造了一个数,二进制下共有 i 位,且只有最高位上是 1,其他位上都是 0。然后与 x 做与运算,如果结果大于 0,说明 x 第 i 位上是 1,反之则是 0。

(2) 将一个数字 x 二进制下第 i 位更改成 1 的方法为:x=x | (1<<(i−1))。即将 1 左移 i−1 位,相当于构造了一个数,二进制下共有 i 位,且只有最高位上是 1,其他位上都是 0。然后与 x 做成运算。

(3) 统计一个数字 a 在二进制下有多少个 1 的方法如下。

```
int cnt(int a)
{
    int num = 0;
    while(a)
    {
        num + = (a&1);
        a = a >> 1;
    }
    return num;
}
```

## 二、状压 DP 问题模型

**例题 5.6.1 饮食满意度。**

**题目描述：**小 A 来到一家餐厅，这家餐厅有 n 道菜可以点，编号从 1 到 n，小 A 对第 i 号菜的满意度为 $a_i$。有 k 条规则，如果小 A 在吃了第 $x_i$ 号菜之后紧接着吃第 $y_i$ 号菜，就会额外获得 $c_i$ 的满意度。小 A 总共要吃 m 道菜，请你给他安排吃菜的顺序以得到最大的满意度。

**输入格式：**第一行包含三个整数 n、m、k，第二行包含 n 个整数 $a_1,a_2,\cdots,a_n$。接下来的 k 行，每行包含三个整数 $x_i$、$y_i$、$c_i$ 组成，数据保证 $x_i \neq y_i$，且不存在 $x_i=x_j, y_i=y_j (1\leqslant i,j\leqslant k)$的情况。

**输出格式：**仅有一行包含一个整数表示小 A 从这家餐厅能够获得的最大满意度，如表 5-6-1 所示。

表 5-6-1 例题 5.6.1 测试样例

| 样例 1 输入 | 样例 1 输出 | 样例 2 输入 | 样例 2 输出 |
|---|---|---|---|
| 2 2 1<br>1 1<br>2 1 1 | 3 | 4 3 2<br>1 2 3 4<br>2 1 5<br>3 4 2 | 12 |

**数据范围：**$1\leqslant n\leqslant 18, 0\leqslant a_i, c_i\leqslant 10^9, 0<m\leqslant n, 0\leqslant k\leqslant n\times(n-1)$。

**题目分析：**每道菜只有吃和不吃两种情况，吃了记为 1，不吃记为 0，一共有 n 道菜，所以可以使用一个 n 位二进制数 S 来表示每个菜吃和不吃的状态，其中第 i 位为 1 表示吃了第 i 个菜，第 i 位为 0 表示没吃第 i 个菜，最低位记为第 1 位。用 dp[S][i]表示当前吃菜的情况为 S（记录吃过了哪些编号的菜），且最后吃的是第 i 号菜，此时获得的最大满意度。因为每一个 S 的值代表了一个状态。例如，初始时，只吃过了第 i 号菜，则 $S=1<<(i-1)$，$dp[S][i]=a_i$。考虑到存在额外满意度的情况，跟倒数第二个吃的哪个菜决定了能不能得到额外的满意度。设倒数第二个选用的是第 j 号菜，枚举状态 S，枚举最后一个吃的是第 i 号菜，再枚举倒数第二个吃的是第 j(i、j∈S 且 i≠j) 号菜。基于这样的分析，可以得到的状态转移方程为

$$dp[S][i]=\max_{j=1}^{n}\{dp[M][j]+a_i+c[j][i]\}$$

式中，M 表示状态 S 不选 i 号菜且选 j 号菜（第 i 位上是 0，第 j 位上是 1）时的吃菜状态，$a_i$ 表示吃第 i 号菜获取的满意度，c[j][i]表示吃了第 j 号菜后紧接着吃第 i 号菜所能获得的额外满意度。统计答案的时候如果 S 中有 m 个 1，则表示刚好吃了 m 个菜，就取这些 dp[S][i]中的最

大值,即能获得的最大满意度。参考代码如下。

```
#include<bits/stdc++.h>
#define ll long long
using namespace std;
int n,m,k,x,y;
ll a[20],c[20][20],dp[1<<19][20],ans=0;
int cover(int a)                                    //统计a的二进制形式中有几个1
{
    int cnt=0;
    while(a){cnt+=(a&1); a=a>>1;}
    return cnt;
}
int main()
{
    scanf("%d%d%d",&n,&m,&k);
    for(int i=1;i<=n;i++)
    {
        scanf("%lld",&a[i]);
        dp[1<<(i-1)][i]=a[i];
    }
    for(int i=1;i<=k;i++) scanf("%d%d%lld",&x,&y,&c[x][y]);
    int mx=(1<<n);
    for(int S=0;S<mx;S++)
    {
        for(int i=1;i<=n;i++)
        {
            if(S&(1<<(i-1)))
            {
                for(int j=1;j<=n;j++)
                {
                    if(j==i||!(S&(1<<(j-1)))) continue;
                    dp[S][i]=max(dp[S][i],dp[S^(1<<(i-1))][j]+a[i]+c[j][i]);
                }
            }
            if(cover(S)==m) ans=max(ans,dp[S][i]);
        }
    }
    printf("%lld",ans);
    return 0;
}
```

**例题 5.6.2 吃鱼的鱼。**

**题目描述**:池塘里有 n 条鱼,编号为 1 到 n。每一天,会有两条活着的鱼相见,设其分别为第 i 条和第 j 条,第 i 条吃掉第 j 条的概率是 a[i][j],第 j 条吃掉第 i 条的概率是 a[j][i],保证 a[j][i]=1−a[i][j]。该过程将会一直进行,直到最终只剩下一条鱼。求每一条鱼存活下来的概率。

**输入格式**:第一行仅有一个正整数 n,接下来的 n 行,给定一个 $n\times n$ 的矩阵,矩阵中的元素 a[i][j],表示第 i 条鱼吃掉第 j 条鱼的概率。数据保证 a[i][i]=0,a[i][j]=1−a[j][i]($i\neq j$)。

**输出格式**:一行,共有 n 个实数,第 i 个数表示第 i 条鱼存活概率,保留 6 位小数,两两之间用空格分隔,如表 5-6-2 所示。

表 5-6-2　例题 5.6.2 测试样例

| | 样例 1 | 样例 2 |
|---|---|---|
| 输入 | 2<br>0 0.5<br>0.5 0 | 5<br>0 1 1 1 1<br>0 0 0.5 0.5 0.5<br>0 0.5 0 0.5 0.5<br>0 0.5 0.5 0 0.5<br>0 0.5 0.5 0.5 0 |
| 输出 | 0.500000 0.500000 | 1.000000 0.000000 0.000000 0.000000 0.000000 |

**数据范围**：$1 \leqslant n \leqslant 18$。

**题目分析**：从题目中了解到，池塘里的每一条鱼在任何时候都两种状态，要么活着，要么被吃掉。显然，要判断当前某两条鱼相见后的情况，必须得先知道当前每条鱼的状态，有 n 条鱼，一共有 $2^n$ 种可能，这么多的状态要记录下来，使用传统的数组非常复杂。考虑到 $n \leqslant 18$，可以使用一个长度为 n 的二进制数 S 来记录每条鱼的状态，这正是状态压缩的典型模型。按照状态压缩的思路，最低位为第 1 位，第 i 位为 0 表示编号为 i 的鱼活着，第 i 位为 0 表示第 i 号鱼被吃掉了，结合题目的要求，用 dp[S]表示达到当前状态 S 的概率，1 表示死，0 表示活。例如，如果有三条鱼，当前状态为 5，因为 $5=2^0+2^2$，则意味着，当前状态是第 1 条鱼和第 3 条鱼都死了，第 2 条鱼还活着，这种状态下的概率为 dp[5]。

初始情况，dp[0]=1，表示最开始它们都活着的时候的概率为 1。对于 dp[i]，需要知道上一次是哪条鱼吃掉了哪条鱼，一直到了现在的状态。设上一次是 j 号鱼吃掉了 k 号鱼，则在当前 i 这个状态，j 号鱼一定是存活的(标记为 0)，k 号鱼一定被吃掉的(标记为 1)。

考虑 j 号鱼吃掉 k 号鱼的概率：首先，能得到上一个状态(j 和 k 都活着)的概率是 $dp[i\oplus 2^{k-1}]$；其次，到达当前状态，不一定是 j 遇到 k，还有可能是另外两条鱼遇见。设上一次活着的鱼的个数为 cnt，则 j 遇到 k 的概率为：$\frac{1}{C_{cnt}^2}=\frac{2}{cnt\times(cnt-1)}$；最后，到当前状态 j 遇到 k，有可能是 k 吃掉 j，所以 j 杀 k 的概率为 a[j][k]。综上所述可得：$dp[i\oplus 2^{k-1}]\times\frac{2}{cnt\times(cnt-1)}\times a[j][k]$，即为当前状态 i 的一种可能。

所以每找到一个 j、k，都应该将 dp[i]加上 $dp[i\oplus 2^{k-1}]\times\frac{2}{cnt\times(cnt-1)}\times a[j][k]$。

最终统计答案时，对于第 i 条鱼，只有从右往左第 $i-1$ 位为 0，其他都为 1，所以第 i 条鱼的存活概率是 $dp[(2^n-1)\oplus 2^{i-1}]$。

参考代码如下。

```
#include <bits/stdc++.h>
using namespace std;
double a[20][20],dp[1 << 18];
int n,mx;
int main()
{
    scanf("%d",&n);
    for(int i = 1;i <= n;i++)
```

```
        for(int j = 1;j <= n;j++) scanf(" % lf",&a[i][j]);
    dp[0] = 1;mx = (1 << n);
    for(int i = 1;i < mx;i++)
    {
        int cnt = 0,tmp = i;                 //cnt 存储 i 中 1 的个数
        while(tmp){cnt + = (tmp&1);tmp >>= 1;
    }
        cnt = n - cnt + 1;
        for(int j = 1;j <= n;j++)
        {
            if(i >>(j - 1)&1) continue;
            for(int k = 1;k <= n;k++)
            {
                cnt = cnt * (cnt - 1)/2;
                if(i >>(k - 1)&1) dp[i] + = (dp[i^(1 << k - 1)]) * a[j][k]/cnt;
            }
        }
    }
    for(int i = 1;i <= n;i++) printf(" % lf ",(dp[(mx - 1)^(1 << i - 1)]));
    return 0;
}
```

**例题 5.6.3 有效切割。**

**题目描述：**给定一个长度为 n 的 01 串（$1\leqslant n\leqslant 75$），求有效切割的切割方案数。有效切割定义如下：一个竖杠代表一次切割，竖杠可位于 01 串的最前端与最后端，即长度为 n 的 01 串最多可以切割 n+1 次，最少切割 2 次，将第一条竖杠前面与最后一条竖杠后面的 01 串舍去后，将每两个相邻的竖杠之间的 01 串当作一个二进制数转换为十进制数，设这些十进制数中最大的为 M，当且仅当转换得到的十进制数覆盖到了所有[1,M]的值，称为一次有效切割。若两种方案每次都切割同样次数，但其产生的子串不同，则这两次切割方案视为不同的切割方案。

**输入格式：**第一行仅有一个整数 n，第二行包含一个长度为 n 的 01 串。

**输出格式：**仅有一个整数表示有效切割的方案总数，结果对 $10^9+7$ 取模后输出，如表 5-6-3 所示。

表 5-6-3 例题 5.6.3 测试样例

| 样例 1 输入 | 样例 1 输出 | 样例 2 输入 | 样例 2 输出 |
|---|---|---|---|
| 4<br>1011 | 10 | 2<br>10 | 1 |

**数据范围：**$1\leqslant n\leqslant 75$。

**题目分析：**首先考虑 M 最大能取到多少，设切割后产生的十进制数为 i，$i\in[1,M]$，设 f(i) 为 i 的二进制长度，有 $\sum_{i=1}^{21} f(i)=78>75$，所以切割后产生的数最大不能超过 20，即 $M\leqslant 20$。对于[1,M]中的每一个数，在字符串切割后可以获得的十进制数中只有存在和不存在两种情况，M 的值不是很大，求的是符合要求的方案数，各项信息都符合状压 DP 的特征，所以可以尝试用状压 DP 求解。

按照状压 DP 的思路，用二进制串 S 来表示当前的切割状态，其中第 i 位为 1 表示切割后形成的十进制数中包含 i，第 i 位为 0 则表示切割后形成的十进制数中不包含 i。设 dp[i][S]

表示上一次在 i 前面的位置切割，且当前状态为 S 的切割方法数。初始化时，由于第一个切割的区间要被舍去，因此设 dp[i][0]=1，表示存在一种分割方式，在 i 位之前切割一次，其产生的数值为 0。枚举下一次切割的位置 j，状态转移方程为

$$dp[j+1][S|(1<<(s_j-1))]=\sum dp[i][S]$$

式中，$s_j$ 为再次切割后形成的新的数，$S|(1<<(s_j-1))$ 表示再次切割后形成的新的状态，即在原有的状态下将新形成的数的对应位置为 1，因为定义是划分到 j+1 之前的位置 j，因此第一维为 j+1。

最后统计答案，有效切割为全部数字都出现过，即 S 内的所有元素均出现过，相当于其二进制表示下，所有位数均为 1。统计所有 S 位数均为 1 的切割方案数，将这样的方案累加便可得到最终结果。时间复杂度是 $O(n^2 2^{20})$。

```
#include <bits/stdc++.h>
using namespace std;
const int mod = 1e9 + 7,N = 80;
int n,a[N],dp[N][(1 << 20) + 5],ans = 0;
int main()
{                    //dp[i][S]表示上一次在 i 前面的位置切割,且当前状态为 S 的切割方法数
    scanf("%d",&n); //长度为 n 的 01 串
    for(int i = 1;i <= n;i++)
    {
        scanf("%1d",&a[i]);
        dp[i][0] = 1;
    }
    for(int i = 1;i <= n;i++)
    {                    //k 为再次切割后形成的新的数
        int k = 0;
        for(int j = i;j <= n + 1;j++)
        {
            k = (k << 1)|a[j];
            if(k > 20) break;
            for(int S = 0;S <(1 << 20);S++)
            {
                if(!k) continue;
                dp[j + 1][S|(1 << k - 1)] + = dp[i][S];
                dp[j + 1][S|(1 << k - 1)] %= mod;
            }
        }
    }
    for(int i = 1;i <= n + 1;i++)
        for(int S = 1;S <(1 << 20);S = (S << 1)|1)
            ans = (ans + dp[i][S]) % mod;
    cout << ans << endl;
    return 0;
}
```

**例题 5.6.4 珠子串。**

**题目描述**：有一个珠子串包含 n 个珠子，第 i 个珠子颜色用正整数 $c_i$ 表示，你可以进行若干次，每次操作把相邻的两个珠子交换。现要把颜色相同的珠子排列在相连的一段，问至少要进行多少次操作？

**输入格式**：第一行仅有一个正整数 n，第二行包含 n 个整数 $c_1, c_2, \cdots, c_n$。

**输出格式**:仅有一个整数,表示最少需要交换的次数,如表 5-6-4 所示。

表 5-6-4 例题 5.6.4 测试样例

| | 样例 1 | 样例 2 | 样例 3 |
|---|---|---|---|
| 输入 | 7<br>3 4 2 3 4 2 2 | 5<br>20 1 14 10 2 | 13<br>5 5 4 4 3 5 7 6 5 4 4 6 5 |
| 输出 | 3 | 0 | 21 |

**数据范围**:$2 \leqslant n \leqslant 4 \times 10^5$,$1 \leqslant c_i \leqslant 20$。

**题目分析**:如果一个序列没有逆序对,那么这个序列本来就是有序的;如果有一个逆序对,那么他们必然是相邻的,我们每次交换相邻的数一定不会是顺序对,这样是无效的,所以每次必然交换逆序对,总交换次数就是逆序对数了。

数据范围 $c \leqslant 20$,所以考虑状压 dp。考虑将每一种颜色的珠子按顺序向左移动,直至到达最终答案,在这个过程中,会形成一个前半部分已经处理完毕而后半部分需要解决的情况。我们只需要使得后半部分的待解决序列中的珠子转移到已解决的珠子序列中,就可以解决这一个子问题,转移到一个新的状态。因此我们考虑的状态为:颜色为 i 的珠子是否已经排序,用二进制串 S 来表示当前状态,若第 i 位为 0,则表示颜色为 i 的珠子尚未处理,若第 i 位为 1,则表示颜色为 i 的珠子已经排序完毕。设 $dp_S$ 表示达到状态 S 所需要的最小交换次数,那么转移方程为

$$dp[S] = \min_{a \in S} dp[S_1] + v[a]$$

式中,$S_1$ 为 S 去掉排序好的颜色 a 的状态,即状态 $S_1$ 与状态 S 完全相同,除了状态 $S_1$ 中颜色 a 对应的位为 0,$val_a$ 表示将所有颜色 a 的珠子排序好所需要的最小操作次数。至于如何得到这个 $val_a$? 用数组 pre 来进行预处理,pre[x][y]表示颜色为 x 的珠子的左边有多少个颜色为 y 的珠子,那么 $val_a = \sum_{b \in S_1} sum[a][b]$。

```
#include <bits/stdc++.h>
using namespace std;
typedef long long ll;
const int N = 4e5 + 10;
const int M = 20 + 10;
int n,c[N],cnt[M];
ll dp[(1 << 20) + 10],pre[M][M];
int main()
{
    cin >> n;
    for(int i = 1;i <= n;i++) cin >> c[i];
    for(int i = 1;i <= n;i++)
    {
        cnt[c[i]]++;
        for(int j = 1;j <= 20;j++)
        pre[j][c[i]] += cnt[j];
    }
    memset (dp, 0x3f, sizeof (dp));
    dp[0] = 0;
    for(int S = 0;S <(1 << 20);S++)
    {
```

```
            for(int i = 0;i < 20;i++)
            {
                if(!((S >> i)&1)) continue;
                int S1 = (S^(1 << i));
                ll sum = 0;
                for(int j = 0;j < 20;j++)
                    if(!(S&(1 << j))) sum + = pre[j + 1][i + 1];
                dp[S] = min(dp[S],dp[S1] + sum);
            }
        }
        cout << dp[(1 << 20) - 1]<< endl;
        return 0;
    }
```

# 第六章　数　　学

通过编程解决实际问题的一般步骤为：问题分析、抽象建模、算法设计、程序设计和测试。在对问题抽象和建模的过程中，需要应用很多数学知识和工具。本章总结了信息学竞赛常用的数学知识和工具。同时每个数学知识点也给出了一些配套的编程练习题，方便读者掌握常用数学工具的编程实现。除了编程习题外，数学知识的掌握离不开手动的推导和演算，本章会在各小节内部穿插一些重要的数学习题并配有题解，加深对知识的理解；在各个小节最后则会给出一些练习题，供读者自测本节所学内容是否完全掌握。

本章内容包括如下四大部分：组合数学、概率、初等数论、矩阵和线性代数。

本章以《全国青少年信息学奥林匹克竞赛大纲》(简称《NOI大纲》)中提高级所涉及的数学知识点为基础，侧重于数学知识在信息学竞赛的应用和编程实现，会根据应用的需要给出一定的理论推导和证明，完整的数学证明请读者参考对应的数学书籍。

学有余力的同学在掌握本章所述内容后，可以参考《NOI大纲》继续学习NOI级的数学知识。

## 第一节　组合数学

组合数学是研究离散构造的存在、计数、分析和优化等问题的一门学科(引自 *Introductory Combinatorics Fifth Edition*，Richard A. Brunaldi)，本书重点讲述信息竞赛中涉及较多的计数问题，对其他问题感兴趣的读者可以查阅相关资料学习。

### 一、计数原理

常用的计数原理是加法原理和乘法原理，这两个原理我们在日常生活中经常使用，对这两个原理的直观描述如下。

(1) 加法原理：假设计数的问题可以划分为若干个互不相交的 m 个部分，对它们各自计数分别为 $n_1, n_2, \cdots, n_m$，那么总的计数 $N = n_1 + n_2 + \cdots + n_m$。

应用加法原理需要注意问题划分的技巧，划分的粒度太粗可能会导致各个划分有交集，划分的粒度太细就等同于逐个计数。

加法原理还可以反向应用，当所求的问题本身是一个更大集合的划分，可以通过大集合的计数减去其他划分的计数来得到所求问题的计数，这种方法称为减法原理。

(2) 乘法原理：假设计数的问题可以分为 m 个步骤，每个步骤的选择不会影响后续步骤的选择个数，每个步骤分别计数为 $p_1, p_2, \cdots, p_m$，那么总的计数 $N = p_1 \times p_2 \times \cdots \times p_m$。

特别强调的是，应用乘法原理时每个步骤的选择不能影响后续步骤的选择个数。

计数原理并不复杂，但想要完全掌握，需要多加练习，下面给出一些计数习题供读者练习。

**例题 6.1.1**　超市货架上有 3 种薯片品牌，2 种饼干品牌，你只能买一件商品有几种方案？

**解**：加法原理的简单应用，共有 $3+2=5$ 种方案。

**例题 6.1.2**　超市货架上有 3 种薯片品牌，2 种饼干品牌，你需要薯片和饼干各买一件有几种方案？

**解**：乘法原理的简单应用，共有 $3\times2=6$ 种方案。

**例题 6.1.3**　有多少个十位数字和个位数字不相同的两位数？

**解**：此题有多种解法。

解法 1：运用减法原理。两位数从 10 到 99 共有 90 个，十位和个位相同的两位数有 9 个，所以所求个数 $90-9=81$ 个。

解法 2：运用乘法原理。先选择十位，十位只能是 1 到 9 有 9 种选择，选择好十位以后再决定个位，本来个位有 0 到 9 共 10 种选择，现在要求个位和十位不同，因而个位也只有 9 种选择，共计 $9\times9=81$ 个。

解法 3：和解法 2 类似，读者可以自行尝试下先选择个位再选择十位的方法进行计数。

对比解法 2 和解法 3，会发现解法 2 更为简洁，这也是运用乘法原理解决问题的一个小技巧，当有多个步骤时，尽量先从限制较大的步骤开始做选择。

常见的计数问题，可以按照是否考虑选择的顺序，以及被选择的对象是否重复划分为四种类型，如表 6-1-1 所示。

表 6-1-1　计数问题的类型

| 是否有序 | 不重复 | 可重复 |
|---|---|---|
| 有序 | 排列 | 可重集排列 |
| 无序 | 组合 | 可重集组合 |

在后续的两个小节，我们将介绍排列和可重集排列、组合和可重集组合的计数问题，在此之前需要解释下可重集合的概念。不做特殊说明的情况下，我们常用的包含 n 个元素的集合 $S=\{s_1,s_2,\cdots,s_n\}$，集合中的各个元素互不相同。

但在实际的计数问题中经常会碰到重复的问题，一般可以分为两种情况：一种是某些元素的个数可以认为是无限的，另一是某些元素允许重复但个数是有限的。

对于这类元素允许重复的集合，需要引入多重集合的数学表示。我们通过一个例子来介绍多重集合的数学表示，设有一个多重集合 M 有三种不同的元素 a、b、c 组成，其中 a 有无穷多个，b 有 3 个，c 有 5 个，那么 M 可以表示为 $M=\{\infty\cdot a,3\cdot b,5\cdot d\}$。相较于传统的集合表示，可重集合的表示需要在每个元素前标明重复个数。

## 二、排列计数

(1) 排列：设有一个包含 n 个元素的集合，从其中选出 r 个元素有序放置，称为集合的一个 r 排列，其个数记为 $A_n^r$。

显然当 $r>n$ 时，有 $A_n^r=0$，当 $r\leqslant n$ 时利用乘法原理可知：

$$A_n^r=n\times(n-1)\times\cdots\times(n-r+1)$$

式中，当 $r=n$ 时有：

$$A_n^n = n\times(n-1)\times\cdots\times 2\times 1$$

我们对 $A_n^n$ 这种特殊情况引入阶乘符号，对于任意非负整数 n，其阶乘可以表示 n!，$n! = n\times(n-1)\times\cdots\times 2\times 1$，即从 1 连乘到 n。

那么前述关于 $A_n^r$ 的公式可以简写为

$$A_n^r = \frac{n!}{(n-r)!}$$

在编程解决问题时如果需要计算 r 排列，一般使用第一个公式循环计算即可。如果需要编程计算阶乘，我们常用 $n! = n\times(n-1)!$ 来递归（或递推）计算。需要注意阶乘随着 n 变大增长很快，$20! \approx 2.4\times 10^{18}$ 已经逼近 64 位有符号整数的最大值，因而对于比较大的 n 计算阶乘需要使用求余或者高精度计算。

（2）圆排列：考虑这样一个问题，现在有 n 个人他们围坐在一张圆形桌子旁，有多少种不同的坐法？假设大家不是围着桌子坐而是坐成一排，那么坐法显然是 n!，那么围成一圈坐的方案数肯定要比 n! 少，会少多少呢，我们看下面这个例子。

假设有 4 个人，那么坐一排的如下几种排列：1234，4123，3412，2341，在坐成一圈的时候均代表同一种排列。

这种围成一圈的排列我们称为圆排列，从上述例子很容易推导出，n 个元素的 **r** 圆排列个数为 $\frac{A_n^r}{r}$。

（3）错排列：设有 n 个元素按照某种顺序排列好，现在要调整它们的位置要求调整后每个元素都不能在其原来的位置上，问调整的方案有多少种？该问题也称为错排列。

错排列问题可以通过计数原理结合递归的思路来解：设 n 个元素的错排列个数为 $Q_n$，调整的过程可以先从第 n 个元素开始，它有 n－1 种选择，假设挪到了位置 i，那么接下来调整原来位于位置 i 的元素；有两种方案：一种是放到位置 n 相当于两者互换位置那么剩下 n－2 个元素做错排列，另一种则是不放到位置 n，那么问题变为排除掉位置 n 的元素后剩下 n－1 个元素的错排列；综上利用乘法原理和加法原理可知：

$$Q_n = (n-1)\times(Q_{n-1} + Q_{n-2})$$

（4）可重集排列：对于多重集合排列，我们仅讨论两种特殊情况。

① 多重集的每种元素个数有限。设多重集合 $M=\{n_1\times a_1, n_2\times a_2, \cdots, n_m\times a_m\}$，即有 m 个不同的元素 $a_1, a_2, \cdots, a_m$，记元素个数的总数 $n=n_1+n_2+\cdots+n_m$，则该多重集合的 n 排列（所有元素全部排列）个数：

$$\frac{n!}{n_1!\ n_2!\ \cdots n_m!}$$

② 多重集的每种元素个数无限。设多重集合 $M=\{\infty\cdot a_1, \infty\cdot a_2, \cdots, \infty\cdot a_m\}$，即有 m 个不同的元素 $a_1, a_2, \cdots, a_m$，该多重集合的 r 排列个数：每个位置都有 m 种选择共 $m^r$。

通过如下的习题来巩固下本小节学习的不同排列的计数方法。

**例题 6.1.4** 班上 10 名同学要站队，排成一排，其中有两个同学总是交头接耳，老师希望排队时这两个同学不能相邻，请问一共有多少种站队方案？

**解**：本题可以结合排列计数和减法原理来解决，首先不考虑老师的特殊要求 10 名同学站队共有 10! 种方案。利用减法原理，我们可以从总方案中排除掉不符合老师要求的方案，即需要求出这两名同学相邻有几种方案。将这两个同学看作一个整体，那么需要排列的对象变为 9 个，站队方案为 9!，由于这两个同学可以互换位置，所以这两名同学相邻的站队方案有 2×9! 种。综上问题的答案为：10! −2×9!。

**例题 6.1.5** 班上 10 名同学要做游戏，站成一圈，其中有两个同学总是交头接耳，老师希望排队时这两个同学不能相邻，请问一共有多少种站队方案？

**解**：注意和上一题的区别，本题是圆排列问题，依然要用到减法原理。首先不考虑老师的特殊要求 10 名同学圆排列共有 9! 种方案。

接着求这两名同学相邻有几种方案。将这两个同学看作一个整体，圆排列方案为 8!，由于这两个同学可以互换位置，所以这两名同学相邻的站队方案有 2×8! 种。综上问题的答案为：9! −2×8!。

## 三、组合计数

组合和排列的区别在于组合不考虑顺序，例如集合 S={a,b,c}，ab 和 ba 是该集合的两个不同的排列，但是一个组合。

对于一个集合 S 从其中选出 r 个元素形成了集合 S 的一个 r 组合，这 r 个元素组成的新集合是 S 的一个子集。从 n 个元素的集合取出 r 个元素的方案个数称为组合数，一般记为 $C_n^r$。显然 r>n 时，$C_n^r=0$，并且对于特殊情况 $C_n^0=C_n^n=1$，即一个都不取和全部都取出都只有一种方案。一般的我们有：

$$C_n^r=\frac{A_n^r}{r!}=\frac{n!}{(n-r)!\,r!}$$

对于上式的直观理解是 n 个元素的 r 排列有 $P_n^r$ 种，r 个元素确定后有 r! 种排列方式，不考虑顺序这些排列都是重复的所以需要用除法。

根据组合数的定义，显然有：

$$C_n^r=C_n^{n-r}$$

直观的解释是：从 n 个元素中取 r 个元素等价于从 n 个元素中挑出 n−r 个元素抛弃掉。

帕斯卡公式为组合数计算的一个常用公式：

$$C_n^r=C_{n-1}^r+C_{n-1}^{r-1}$$

该公式的证明有两种思路：一种是直接代入组合数的计算公式；另一种思路是利用加法原理，公式左边表示从 n 个元素的集合取 r 个元素形成一个子集的方案数，我们任取 n 个元素中某一个元素 s，根据挑选 r 时是否有 s 可以划分出两种情况。

(1) 包含 s，则问题变为从 n−1 个元素中再取 r−1 个元素。

(2) 不包含 s，则问题变为从 n−1 个元素中取 r 个元素。

在信息学竞赛中，计算组合数一般有三种方式。

(1) 当 n 比较小时，直接使用定义式或者帕斯卡公式计算，前者的复杂度为 O(n)后者为 $O(n^2)$。

(2) 当 n 比较大时，题目要求将计算结果对某个素数取余，这时可以利用定义式和乘法逆 O(n)计算。

(3) 当 n 比较大时，题目要求做高精度计算得到准确结果，可以对定义式中的分子、分母分解质因数，分子、分母的乘法变为质因数加法，分子除分母变为质因数的除法，复杂度为 O(nlogn)。

可重集组合：对于多重集合组合，我们仅讨论一种特殊情况。设多重集合 $M=\{n_1\times a_1$，

$n_2 \times a_2, \cdots, n_m \times a_m\}$，即有 m 个不同的元素 $a_1, a_2, \cdots, a_m$，$\forall i, n_i \geqslant r$ 即任一元素的个数均大于或等于 r，则该多重集合的 r 组合个数为 $C_{r+m-1}^r$，且有 $C_{r+m-1}^r = C_{r+m-1}^{m-1}$。

通过如下的习题来巩固下本小节学习的不同排列的计数方法。

**例题 6.1.6** 班上有 40 名同学，老师要选出 3 人作为奥运会志愿者，请问有多少种方案？

**解**：简单的组合计数问题，答案为 $C_{40}^3$。

**例题 6.1.7** 一家鲜花店有 12 种不同的花，你订购一束由 7 支花组成的花束，请问可以搭配出多少种花束？

**解**：题目有个隐藏的假设，每种花可以认为是无限多的。本题是一个多重集合的组合问题，答案为 $C_{7+12-1}^7 = C_{18}^7$。

## 四、二项式定理

二项式定理：组合数的比较重要的应用，并且经常在信息学竞赛中考查。该定理可以通过如下公式表述：

$$(x+y)^n = x^n + C_n^1 x^{n-1} y + C_n^2 x^{n-2} y^2 + \cdots + C_n^{n-1} x y^{n-1} + y^n$$

上式也可以简写为

$$(x+y)^n = \sum_{i=0}^{n} C_n^i x^{n-i} y^i$$

利用二项式定理可以推导出很多有用的公式，例如设 x=1，y=1 有：

$$2^n = \sum_{i=0}^{n} C_n^i$$

## 五、鸽巢原理

关于鸽巢原理，最原始的解释和这个原理的名称有关，即有很多鸽子，鸽子数目大于巢穴的数目，那么必然有至少一个巢穴多于一个鸽子。该原理用比较数学的语言表述如下：将 n+1 个元素划分为 n 个集合，那么至少有一个集合的元素个数大于或等于 2。

该原理可以通过反证法证明，请读者尝试。鸽巢原理看似非常简单，却有很多灵活的应用问题，请读者通过如下习题练习一下。

**例题 6.1.8** 设有 n 对夫妻，所以共有 2n 个人，请问从里面最少需要挑出多少人才能保证至少有一对夫妻？

**解**：鸽巢原理的简单应用。极限情况是每对夫妻各选一人，此时有 n 个人，这时不论从剩下的人再选谁都会有一对夫妻。所以答案是 n+1。

**例题 6.1.9** 已知 m 个整数 $a_1, a_2, \cdots, a_m$，请证明必然存在 $0 \leqslant s \leqslant t \leqslant m$，其中 s、t 均为整数，满足 $a_{s+1} + a_{s+2} + \cdots + a_t$ 能够被 m 整除，即必然存在区间(s,t]的连续和可以被 m 整除。

**解**：需要通过“构造+反证”的方法来证明，读者需要注意鸽巢原理的复杂问题常用这种方法。

构造如下 m 个区间和(其实是数组的所有前缀和)：

$$a_1, a_1 + a_2, a_1 + a_2 + a_3, \cdots, a_1 + a_2 + \cdots + a_m$$

如果有任意一个整数可以被 m 整除，则找到了问题的解。假如这 m 个和均不能被 m 整除，那么可以得到有 m 个不同的元素对 m 求余结果均落在[1,m−1]的整数区间，利用鸽巢原理可知至少有 2 个前缀和对 m 求余余数相同，那么这两个前缀和做差就得到某个区间和能被 m 整除。综上，这两种情况都能找到区间和被 m 整除，问题得证。

# 第二节 概率

概率是对随机事件发生可能性的度量，在日常生活中有着广泛的应用，我们日常说的中奖率、合格率、发病率一般都指的是概率。概率的定义一般有三种解释：古典概率、统计概率和现代概率论。

信息学竞赛中一般使用古典概率的解释，即如果一个随机实验包含的单位事件是有限的，且每个单位事件发生的可能性均相等，则事件 A 在事件空间 S 中的概率记为 P(A)：

$$P(A)=\frac{|A|}{|S|}$$

式中，$|A|$ 和 $|S|$ 分别代表两个事件集合的事件个数，并且 A 是 S 的子集。使用古典概率的方法计算某一事件的概率时需要重点关注两点。

(1) 事件空间和单位事件的选择一定要保证每个单位事件发生的可能性相等。

如果单位事件的可能性不相等会得到一些违背常理的概率结果。例如，假设有一个箱子放有 10 个大小和重量一样的乒乓球，其中有 8 个乒乓球是黄色的，2 个乒乓球是白色的，现在问闭眼从箱子中任意取一个球是黄球的概率是多少，显然概率为 8/10=0.8。

然而如果我们定义事件空间 S={球为黄色，球为白色}，会得到所求的概率为 $P=\frac{|\{球为黄色\}|}{|S|}=\frac{1}{2}$。读者很容易判断出两个概率结果后者是错误的，错误的原因就在于“球为黄色”和“球为白色”这两个单位事件可能性不相等。

(2) 准确地对集合 A 和 S 进行计数。而计数问题正是组合数学主要研究的问题之一。

在信息竞赛中的概率问题经常需要利用组合数学的相关知识来对事件集合进行计数，读者从本节后续的编程习题中能感受到概率和组合数学的紧密联系。

## 一、概率性质

现代概率论是从公理的角度定义概率，这三条公理可以作为概率的性质在解决实际问题时使用。

公理 1：$0\leqslant P(A)\leqslant 1$。

公理 2：$P(S)=1$。

公理 3：如果 $A\cap B=\varnothing$，$P(A\cup B)=P(A)+P(B)$。

公理 1 告诉我们在编程解决概率问题时，一般需要用浮点数来表示概率，因此涉及多个概率的连乘计算，需要注意浮点数的精度问题。

公理 3 一般被称为互斥事件的加法公式，对该公式直观的理解是两个事件没有交集时(即两个事件不可能同时发生)，两者至少有一个发生的概率等于各自的概率求和。用乒乓球问题举例，设事件 A 表示任取一个球是黄球，事件 B 表示任取一个球是白球，显然

$A\cap B=\varnothing$，且有 $P(A)=0.8$，$P(B)=0.2$，$P(A\cup B)=P(S)=P(A)+P(B)=1$。

## 二、条件概率和贝叶斯公式

条件概率是概率论中一个比较重要的概念，条件概率结合贝叶斯公式在实际问题中有着

广泛的应用。

条件概率从概念上讲指的是在已知一个事件 B 已经发生的条件下,另一事件 A 发生的概率,记为

$$P(A|B)=\frac{P(A\cap B)}{P(B)}$$

显然一般情况下 $P(A|B)\neq P(B|A)$。

我们用经典的"抛硬币"问题为例来解释如何利用定义中的公式计算条件概率。设有一枚均匀硬币,每抛一次得到正面 H 和背面 T 的概率均等,现在我们将硬币抛两次,设事件 A 为抛两次的结果不同,事件 B 为抛两次的结果至少有一次为正面,则全体事件 $S=\{HH, HT, TT, TH\}$,事件 $A=\{HT, TH\}$,事件 $B=\{HH, HT, TH\}$。条件概率 $P(A|B)=\frac{P(A\cap B)}{P(B)}=\frac{|\{HT, TH\}|}{|\{HH, HT, TH\}|}=\frac{2}{3}$。比较显然的是 $P(A)=\frac{|A|}{|S|}=\frac{1}{2}$,因而 $P(A|B)\neq P(A)$,说明在已知事件 B 的情况下事件 A 的概率发生了变化,我们称这样的事件 A 和 B 不独立。那么对于两个独立事件我们有 $P(A|B)=P(A)=\frac{P(A\cap B)}{P(B)}$,从而得到事件 A 和 B 相互独立的充要条件 $P(A\cap B)=P(A)P(B)$。

根据条件概率的定义,我们可以得到如下的公式:

$$P(A|B)=\frac{P(A)P(B|A)}{P(B)}$$

该公式即为著名的贝叶斯公式。该公式有着广泛的应用,我们用经典的"疾病检测问题"来解释如何利用贝叶斯公式解决实际问题。"疾病检测问题"指的是这样一类问题,设事件 D 表示某人患有疾病,事件 C 表示某人检查时某项指标异常,我们现在知道患有该疾病的人该项指标均异常,那能否说检查该项指标异常的人都患有该疾病呢?答案显然是不能,但我们看病的时候希望知道当某人检查指标异常的时候其患有疾病的概率是多少,利用贝叶斯公式就可以计算出这个概率。我们的目标是计算 $P(D|C)$,一般疾病的发病率 $P(D)$ 是已知的,假设发病率为万分之一,即 $P(D)=0.0001$,患有疾病的人检测指标均异常,我们可以认为 $P(C|D)=1$,任何一个人检测该指标的异常概率为十分之一,即 $P(C)=0.1$,那么根据贝叶斯公式有:

$$P(D|C)=\frac{P(C|D)\ P(D)}{P(C)}=\frac{1\cdot 0.0001}{0.1}=0.001$$

即虽然指标检测异常概率很高有十分之一,但在已知检测异常的情况下患病概率只有千分之一,略高于疾病的发病率万分之一,仍然是一个比较小的概率。

## 三、随机变量和期望

随机变量(Random Variable)的函数定义可以用一个简单的式子概括:$X:S\rightarrow R$,其中 S 就是我们前面提到的事件空间,R 是实数的集合,X 是随机变量,它将事件空间中的事件映射为实数。

我们通过"扔骰子"这个经典概率问题来说明随机变量的用法。设有一个均匀的六面骰子,扔一次骰子可以得到六种不同的结果,显然每个结果可以作为一个单位事件组成了事件空间 S,同时每个结果对应[1,6]的一个点数,那么可以用随机变量 $X_1\in[1,6]$表示扔一次骰子

得到的点数。注意这里我们给随机变量加了下标 1 表示第一次扔骰子，那么我们可以用 $X_2$ 来表示第二扔骰子得到的点数，$X_3$ 表示第三次扔骰子得到的点数，依次类推 $X_i$ 代表第 i 次扔骰子得到的点数。随机变量将事件映射为实数，我们就可以利用实数的运算来表示不同的事件。例如 $Y=X_1+X_2$，那么随机变量 Y 就表示了两次扔骰子的点数和；$Z=\max(X_1,X_2)$，那么随机变量 Z 就表示了两次扔骰子点数的最大值。

上述"扔骰子"的例子，随机变量取值都是离散的整数叫作离散随机变量，相应的随机变量也可以取连续的值叫作连续随机变量，信息竞赛中离散随机变量更为常见。既然随机变量是将事件映射为实数，那么对于随机变量我们也可以像对待事件一样求其概率。

仍以"扔骰子"为例，$P(X_1=3)=\frac{1}{6}$，表示第一次扔骰子得到点数 3 的概率为 $\frac{1}{6}$；$P(Y=2)=\frac{1}{36}$，表示两次扔骰子得到点数和为 2 的概率是 $\frac{1}{36}$（连续两次都扔到 1）。

除了计算随机变量的概率，还可以计算一个随机变量的期望。期望可以认为是将随机变量不同取值按照概率做加权平均。设 X 是离散型随机变量，其可能的取值为 $x_1,x_2,\cdots,x_n$，那么其期望：

$$E(X)=\sum_{i=1}^{n}x_i\cdot P(X=x_i)$$

通过编程计算期望只需要循环遍历每一个随机变量的取值，复杂度为 $O(n)$。

如前所述连续型随机变量的概率、期望在信息学竞赛中并不常见，本书不再深入讨论，感兴趣的读者可自行查阅概率论的相关书籍了解。

## 四、常用概率公式

除了前文所述的概率的加法公式和贝叶斯公式，常用的概率公式如下。

（1）乘法公式：用来描述几个事件同时发生时的概率。设有 n 个事件 $A_1,A_2,\cdots,A_n$，如果 $P(A_1A_2\cdots A_n)>0$，则有

$$P(A_1A_2\cdots A_n)=P(A_1A_2\cdots A_{n-1})P(A_n|A_1A_2\cdots A_{n-1})$$

上式称为概率的乘法公式。

（2）全概率公式：设有 n 个事件 $A_1,A_2,\cdots,A_n$，它们满足两两相互独立且共同组成了全部事件空间 S，即 $\sum_{i=1}^{n}A_i=S$ 并且 $\forall i,jA_i\cap A_j=\varnothing$。则对另外一个事件 B 有

$$P(B)=\sum_{i=1}^{n}P(B\mid A_i)P(A_i)$$

上式称为全概率公式。

至此信息竞赛中常用的概率知识已经介绍完毕，如前所述信息竞赛中的概率问题常常和组合计数有关，因而相关的习题我们在介绍完组合数学的知识后一并给出。

## 五、典型例题

本小节挑选了往年信息竞赛中涉及概率和组合数学知识点的真题，对涉及的知识点和解题思路给出简要分析。读者需要注意题目描述相较于原题做了一定简化，完整的题面可以自行查阅。各大 OJ 上均有常见信息竞赛的真题，建议每道题目读者都独立编程实现并通过 OJ 验证实现的正确性。

**例题 6.2.1 $2^k$ 进制数(NOIP 2006 提高组)。**

**题目描述**:比较典型的计数问题,r 是一个 $2^k$ 进制数,同时需要满足三个条件:

(1) r 至少是两位数;

(2) 除最后一位外,每一位都严格小于右边相邻的一位;

(3) 将 r 转换为二进制数后总位数不超过 w。

输入 k、w,问满足上述条件的 r 有多少个。

**输入格式**:两个正整数分别代表 kw,用一个空格隔开。

**输出格式**:仅有一个数表示答案,如表 6-2-1 所示。

表 6-2-1 例题 6.2.1 测试样例

| 样例输入 | 样例输出 |
| --- | --- |
| 3 7 | 36 |

**数据范围**:$1 \leqslant k \leqslant 9, k < w \leqslant 30000$。

**题目分析**:此题有多种解法,既可以定义状态递推解决,也可以通过组合计数求解。我们讲下后一种方法。

先考虑 $k|w$ 的情况,设 $n=w/k$,则 n 就是 $2^k$ 进制数的最大位数。当 r 是两位数时,因为最高位不能是 0,并且低位要大于高位,所以问题变为从 $2^k-1$ 个数中任选两个,按照从小到大排列,设 $m=2^k-1$,两位数的个数为 $C_m^2$。

对于 p 位数时($p \leqslant \min(n,m)$),个数为 $C_m^p$。

对于 w 不是 k 的整数倍的情况,设 $n=[w/k]+1$,当位数小于 n 时和前述情况一致,不同之处主要在 r 正好是 n 位数时。

此时最高位的选择会影响剩下 $n-1$ 位可选择的集合大小,总方案数为:$\sum_{h=1}^{2^{w \bmod k-1}} C_{m-h}^{n-1}$,这里 h 是在枚举最高位不同的取值。

编程实现时需要用高精度预计算好阶乘,方便快速计算组合数。

参考代码如下。

```
/**
 * 2^k 进制数
 */
#include <iostream>
#include <string>
#include <cstring>
#include <algorithm>
using namespace std;
#define MAX_N 2005
//此处省略了高精度模板代码,读者可以参考本书前述章节的高精度代码或者使用自己的高精度模板即可
BigInt jc[MAX_N];
//高精度计算组合数 C(n, m)
BigInt C(int n, int m)
{
  if (m == 0 || m == n)
  {
```

```
    BigInt ans(1);
    return ans;
  }
  if (m == 1 || m == n - 1)
  {
    BigInt ans(n);
    return ans;
  }
  if (m == 2 || m == n - 2)
    {
    BigInt ans(n * (n - 1) / 2);
    return ans;
    }
  BigInt ans = jc[n] / (jc[n - m] * jc[m]);
  return ans;
}
int main()
{
  freopen("digital.in", "r", stdin);
  freopen("digital.out", "w", stdout);
  int k, w;
  cin >> k >> w;
  int m = 1 << k;
  jc[0].n = 1;
  jc[0].v[0] = 1;
  for (int i = 1; i <= m; ++i)
    {
    BigInt mul(i);
    jc[i] = jc[i - 1] * mul;
    }
  if (w % k == 0)
    {
    int n = w / k;
    BigInt sum(0);
    for (int p = 2; p <= min(n, m - 1); ++p)   sum + = C(m - 1, p);
    cout << sum << endl;
    } else {
    int n = w / k + 1;
    BigInt sum(0);
    for (int p = 2; p <= min(n - 1, m - 1); ++p)   sum + = C(m - 1, p);
    int r = 1 << (w % k);
    //special n
    for (int h = 1; h <= r - 1; ++h)
      {
      if (m - 1 - h < n - 1)   break;
      sum + = C(m - 1 - h, n - 1);
      }
      cout << sum << endl;
      }
    return 0;
  }
```

**例题 6.2.2 计算系数(NOIP 2011 提高组)。**

**题目描述**:给定一个多项式$(ax+by)^k$,请求出多项式展开后的 $x^ny^m$ 项的系数。题目中的数据范围:$0\leqslant k\leqslant 1000$ $0\leqslant n,m\leqslant k,n+m=k,0\leqslant a,b\leqslant 1000000$。输出的结果要求对 10007 取模。

**输入格式**:输入 1 行,包含 5 个整数,分别为 a、b、k、n、m,每两个整数之间用一个空格隔开。

**输出格式**:输出 1 行,包含 1 个整数,表示所求的系数,这个系数可能很大,输出对 10007 取模后的结果,如表 6-2-2 所示。

表 6-2-2 例题 6.2.2 测试样例

| 样例输入 | 样例输出 |
| --- | --- |
| 1 1 3 1 2 | 3 |

**数据范围**:仅考虑最大的数据范围,有 $0\leqslant k\leqslant 1000,0\leqslant n,m\leqslant k$,且 $n+m=k,0\leqslant a,b\leqslant 1000000$。

**题目分析**:二项式定理模板题。直接应用二项式定理可知 $x^ny^m$ 项的系数为 $C_k^na^nb^m$,计算时需要额外注意的是 $C_k^n$ 对求余的处理。

有两种方法:一是使用帕斯卡公式递推计算,递推时均为加法,每一步均可对素数求余,复杂度为 $O(k^2)$;二是使用定义式和乘法逆元(后续数论小节会介绍乘法逆元的概念)直接计算,复杂度为 $O(k)$。

此处仅给出利用帕斯卡公式递推计算的参考代码,逆元部分读者学完后续章节后可以自行尝试。

```
#include <iostream>
using namespace std;
//二维数组占用空间较大,可以通过滚动数组继续优化,请读者自行思考
long long c[5000][5000];
long long a, b, k, n, m;
const long long P = 10007;
//快速幂计算 x^n
long long Pow(long long x, int n)
{
    long long res = 1;
  x %= P;
    while (n)
  {
        if(n & 1)
    {
      res = res * x % P;
    }
        x = x * x % P;
        n /= 2;
    }
    return res;
}

int main()
{
```

```
    cin >> a >> b >> k >> n >> m;
    for(int i = 0; i <= k; i++) {
    c[i][0] = 1;
    for(int i = 1; i <= k; i++)
        for(int j = 1; j <= i; j++)
            c[i][j] = (c[i-1][j] + c[i-1][j-1]) % P;
    long long ans = c[k][n] * Pow(a, n) % P * Pow(b,m) % P;
    cout << ans;
    return 0;
}
```

例题 6.2.3　组合数问题(NOIP 2016 提高组)。

**题目描述**:给定 n、m、k 问有多少个组合数 $C_i^j$ 是 k 的倍数,其中 $0 \leqslant i \leqslant n, 0 \leqslant j \leqslant \min(i, m)$。

**输入格式**:第一行有两个整数 t、k,其中 t 代表该测试点总共有多少组测试数据。接下来 t 行每行两个整数 n、m。

**输出格式**:t 行,每行一个整数表示答案,如表 6-2-3 所示。

表 6-2-3　例题 6.2.3 测试样例

| 样例输入 | 样例输出 |
|---|---|
| 1 2<br>3 3 | 1 |

**数据范围**:对于最大的数据范围,$n, m \leqslant 2000, t \leqslant 10^4$。

**题目分析**:利用组合数的递推公式 $C_i^j = C_{i-1}^{j-1} + C_{i-1}^j$ 以及求余对加法运算的封闭性质,可以快速求出所有组合数对 k 的余数。

但注意到题目中会有 t 组数据并且 t 比较大,每次重新计算答案会超时,可以利用前缀和预处理所有答案,然后直接输出每组数据的答案。

预处理的时间复杂度是 O(nm),每组数据的查询复杂度为 O(1)。

参考代码如下。

```
#include< iostream >
using namespace std;
const int N = 2000 + 5;
int c[N][N], sum[N][N];
int main()
  {
  int t, k;
  cin >> t >> k;
  //递推计算组合数对 k 求余的结果
  for (int i = 0; i < N; i++)   c[i][0] = 1;
  for (int i = 1; i < N; i++)
    for (int j = 1; j <= i; j++)
      c[i][j] = (c[i - 1][j] + c[i - 1][j - 1]) % k;
```

```
    //前缀和预处理所有答案,放在 sum[][]中
    for (int i = 1; i < N; i++)
    {
      for (int j = 1; j < N; j++)
      {
        sum[i][j] = sum[i - 1][j] + sum[i][j - 1] - sum[i - 1][j - 1];
        if(!c[i][j] && j <= i)   sum[i][j]++;
      }
    }
    while (t-- )
    {
      int n, m;
      cin >> n >> m;
      cout << sum[n][m] << endl;
    }
    return 0;
}
```

# 第三节 初等数论

数论是解决一大类实际问题的重要工具,在密码学中发挥着重要的作用,也是信息竞赛的重要考点。数论主要研究和整数相关的各类性质,而初等数论主要利用整除、同余等初等方法研究整数。本节会有比较多的概念和定理,建议读者尽量理解每个概念和定理,并通过最核心的概念和定理去推导其他的定理,这样非常有助于掌握该部分知识。

## 一、基础知识

整除:整除是数论的核心概念。我们一般用数学符号 Z 代表全体整数的集合(注意包含负整数)。对于 $a、b\in Z$,如果有 $m\in Z$ 且 $b=am$,即 b 是 a 的整数倍,我们称 a 整除 b,或者称 b 被 a 整除,记为 $a|b$。为了便于记忆,可以将|看作"切割"的符号,$a|b$ 可以看作 a"切割"了 b。当 $a|b$ 时,a 称为 b 的因数,b 称为 a 的倍数。

整除的一些常用性质如下。

(1) 如果 $a|b,a|c$,那么 $a|(b+c)$。

(2) 如果 $a|b,b|c$,那么 $a|c$。

我们证明下性质 1,性质 2 请读者自己尝试证明。

证明:根据整除的定义,$a|b\Leftrightarrow b=am$,同样的有 $a|c\Leftrightarrow c=an$,那么 $b+c=am+an=a(m+n)$,根据整数的性质,$m,n\in Z\Leftrightarrow m+n\in Z$,所以有 $a|(b+c)$。

余数:已知 $a、b\in Z$ 并且 $b\neq 0$,可以证明存在唯一的 $q、r\in Z$,满足 $a=qb+r$,其中 $0\leqslant r<|b|$,我们称 q 为商,r 为余数。求余的运算可以表示为 $r=a \bmod b$。比较常见的是 $a>0,b>0$ 的情况,此时有 $a=qb+r$ 且 $0\leqslant r<b$。

素数:素数也叫质数是一类特殊的整数,一个素数 p 满足如下性质。

(1) $p\in Z,p>1$。

(2) 有且仅有 $1|p,p|p$,即素数只能被 1 和自身整除。

合数:所有大于 1 的整数,如果不是素数那么就叫作合数,即合数有除了 1 和自身以外的

因数。

**例题 6.3.1**　已知 a、b、d∈Z，证明 $a|b \Leftrightarrow da|db$。

**解**：根据定义 $a|b$ 有 $b=ma$，两边同乘 d，有 $db=mda$，可以证明 $a|b \Leftrightarrow da|db$。反向证明同理。

算术基本定理（也称为唯一分解定理），任意正整数 n 均可以表示为

$$n=p_1^{e_1}p_2^{e_2}\cdots p_n^{e_n}$$

当然对于负整数只需要在等式右边加一个负号。

约数和最大公约数：对任意正整数 a、b，若 $d|a$，$d|b$ 则称 d 为 a 和 b 的约数。

a、b 所有的约数中最大的称为两者的最大公约数记为 gcd(a，b)。

互素（也叫互质）：a、b 除 1 外没有任何约数，称 a、b 互素，即 gcd(a，b)=1。

倍数和最小公倍数：对任意正整数 a、b，若 $a|m$，$b|m$ 则称 m 为 a 和 b 的倍数，所有倍数中最小的称为最小公倍数记为 lcm(a，b)。

## 二、素数筛

素数筛即素数的筛选问题，该问题研究如何快速地得到整数区间[1，n]中的全部素数。在介绍相关的算法前，我们先解决素数的判定问题，即判断任意一个整数 $x>1$ 是否为一个素数。下述代码能够以 $O(\sqrt{x})$ 完成该判断。

```
bool IsPrime(const int x)
{
  //x > 1
  for (int i = 2; i * i <= x; ++i)
    if (x % i == 0)   return false;
  return true;
}
```

上述代码利用了约数的性质：若 x 有一个约数 a，那么有 $x=ab$，即存在另外一个约数 b，不妨设 $a \leqslant b$，则有 $a^2 \leqslant x$。故代码中检查约数只需要检查到 $\sqrt{x}$。

能够判断素数后，最朴素的想法是循环遍历每一个数，调用上述函数判断其是否为素数，不仔细思考的话会误认为朴素算法的复杂度为 $O(n\sqrt{n})$，但实际上只有素数需要判断 $\sqrt{n}$ 次，合数的判断次数远小于 $\sqrt{(n)}$。朴素算法的时间复杂度为 $O\left(\frac{n\sqrt{n}}{\ln n}\right)$，该复杂度的证明超出了本书的范围，有兴趣的读者可以结合 n 以内的素数分布规律进行推导。

我们还有称为埃氏筛（埃氏是算法的发明人 Eratosthenes 的简称）的算法，可以以 $O(n\log\log n)$ 的复杂度筛选出[1，n]中的全部素数。其算法思想如下。

（1）假设 n=21，我们暂不考虑 1 这个特殊的数，那么有如下的序列：

2，3，4，5，6，7，8，9，10，11，12，13，14，15，16，17，18，19，20，21

（2）从左到右看，我们有第一个素数 2，我们可以将其所有的倍数从数列中删除：

2，3，~~4~~，5，~~6~~，7，~~8~~，9，~~10~~，11，~~12~~，13，~~14~~，15，~~16~~，17，~~18~~，19，~~20~~，21

（3）删除后我们找到了下一个素数 3，同样将其所有的倍数删除（注意 6、12、18 被重复删除了一次）：

2，3，~~4~~，5，~~6~~，7，~~8~~，~~9~~，~~10~~，11，~~12~~，13，~~14~~，~~15~~，~~16~~，17，~~18~~，19，~~20~~，~~21~~

(4) 如此循环下去,剩下的未被划去的数均为素数。

该算法之所以正确的原因是,每次循环到一个数 x,如果 x 未被划去说明 x 不能被[2,x−1]的任意数整除,说明 x 是素数。算法的代码如下。

```
bool not_prime[N];                    //not_prime[i] = true,说明 i 为合数,全局变量初始
                                        化为 false
                                      //标记[1,n]是否为素数,复杂度 O(nloglogn)
void ErastosSieve(int n)
{
  not_prime[1] = true;
  for (int i = 2; i <= n; ++i)
    {
    if (not_prime[i])   continue;
                                      //合数跳过
                                      //i 是素数删除其倍数,注意 2×i,3×i,…,(i-1)×i
                                        在之前循环标记过,从 i×i 开始
    int rmv = i * i;
    while (rmv <= n)
    {
      not_prime[rmv] = true;
       rmv + = i;
    }
  }
}
```

埃氏筛在绝大部分情况下已经足够快,但其算法仍然有改进空间,原因在于有很多合数会被多次重复删除。改进后的埃氏筛法称为“线性筛”(也叫欧拉筛),其算法代码如下。

```
bool not_prime[N];            //not_prime[i] = true,说明 i 为合数,全局变量初始化为 false
vector< int > prime;          //存放找到的素数
void EulerSieve(int n)
{
  not_prime[1] = true;
  for (int i = 2; i <= n; ++i)
  {
    if (!not_prime[i])   prime.push_back(i);
    for (int p: prime)
    {
      if (p * i > n)   break;
      not_prime[p * i] = true;
      if (i % p == 0)   break;          //关键的优化
    }
  }
}
```

线性筛保证每个合数只被其最小的素数因子删除一次,其复杂度为 O(n)。

## 三、质因数分解

一个数的因数如果是一个素数,那么这个因数称为质因数。算术基本定理将全体素数有

序排列后，任意一个整数 $n>0$ 均可以表示为

$$n=p_1^{e_1}p_2^{e_2}\cdots p_n^{e_n}$$

注意，这里要求 $p_1,p_2,\cdots,p_n$ 是全体素数，当然实际问题中 n 不会取到无穷大，那么一个整数就可以用其质因数的指数组成的向量来表示为

$$\vec{v}=[e_1,e_2,\cdots,e_n]$$

上述的向量表示有很多有用的性质。

(1) 设整数 $n_a$ 可以表示为 $\vec{v_a}$，$n_b$ 可以表示为 $\vec{v_b}$，那么有

$$n_a\cdot n_b=n_c\Rightarrow\vec{v_a}+\vec{v_b}=\vec{v_c}$$

(2) 若 $n_b|n_a$，那么有 $\vec{v_b}$ 的任意元素均小于或等于 $\vec{v_a}$。

举个例子，设 $n_a=60$，$n_b=12$，两个数最大的素数因子是 5，所以向量表示只需要取前 3 个素数 2,3,5，由 $n_a=60=2^2\,3^1\,5^1$，$n_b=12=2^2\,3^1\,5^0$ 得到两者的向量表示 $\vec{v_a}=[2,1,1]$，$\vec{v_b}=[2,1,0]$，因为 $\vec{v_b}$ 各个维度的数均小于 $\vec{v_a}$ 可知 $n_b|n_a$。

同时两数的乘法结果 $n_c$ 的向量表示为：$n_c=720=2^4\,3^2\,5^1$，$\vec{v_c}=\vec{v_a}+\vec{v_b}=[4,2,1]$。

想利用上述性质，就需要对一个整数做质因数分解，常用的质因数分解算法，是从第一个素数开始挨个去除，直到无法整除时切换到下一个素数。该算法的示例代码如下。

```
int p[N];              //记录素数因子
int c[N];              //记录对应素数因子的指数
int cnt = 0;           //素数因子的个数
void PrimeFac(int n)
{
  for (int i = 2; i * i <= n; ++i)
  {
    if (n % i == 0)
    {
      while (n % i == 0)
      {
        n /= i;
        ++c[cnt];
      }
      p[cnt ++] = i;
    }
  }
  if (n > 1)           //最后一个素数因子
  {
    c[cnt] = 1;
    p[cnt ++] = n;
  }
}
```

上述实现的时间复杂度为 $O(\sqrt{n})$。

## 四、同余方程和逆元

在展开讲解本小节内容之前，我们需要解决一个前置问题，即设计算法求解两个数 a、b 的

最大公约数 gcd(a,b)。最朴素的想法是枚举 $d\in[1,\min(a,b)]$，检查 d 是否能够整除 a 和 b，满足该检查条件的最大的 d 即为所求最大公约数。我们用 n 来表示 a、b 的数据范围，那么上述朴素算法的时间复杂度为 O(n)。

素数筛的相关算法让我们明白朴素的算法总是有可能改进的，对于最大公约数问题，我们也有更快的“欧几里得算法”。欧几里得算法利用了最大公约数的如下性质：

$$\gcd(a,b)=\gcd(b,a \bmod b)。$$

该性质可以通过证明 a、b 的约数集合和 b、a mod b 的约数集合完全一致来证明，请读者自行尝试。观察该性质我们发现因为 $a \bmod b<b$，所以右边的式子会让问题的规模缩小，又 $\gcd(b,0)=b$，所以可以得到如下的递归版本实现。

```
int GCD(int a, int b)
{
  if (b == 0)   return a;
  }
  return GCD(b, a % b);
}
```

该算法的复杂度为 O(logn)，原因在于最多进行两次递归调用问题的规模就会缩减一半。

接下来我们将介绍本小节的主要内容“同余方程”。

同余：对于任意两个整数 a,b，我们称 a,b 模 n 同余当且仅当满足 $n\mid(a-b)$，一般记为 $a\equiv b(\bmod n)$，注意由于负整数的存在，我们并不能简单认为 $a\equiv b(\bmod n)\Leftrightarrow a \bmod n=b \bmod n$，实际上 a mod n 和 b mod n 可能相差 n。

同余满足如下的几个重要性质。

(1) $a\equiv a\ (\bmod n)$。

(2) $a\equiv b\ (\bmod n)\Rightarrow b\equiv a\ (\bmod n)$。

(3) $a\equiv b\ (\bmod n)$，$b\equiv c\ (\bmod n)\Rightarrow a\equiv c\ (\bmod n)$。

(4) $a\equiv a_1(\bmod n),b\equiv b_1(\bmod n)\Rightarrow a+b\equiv a_1+b_1(\bmod n),a\cdot b\equiv a_1\cdot b_1(\bmod n)$。

以上性质请读者利用同余的定义证明，最后一条性质非常常用，它告诉我们在模 n 的情况下可以任意做加法、减法和乘法。

有了同余的概念后，我们就可以引入同余方程的概念，本小节主要研究线性同余方程：设有未知数 $x\in Z$，线性同余方程指的是形如 $ax\equiv b\ (\bmod n)$ 的同余方程，其中 $a、b、n\in Z,n>0$。

关于线性同余方程有如下两个重要的定理。

(1) 方程 $ax\equiv b(\bmod n)$ 与方程 $ax_1+nx_2=b$ 等价，其中 $x_1$、$x_2$ 为整数未知数。后一个方程称为线性丢番图方程。

(2) 裴蜀定理：线性丢番图方程 $ax_1+nx_2=b$ 有整数解的充要条件是 $\gcd(a,n)\mid b$。有上一个定理的等价性可知，线性同余方程有解的充要条件是 $\gcd(a,n)\mid b$。

上述两个定理利用同余和最大公约数的定义很容易证明。

有了上述定理我们可以将求解线性同余方程的问题转化为求解线性丢番图方程的问题，又如果能求解 $ax_1+nx_2=\gcd(a,n)$，因为 $\gcd(a,n)\mid b$，方程两边同扩大$\frac{b}{\gcd(a,n)}$即可得 $ax_1+nx_2=b$ 的整数解，故而我们只需要研究如何求解 $ax_1+nx_2=\gcd(a,n)$ 即可。

求解 $ax_1+nx_2=\gcd(a,n)$需要再次利用最大公约数的性质：

$$\gcd(a,n)=\gcd(n,a \bmod n)$$

其算法原理如下。

(1) 设 $d=\gcd(a,n)$，显然对于方程 $dx_0+0y_0=d$，我们有整数解 $x_0=1$，$y_0=0$。

(2) 假设我们已知 $nx_1+(a \bmod n)\ x_2=d$ 的整数解 $x_1$ 和 $x_2$，那么只要能构造出 $a\ x_1'+nx_2'=d$ 的整数解，就可以沿着欧几里得算法的递归调用，自底向上的还原出 $ax+ny=d$ 的一个解。

(3) 构造过程：$n\ x_1+(a \bmod n)\ x_2=d \Rightarrow nx_1+\left(a-\left[\frac{a}{n}\right]\ n\right)x_2 \Leftrightarrow ax_2+n\left(x_1-\left[\frac{a}{n}\right]x_2\right)=d$，即有

$$x_1'=x_2$$

$$x_2'=x_1-\left[\frac{a}{n}\right]x_2$$

根据上述推导我们可以在欧几里得算法的基础上做改进得到求解 $ax_1+nx_2=\gcd(a,n)$ 的扩展欧几里得算法。

```
//ExGCD() 得到 ax1 + nx2 = gcd(a,n)的一组特解
//利用 c++的引用机制,将方程的解存在 x1、x2 中
//函数同时返回 gcd(a,n)
int ExGCD(int a, int n, int& x1, int& x2)
{
  if (n == 0)
  {
    x1 = 1;
    x2 = 0;
    return a;
  }
  int d = ExGCD(n, a % n, x1, x2);
  int t = x1;
  x1 = x2;
  x2 = t - x2 * a / n;
  return d;
}
```

读者可以尝试在上述代码的基础上完成求解同余方程的代码。上述代码只给出了线性同余方程(或者线性丢番图方程)的一个解，在信息竞赛中，题目经常会要求输出在某个范围内的某个解，所以我们还需要解决如何通过一个解快速求得其他解，通过下面的推导我们可以得到求其他解的方法。

仍然是求解 $ax_1+nx_2=\gcd(a,n)$，设通过扩展欧几里得算法得到了一组解 $x_1$ 和 $x_2$，设存在的另一组解为 $x_1'$、$x_2'$，因为新的解也是整数所以可知存在下述的等式关系：

$$x_1'=x_1+c_1,\ x_2'=x_2+c_2$$

将上述等式代入 $ax_1'+nx_2'=\gcd(a,n)$，并和 $x_1$、$x_2$ 的方程相减可得

$$ac_1+nc_2=0 \Leftrightarrow \frac{a}{n}=\frac{c_2}{-c_1}$$

由整数分式相等的性质可知，$c_1=-k\times\frac{n}{\gcd\ a,n}$，$c_2=k\times\frac{a}{\gcd(a,n)}$其中 $k\in Z, k\neq 0$，故而

我们有

$$x_1' = x_1 - k \times \frac{n}{\gcd(a,n)}$$

$$x_2' = x_2 + k \times \frac{a}{\gcd(a,n)}$$

均是方程 $ax_1 + nx_2 = \gcd(a,n)$ 的解。

我们一般称某一个特定的解为特解，能表示所有解的式子称为通解。

通过扩展欧几里得算法我们能够求解线性同余方程，接下来思考如下的问题，本小节开始介绍的同余性质使得我们能够在模 n 的情况下任意地做加、减、乘的运算，例如：

$(10+5) \equiv 15 (\bmod 6) \Leftrightarrow (10 \bmod 6 + 5 \bmod 6) \equiv 9 (\bmod 6)$

$(10-5) \equiv 5 (\bmod 6) \Leftrightarrow (10 \bmod 6 - 5 \bmod 6) \equiv -1 (\bmod 6)$

$(10 \cdot 5) \equiv 50 (\bmod 6) \Leftrightarrow ((10 \bmod 6) \cdot (5 \bmod 6)) \equiv 20 (\bmod 6)$

上述技巧在信息学竞赛中很常用，很多题目为了省去处理高精度的麻烦，经常会让计算结果模一个较大的数。然而，对于除法上述规律就失效了：

$$(10/5) \equiv 2 (\bmod 6) \not\Leftrightarrow ((10 (\bmod 6)) / (5 (\bmod 6)) \equiv 0 (\bmod 6)$$

为了解决除法的问题，我们引入乘法逆元的概念。

若存在整数 x 使得线性同余方程 $ax \equiv 1 (\bmod n)$ 有解，那么称 x 为 a 在模 n 下的逆元，记为 $a^{-1}$。由上述线性同余方程和线性丢番图方程的等价性以及裴蜀定理可知：a 存在模 n 逆元的充要条件是 $\gcd(a,n)=1$。在信息学竞赛中计算结果模一个较大的数都是素数，原因在于素数和任意数的最大公约数都是 1，方便求逆元。

有了逆元以后我们就可以在模 n 下方便的处理除法了。例如 $5 \cdot 5 \equiv 1 (\bmod 6)$，所以 5 在模 6 下的逆元是自身，上面不成立的除法运算可以改为

$$(10/5) \equiv 2 (\bmod 6) \Leftrightarrow ((10 (\bmod 6)) \cdot (5^{-1} (\bmod 6)) \equiv 20 (\bmod 6)$$

显然我们可以利用扩展欧几里得算法求逆元，除此之外还有两种比较常用的求逆元的方法。

(1) 利用费马小定理：最原始的定理表述是已知整数 a 和素数 p，$a^p \equiv a (\bmod p)$，当 $\gcd(a, p)=1$ 即 a 不是素数 p 的倍数时，有 $a^{p-1} \equiv 1 (\bmod p)$。因为 $a^{p-1} = a \cdot a^{p-2}$，固有 $a \cdot a^{p-2} \equiv 1 (\bmod p)$，即 $a^{-1} \equiv a^{p-2} (\bmod p)$。

我们可以通过快速幂求得 $a^{p-2}$，复杂度为 $O(\log p)$。

注意利用费马小定理求逆元需要模数 p 是素数。

(2) 线性递推求[1, n]中所有整数在模 p 下（要求 p 为素数）的逆元：利用如下的性质

$$a^{-1} \equiv -\left\lfloor \frac{p}{a} \right\rfloor \cdot (p \bmod a)^{-1} (\bmod p)$$

显然 $1 \cdot 1 \equiv 1 (\bmod p)$ 即 $1^{-1} \equiv 1 (\bmod p)$，我们可以从 1 出发不停利用上式递推求逆元。

上述性质可以利用 $p = a \cdot \left\lfloor \frac{p}{a} \right\rfloor + p \bmod a$ 证明，请读者自行尝试。

线性递推的示例代码如下。

```
//线性递推求[1, n]的模 p 逆元
int inv[N];     //inv[i]记录了 i 的逆元
inv[1] = 1;
for (int a = 2; a <= n; ++a)   inv[a] = (p - p / a) * inv[p % a] % p;
```

上述代码复杂度为 O(n)。

**练习 6.3.1**　已知 a、b、n∈Z，n>0，证明：a≡b(mod n)⇔(a mod n)=(b(mod n)。

**练习 6.3.2**　已知 a、b、n、n′∈Z 并且 n>0，n′>0，证明：n′|n，a≡b(mod n)⇒a≡b(mod n)′。

**练习 6.3.3**　已知 a、b、n∈Z 并且 n>0，a≡b(mod n)，证明：gcd(a，n)=gcd(b，n)。

**练习 6.3.4**　求解线性丢番图方程 18a+30b=12 的特解和通解。

**练习 6.3.5**　求解线性同余方程 3x≡2(mod 5)的特解和通解。

**练习 6.3.6**　完善线性递推求逆元的程序，求解出[1，20]模 13 的逆元。

## 五、中国剩余定理

类比传统的方程和方程组的概念，同余方程也存在同余方程组的概念。最简单的同余方程组是如下的一元线性同余方程组：

$$\begin{cases} x \equiv a_1 \pmod{n_1} \\ x \equiv a_2 \pmod{n_2} \\ \quad\vdots \\ x \equiv a_k \pmod{n_k} \end{cases}$$

一元线性同余方程组的问题最早出现在中国古代著名的数学著作《孙子算经》，其原文如下：有物不知其数，三三数之剩二，五五数之剩三，七七数之剩二。问物几何？用现代的数学语言描述就是“一个整数除以三余二，除以五余三，除以七余二，求这个整数”，符号化表示就是下述的一元线性同余方程组：

$$\begin{cases} x \equiv 2 \pmod{3} \\ x \equiv 3 \pmod{5} \\ x \equiv 2 \pmod{7} \end{cases}$$

宋朝数学家秦九韶给出上述方程组的求解过程，明朝数学家程大位则将秦九韶解法编为歌谣：三人同行七十希，五数梅花廿一支，七子团圆正半月，除百零五便得知。上述口决对应的求解过程如下：

$$70 \cdot 2 + 21 \cdot 3 + 15 \cdot 2 = 233 = 23 + \cdot 105$$

即将各个同余方程的余数乘以特定数求和，然后对三个模数的最小公倍数求余。

上述求解方法抽象为更通用的数学语言，即为中国剩余定理(又叫孙子定理)。

对于如下一元线性同余方程组：

$$\begin{cases} x \equiv a_1 \pmod{n_1} \\ x \equiv a_2 \pmod{n_2} \\ \quad\vdots \\ x \equiv a_k \pmod{n_k} \end{cases}$$

当 $n_1, n_2, \cdots, n_k$ 两两互质，即 $\forall i, j \in [1, k]$，$\gcd(n_i, n_j) = 1$，方程组有解，并且可以通过如下的方法构造通解。

(1) 设 $N = \prod_{i=1}^{k} n_i$，$N_i = N/n_i$，即 N 是所有模数的连乘，$N_i$ 是除第 i 个模数外剩下 k−1 个模数的连乘。

(2) 对每个 $N_i$ 求其在模 $n_i$ 下的乘法逆元 $N_i^{-1}$，即 $N_i^{-1} \cdot N_i \equiv 1 \pmod{n_i}$。

(3) 方程组的通解为

$$x=\sum_{i=1}^{k}a_iN_iN_i^{-1}+qN,\quad q\in Z$$

接下来我们证明下中国剩余定理确实给出了方程组的通解,证明分为两部分。

(1) 证明 $x=\sum_{i=1}^{k}a_iN_iN_i^{-1}$ 是方程组的特解。任选一个方程,假设选了第 j 个,我们需要证明当 i=j 时,$a_iN_iN_i^{-1}\equiv a_j \pmod{n_j}$,并且当 $i\neq j$ 时,$a_iN_iN_i^{-1}\equiv 0 \pmod{n_j}$。

前者利用逆元的定义显然得证,后者由 $n_j|N_i$ 可证。

那么特解 x 中的求和项只有一项对模 $n_j$ 贡献了 $a_j$,其他项贡献都是 0,显然是该同余方程的解。因为我们任选一个方程都成立,所以 x 也是方程组的一个解。

(2) 证明通解部分。只需要证明方程组的任意两个解均相差了 N 的整数倍即可。

设方程组有两个解 $x_1$ 和 $x_2$,显然有 $\forall i, x_1-x_2\equiv 0 \pmod{n_i}$,因为 $\forall i,j\in[1,k], \gcd(n_i,n_j)=1$,可知 $N|(x_1-x_2)$,得证。

**练习 6.3.7** 手工求解如下的线性同余方程组:

$$\begin{cases}x\equiv 1 \pmod 3\\ x\equiv 2 \pmod 5\\ x\equiv 3 \pmod 7\end{cases}$$

**练习 6.3.8** 使用之前的扩展欧几里得算法的示例代码,完成求解线性同余方程组的程序。用该程序求解如下的同余方程组:

$$\begin{cases}x\equiv 66 \pmod{101}\\ x\equiv 77 \pmod{201}\\ x\equiv 88 \pmod{301}\end{cases}$$

## 六、欧拉函数和欧拉定理

本小节介绍在数论中有着广泛应用的欧拉函数及其相关的性质,以及使用欧拉函数的欧拉定理。

欧拉函数是一个函数,其物理意义非常直白,它的定义域是全体正整数,设 $n\in Z, n>0$,那么函数值 $\phi(n)$表示在[1,n]的整数中与 n 互质的数的个数。

由欧拉函数的定义我们可以得到如下性质。

(1) $\phi(1)=1$。

(2) n 为素数时,$\phi(n)=n-1$。

计算欧拉函数的值常用如下公式:由算数基本定理 $n=p_1^{e_1}p_2^{e_2}\cdots p_m^{c_m}$,那么有

$$\phi(n)=n\cdot\left(1-\frac{1}{p_1}\right)\cdot\left(1-\frac{1}{p_2}\right)\cdots\left(1-\frac{1}{p_m}\right)$$

我们通过一个只有两个质因子的例子来说明上述公式的原理。设 $n=p_1^{e_1}p_2^{e_2}$,显然[1,n]中排除掉所有的 $p_1$ 的倍数和 $p_2$ 的倍数,剩下的数都和 n 互质,[1,n]中 $p_1$ 的倍数有$\frac{n}{p_1}$个,[1,n]中 $p_2$ 的倍数有$\frac{n}{p_2}$个,读者可能会觉得只需要 $n-\frac{n}{p_1}-\frac{n}{p_2}$即可得到剩下的和 n 互素的数,然而需要注意 $p_1$ 的倍数和 $p_2$ 的倍数有重叠,重叠的个数是$\frac{n}{p_1p_2}$,所以最终的结果是

$$n-\frac{n}{p_1}-\frac{n}{p_2}+\frac{n}{p_1p_2}=n\cdot\left(1-\frac{1}{p_1}\right)\cdot\left(1-\frac{1}{p_2}\right)$$

编程计算欧拉函数的值可以利用该公式和分解质因数的代码,示例代码如下。

```
int EulerFunc(int n)
{
  int ans = n;
  for (int i = 2; i * i <= n; ++i)
  {
    if (n % i == 0)
    {
      while (n % i == 0)   n /= i;
      //计算公式做简单变换:(1 - 1/p) = (p - 1) / p
      ans = ans / i * (i - 1);
    }
  }
  if (n > 1)    ans = ans / n * (n - 1);     //最后一个素数因子
  return ans;
}
```

复杂度和分解质因数一致也是 $O(\sqrt{n})$。该复杂度可以满足单独求某一个欧拉函数值的情况,但有时需要求[1,n]内所有数的欧拉函数值,我们可以利用前述线性筛的思路在O(n)复杂度下完成。

线性筛求欧拉函数利用了欧拉函数的如下性质。

若 p、q 互素,那么 $\phi(pq)=\phi(p)\phi(q)$。

证明过程可以通过之间代入上述欧拉函数计算公式,注意 p、q 互素说明两者没有共同的素数因子。

在线性筛的算法过程中,我们通过每个合数的最小素数因子筛掉了该合数。那么我们来看下对于合数 n=pm 其中 p 是其某个素数因子,显然当 p、m 互素时我们有

$$\phi(n)=\phi(p)\cdot\phi(m)=(p-1)\cdot\phi(n/p)$$

若 p、m 不互素,因为 p 是素数,显然有 $p|m$,那么 m 就包含了 n 的所有素数因子,根据欧拉函数的计算公式可知:

$$\phi(n)=p\cdot\phi(m)=p\cdot\phi(n/p)$$

上述两种情况告诉我们可以利用 n、p、n/p 的关系来递推的求解所有[1,n]的欧拉函数值。下面的示例代码是在线性筛的基础上改进的。

```
int euler[N];                  //存放欧拉函数值,同时在首次为 0 表示是素数
vector< int > prime;           //存放找到的素数
void EulerSieve(int n)
{
  euler[1] = 1;
  for (int i = 2; i <= n; ++i)
  {
    if (!euler[i])
    {
      prime.push_back(i);
      euler[i] = i - 1;
    }
```

```
        for (int p: prime)
        {
          if (p * i > n)   break;
          euler[p * i] = (p - 1) * euler[i];
          if (i % p == 0)
          {
            euler[p * i] = p * euler[i];
            break;
          }
        }
      }
    }
```

掌握了欧拉函数相关的知识后,我们来学习欧拉定理。

欧拉定理:设 $n,a\in z,n>0,a>0$ 并且 $\gcd(a,n)=1$,那么有

$$a^{\phi(n)}\equiv 1\ (\bmod\ n)$$

观察欧拉定理我们很容易发现之前求逆元时使用的费马小定理是欧拉定理的一个特例。欧拉定理的证明超出了本书的范围,感兴趣的读者请翻阅相关的数论书籍。

在信息竞赛中欧拉定理一个重要的应用就是方便我们在模 n 的条件下求幂。即若a、n 满足欧拉定理的条件,我们有 $a^b\equiv a^{b \bmod \phi(n)}\ (\bmod\ n)$。一些比较大的幂我们可以立刻简化为求解较小的 b mod n。

**练习 6.3.9** 设 p 是素数,e 是正整数,证明:$\phi(p^e)=p^{e-1}(p-1)$。

**练习 6.3.10** 设 n 是奇数,证明:$\phi(2n)=\phi(n)$。

**练习 6.3.11** 求 $3^{333}$ 的最后两位数(提示:3 和 100 互素)。

## 七、典型例题

**例题 6.3.1 细胞分裂(NOIP 2009 普及组)。**

**题目描述:** 已知 $m_1$、$m_2$、s,求最小的正整数 x 使得 $m_1^{m_2}\mid s^x$,不存在输出−1。

题目会有多组(最大 10000 组)数据,单组的数据规模是 $1\leqslant m_1\leqslant 30000$,$1\leqslant m_2\leqslant 10000$,$1\leqslant s\leqslant 2000000000$。

**输入格式:** 共有三行。第一行有一个正整数 N,代表细胞种数。第三行有 N 个正整数,第 i 个数 $s_i$ 表示第 i 种细胞经过 1 秒可以分裂成同种细胞的个数。

**输出格式:** 共一行,为一个整数,表示从开始培养细胞到实验能够开始所经过的最少时间(单位为秒)。如果无论 Hanks 博士选择哪种细胞都不能满足要求,则输出整数−1。如表 6-3-1 所示。

表 6-3-1 例题 6.3.1 测试样例

| 样例输入 1 | 样例输出 1 | 样例输入 2 | 样例输出 2 |
|---|---|---|---|
| 1<br>2 1<br>3 | −1 | 2<br>24 1<br>30 12 | 2 |

**题目分析**：本题利用质因数分解小节所讲向量表示法可以很容易求解，算法思路如下。

（1）对 $m_1$ 做质因数分解得到向量表示 $\vec{v}=[e_1,e_2,\cdots,e_n]$，并且有 $m_1^{m_2}$ 的向量表示为 $m_2\cdot\vec{v}$。

（2）对 s 也做质因数分解得到其向量表示，求解最小的整数 x，即为寻找 x 使得 s 的向量每一项乘以 x 后均需要大于等于 $m_2\cdot\vec{v}$ 中的每一项。

（3）复杂度分析：$m_1^{m_2}$ 向量表示可以预先算好，单组数据的计算包括 s 的质因数分解复杂度为 $O(\sqrt{s})$，x 的求解需要循环遍历向量表示复杂度为 $O(n)$。

向量表示取到第几个素数将影响算法性能，注意到 $m_1$ 小于 30000，所以 s 有大于 30000 的素数因子不计算也不会影响整除判断，第 10000 个素数是 104743，取 10000 长度的向量表示不会超时。

参考代码如下。

```
#include <iostream>
#include <vector>
using namespace std;
const int MAX_PRIME = 2e5;
const int MAX_VALUE = 1e9;
int prime[MAX_PRIME];
int prime_num = 0;
bool IsPrime(int x)
{
  for (int i = 2; i * i <= x; ++i)
    if (x % i == 0)   return false;
  return true;
}
void Init()
  prime[0] = 2;
  prime_num = 1;
  for (int i = 3; i <= MAX_PRIME; ++i)
    if (IsPrime(i))  prime[prime_num ++] = i;
}
//计算一个数 x 的向量表示
vector<int> Decomp(int x)
{
  vector<int> res(prime_num, 0);
  for (int i = prime_num - 1; i >= 0; --i)
  {
    //get cur prime fac
    int cnt = 0;
    while (x % prime[i] == 0)
    {
      ++cnt;
      x /= prime[i];
    }
    res[i] = cnt;
  }
  return res;
}
```

```
const int MAX_N = 1e4 + 5;
int n;
int m1;
int m2;
int s[MAX_N];
int Get(int s, vector< int > & m1)
{
  vector< int > s_vec = Decomp(s);
  int sec = 0;
  for (int i = 0; i < prime_num; ++i)
  {
    if (s_vec[i] == 0 && m1[i] > 0)   return - 1;
    if (s_vec[i] == 0 && m1[i] == 0)   continue;
    sec = max(sec, (m1[i]   + s_vec[i] - 1) / s_vec[i]);
  }
  return sec;
}

int main()
{
  cin >> n;
  cin >> m1 >> m2;
  Init();
  vector< int > m1_vec = Decomp(m1);
  for (int i = 0; i < prime_num; ++i)   m1_vec[i] *= m2;
  int max_ans = MAX_VALUE;
  for (int i = 0; i < n; ++i)
  {
    int s;
    cin >> s;
    if (s > 30000 && IsPrime(s))   continue;
    int cur = Get(s, m1_vec);
    if (cur != - 1 && cur < max_ans)   max_ans = cur;
  }
  if (max_ans == MAX_VALUE)   cout << - 1 << endl;
  else  cout << max_ans << endl;
  return 0;
}
```

**例题 6.3.2　Hankson 的趣味题(NOIP 2009 提高组)。**

**题目描述**:已知正整数 $a_0$、$a_1$、$b_0$、$b_1$,未知正整数 x 满足下述两个等式。

(1) $\gcd(x, a_0)=a_1$。

(2) $\text{lcm}(x, b_0)=b_1$。

求满足上述等式的 x 的个数。问题最大的规模是 2000 组数据,四个输入常数都在 2000000000 范围内

**输入格式**:输入第一行为一个正整数 n,表示有 n 组输入数据。接下来的 n 行每行一组输入数据,为四个正整数 $a_0$、$a_1$、$b_0$、$b_1$,每两个整数之间用一个空格隔开。输入数据保证 $a_0$ 能被 $a_1$ 整除,$b_1$ 能被 $b_0$ 整除。

**输出格式**:输出共 n 行。每组输入数据的输出结果占一行,为一个整数。

对于每组数据:若不存在这样的 x,请输出 0;若存在这样的 x,请输出满足条件的 x 的个数,如表 6-3-2 所示。

表 6-3-2　例题 6.3.2 测试样例

| 样例输入 | 样例输出 |
| --- | --- |
| 2<br>41 1 96 288<br>95 1 37 1776 | 6<br>2 |

**题目分析**：本题有以下两种思路。

思路一：依然要灵活应用质因数分解以后得到的向量表示。对于最大公约数和最小公倍数的向量表示有如下性质。

(1) 设 $d=\gcd(a, b)$，$\vec{v_a}$、$\vec{v_b}$、$\vec{v_d}$ 分别是各自的向量表示，则有 $v_d=\min(\vec{v_a},\vec{v_b})$，此处 $\min(\vec{v_a},\vec{v_b})$ 表示两个向量对应维度的元素求最小值。

(2) 设 $d=\mathrm{lcm}(a, b)$，则有 $\vec{v_d}=\max(\vec{v_a},\vec{v_b})$，此处 $\max(\vec{v_a},\vec{v_b})$ 表示两个向量对应维度的元素求最大值。使用上述性质可以求得 x 的向量表示各个维度的值都被限定在由 $a_0$、$a_1$、$b_0$、$b_1$ 决定的区间中，若区间不存在则无解，若存在则逐个维度应用乘法原理即可。

思路二：利用最大公约数和最小公倍数的定义式可以有如下推导过程。

(1) 由 $\gcd(x, a_0)=a_1$，可得 $x=p\cdot a_1$，$a_0=q\cdot a_1$。

(2) 由 $\mathrm{lcm}(x, b_0)=b_1$，可得 $b_1=s\cdot x$，$b_1=t\cdot b_0$。

(3) 由上述式子可知 q，t 可以直接算出，将一个含有 x 的式子代入另一个可得 $b_1=s\cdot p\cdot a_1$，从而可得 $s\cdot p=\frac{b_1}{a_1}$。

(4) 如果存在这样的 x，必须满足 $\gcd(p,q)=1$，$\gcd(s,t)=1$，故可以枚举 $\frac{b_1}{a_1}$ 成对的因子，然后判断是否满足条件即可。

参考代码仅给出思路二的参考代码，感兴趣的读者可以自行尝试实现思路一。

```
#include <iostream>
using namespace std;
int n, a1, a2, b1, b2;
int GCD(int a, int b)
{
    return !b ? a : GCD(b, a % b);
}
bool Check(int t)
{
    if(t % a2)   return 0;
    return GCD(t / a2, a1 / a2) == 1 && GCD(b2 / b1, b2 / t) == 1;
}
int main()
{
    cin >> n;
    for (int i = 1; i <= n; i ++)
    {
        cin >> a1 >> a2 >> b1 >> b2;
        int ans = 0;
        //因子总是成对出现的,只需要枚举到根号即可
        for (int j = 1; j * j <= b2; j++)
        {
```

```
            if (b2 % j == 0)
            {
                ans + = Check(j);
                if (b2 / j ! = j)  ans + = Check(b2 / j);
            }
        }
        cout << ans << endl;
    }
    return 0;
}
```

例题 6.3.3　转圈游戏。

**题目描述**：n 个小伙伴围坐一圈，依次编号为 0，1，…，n－1，每一轮每个位置上的人都前进 m 个位置，问 $10^k$ 轮以后初始编号为 x 的最后会在哪个位置。

**输入格式**：输入共 1 行，包含 4 个整数 n、m、k、x，每两个整数之间用一个空格隔开。

**输出格式**：输出共 1 行，包含 1 个整数，表示 $10^k$ 轮后 x 号小伙伴所在的位置编号。如表 6-3-3 所示。

表 6-3-3　例题 6.3.4 测试样例

| 样例输入 | 样例输出 |
|---|---|
| 10 3 4 5 | 5 |

**数据范围**：$1<n<10^8$，$m<n$，$1\leqslant x\leqslant n$，$0<k<10^9$。

**题目分析**：经过推导可知最后的解为$(x+m\cdot 10^k)$，可以分别计算各个部分对 n 求余的结果，难点在 $10^k$。问题的规模可以直接用快速幂求解，在快速幂过程中每次都对 n 求余。

参考代码如下。

```
#include < iostream >
using namespace std;
long long n, m, x, k;
//快速幂计算 a^b
long long Pow(long long a, long long b)
{
    long long ans = 1;
    while (b)
    {
        if(b % 2 == 1)   ans = ((ans %n) * (a %n)) %n;
        a = (a * a) %n;
        b /= 2;
    }
    return ans %n;
}
int main()
{
    cin >> n >> m >> k >> x;
    cout << (x + (m * Pow(10,k) %n)) %n;
    return 0;
}
```

例题 6.3.4 小凯的疑惑。

题目描述：理解题意后，可知题目所求为使得关于正整数未知数 x、y 的方程 ax+by=n 无解的最大整数 n，其中 a、b 为输入的元素的正整数。

输入格式：输入数据仅一行，包含两个正整数 a 和 b，它们之间用一个空格隔开，表示小凯手中金币的面值。

输出格式：输出文件仅一行，一个正整数 N，表示不找零的情况下，小凯用手中的金币不能准确支付的最贵的物品的价值，如表 6-3-4 所示。

表 6-3-4 例题 6.3.5 测试样例

| 样例输入 | 样例输出 |
| --- | --- |
| 3 7 | 11 |

数据范围：对于最大的数据范围，$1\leqslant a,b\leqslant 1000000000$。

题目分析：数学问题，答案是 $pq-p-q$。读者可以尝试用反证法证明。

参考代码如下。

```
#include <iostream>
using namespace std;
int main()
{
    long long p, q;
    cin >> p >> q;
    cout << p * q - p - q << endl;
    return 0;
}
```

# 第四节 矩阵的相关知识

## 一、矩阵

矩阵：是线性代数中的核心概念之一，在各类理工学科中有着广泛的应用，当然在信息竞赛中也有着广泛的应用。矩阵在数学上可以认为是 m 行 n 列的元素组成的矩形阵列，一般我们比较常用的元素是数字。通常矩阵用大写字母表示，一个 m 行 n 列的矩阵 **A** 可以表示为

$$\mathbf{A}=\begin{bmatrix} a_{11} & a_{12} & a_{13} & \cdots & a_{1j} & \cdots & a_{1n} \\ a_{21} & a_{22} & a_{23} & \cdots & a_{2j} & \cdots & a_{2n} \\ a_{31} & a_{32} & a_{33} & \cdots & a_{3j} & \cdots & a_{3n} \\ \vdots & \vdots & \vdots & \ddots & \vdots & \ddots & \vdots \\ a_{i1} & a_{i2} & a_{i3} & \cdots & a_{ij} & \cdots & a_{in} \\ \vdots & \vdots & \vdots & \ddots & \vdots & \ddots & \vdots \\ a_{m1} & a_{n2} & a_{m3} & \cdots & a_{mj} & \cdots & a_{mn} \end{bmatrix}$$

m 行 n 列称为矩阵的大小，一般简写为 $m\times n$。矩阵中第 i 行 j 列的元素可以用 $a_{ij}$ 表示。在编程语言中的二维数组正好和矩阵的概念对应，通过二维数组的下标可以灵活存取矩阵的

元素。一些特殊的矩阵有单独的名称需要读者熟悉。

(1) 方阵:行列数目相等的矩阵。

(2) 三角矩阵:对于一个方阵,行列下标相等的元素 $a_{ii}$ 构成其对角线,我们称对角线下方的矩阵元素全部为 0 的矩阵为上三角矩阵。如果对角线上方的元素全部为 0 则称为下三角矩阵。

(3) 单位矩阵:一个方阵对角线元素全部为 1,非对角线元素全部为 0,称为单位矩阵。大小为 $n\times n$ 的单位矩阵一般表示为 $\mathbf{I}_n$。

(4) 向量:行数或者列数为 1 的矩阵称为向量,其中行数为 1 的称为行向量,列数为 1 的称为列向量。一个 $m\times n$ 的矩阵可以看成由 m 个行向量组成,也可以看成是由 n 个列向量组成。

## 二、矩阵运算

矩阵作为一个数学对象,也有其对应的运算规则,正是这些运算使得矩阵有了广泛的应用场景。常用的矩阵运算如下。

(1) 加法:两个矩阵可以相加的前提是大小相等。

设 **A**、**B**、**C** 为大小相同的矩阵,$\mathbf{C}=\mathbf{A}+\mathbf{B}$,则有 $c_{ij}=a_{ij}+b_{ij}$。可以概括为矩阵加法是“对应位置元素相加”。

(2) 减法:和加法类似,将相加变为相减即可。

(3) 转置:转置运算是矩阵特有的运算,是会改变矩阵大小的运算。转置运算可以概括为“元素下标行列互换”,具体的设矩阵 **A** 大小为 $m\times n$,矩阵的转置会得到一个新矩阵 $\mathbf{A}^T$ 大小为 $n\times m$,并且转置矩阵的元素 $a_{ij}^T=a_{ji}$。

(4) 数乘:将矩阵 **A** 同单个数 c 相乘,等价于将矩阵每个元素与该数字相乘,记为 c**A**。

(5) 矩阵乘法:矩阵乘法是矩阵最为特殊也是最为重要的运算。两个矩阵 **A**、**B** 的乘法记为 **AB**,它们可以相乘的前提条件是 **A** 的列数等于 **B** 的行数,故我们可以设矩阵 **A** 的大小为 $m\times n$,矩阵 **B** 的大小为 $n\times r$,那么 **AB** 得到一个新矩阵 **C**,其大小为 $m\times r$,**C** 中每个元素的计算规则如下:

$$c_{ij}=\sum_{k=1}^{n}a_{ik}b_{kj}$$

简单概括矩阵乘法的运算规则是“将矩阵 **A** 的第 i 行和矩阵 **B** 的第 j 列,逐个相乘再累加得到新矩阵的第 i 行 j 列的元素”。

尤其需要注意的是矩阵乘法不满足交换律,不能交换两个矩阵的先后顺序。

按照上述定义式,编程实现矩阵乘法的示例代码如下。

```
//矩阵用二维数组存储
for (int i = 1; i <= m; ++i)
{
  for (int j = 1; j <= r; ++j)
  {
    int sum = 0;
    for (int k = 1; k <= n; ++k)   sum + = A[i][k] * B[k][j];
    C[i][j] = sum;
  }
}
```

上述代码的时间复杂杂度是 O(mnr)。

## 三、矩阵快速幂

在上一小节，我们学习了矩阵乘法的运算，我们可以类比整数的乘法，定义矩阵的幂运算：设方阵 $\mathbf{A}$ 大小为 $n\times n$，其 p 次幂定义为 $\mathbf{A}^p$，其计算方式为 p 个矩阵的连乘。因为矩阵乘法满足结合律，对于矩阵的幂有如下性质：

$$\mathbf{A}^{p+q}=\mathbf{A}^p\mathbf{A}^q$$

利用上述性质，借鉴之前所学的整数快速幂的计算方法，我们可以以 log p 次矩阵乘法完成 $\mathbf{A}^p$ 的计算。

之所以单独介绍矩阵快速幂，是因为利用矩阵的快速幂运算可以解决一大类递推问题。我们通过经典的斐波那契数列问题来讲解如何利用矩阵快速幂求解递推问题。已知斐波那契数列的递推公式为：$F_n=F_{n-1}+F_{n-2}$，并且有 $F_1=1$，$F_2=1$。编程实现计算斐波那契数列的第 n 项，可以通过一重循环实现，示例代码如下。

```
//计算斐波那契数列的第 n 项
int Fib(int n)
{
  int f1 = 1;     //f1、f2 存储前两项
  int f2 = 1;
  int fn = f1;
  for (int i = 3; i <= n; ++i)
  {
    fn = f1 + f2;
    f2 = f1;
    f1 = fn;
  }
  return fn;
}
```

显然上述代码的复杂度是 O(n)，利用矩阵快速幂我们可以将其优化到 O(log n)。具体方法如下。

首先，我们用列向量 $\mathbf{F_n}$ 表示递推的状态：

$$\mathbf{F_n}=\begin{bmatrix}\mathbf{f_n}\\ \mathbf{f_{n-1}}\end{bmatrix}$$

其中 $\mathbf{f_n}$、$\mathbf{f_{n-1}}$ 分别是斐波那契数列的第 $\mathbf{n}$ 项和第 $\mathbf{n}-1$ 项。之所以选择两项是因为斐波那契数列的特点是只需要相邻两项即可推出后一项。接着，我们能够通过矩阵乘法来表示 $\mathbf{F_n}$ 和 $\mathbf{F_{n-1}}$ 之间的递推关系：

$$\begin{bmatrix}\mathbf{f_n}\\ \mathbf{f_{n-1}}\end{bmatrix}=\begin{bmatrix}1 & 1\\ 1 & 0\end{bmatrix}\begin{bmatrix}\mathbf{f_{n-1}}\\ \mathbf{f_{n-2}}\end{bmatrix}$$

即 $\mathbf{F_n}=\mathbf{TF_{n-1}}$，其中：

$$\mathbf{T}=\begin{bmatrix}1 & 1\\ 1 & 0\end{bmatrix}$$

由上述递推关系可得 $\mathbf{F_n}=\mathbf{T}^{\mathbf{n}-2}\mathbf{F}_2$，故我们能够通过求解矩阵 $\mathbf{T}$ 的幂来计算斐波那契数列的第 n 项。

最后，类比于整数快速幂（见下述示例代码），可以写出相似的矩阵快速幂代码，复杂度为

O(logn)。

```
//整数快速幂,计算 a 的 n 次方,其中 n 大于等于 0
int Pow(int a, int n)
{
  if (a == 0)   return 0;
  int ans = 1;
  while (n)
  {
    if (n&1)  ans *= a;
    n >>= 1;
    a *= a;
  }
  return ans;
}
```

将上述代码改造为矩阵快速幂,需要定义新的类(或者结构体)表示矩阵,并对运算符 *= 做重载,请读者自行实现。

从上述斐波那契数列的例子中,我们可以抽象出更一般化的矩阵快速幂求解递推问题的方法步骤如下。

(1) 分析题意。得到形如:

$$f_n = a_1 f_{n-1} + a_2 f_{n-2} + \cdots + a_k f_{n-k}$$

的递推关系,其中 $a_1, a_2, \cdots, a_k$ 均为常数。

(2) 构造递推状态向量 $\mathbf{F_n}$:

$$\mathbf{F_n} = \begin{bmatrix} f_n \\ f_{n-1} \\ \vdots \\ f_{n-k+1} \end{bmatrix}$$

(3) 推导递推转移矩阵 $\mathbf{T}$:

$$\mathbf{T} = \begin{bmatrix} a_1 & a_2 & \cdots & a_{k-1} & a_k \\ 1 & 0 & \cdots & 0 & 0 \\ 0 & 1 & \cdots & 0 & 0 \\ \vdots & \vdots & \ddots & \vdots & \vdots \\ 0 & 0 & \cdots & 1 & 0 \end{bmatrix}$$

注意矩阵 $\mathbf{T}$ 除第一行外每行只有一个元素为 1,其余元素为 0。

(4) 利用矩阵快速幂和初始状态向量计算递推结果。

## 四、线性方程组和高斯消元

日常生活中的很多问题都可以转化为求解线性方程组的问题。有了矩阵的工具后我们能够在数学上非常简洁的表示一个线性方程组。一个包含 n 个未知数的线性方程组可以表示如下:

$$\begin{cases} a_{11}x_1 + a_{12}x_2 + \cdots + a_{1n}x_n = b_1 \\ a_{21}x_1 + a_{22}x_2 + \cdots + a_{2n}x_n = b_2 \\ \vdots \\ a_{m1}x_1 + a_{m2}x_2 + \cdots + a_{mn}x_n = b_m \end{cases}$$

式中，$x_1, x_2, \cdots, x_n$ 是 n 个未知数，$a_{ij}$ 和 $b_i$ 均为常数。

通过如下的矩阵表示：

$$\mathbf{A}=\begin{bmatrix} a_{11} & a_{12} & \cdots & a_{1n} \\ a_{21} & a_{22} & \cdots & a_{2n} \\ \vdots & \vdots & \ddots & \vdots \\ a_{m1} & a_{m2} & \cdots & a_{mn} \end{bmatrix}, \quad \mathbf{X}=\begin{bmatrix} x_1 \\ x_2 \\ \vdots \\ x_n \end{bmatrix}, \quad \mathbf{b}=\begin{bmatrix} b_1 \\ b_2 \\ \vdots \\ b_m \end{bmatrix}$$

我们可以将线性方程组简化表示为

$$\mathbf{Ax}=b$$

在上述线性方程组的矩阵表示中，称矩阵 **A** 为系数矩阵，b 为常数向量。

将常数向量拼在系数矩阵的最后一列即可得到增广矩阵：

$$\mathbf{E}=[\mathbf{A}|\mathbf{b}]$$

我们通过下述的三元一次方程组的例子引入本小节的算法“高斯消元法”。已知三元一次方程组：

$$\begin{cases} x_1+x_2+x_3=2 \\ 2x_1+3x_2+x_3=-6 \\ -4x_1-5x_2+2x_3=-3 \end{cases}$$

其对应的增广矩阵 **E** 得

$$\mathbf{E}=\begin{bmatrix} 1 & 1 & 1 & 2 \\ 2 & 3 & 1 & -6 \\ -4 & -5 & 2 & -3 \end{bmatrix}$$

我们可以对增广矩阵做如下三种操作。

(1) 交换任意两行。

(2) 某行乘以任意非零的常数。

(3) 任意一行乘以常数后加到另外一行。

可以证明这三种操作不会改变增广矩阵对应的线性方程组的解，被称为矩阵的初等变换。我们使用这三种操作对增广矩阵做变换，变换的目标是将增广矩阵变为上三角矩阵。首先，利用第一列第一行的元素，将第一列第二行以后的元素消为零：

$$\begin{bmatrix} 1 & 1 & 1 & 2 \\ 2 & 3 & 1 & -6 \\ -4 & -5 & 2 & -3 \end{bmatrix} \to \begin{bmatrix} 1 & 1 & 1 & 2 \\ 0 & 1 & -1 & -10 \\ -4 & -5 & 2 & -3 \end{bmatrix} \to \begin{bmatrix} 1 & 1 & 1 & 2 \\ 0 & 1 & -1 & -30 \\ 0 & -1 & 6 & 5 \end{bmatrix}$$

接着，对新的矩阵，利用第二行第二列的元素，将第二列第二行以后的元素消为零：

$$\begin{bmatrix} 1 & 1 & 1 & 2 \\ 0 & 1 & -1 & -30 \\ 0 & -1 & 6 & 5 \end{bmatrix} \to \begin{bmatrix} 1 & 1 & 1 & 2 \\ 0 & 1 & -1 & -30 \\ 0 & 0 & 5 & -25 \end{bmatrix}$$

增广矩阵化为上三角矩阵后，求解线性方程组就变得非常简答。我们通过最后一行可以求得 $x_3$，然后将 $x_3$ 代入第二行可以求得 $x_2$，再将 $x_3$、$x_2$ 代入第一行可以求得 $x_1$。

综上高斯消元法的基本过程是逐列的处理增广矩阵，选取一个非零系数所在行，通过初等变换将该列其他行消除为零，最后得到上三角矩阵从最后一行逐个代入求解方程组的解。对于大小为 $n\times n$ 的系数矩阵 **A**，高斯消元法的时间复杂度为 $O(n^3)$。

需要额外注意的是，线性方程组还存在无解和有无穷多解这两种特殊情况，建议读者查阅线性代数的相关书籍了解相关知识。

**练习 6.4.1** 已知：$\mathbf{A}=\begin{bmatrix}1 & 3\\2 & -3\end{bmatrix}$，$\mathbf{B}=\begin{bmatrix}3 & 4\\2 & 1\end{bmatrix}$，求 $\mathbf{AB}-\mathbf{BA}$。

**练习 6.4.2** 已知：$\mathbf{A}=\begin{bmatrix}1 & 0\\2 & -1\end{bmatrix}$，求 $\mathbf{A}^8$。

**练习 6.4.3** 已知递推式 $f_n=3f_{n-1}-f_{n-4}$，求转移矩阵 **T**。

**练习 6.4.4** 求解四元一次方程组：

$$\begin{cases}x_1+3x_2+x_3+x_4=2\\2x_1+5x_2+7x_3-x_4=-6\\-3x_1-x_2+6x_3+2x_4=-3\\-5x_1-4x_2+2x_3-6x_4=8\end{cases}$$

## 五、典型例题

本小节挑选了往年信息竞赛当中涉及矩阵快速幂和线性方程组求解的真题。读者需要注意题目描述相较于原题做了一定简化，完整的题面可以在网上自行搜索。各大 OJ 上均有历年真题，建议每道题目读者都独立编程实现并通过 OJ 验证实现的正确性。

例题 6.4.1 Recursive sequence。

**题目描述**：求满足如下递推公式的数列的第 n 项：

$$f_1=a,\quad f_2=b,\quad f_n=f_{n-1}+2f_{n-2}+n^4$$

**输入格式**：输入的第一行为一个正整数 t 表示测试数据的组数，接下来 t 行每行包含三个整数 N、a、b 它们用空格分开。

**输出格式**：共 t 行，每行一个答案，答案可能很大，对 2147493647 求余，如表 6-4-1 所示。

表 6-4-1 例题 6.4.1 测试样例

| 样例输入 | 样例输出 |
| --- | --- |
| 2<br>3 1 2<br>4 1 10 | 85<br>369 |

**数据范围**：$N、a、b<2^{31}$。

**解题思路**：直接递推求解 $O(n)$ 的复杂度会超时，很容易想到可以用矩阵快速幂加速。但递推公式中的 $i^4$ 不能直接套用前述讲的矩阵快速幂递推的方法。对于此类带有涉及 n 的多项式的递推公式，我们可以将多项式递推纳入递推的状态向量来解决。观察到 $(i+1)^4=i^4+4i^3+6i^2+4i+1$，如果想从 $i^4$ 递推出 $(i+1)^4$ 必须同时带上 $i^3$、$i^2$、i、1，故而我们得到如下的递推状态向量和转移矩阵的关系：

$$\begin{bmatrix} f_{n+1} \\ f_n \\ (n+1)^4 \\ (n+1)^3 \\ (n+1)^2 \\ n+1 \\ 1 \end{bmatrix} = \begin{bmatrix} 1 & 2 & 1 & 4 & 6 & 4 & 1 \\ 1 & 0 & 0 & 0 & 0 & 0 & 0 \\ 0 & 0 & 1 & 4 & 6 & 4 & 1 \\ 0 & 0 & 0 & 1 & 3 & 3 & 1 \\ 0 & 0 & 0 & 0 & 1 & 2 & 1 \\ 0 & 0 & 0 & 0 & 0 & 1 & 1 \\ 0 & 0 & 0 & 0 & 0 & 0 & 1 \end{bmatrix} \begin{bmatrix} f_n \\ f_{n-1} \\ n^4 \\ n^3 \\ n^2 \\ n \\ 1 \end{bmatrix}$$

接下来使用矩阵快速幂即可求解问题。

参考代码：使用任何矩阵快速幂的模板代码即可，关键在于递推矩阵的推导（见题目分析部分）。

例题 6.4.2 Feed Ratio。

题目描述：有三种饲料，它们每个都有三种固定成分（大麦、燕麦、小麦）组成，问这三种饲料如何混合可以达到目标饲料。举个例子说明，假设一种饲料的三个成分可以用冒号分隔的格式表示（a：b：c），已知三种饲料为（1：2：3），（3：7：1），（2：1：2），期望得到的目标饲料是（3：4：5），那么有一种混合方案如下。

$$8\times(1:2:3)+1\times(3:7:1)+5\times(2:1:2)=(21:28:35)=7\times(3:4:5)$$

即第一种饲料 8 份，第二种饲料 1 份，第三种饲料 5 份，最后可以得到 7 份目标饲料。题目要求得到 100 以内的三种饲料使用分数求和最小的解。

输入格式：第一行为三个用空格分开的整数，表示目标饲料；第二到第四行，每行包括三个用空格分开的整数，表示农夫约翰买进的饲料的比例。

输出格式：包括一行，这一行要么有四个整数，要么是"NONE"。前三个整数表示三种饲料的份数，用这样的配比可以得到目标饲料。第四个整数表示混合三种饲料后得到的目标饲料的份数，如表 6-4-2 所示。

表 6-4-2 例题 6.4.2 测试样例

| 样例输入 | 样例输出 |
| --- | --- |
| 3 4 5<br>1 2 3<br>3 7 1<br>2 1 2 | 8 1 5 7 |

数据范围：所有数据均小于 100。

题目分析：本题数据范围比较小，可以通过枚举三种饲料的所有可能组合来求解。但当数据范围扩大时，本题还可以用高斯消元求解。

题目描述种的例子可以变为如下的方程组：

$$\begin{cases} x_1+3x_2+2x_3=3 \\ 2x_1+7x_2+x_3=4 \\ 3x_1+x_2+2x_3=5 \end{cases}$$

用高斯消元求解上述方程时，需要注意在求每一个解时可以将最右侧的常数任意扩大整数倍，保证求得的解为正整数。

参考代码：使用高斯消元的模板代码即可，此处从略。

# 参考文献

[1] 科尔曼，雷瑟尔森，李维斯特，等. 算法导论[M]. 殷建平. 徐云，王刚，等译. 北京：机械工业出版社，2012.
[2] 严蔚敏. 数据结构(C语言版)[M]. 北京：清华大学出版社，2007.
[3] 马桂媛，吴小平. 数据结构(C++版)[M]. 北京：机械工业出版社，2009.
[4] 李煜东. 算法竞赛进阶指南[M]. 郑州：河南电子音像出版社，2018.
[5] OI Wiki，https://oi-wiki.org/.
[6] Codeforces，https://www.codeforces.com. 访问时间：2022年3月.
[7] 全国青少年信息学奥林匹克系列竞赛大纲，https://www.noi.cn/xw/2021-04-02/724387.shtml.
[8] 布鲁迪. 组合数学(原书第5版)[M]. 冯速，等译. 北京：机械工业出版社，2012.
[9] 中国计算机学会. 2017全国信息学奥林匹克年鉴[M]. 北京：科学出版社，2019.
[10] 中国计算机学会. 2018全国信息学奥林匹克年鉴[M]. 北京：科学出版社，2019.